城市公共艺术研究

——环境美学国际论坛暨第七届亚洲艺术学会
襄樊年会学术文献集

黄有柱　雷礼锡　主编

武汉大学出版社

图书在版编目(CIP)数据

城市公共艺术研究:环境美学国际论坛暨第七届亚洲艺术学会襄樊年会学术文献集/黄有柱,雷礼锡主编. —武汉:武汉大学出版社,2014.6
　ISBN 978-7-307-12715-9

　Ⅰ.城…　Ⅱ.①黄…　②雷…　Ⅲ.城市—景观—环境设计—文集　Ⅳ.TU-856

中国版本图书馆 CIP 数据核字(2014)第 001951 号

责任编辑:韩秋婷　　责任校对:鄢春梅　　版式设计:马　佳

出版发行:武汉大学出版社　(430072　武昌　珞珈山)
　　　　　(电子邮件:cbs22@whu.edu.cn　网址:www.wdp.com.cn)
印刷:武汉中远印务有限公司
开本:720×1000　1/16　印张:31.75　字数:486 千字　插页:1
版次:2014 年 6 月第 1 版　2014 年 6 月第 1 次印刷
ISBN 978-7-307-12715-9　　定价:65.00 元

版权所有,不得翻印;凡购我社的图书,如有质量问题,请与当地图书销售部门联系调换。

感谢神林恒道先生资助出版本书

序　一

陈望衡

在城市化的热潮中，一种旨在彰显城市、美化城市的艺术在蓬勃发展，人们将这种艺术称为公共艺术。曾记得武汉的江汉路被改建成步行街时，那立在街头的一组反映武汉市民生活的雕塑，引起了游人极大的兴趣。由于雕塑只是比真人略大，所塑的人物又都是普通百姓，人们对它感到很亲和，纷纷与之合影。江汉路的成功改建，这组雕塑功不可没。

公共艺术范围很广，大凡在公共场所出现的具有艺术意味的作品，均可以看作公共艺术，这些作品中，有些是纯艺术，如雕塑；有些则是具有应用性，如户外广告。这些还多少有它的独立性，有些则没有独立性，例如建筑、广场、街道。从它们特定的实用功能来看，似乎不应该将它们看成是艺术，而就其实际的审美效果来看，谁能说它们不是艺术？

从审美的角度关注城市的建设无疑是一个重要进步，城市不只是一台巨型机器，每天哗哗地吞吐着钞票，她还是一座露天的活动着的美术馆，千姿百态，仪态万方。人们生活在城市，不只是为了赚钱，还为了生活。也许准确地说，就是为了生活，赚钱只是生活中的一部分。生活就像柴米油盐酱醋茶，哪一样也少不得。这其中，尤其少不得的就是美，如果没有美，就好像一个人，模样虽还可以，但没有生气，没有光泽，也没有笑容。城市的问题更严重，因为美对于城市，远不只是供人观光，它对人心态的调整、对健康人性的培植、对良好人际关系的建立，有着难以估量的重要作用。城市如若只是赚钱的机器，城市就很可怕！1993年我访问新加坡时，《海峡时报》（英文版）让我对新加坡的建设说点什么,我只有一条建议:"懂点美"。后来,报纸就以这话为标题,发表了对我的专访。应该说,那个时候的新加坡的城市建设已经很不错了。时隔20年,最近,我重访新加坡,发现她有重要的变化,她变得更美丽、更亲和、更具魅力了。

中国改革开放起步早的城市,都经过一段繁荣,那繁荣伴随的是银行账号上的数字急速增大,但毋庸讳言,城市建设大多比较的糟糕。20世纪80年代初,笔者去某省某市某著名商场寻访一位做服装批发生意的亲戚,那商场设在一座硕大的建筑物之内,从经济上来看,那地方要说有多繁华就有多繁华,然而,从审美上来看,要说它有多糟糕就有多糟糕。背着或拉着大包小包的人,出出进进,慌兮兮,黑压压,与蚂蚁没有什么区别。近年,听说那商场拆了,重建了,不用问为什么,答案是明显的:它太丑了!

城市建设不能忽视审美。对于城市建设,我曾提出"审美主导"的理念,至今仍然坚持。城市建设以审美为主导,这美不是一般人所理解的只是外观上的漂亮,而是内在的文明与外在的美观的统一。作为人类三大价值之一的美,不是脱离真善这两大价值的美,而是与真善相统一的美。这种真善美的统一,体现在城市,是经济、政治、文化、生态诸多文明协调发展的社会形态。任何单一方面的强大,哪怕是经济强大,如果没有其他文明与之相协调,都不可取。中国的城市,真正称得上诸多文明协调发展的并不多,也就是说,真正称得上美的城市还很少。

公共艺术诚然不是城市美化的全部,甚至也不是城市美化的主体部分,但它的重要性是不言而喻的。如今的城市建设者都知道,公共艺术是城市的一张名片,都比较地重视这张名片。问题是如何做好这张名片,关于这点,人们认识上的差异就大了。中国的城市雕塑,诟病甚多,之所以会出现这样那样的问题,是因为我们对公共艺术的性质、审美特点、内在规律的认识远没有到位。公共艺术是一种环境艺术,它不仅要接受艺术一般规律的指导,还要接受环境美学的指导。基于中国城市化的规模与进展均是空前的,城市公共艺术立马显得不相适应了。

笔者在2007年至2010年,被湖北文理学院(原襄樊学院)聘为"隆中学者",在该院的美术学院兼任教授。在科研上,主要是扶植该院的公共艺术研究。湖北文理学院美术学院的雕塑、壁画力量比较强,他们做了许多好作品,如《卧龙出山》,为美化襄阳作出了一定的贡献。同时,他们还承担了关于公共艺术研究的国家社科基金项目。在此基础上,他们主办了一个国际会议,会议的主题是城市公共艺术研究,视界则是环境美学。这个会议开得很成功,产生了一批比较有质量的论文。

我很喜欢襄阳,这是一个很有历史文化底蕴的城市,一个很美丽、很具魅力的城市。如今的历史文化名城,保留有城墙的极少,而襄阳却保留有很长的一段。城墙下是护城河,与汉江连着,宽宽的,水量丰沛,清亮干净。晚上,坐在河边的茶楼上品茶,河中斑驳的光影摇动着,映着灰色城墙,而城墙静静地伫立着,伸向远方,融入夜色。天上,星星眨着眼睛,似在与城墙对话,城墙无语。远处,传来了悠扬的二胡声……那种感觉,岂一个妙字了得!我想念襄阳。

感谢湖北文理学院美术学院,他们在出版国际会议论文集时,想到了我,请我写序。我就写了以上文字,作为我在湖北文理学院工作期间的美好纪念。

是为序。

2014.4.6 晨于武大天籁书屋

序　二

黄有柱

  2009年10月，襄樊学院"隆中学者"、博士生导师陈望衡教授携美术学院学科带头人和学术骨干教师，组织举办了"环境美学国际论坛暨第七届亚洲艺术学会襄樊年会——城市公共艺术学术研讨会"。国际美学学会主席约·德·穆尔教授、亚洲艺术学会主席神林恒道教授、国际环境美学协会前任主席瑟帕玛教授以及来自英国、德国、美国、土耳其、荷兰、芬兰、日本、韩国等国家和中国大陆、台湾地区共55名专家学者出席研讨会。这次会议堪称是一个全球性的学术交流平台，世界多个国家和地区的学者和研究人员汇聚美丽的汉江中游南岸的隆中山下，淡泊湖边，交流学术经验，分享学术成果。此次研讨会，是中国首次举行的环境美学国际论坛，是亚洲艺术学会首次在中国内地举行的学术会议，是中国举办的第一个以公共艺术为主题的大型国际研讨会。这次会议为人们认识和了解世界城市公共艺术研究提供了一个重要的机遇。研讨会取得了圆满成功，参会论文和会议主题演讲质量高、范围广，公共艺术领域诸多重要议题都有涉及，反映了当代公共艺术研究的基本面貌。

  公共艺术泛指一切具有公共性质的艺术，说到底就是一种为公众服务的方式。公共艺术近年来在世界各国得到蓬勃发展和高度重视，已成为政府和学术界关注与研究的热点，其重要原因就是"民主、开放、服务、参与"的社会理念不断深入，公共领域的不断增多和市民社会的公共权利与意志的逐步增强。正是在这样的背景下，过去的"殿堂"艺术正在跨越诸多的限制，面向公众，走向生活，进入到百姓诗意化栖居的审美意境中，诸如景观雕塑、公共壁画、广场音乐、街头舞蹈等出现在我国城镇的市民环境之中，使我们赖以生存的生活内涵及物质环境悄然地发生着重大改变，这一切将随着公共艺术的功能与意义的强化一直持续下去。因此，当今经济文化社会发展的现状与趋势呼唤公共艺术的新思维、新理论、新方法的出现，我们必须在更高的层面上，以更为广阔的视角去认真而理性地研究与城市发展相关的公共艺术理论及艺术美学问题，并以此来指导我国的城市公共艺术实践。

公共艺术在丰富与完善城市社会化功能上担当着重要的责任与使命，并开始登上新的历史舞台。作为公共艺术的研究者，我们亲历了我国改革开放的巨大建设成就和公共艺术的兴起与发展经历，目前公共艺术正在步入注重自然与人文和谐、诉求差异和特色、全面塑造城市文化形象的新阶段。20世纪80年代，公共艺术以城市雕塑和壁画、环境装饰为主要形式，出现在城市空间，并在全国范围内掀起了轰轰烈烈的城市公共艺术运动，这与当时城市建设的飞速发展所带来的装饰潮流有很大关系。这一时期，人们习惯把"公共艺术"这一概念与"城市雕塑"等同，把公共艺术理解为城市环境的美化和填充，并没有进入到国际文化视野和学术层面上。进入21世纪，在国际化的文化语境影响下，"公共性"、"公共领域"、"公共艺术"的概念开始被使用，"公共艺术"所代表的不只是一个共同认知的文化概念，更是一种当代文化现象，它关系到人们日常生活的路径方向与场景价值，其意图在于通过物化的精神场和一种鲜明的空间意象，引导人们正确地建设城市和营建幸福的生活家园。

公共艺术在当下，其特征正在发生着重要转变，并在学术界达成广泛共识。一是公共艺术从过去的权位主导意识和主流文化的立场出发，在内容与形式上从对公共性话语的忽视，到民众文化权利意识的觉悟与参与机制建立的转换。二是在艺术的关系上实现了公众从被动的公共空间艺术的接受者到艺术创作过程的主动参与者的转换。三是在艺术的审美形态和内涵上实现了从艺术家个体艺术经验和观念的表达，到对大众审美情趣的关注和生活审美化追求的转换。四是公共艺术从"城市雕塑与装饰"的形态向更加丰富多元的，诸如新信息传播方式、多媒体艺术、网络空间等多种形式和载体的动态特征转变。因此，公共艺术就不仅是城市雕塑、壁画和城市公共空间中物化的构筑体，它还是事件、展演、互动、计划或诱发文化"生长"的城市文化的起搏器。作为一种文化现象的公共艺术代表了艺术与城市、艺术与大众、艺术与社会关系的一种新的取向。

在全球化、城市化、生态主义、区域模式、可持续发展等多向度的公共艺术大背景下，公共艺术面临着宏观上的战略发展理论研究和现实层面上的应用理论研究，且都是当务之急。反思一下我国长期以来的城市建设与城市文化，尤其是公共艺术的分离状态，致使我们走了许多弯路，付出了很大的代价。多年来，公共艺术总是被视为城市建设的附属物，在城市发展中容易被忽略。究其原因，不外乎整体的思想水平与认识能力的偏差，公共艺术建设的公共投资大且政绩效益不明显，同时，对于中国这样一个并不富裕的发展中国家来说，经济建设是当前政府工作的重中之重。在今天，随着社会的进步，人们对于城市发展目标和公共艺术价值体系的认识正在发生变化。城市公共文化服务正在逐步成为城市政府为民办实事的重要内容。进一步讲，在城市建设过程中是否选择公共艺术，全社会如何对待公共艺术，关键在于公共艺术能否以及能在多大程度上适应当前城市发展的需要。公共艺术是一个城市文化的表情符号，是城市内涵的外化，是城市价值取向的风向标。公共艺术的健康发展直接导致城市文化构建的稳固与繁荣，长此以往必将促进社会文化事业的兴旺发达，实现"文化强国"的目标。

在今天，我们所要做的就是为城市化进程和公共艺术事业集聚学术智慧，并展示给社会。这本《城市公共艺术研究》就是在这一思考的基础上编辑出版的。该文献集收录了"环境美学国际论坛暨第七届亚洲艺术学会襄樊年会：城市公共艺术学术研讨会"期间作过现场发言与交流的论文，也收录了为此次会议主题撰写、却并未现场发言的论文。论文作者们立足当今世界城市公共艺术与环境美学发展的前沿，研究发达国家的理论与经验，以理性的思维研究当今城市发展问题，为当代城市公共艺术及其相关领域的研究和实践工作提供理论基础，为中国城市的可持续发展提供新思路，对城市发展模式的选择、相关政策的制定具有参考价值。作为编者，我怀着钦佩的心情阅读每一篇论文，从字里行间我能够读出著者写作时的责任感和使命意识、深厚的学术修养、高屋建瓴的战略眼光和严谨治学的精神。当把这一本充满智慧的论文奉献给读者时，我真挚地希望每一位读者在阅读时迸发出新的思想火花，热切关注当代城市公共艺术的发展问题。可以预想，经过这次公共艺术国际会议上思想能量的"集聚"，全体"思想者"多元开阔的理论观点、丰富的理论成果、深厚真切的人文关怀将越来越清晰地留存于世人的记忆之中。

目 录

在环境美学国际论坛暨第七届亚洲艺术学会襄樊
　　年会上的致辞(1) ································ 李儒寿　(1)
在环境美学国际论坛暨第七届亚洲艺术学会襄樊
　　年会上的致辞(2) ················ [荷兰]约·德·穆尔　(3)
在环境美学国际论坛暨第七届亚洲艺术学会襄樊
　　年会上的致辞(3) ··················· [日本]神林恒道　(6)
环境美学的当代使命 ································ 陈望衡　(9)
城市意境与城市环境建设 ·························· 雷礼锡　(19)
城市公共艺术的文化阐释与视觉象征 ············ 黄有柱　(31)
数据库建筑：对可能性艺术的人类学考察
　　·················· [荷兰]约·德·穆尔著　雷礼锡译　(35)
巴西利亚与佩雷多
　　——两个城市，两种乌托邦
　　·················· [芬兰]约·瑟帕玛著　吴恩沁译　(58)
从传统与自然中找回城市景观设计之本 ········ 马长勇　(64)
对加强高校美术专业学风建设的思考
　　——以襄樊学院美术学院为例 ················ 刘　浩　(69)
襄樊市城市雕塑的突出问题及其对策 ········ 丁长河　李秋实　(76)
环境美学与城市公共环境设计的文化表现 ········ 蔡　伟　(80)
滨水区开发设计的美学探讨
　　——兼谈艺术家与植物在海岸线开发中的美学价值
　　·················· [土耳其]约尔·艾尔桢著　郭楠译　(86)
环境艺术化与艺术环境化的统一
　　——城市公共艺术的美学考察 ················ 陈国雄　(97)

设计作为一种当代生活方式 ……………………… 齐志家（112）
关于实现襄樊市城市环境的文化价值与生态价值的
　　几点构想 ………………………………………… 孙莉群（116）
建筑艺术在我国现代城市文化建设中的作用 ……… 唐绍伟（122）
广告摄影在公共艺术中的价值体现 ………………… 张　波（127）
构建城市化进程中景观园林的空间延伸
　　——以襄樊黄家湾的景观园林实践为例 ……… 夏晓春（133）
芬兰户外椅设计中的大自然文化诉求 ……………… 吴恩沁（139）
"城市—家园"：城市规划的重要理念 ……… 伍永忠　刘化高（150）
日本艺术珍宝展和冲绳岛 …［日本］喜屋武盛也著　张小溪译（159）
公共环境设施的意象审美研究 ……………………… 郭惠尧（164）
城市、气氛与自然
　　——论格尔诺特·伯梅的环境美学
　　　　　　　　　　　　[日本]立野良介著　杨芳庆译（173）
环境美学与他者的创造性对话
　　　　　　　　　[英国]格拉德·奇普里阿尼著　郭楠译（183）
浅谈三国文化在襄樊城市景观建设中的意义 ……… 施　俊（191）
环境艺术设计与环境艺术设计教育的改革 ………… 王汉洲（196）
试论城市空间的内涵 ………………………………… 杨　联（200）
让"雕塑"与"城市"携手
　　——浅谈城市雕塑在公共艺术中的作用 ……… 刘　浩（204）
城市环境审美的视觉表现艺术
　　——论城市雕塑在培植城市美中的意义与作用
　　研究 …………………………………………… 马　力（207）
以城市为载体的色彩研究
　　——以"都市襄阳"城市色彩规划为例 ………… 王雅君（213）
城市雕塑与公共环境设计的同构 …………………… 曹启良（217）
历史文化与当代襄阳人文景观设计 ………………… 李觉辉（223）
文学生态表达与公共文化建构
　　——以迟子建小说为例 ………………………… 李会君（232）
论襄阳古城池动与静的关系及作用 ………………… 李鸣钟（241）

现代城市园林审美取向问题研究 …………………… 李　纯　（247）
现代城市公共艺术中美及美学的位置 ……………… 刘成纪　（257）
大地艺术：从道家自然鉴赏的角度看 ………………… 刘悦笛　（267）
景观设计与城市发展 …………………………………… 尚慧琳　（279）
城市公共雕塑与公共审美文化的塑造
　　——以襄樊为例 …………………………………… 李秋实　（284）
论公共艺术的城市化审美 ……………………………… 李洪琴　（293）
城市环境构成的丰富性及其审美特征 ………………… 於贤德　（297）
城市雕塑与城市环境 …………………………………… 张　敏　（309）
变公路为景观
　　——兼析米歇尔·柯南的《穿越岩石景观》 ……… 赵红梅　（319）
欣快的公共艺术 …………… ［日本］仲间裕子著　韩慧译（325）
城市设计与建筑环境景观的对接 ……………………… 尚红燕　（338）
谈公共艺术的社会特质 ………………………………… 何　伟　（343）
环境艺术设计中的中国元素 …………………………… 丁希勤　（348）
户外广告设计与城市品位 ……………………………… 王运波　（353）
公共艺术与城市环境视觉体系 ………………………… 陈志权　（358）
谈居室绿色设计 ………………………………………… 葛东民　（364）
公共环境艺术的欣赏教育 ……………………………… 侯文勇　（372）
襄樊城市公共艺术的地域文化意韵
　　——公众视野下城市公共艺术的文化情结 ……… 尚晓明　（379）
从地域文化谈襄樊学院校园景观环境设计 …………… 赵　德　（386）
山水意境与襄阳城市环境建设 ………………………… 朱心鸿　（393）
环岳麓山大学校园建筑景观分析 ……………………… 毛宣国　（400）
论现代城市公共艺术的环境教育功能 ………………… 聂春华　（416）
台湾公共艺术的反思
　　——有机生命的公共艺术之可能性 ……………… 潘　襎　（422）
民宅的再发现 …［日本］藤田治彦著　李小俞译　雷礼锡校注（432）
记忆的处所 …………………［日本］要真理子著　刘精科译（437）
楚汉南北朝时期汉江流域服饰艺术成就与特点 ……… 李兰兰　（446）

现代城市公共艺术的自然意识
　　——以襄阳市城市公共艺术为例 ………………… 刘精科（459）
浅谈城市景观雕塑的公共艺术性 ………………… 孙伟华（464）
概念设计与城市环境设计 ……………………………… 周　敏（469）
襄阳北街与古襄阳的融入状态 …………………………… 刘建东（474）
现代公共景观艺术的城市文化功能探讨 ………………… 李　克（483）
古镇公共艺术形象及其生态性视觉表现 ………………… 戴　端（488）

在环境美学国际论坛暨第七届亚洲艺术学会襄樊年会上的致辞(1)

李儒寿[①]

(2009年10月16日)

尊敬的会议主席陈望衡先生，尊敬的国际美学学会主席穆尔先生，尊敬的亚洲艺术学会主席神林恒道先生，女士们，先生们：

大家上午好！

今天，40多位国际环境美学和艺术学领域的专家学者，相聚在美丽的中国襄樊隆中山下，举行以城市公共艺术研究为主题的环境美学国际论坛暨第七届亚洲艺术学会襄樊年会，展示国际环境美学的最新研究成果，推进环境美学的国际交流与合作。会议的召开，是国际环境美学与艺术学研究领域的一件大事，是襄樊市和襄樊学院的一件盛事。诸多资深专家光临襄樊学院，更是让这所校园平添了无尽的欢欣和光彩。在此，我谨代表全体师生员工，向莅临会议的各位远道而来的专家朋友，表示热烈的欢迎！对此次会议的顺利召开，表示热烈的祝贺！

借此机会，向大家简要介绍一下襄樊学院：襄樊学院是一所湖北省属多科性本科院校，已走过50多年的办学历史。学校现有本科专业39个，涉及经济学、法学、教育学、文学、理学、工学、管理学等七大学科门类。拥有一批省级重点学科、品牌专业、实验教学示范中心和科学研究基地，与多所部属高校联合开办有硕士研究生教育。现有各类在校学生18000人，教职员工1324人，专任教师742人，其中具有教授和

[①] 原襄樊学院院长，本文作于2009年，仍用襄樊学院原有名称，而不称襄阳。后面文章中此称呼亦保留原样。——编者注

副教授职称的教师318人，具有硕士和博士学位的教师379人，并设有2个"楚天学者"岗位和20个"隆中学者"特聘教授岗位。学校以"淡泊明志，宁静致远"为校训，坚持实施"质量第一，人才立校，科研强校，特色兴校"的治校方略，坚持为地方经济社会服务和开放办学的办学理念，致力于培养应用型高级专门人才，是国家教育部本科教学工作水平评估优秀学校、中央财政与地方共建高校和省级文明单位。

城市公共艺术研究旨在改善城市生态环境、完善城市公共文化服务功能。诸位专家最新的研究成果展示，为我们带来了最先进的美学理念，是襄樊寻求学术支持、彰显名城风采的大好机遇，更是我校提升美学、艺术学教学及研究水平的难得机会。我校在环境美学和城市公共艺术理论研究及实践方面进行了一些探索和尝试，在谋求形成与隆中风景区相协调的校园整体建设风格等方面，积累了一些有益经验。借此平台，我们将进一步发挥大学在提升城市文明品质过程中的天然优势和独特作用，为增强襄樊的城市魅力和竞争优势，作出积极贡献。

真诚希望诸位专家对我校的科学研究、学科建设、人才培养等诸项工作多提宝贵意见，我们不胜感谢。

愿襄樊的古城风韵、碧水蓝天为您留下美好记忆，愿襄樊学院的优雅校园、好客风情让您流连忘返！

最后，预祝环境美学国际论坛暨第七届亚洲艺术学会襄樊年会、城市公共艺术学术研讨会圆满成功！

祝各位专家身体健康、万事如意！

谢谢！

在环境美学国际论坛暨第七届亚洲艺术学会襄樊年会上的致辞(2)

[荷兰]约·德·穆尔

女士们,先生们:

我很荣幸代表国际美学协会在环境美学国际论坛暨第七届亚洲艺术学会襄樊年会的开幕式上发言。

首先,感谢主办方的盛情邀请,能够与众多享有盛誉的亚洲美学家齐聚一堂,我深感荣幸。作为国际美学协会的主席,我很高兴见证亚洲同仁在美学领域日益活跃的身影,并在国际舞台上频繁现身。

在进行大会发言之前,请允许我对国际美学协会作个简要介绍,尤其是为在座的不熟悉这个组织的各位来宾。作为一个集国家性和地区性为一体的美学学会,国际美学学会目前拥有 25 个成员社团。目前,中国和日本位于该组织最大的社团之列。上周在阿姆斯特丹举办了美学会议,与会者均为国际美学协会的执行会员。在这次会议中,来自北京大学的高建平教授告诉我,中国社团已拥有 1000 多名会员,其中 500 名在该领域表现活跃。

国际美学协会也拥有个人会员,这主要针对其所在国家并没有一个国家美学学会的个人。国际美学协会拥有来自 40 多个国家的 600 多名美学家。

尽管国际美学协会于 1988 年在英国诺丁汉举行的第十一届美学国际会议上才正式成立,但它的历史可以追溯到成立之前的很多年。

第一届美学国际会议于 1913 年由德国学者马克斯·德苏瓦尔(Max Dessoir)在柏林主办。第二届于 1937 年在巴黎召开。由于二战的影响,第三届会议于 1956 年在威尼斯重新召开。从那时起,会议的举办越来越有规律。直到1984年,会议才由国际美学委员会主办。协会的会员中,许多都是美学领域最为知名的学者,他们都来自有着悠久美学传统的国家,包括法国、德国、英国、意大利、波兰、日本和美国。协会在成立后的不同时期,拥有许多著名的学者,例如法国美学学者艾蒂安·索里奥(Etienne Souriau)、米盖尔·杜夫海纳(Mikel Dufrenne)、英国美学家哈罗德·奥斯本(Harold Osborne)、德国美学家路易斯·帕莱松(Luigi Pareyson)、日本美学家今道友信(Tomonobu Imamichi)、米兰·达姆贾诺维奇(Milan Damnjanovic)、美国美学家托马斯·门罗(Thomas Munro)等。1984年在蒙特利尔召开的国际大会上,国际美学委员会转型成为一个民主国际协会,由一个选举产生的执行委员会领导。此执行委员会由5名官员、25个国家协会代表、5个普通代表,包括主席海因茨·佩茨沃德(Heinz Paetzold)、终身名誉会员阿诺德·伯林特(Arnold Berleant)、今道友信(Tomonobu Imamichi)和约瑟夫·马戈利斯(Joseph Margolis)。

国际美学协会的主要活动包括协调美学国际会议和临时国际会议,出版年报、简讯以及维护网站。

纵观历年国际会议,我们可以看到,直到20世纪末,所有的会议都是在欧洲召开的。这里顺便提一下,1966年,会议是由Jan Aler组织在阿姆斯特丹召开的。出于对美学越来越大的兴趣以及对国际交流与联系的更多关注,国际美学学会扩展了会议在世界的覆盖面。因此后来会议召开的地点包括东京(2001)、里约热内卢(2004)、安卡拉(2007)。而且我们都知道下一届会议将于2010年在北京召开。到2013年,会议从在柏林第一次召开以来,将走过整整100年。这一年,国际会议将重新回到欧洲,走进波兰的克拉科夫。

在过去的几十年中,国际美学协会扩大了活动范围,其中包括出版国际美学协会简讯以及从1996年开始出版的美学国际年报。在幻灯片中,您可以看见第12卷的扉页,它是由杰尔·艾尔桢(土耳其)编辑。与此同时,由柯提斯·卡特(美国)编辑的第13卷正在印刷中,将于几个月后出版。简讯和年报可以在线获得,也可以在国际美学协会的网站上找到,网站上也提供了过去已召开的和未来将要召开的会议的具体信息。

我刚刚呈现给大家的国际美学学会的短暂历史表明，美学正日益成为一项全球化的事业。

　　当然，美学并不是孤立存在的，在全球化的时代，很多事物都日趋国际化。例如，城市化进程，是由于大批农村移民进入现在的城市而形成的。在世界范围内，城市居住人口比例已经由1900年的13%上升到现在的50%。虽然最初的城市化进程出现在西方国家，但现在93%的城市扩张出现在发展中国家，其中亚洲和非洲的城市发展占80%。从某些方面来看，城市化进程是能够起到一些积极作用的，例如它能够通过增加就业机会促进经济增长，以及使更多人能够享受卫生保健、教育、文化和娱乐。但是另一方面，城市化进程也带来了一些负面影响，比如贫富差距日益加大、环境污染以及社会凝聚力的下降，部分都是由于城市近郊化所导致的。在过去的几十年中，我们见证了新型的城市化进程以及可持续性的城市化进程。这些运动的拥护者声称，他们相信能够将设计的重点从以汽车为中心的郊区以及商业园，转变为行人集中的中转中心和混合使用的社区。可持续性的城市化进程是结合了当今需求与传统设计的方案，也是对导致社区分裂、人类彼此孤立并对环境有严重影响的郊区蔓延时代的强烈反对。新都市主义概念，包括人民以及密集的、充满活力的社区目的地，并降低对作为主要模式的过境车辆运输的依赖。在这种意义下的可持续性城市化进程中，城市公共艺术起到了很重要的作用。从传统上看，艺术是与美以及和谐紧密相关的。和谐不仅是指与自然的和谐，还要与社会、经济、生物物理、历史和文化相和谐。在这个意义上，艺术一直是可持续发展的。也许在日益全球化和城市化的时代，艺术的和谐功能可能比以往更加重要。世界各地都对艺术有着强烈需求，它产生于对工作以及社会、经济、生物、物理、历史和文化环境之间关系的考虑，并追求其广泛影响。我衷心希望此次城市公共艺术国际论坛能够对这一重要任务有所帮助，也希望在座的各位能够在接下来的几天收获丰硕、不虚此行！

　　　　　　　　　　（作者单位：荷兰鹿特丹伊拉斯谟斯大学）

在环境美学国际论坛暨第七届亚洲艺术学会襄樊年会上的致辞(3)

[日本]神林恒道

我是亚洲艺术学会会长神林恒道,大家好。在此,我首先要向为了此次国际会议的召开付出了辛勤劳动的各位老师们,特别是向襄樊学院的雷礼锡老师以及武汉大学的陈望衡老师表示衷心的感谢。

回顾创建亚洲艺术学会的历史,要从8年前说起。2001年,在我还担任日本美学学会会长的时候,曾邀请世界各国的美学艺术学的研究者们来到日本,举办了首次在亚洲召开的国际美学会议。以此次大会为契机,在日本的古都京都一举创办了亚洲艺术学会。在亚洲艺术学会会议先后在韩国、中国台湾、印度尼西亚成功召开后,今天能够在中国的历史文化名城襄樊召开,我感到非常的高兴。

在我们思考世界艺术现状的时候,我们会发现当今艺术的世界正面临着一个巨大的转折点——多元文化主义的时代来临了。世界各国逐渐摆脱了一直以来被奉为权威的西欧近代主义美学一元化的支配,开始慢慢认识到不同国家、民族特有的美的意识所培育出的艺术是何等重要。

19世纪到20世纪是亚洲近代化的时代。但是这个近代化与其说是亚洲国家所希望的,还不如说是不得不接受的。在西欧列强的外压下,亚洲国家濒临在丧失民族独立的边缘。为了近代化,很多民族不得不先抛弃自己固有的文化与传统。于是近代化也就成了西欧化的代名词。在亚洲,最早步入这个近代化进程的就是日本。

但我们也必须承认,西欧带来的近代化也打开了一直以来闭关自守的亚洲人的眼界,让亚洲人开始放眼世界。可以说,近代化也同时揭开了国际交流新时代的序幕。人与人的交流首先是从各自信息的交换开始。每个人特有的信息创造出与他人不同的个性。国家也是如此，亚洲各民族就有着迥然不同的个性。我认为亚洲艺术学会的首要任务就是在尊重亚洲各民族固有文化传统的基础上，探索贯穿亚洲整体的"亚洲的美的意识"。

在这里有必要对"亚洲的"这个概念下一个定义。简单地说，它带有自觉性，超越19世纪以来的"近代"与"欧化主义"的意义。半个世纪以来，虽然人们一直在议论着"近代的终结"与"近代的超越"，但至今仍没有找到走出这个闭塞状况的出口。其实，"亚洲"这个规定原本就是一个极为含糊不清的概念。究其古代的语源，这个词汇与表示方向的"东"这个字有关。从欧洲的地理位置看到的东方，最初是指小亚细亚。但我们今天说的亚洲却占亚欧大陆面积的80%，人口占世界人口的60%，位居首位。

日本习惯把欧洲与亚洲叫做西洋与东洋，但立足于中华思想的中国却不称自己为带有远离中心色彩的"东洋"，而是自称"东方"。日本的大学有"东洋史"的科目，"东洋史"就是"亚洲史"、"东亚史"的意思。这一规定恐怕也很难得到中国学界的认可。欧洲一般认为的亚洲是指土耳其以东，但由于阿拉伯诸国称自己是阿拉伯，所以亚洲又可以理解为阿拉伯以东。

日本最早的美学家冈仓天心在他的英文著作《东洋之理想》的开头这样写道："亚洲是一个整体。喜马拉雅山脉在把两大文明地域分割开的同时，又像是在强调两大文明的差异。一个是以孔子的共同社会主义为中心的中国文明，另一个是以吠陀的个人主义为中心的印度文明。"冈仓天心的"东洋之理想"就是力图综合两大文明的"东方浪漫主义"理想。

美国历史学家、塞缪尔·P. 亨廷顿(Samuel P. Huntington)在他的畅销书《文明的冲突》中也表现出与冈仓天心相呼应的观点。他说，亚洲存在着中国的中华文明、印度的印度教文明、阿拉伯的伊斯兰文明以及日本文明。与亚洲文明的多样性相比，欧洲虽然也存在语言和人种上的差异，但整体上它的文明还是单一的。如果强调亚洲在语言与人种上的差异的话，就会出现一发不可收拾的结果。亚洲的观念是在以西欧为中心的意识形态下产生的，对土耳其以东的非欧洲地域的总括，这其实是一个非常含糊的概念。

那么我们应该怎样构想"亚洲的美的意识"的这一概念呢？简单地说，就是文明社会中非欧洲部分的整体对"Post-colonial"，这个在不容置疑的情况下被强迫接受的近代提出抗议的同时，对亚洲各民族特有的美的意识、文化传统与历史的重新认识。在前文中提到的陷入了停滞状况的"近代的超越"，就应该从我们亚洲的各个国家开始做起。亚洲艺术学会一心追求的就是非均一化的、具有丰富个性的民族艺术文化的相互理解，这也是对"Intercultural"这种意识的共有。我认为这还是打开亚洲美学可能性的钥匙。我期待着这次国际会议能够取得引领我们迈向未来的成果。

（作者单位：亚洲艺术学会）

环境美学的当代使命

陈望衡

环境美学自 20 世纪末在西方首先出现后，在很短的时间里，在全球引起高度关注，笔者于 20 世纪 90 年代末也进入这个领域①。如果说，20 世纪环境美学在中国还很陌生的话，那么，在 21 世纪，尤其在近三年，它不仅为美学界许多学者所热衷，而且政府部门也将视线投向这个领域。一些城市如武汉、长沙、宁波、杭州、郑州、太原、重庆、兰州、西安，都曾举办过环境美学论坛或环境美学的讲演。环境美学之所以受到欢迎，原因很简单，它是一门切合时代需要的理论性兼应用性的学科。虽然，环境美学的建构，目前尚不能说完善，即使首先提出这门学科的西方学术界，对这门学科也处在探索的阶段。到今天为止，到底环境美学研究什么，什么是环境美，也没有一个权威的统一的看法，而是仁者见仁，智者见智。本人在《环境美学》一书中提出了一个环境美学的理论体系，这个体系，还只能说是属于自己的，能不能获得学术界的认同，尚需时日。所以，本文谈的环境美学，是我所认为的环境美学。下面，我将就环境美学的当代使命，谈谈自己的看法，以求教于同仁。

---

① 笔者于 20 世纪 90 年代末进入环境美学领域，1998 年在成都的全国美学会议上发表论文《培植一种环境美学》，2002 年承担教育部"环境美学基本问题研究"课题，并开始招收环境美学专业方向的博士生。2005 年，在武汉、长沙、张家界相继主持环境美学方面的国际会议。2006 年出版了与阿诺德·伯林特联合主编的《环境美学译文丛书》，该年主持由哈佛大学敦巴顿橡树园高级研究中心与武汉大学联合主办的"绿色的盟约——城市与园林"国际会议，2007 年出版了《环境美学》专著。

一、环境与资源

长时期来，环境只是一个一般性的概念，但是，在环境成为环境学科，诸如环境生态学、环境保护学、环境哲学、环境伦理学、环境美学的研究对象时，就不是一个一般概念了，它成为一个科学的概念。作为科学概念的环境，它的外延与内涵是需要界定的。

首先是环境与人的关系。将环境作为一般性概念，环境是环人之境，它是外在于人的。然而，将环境作为科学概念，它能外在于人吗？不能。环境与人有着血缘关系。美国学者阿诺德·伯林特说得好："环境并不仅仅是我们的外部环境。我们日益认识到人类生活与环境条件紧密相连，我们与我们所居住的环境之间并没有明显的分界线。在我们呼吸时我们也同时吸入了空气中的污染物并把它吸收到了我们的血流之中，它成为了我们身体的一部分。"①不仅人的肉体与环境密不可分，是环境造就了人的肉体，而且人的精神与环境也密不可分，是环境造就了人的精神。

这里，首先涉及自然与自然环境之分。环境有自然环境、社会环境，我们这里主要说的是自然环境，自然环境是不是自然？是自然。但是，自然作为环境与自然作为其自身是完全不一样的。自然作为其自身，是以自己为本位的，它与人无关。而自然作为环境，它就失去了自己的本体性，成为了人的价值物。一方面，它是人的对象，相对于实在的人，它外在于人。但另一方面，当它参与人的价值创造时，就不是人的对象，而是人的一部分，或者说是人的另一体。此时，环境之中有人，人之中有环境。在这个意义上，环境与人不可分。

当自然作为人的价值物时，主要有两种情况：一是作为资源，二是作为环境。同一对象，既可以作为资源，也可以作为环境，虽然都是人的价值物，但有重要的区别。

资源主要分为两类，一类为生产资料，另一类为生活资料。生产资

---

① [美]阿诺德·伯林特：《生活在景观中》，湖南科学技术出版社2005年版，第8~9页。

源为人的生产活动提供原料，生活资料直接满足人的生活需要。人要生存、要发展，必须要向自然获取生产资料、生活资料。按理说这是天经地义的。但是，必须要有个限度，超出限度，竭泽而渔，就可能造成两种情况：一是整个生态平衡遭到严重破坏，二是某些资源枯竭。不管是哪一种情况都反过来会给人造成严重危害，危及人的生存。

资源是经济学的概念，它的价值是可以用金钱换算的。

环境与资源可以是同一对象，也可能不是同一对象。一般来说，环境比资源外延要大，但更重要的是，资源是人的掠夺对象，而环境是人的家园。从自然界掠夺资源，不管手段如何，人与自然的关系是对立的；而将自然界看成环境，不管这里的自然条件如何，人总是力求实现与自然的和谐。

对于自然界，我们过去比较重视的是资源，将征服自然看得高于一切，套用一句名言："欲与天公试比高。"科学技术的使命就是为人提供征服自然的工具、武器，还有理论、方法。这样做的结果，现在已经很清楚了：人对自然狂暴地掠夺，固然为人类增加了不少的财富，在相当程度上也推动了人类的进步，但同时也为人类带来了巨大的灾难。

当然，即使在今天，我们仍然需要从自然界索取，也就是说，征服自然的工作不能停，但是，这一工作却不是没有约束的。

对于当今的人类来说，更重要的是要将自然看成我们的家。家，不只是生活的概念，还是一个深刻的哲学概念。家也不只是物质性的概念，还是精神性的概念。环境美的根本性质是家园感，家园感主要表现为环境对人的亲和性、生活性和人对环境的依恋感、归属感。

环境作为人类的家园，既是空间的，也是历史的。这历史既是自然史，更是人文史。人类现在的环境，既是自然变化的产物，也是文化发展的产物。现实存在的任何具体环境，无不是自然史和人类史的结晶。从这个意义上讲，环境作为人的家，既是温馨的，也是崇高的。环境美学在当代的第一使命，就是确立环境作为家的概念。

过去那种一味将自然界看成资源的观念应该有所转变，我们只能适度地开发自然资源，并应高度重视保护自然环境，因为它是我们人类的家。

二、宜居与乐居

家的首要功能是居住。居住，就是不只是住着，还是生活着。居住可以区分成三个层次：

（1）宜居：宜居关乎人的生存。宜居首先指环境的生态质量，生态关系人的健康。其次是社会安全系数，社会安全系数关系人身与财产的安全。

（2）利居：利居关乎人的发展。利居一是指生活方便，二是指创业方便。人们选择一座城市作为自己居住地，是有诸多原因的，其中，利益的因素最重要。不同的人选择的城市是不一样的，因为他们追逐的利益不同。利益是复合的，也是变化的，住在某地终生不搬迁的人现在是越来越少了。

（3）乐居：乐居关乎人的生活质量。环境能不能让人乐居，主要有四点：第一，生态优良，景观优美，气候宜人。第二，历史文化底蕴深厚。第三，个性特色鲜明。第四，能满足居住者独特的情感需求。情感需求对于许多人来说极为重要。人的情感力量是很大的，它在相当程度上可以超越理性而成为决定人的行动的首要心理因素。真正乐居的城市一定是让人在情感上认同的。情感上的认同，意味着这座城市很有人情味，温馨、可人。

自然让人愉悦，文化让人迷醉，情感让人留恋。

在以上所说的城市居住功能三层次中，宜居是基础，立足于生存；利居，侧重于创业，立足于发展；乐居则侧重于生活，是前两者的综合与提高。

虽然利居与乐居，存在不统一的一面，但是，人们获利的最终目的，还是生活，创造价值的最终目的还是享受价值。因此，归根结底，乐居是人类对环境的最高追求。

环境美学将乐居看作环境美的最高功能。它的重要价值在于确立了人类对环境建设的最高目标。

宜居，重在环境保护，虽然它也是环境美学所肯定的，却又是环境保护学、环境生态学所共有的，并不是环境美学的特殊性所在。利居，重在环境开发,仍然没有摆脱将环境当做资源的观念,明显地在利用环境,而环境一旦成为利用的对象,它与人的关系就存在某种对立。只有乐居,人与环境的关系才不是对立的,而是和谐的,而且,这种和谐具有亲缘性、情感性、文化性。亲缘性,说明环境与人共生的关系,人与环境命运相共,真所谓"一荣俱荣,一损俱损"。情感性,说明宜居重在生态,利居重在功利,只有乐居,才重在情感。而众所周知,情感是人之所以为人的最为深刻的心理因素,是人之根本。文化性,说明乐居是具有丰富而又深刻的文化意味的,它建立在人类创造的全部文明的基础上,而且它浓缩提炼了人类文明的精华。在某种意义上,乐居这一概念是与幸福概念相通的,而且它就是幸福的代名词。

环境美学将乐居作为环境美的最高功能,实际上它成为人类文明建设的重要理论。

人性化,或者说以人为本,在环境建设上应如何落实?笔者认为,就要落实在乐居这一层面上。宜居、利居,均是以人为本的,但不是最高层面。因为在宜居和利居的层面上,人性没有得到充分的肯定,只有到达乐居层面,人性才获得充分的肯定,人在环境方面的全面需要才得以满足。

从以人为本的维度来看环境建设,山水园林城市和历史文化名城是最能满足人性的,而且也是最能令人乐居的。

山水园林城市,首先是自然环境较一般城市多,它有山、有水,能充分满足人对自然的需要。人本来自自然,然而当人们为了功利的需要,涌进城市以后,城市为了满足人对功利的贪欲,不得不削山填水,城市中原有的青山没有了,碧水没有了,有的只是成片的钢筋水泥森林。生活在这样的森林里,人的内心是极度恐慌的。山水园林城市,将已经被人们赶出去的自然请了回来,这就满足了人的亲和自然的本性。山水园林城市虽然多自然山水,但是它并不缺少现代的物质文明和精神文明。山水园林城市中的山水不是原生态的山水,而是按照艺术原则,加工过、建设过的山水。由于山水园林城市能全面满足人对自然、对文明的需求,因此,它是人类最为理想的生活场所,是乐居的首选之地。

历史文化名城以历史文化遗存丰富且质量很高为标志。人是这个地球上唯一有历史感的生物。人也是进化的,亦如别的生物。只是别的生物的进化是自然行为,其进化是被动的,而人的进化,是自然与文明行合力所致,因而人的进化(步)不是被动的。人凭什么能在进化(步)途中争取主动?重要的一条是,人是有历史感的。鉴古可观今,而深刻地洞察现实又有助于科学地预见未来。人就是这样,凭着历史感自觉地建设现在,有目标地走向未来。人类进化(步)的历史,不只是用文字记载的,还会用实物来记载。历史文化名城之所以有名,就因为它保存了比较多的历史实物。这些实物——历史遗存,正是这座城市的魅力所在。

人类的家,是由自然走向农村、走向城市,而今虽然农村仍然是我们的家,但是农村也在一定程度上城镇化,因此,实际上,城市是我们最为主要的家。当前,各地都在创建人类的宜居环境,提出建设花园城市、保护历史文化名城等诸多主张,这都是环境美学需要深入研究的问题。乐居,是环境美学唯一的、最高的主题。

三、工程与景观

工程与景观的关系,涉及环境建设与环境美化的关系。人在环境中生活,不能不对环境进行建设,人类的任何建设,都可以算作工程,人类的工程除了纯艺术性的外,均是功利性的。诸如城市中的建筑、马路、高架路、立交桥、下水管道、高压线等。无疑的是,这些工程给人类生活带来诸多的福祉,但是,这些工程也给人类带来一些麻烦,有属于生态方面的,也有属于能源方面、卫生方面、经济方面的,它们都不同程度地对环境有所破坏。

环境美学也许更多地关注工程外观对环境的影响。应该肯定的是,设计合理、创意新颖的工程外观,不仅不是对环境的破坏,反而是美化了环境。但是,我们也不能不看到,实际上,很多的工程都是对人类环境审美的严重伤害。在城市中走路,触目皆是横七竖八的电线、建筑,或是平庸,或是丑陋,这样人能高兴起来吗?

工程是一柄双刃剑,一方面,它是在建设环境;另一方面,它又是对环境的破坏。有什么办法能解决这一问题,尽可能地减少它的破坏性,或者不造成破坏,甚至转变为美化呢?

从环境美学的角度，笔者试提出一个观点：化工程为景观。

何谓景观？环境在环境美学中是一个本体概念。按环境美学的观点，环境美在景观。环境是一个科学概念，而景观则是一个美学概念。景观的构成，一是景，二是观。景有自然之景，也有人工之景，类型是非常之多的。而观，也不只是生理和心理上的感觉，它涉及诸多的人文因素，实际上它指的是人类的文明。

景观作为美学概念，它相当于艺术中的意象。将工程化成景观，要求在工程规划中加入美学理念，让工程既有利于人们的生产与生活，又有利于人们的审美。工程与景观有对立的一面，但也有统一的可能性。优秀的工程设计者，应尽量消解二者对立的一面，尽最大的力量，实现它们的统一。

这里牵涉到工程建设的指导思想问题。工程建设有两种指导理念，一是功利原则，即如何让工程最大地发挥它的功能性；二是审美的原则，即如何让工程成为一道景观。这二者的关系是怎样的呢？有人提出：功利第一，审美第二。笔者认为不妥。功利与审美在这里不存在第一、第二之分，只有一个原则：二者统一。

在这里，有必要强调一下审美主导。为何不提功利主导，而提审美主导呢？道理很简单，功利主导，总是导致审美的缺失，而审美主导，则一定会将功利包容在内，因为功利是审美的重要内容或者灵魂，怎么会缺失呢？

功利与审美是美学基本问题之一，它在环境美学中的体现，正是工程与景观的统一。

四、环境保护与环境美学

有人可能认为，现在最重要的问题是环境保护，谈环境美学不是时候。这种观点貌似有理，实则糊涂。环境美学不是环境美化学，它也是环境保护学。环境保护，一是需要科学技术，二是需要理念。环境美学提供的正是环境保护的理念。我们上面说的环境美学的一些理念，对于环境保护难道没有指导作用吗？比如，资源与家园的概念，资源要开发，家园要珍惜。正是出于对家园的热爱，我们才要重视环境保护，而环境美学讲的正是家园的概念。又比如，生态与文明的关系，环境美学的哲学基础有二：生态主义与文明主义。它是二者的统一，而不是两者的分离。这就涉及环境保护，环境保护无疑是指重视生态，但生态平衡实现到什么程度，关系着现在的文明程度。以人为本，与以生态为本，是可以也应该统一起来的。

在诸多的关于环境保护的理念中，环境美学的确处于较高的层面。它虽属于环境哲学，但它比一般的环境哲学要具体一些，从现实指导作用来说，较为切实。环境美学比环境艺术学、园林学、园艺学要抽象、要高，它是环境艺术、园林学、园艺学的理论指导。没有环境美学作指导的环境艺术工程、园林工程、园艺工程，往往是不到位的，或者说是不够理想的。

在这里，笔者试提出"审美的环境保护"这一概念。按照哲学，人类三大精神追求为真、善、美。这三者是何关系？哲学界较为一致的看法是：真、善二者统一于美。科学界的看法如何呢？有两种不同的认识，另一种以彭加勒、韦尔、海森堡为代表，另一种以爱因斯坦为代表。

法国科学家彭加勒认为美比真更本质，美的必定是真的，这与德国物理学家韦尔、海森堡的看法差不多。他们都认为"美"是"真"的充分条件，而"真"是"美"的必要条件。爱因斯坦的看法有些不同，他坚持"真"是"美"的充分条件，"美"是"真"的必要条件。这就是说，"真"的必定是"美"的，"美"的不一定是"真"的。这两种看法貌似对立，其实是相通的，只是看问题的角度不同、强调点不同。彭加勒、韦尔、海森堡强调"美"的必定是"真"的，"真"的不一定是"美"的。这"美"是就其本质意义来说的。真正的"美"，应该是客观世界的某种本质、规律的存在方式，而且这种存在方式具有典型性。基于实验条件和人的认识能力的时代局限性，有些"美"的科学理论暂时还得不到证明，按照实验是检验科学理论真理性的重要标准来看，它似乎不真，但是，由于它美，它必定真。这"真"总有一天会被证明的。至于"真"的不一定是"美"的，这"真"没有取它的本质意义，也就是说，不是指它的绝对真理性，而是指它的相对真理性。这个理论，在人们现有的认识能力之下，在现在的实验条件之下，可以说是"真"的，但是，如果科学实验的条件改善了，人们的认识能力提高了，原来被认为是"真"的科学理论中，其潜藏的"不真"的一面就会暴露出来。从这个意义上讲，"真"的科学理论不一定是"美"的。

至于爱因斯坦强调"真"的必定是"美"的，"美"的不一定是"真"的，是从另一种角度来说的。"真"的科学理论必定是"美"的，这正好是强调美与真的一致性，这与彭加勒等科学家的看法并无区别。爱因斯坦说的"美"的不一定是"真"的，这"美"有两种可能：一种是这"美"的科学理论只是徒具形式上的美，而缺乏真的内容，实际上是赝牌美，不是真正的美；另一种可能是，这美的科学理论有可能是真的科学理论，但基于科学家当时的认识能力和实验条件，人们目前还不能断定它是"真"的科学理论还是"假"的科学理论，从实践是检验科学理论真理性的最终标准这一立场而言，"美"的不一定是"真"的。

虽然科学家们的具体说法有些不同，但是，都坚持真与美的一致性，而且基于真的相对真理性，而往往将美置于高于真的地位。

将真善美的观点用到环境保护中来，我认为，善是根本目的。这里说的是人的更好的生存与发展，而真与美则分别是环境保护的两种不同理念。"真"的保护主要是科学保护，以生态平衡为最高原则，这中间也会有美，但美主要是生态美、自然状态的、没有人工创造的。"美"的保护，按照美的必定是真的观念，它必包含有真，也就是说，生态平衡是它的题中应有之义。这样说来，它是有生态美的，但是，"美"的保护还具有"真"的保护所没有的东西，这就是美的规律。美的构成是丰富的，有生态的、主要来自自然的美，也有文明的、主要来自人工的美。美的规律也是丰富的。这样说来，"美"的保护不仅包含"真"的保护，而且高于"真"的保护。举个例子吧，城市里的一片湖被严重污染，按科学的保护即"真"的保护，主在治污，在一定程度上恢复生态平衡。而按审美的保护或"美"的保护，则不仅要治污，还要进一步做一些美化。比如，湖岸可以栽些树，最好是柳树，或者还夹着桃树，以求色彩的丰富；湖中是否考虑养些鱼，养什么鱼，既考虑生态性，又考虑观赏性；湖岸或湖中小岛是否建一个小亭，让人观景，等等。这种文化性的投入，就不只是环境保护还有环境美化了，它属于环境美学的范围。

环境保护有消极的保护，也有积极的保护。消极的保护，有时未必能做到长久的保护，或者未必能做到全面的保护，或者保护了这一块，又损害了另一块,这种保护,主要还是理念上出了问题。积极的保护,则是立足于长久的保护、全面的保护,相关事物处于良性的、平衡的保护,这其中就包括环境美学所研究的问题。

现在我们国家的环境保护之所以存在严重的问题,主要不是科学技术水平达不到,而是思想认识达不到:或者根本不重视环境保护,或者想做好然而没有相应的人文理念,包括环境美学理念作指导,结果反而将事情做坏了。没有环境美学作指导的环境保护完全有可能造成新的环境破坏。

环境教育是公民教育的重要组成部分。在环境教育中,不只是环境保护的教育,还有环境美学的教育。在这方面,我们做得还很不够。整个社会的环境保护意识薄弱,环境审美的意识也很薄弱。环境美学所要担当的,不仅是环境保护的教育,还有环境审美的教育,在这方面,环境美学的使命更是任重道远。

(作者单位:武汉大学)

城市意境与城市环境建设

雷礼锡

一、城市意境与城市环境美学追求

中国拥有上千年的山水艺术与审美文化传统，形成了独特的诗意的环境审美模式与美学传统。在城市的现代化进程中，城市环境规划与审美创造如何吸收传统美学资源，已经成为近年来中国城市环境建设的重要理论与实践课题。1992年，钱学森在给顾孟潮的一封信中明确提出，可以用"山水城市"观念来解决中国现代城市建设中普遍存在的环境困境①。这就从传统人文精神层面确认了一个基本的城市环境主张，即，可以将中国传统山水审美文化与现代城市环境建设有机结合起来。1992年8月中国开始实施《城市绿化条例》，强调"城市绿化规划应当根据当地的特点，利用原有的地形、地貌、水体、植被和历史文化遗址等自然、人文条件，以方便群众为原则，合理设置公共绿地、居住区绿地、防护绿地、生产绿地和风景林地等"。这从城市环境建设管理与美化实践上确立了"园林城市"理念，有可能与传统山水园林美学精神形成内在的、历史的呼应。

那么，中国城市环境建设的美学精神究竟是什么？城市环境美学精神如何沟通传统山水审美文化特色与现代城市发展需求？2007年，陈望衡出版《环境美学》一书，以中国传统境界美学为思想基础，结合西

---

① 顾孟潮：《钱学森与山水城市和建筑科学》，载《科学中国人》2001年第2期。

方环境美学发展的重要成果,借鉴中外城市环境建设的实际案例,明确提出城市环境美学的基本方向是构建城市意境。他认为,城市意境是城市环境美学的最高追求①。它"以山水为体,以文化为魂"②,充分体现山水园林城市环境的生态性、自然性、生活性、艺术性③,彰显山水园林城市的环境美学意蕴。这显然为城市环境建设提供了重要的指南性,有助于将城市绿化工程、靓化工程提升到环境审美创造的高度,保障城市建设与传统审美文化的紧密结合。

城市意境具有城市环境美学的本体论意义,是城市物质环境与城市历史文化相结合而形成的美学概念。城市意境不能缺少自然山水景观。而且,城市的自然山水景观不是单纯的自然景象,而是承载具体文化内涵的自然山水景象。一座山,有其特定的文化史;一条河,也有其特殊的文化史。依据城市自然山水而形成的城市山水文化,突出体现在历史上的各种文学艺术作品中。这些文学艺术作品与相关的历史文献记载结合到一起,便构成了城市自然山水的文化史、艺术史。这意味着城市中的山水并不是单纯的自然对象,而是鲜活的文化形态,是一座城市具备诗意生存环境的重要组成部分,是一座城市拥有城市意境的重要标志。

城市意境离不开人类对城市自然山水环境的审美体认与价值选择。众所周知,城市环境包括自然山水环境,这几乎是世界城市发展史的普遍现象。如伊斯兰宗教城市、古希腊的城邦、文艺复兴时期的商业城市、欧洲工业革命时期的工业城市,它们大多依山傍水,以便为城市的日常生活、交通运输、军事防御等提供基本的保障。但是,受城市功能、民族文化等诸多因素的影响,并非所有民族或国家的城市文化与形态都体现出山水审美精神。如阿拉伯城市的历史文化基础是宗教以及为宗教服务的军事力量。在阿拉伯先知穆罕默德去世以后,哈里发国家走上了武力征服、扩张的道路,"由是兵营城市便逐渐兴建起来。一座座新兴城市既是营地,也是伊斯兰教的宗教和文化中心"④。欧洲19世纪

---

① 陈望衡:《环境美学》,武汉大学出版社2007年版,第384页。
② 陈望衡:《环境美学》,武汉大学出版社2007年版,第409页。
③ 陈望衡:《环境美学》,武汉大学出版社2007年版,第400页。
④ 彭树智:《阿拉伯国家史》,高等教育出版社2002年版,第58页。

以前的文学艺术传统极端忽视自然山水,到启蒙运动时期,著名哲学家康德曾在《判断力批判》中明确肯定自然山水的审美价值,但稍后的黑格尔又毫不客气地指出自然美低于艺术美,自然界不值得美学进行研究。20世纪末期,欧洲哲学与美学领域突破"艺术中心论"的话语传统,广泛关注并研究环境美,自然山水成了重要话题。著名环境美学家约·瑟帕玛的论文《如何言说自然》①,可以看作是当代欧洲重视山水审美价值的一种立场与方法的代表。

与国外城市历史进程相比,中国城市发展显然更能展现山水审美精神。中国自古看重阴阳风水观念,城市选址与布局离不开阴阳观和风水观的指导,如汉代设置的长安城、襄阳城,就位居水之南、山之北,是聚气积阳的风水宝地,形成了独特的城市山水环境模式。2002年,襄樊市就因为襄阳城山水环境特色而被评选为第六批十座国家园林城市之一,其获奖证词评价它"是一座真正的城,古老的城墙仍然完好!凭山之峻,据江之险,没有帝王之都的沉重,但借得一江春水,赢得十里风光,外揽山水之秀,内得人文之胜",它"聚集山水精华",是"中华腹地的山水名城"。襄阳城的山水环境模式堪称传统山水审美文化的重要代表,对现代山水园林城市环境建设具有典范作用。

最后要注意,城市意境是以中国传统美学为基础而提出的现代城市环境设计概念,不是传统美学术语的简单沿袭。作为中国古典美学基本范畴的意境,建立在艺术意象的创造和品位基础上,代表文学艺术的最高审美追求。传统的审美意境注重精神层面的审美满足,重视主体内在的审美感受、体验及其外在呈现(或艺术表现)。而城市意境注重"功利原则"与"审美原则"的结合,并且"功利原则是摆在第一位的,在功利原则的基础上将审美原则考虑进去"②。城市意境显然是一个鲜活的现代性概念,要求城市能够充分利用传统山水美学资源,在城市景观环境

---

① [芬]约·瑟帕玛:《如何言说自然》,载陈望衡主编《美与当代生活方式》,武汉大学出版社2005年版,第107~114页。

② 陈望衡:《环境美学》,武汉大学出版社2007年版,第381页。

建设中努力"重建人与环境的和谐关系"①，充分考虑城市的历史文化底蕴、城市环境节点及其逻辑关系、城市的基本功能与结构，塑造具有独特审美意味的城市空间环境意象体系，增强城市环境魅力，锻造诗意之城。

二、诗意之城的环境构成特点

城市环境建设能否实现城市意境、创造诗意之城，其核心问题在于能否实现"以山水为体，以文化为魂"的城市环境美学精神，达到城市之"境"与城市之"意"的结合，即优美的自然山水环境与独特的地域山水文化的有机结合。

首先，优美的自然山水风光是诗意之城的物质环境基础。中国传统文学艺术与美学一直看重自然山水风光，并且推崇自然山水的优美品质。盛唐田园山水诗人们所关注的田园山水景色绝大多数都是指称优美的山水风光，充满无限诗意。如唐代诗人孟浩然的《过故人庄》一诗就描写了襄阳城东边的鹿门山田园风光，诗情流溢。王维的著名山水诗篇《汉江临眺》，实际上是从襄阳城地理与精神视角出发获得的汉江山水体验，同样也是诗情满怀，优雅与豪情兼具。即使是人工园林环境，美学家们也推崇优美品质。陈望衡在《环境美学》中谈到园林美问题时，就将"清雅"、"韵味"看作园林美的首要特征，而清雅、韵味就体现了环境的优美特征。在中国传统审美文化中，自然山水及其优美品质是诗意之城的环境构成的首要内容，是城市自然山水环境的诗意美的现实基础。

那么，优美的城市自然山水在环境形式上究竟有哪些具体特质，并因此而传递诗意之美？其一，城市自然山水要在总体上体现出灵秀特质。早在晋宋之际，中国山水画的开创人之一宗炳就对江汉流域自然山水风光的环境特征给予了高度概括和称赞。宗炳在《画山水序》中说：

---

① 雷礼锡：《传统山水美学与现代城市景观设计》，载《郑州大学学报（社科版）》2009年第3期。

"嵩华之秀，玄牝之灵，皆可得之于一图矣。"①这里的嵩华、玄牝泛指自然山水，其秀、其灵则是自然山水的环境美特点。其中"秀"体现自然山水的外在形式美，"灵"体现自然山水的内在意蕴美，可以通向天地之"道"。而灵秀山水的典型代表在哪里？宗炳说："余眷恋庐衡，契阔荆巫，不知老之将至。"②可见宗炳眼里的灵秀山水首推江汉流域的自然山水，而江汉流域地区的城市自然更容易成为城市意境的典型代表。其二，城市自然山水中的山与水要均衡分布，彼此交错而不紊乱。诗意山水是自然之山与水的融合，既不能山多而水少，也不能水多而山少。尤其不能有山而无水，或者有水而无山，因为山无水则失灵性，水无山则失秀逸，也就失去了山水诗意的物质基础。其三，城市自然山水之间的植被构成能够充分体现青山绿水的风貌。植被丰富才能青山常在，水质清澈才能绿水长流。其四，城市自然山水之间的空间视野开阔，有丰富、深远的空间审美舞台。诗意山水并不在乎山高水深，尤其要避免遮天蔽日式的崇山峻岭。

要理解城市山水的灵秀特征，必须充分考虑城市规模问题。这意味着城市规模不能太大，城市山水体量不能过大。按照亚里士多德的看法，自然物的美取决于它的体积和顺序（排列关系），太小了不美，太大了也不美③。康德继承并发展了这一见解，认为宏大的东西给人以崇高感，产生震惊或崇拜，但谈不上优美④。如襄阳城的体量与结构就比较适宜，城的周长在宋代为6公里左右，在明代增加到7.3公里，现存城墙周长也不超过8公里。它北临汉江，东望鱼梁，南眺岘首，西接荆山，另有宽阔的护城河围绕东南西三面城墙。襄阳城四周距山离水均在5公里范围内，城市与山水相互交融，彼此辉映，构成了整体的山水景观体系，如襄阳护城河、汉江大堤、岘山、习家池、羊祜山、真武山、

---

① 宗炳：《画山水序》，载潘运告编注《中国历代画论选（上）》，湖南美术出版社2007年版，第12页。
② 宗炳：《画山水序》，载潘运告编注《中国历代画论选（上）》，湖南美术出版社2007年版，第13页。
③ ［古希腊］亚里士多德：《诗学》，陈中梅译，商务印书馆2003年版，第74页。
④ ［德］康德：《判断力批判》，邓晓芒译，人民出版社2005年版，第91页。

隆中山、鱼梁洲、鹿门山、万山等，自古就是声名显赫的自然山水景观，也留下了许多重要的历史故事与艺术佳作。再加上汉江水质清澈，周边山峰大多数百米高，山不高而性灵，水至清则秀丽。在这里，人们走进城市就是走进了山水，走进山水也就是走进了城市。它既没有因为城市规模庞大而干扰城市山水审美价值与城市功能的施展，也没有因为城市规模过小而淹没于纯朴的乡野田园状态。

其次，地域化的山水审美传统是诗意之城的文化环境条件。城市意境十分看重城市的文化之魂。那城市的文化之魂是什么？它与城市的自然山水环境有什么关系？这是理解诗意之城的环境构成特点的关键问题。

一般来说，城市就是文化的产物，每个城市都有其文化构成或文化内涵。既然如此，有城市，有山水，不就有了城市意境？但是，环境美学视野内的城市意境显然不是城市山水与城市文化的简单相加，而是强调城市文化与城市山水环境的有机融合。真正的诗意之城是立足于城市山水环境，形成自身特有的山水文化体系，既不是把北方的城市文化简单地安放到南方的城市山水环境中，也不是把西方城市文化简单地安放到中国的城市背景中。襄阳城就是自然山水与文化山水彼此结合的诗意之城。早在先秦，《诗经》就为襄阳城奠定了神秘而浪漫的文化根基。《诗经·汉广》中写道："汉有游女，不可求思。"这是汉水女神传说的文化渊源。据说当时有一个名叫郑交甫的官员南行到达楚国，在万山江边看到美丽的女子，便以目光挑逗。女子解下玉佩相赠，郑交甫满心喜悦。但没有走多远，郑交甫发现玉佩了无踪影，美丽的女子也消失不见①。故事发生在优美的汉江山水场景中，充满了神秘、诗意，山水得以成为浪漫爱情的重要语义符号。东汉末年，社会动荡，天下分裂，最终出现魏、蜀、吴三国鼎立局面，襄阳因其特殊的地理位置而成为三国争战的焦点。王粲就是这个时期的著名文学家，他旅居襄阳15年（公元193—208）之久。其文学作品受时代的影响，不免诗情

---

① 《文选》卷一九曹植《洛神赋》"感交甫之弃言兮"句下，李善注引《神仙传》，记述有这个故事。详见《文选》上册，中华书局1977年版，第271页。

"深沉"、"悲壮"①。他的《七哀诗》之二就这样写道:"荆蛮非我乡,何为久滞淫?方舟溯大江,日暮愁我心。山岗有余映,岩阿增重阴。狐狸驰赴穴,飞鸟翔故林。流波激清响,猴猿临岸吟。迅风拂裳袂,白露霑衣衿。独夜不能寐,摄衣起抚琴。丝桐感人情,为我发悲音。羁旅无终极,忧思壮难任。"此诗描写山川落日,飞鸟归林,而诗人滞留外乡,平添几多忧思、愁绪。诗中的汉江城市山水充满伤感、悲情的色彩。唐代是中国文学艺术大放异彩的历史时期,也是清淡与豪迈相结合的汉江城市山水精神得以光芒四射的时期。孟浩然的《过故人庄》一诗这样描写襄阳城东边的鹿门山田园风光:"故人具鸡黍,邀我至田家。绿树村边合,青山郭外斜。开轩面场圃,把酒话桑麻。待到重阳日,还来就菊花。"诗中的田家、绿树、青山、场圃、桑麻、菊花,形象化地呈现了襄阳城山水的田园牧歌风情,蕴含了清新、淡静的环境意味。王维《汉江临眺》诗云:"楚塞三湘接,荆门九派通。江流天地外,山色有无中。郡邑浮前浦,波澜动远空。襄阳好风日,留醉与山翁。"这里描述的汉江山水风光实际上属于襄阳城,是从城市视角出发获得的城市山水体验。诗中所描写的山水风光,乃是天地开阔、山水辽远,天地山水难分彼此,山光水色相互交融。其意境幽深,耐人寻味,既不失幽淡之意,也不失豪迈之气。可以看出,襄阳城的文学艺术发展有着强烈的个性特色,这就是紧紧围绕城市山水环境描画山水、歌咏性情,形成了与城市自然山水环境和谐一体的地域山水文化传统。因此,理解城市意境,离不开城市的自然山水环境,离不开歌咏城市的山水文化传统。城市意境表明城市环境中的自然山水与文化山水的合而为一,是诠释中国传统山水城市美学精神的重要对象。

最后需要注意的是,诗意之城的环境构成十分重视城市文化与城市山水景观的环境融合,这本身也是中国传统文化精神的内在要求。中国古代城市建设与发展一直蕴含强烈的山水意识。这种城市山水意识并不是单纯的山水审美需要,而是通过山水审美需要指向中国人精神深处的家园意识、归宿意识。作为中国传统文化的主流,儒家思想追求家国一

---

① 袁行霈、罗宗强:《中国文学史》第二卷,高等教育出版社2005年版,第29页。

体,导致家屋、官府、皇宫的功能与环境构成惊人相似。官府是放大的家屋,皇宫是放大的官府,城市则是放大的官府、皇宫,是官民一体、家国一体的环境体系。城市所蕴含的"家园感"、"归宿感",在精神层面保证城市内各个环境区域之间的功能配合、精神呼应。这种精神与功能的配合依靠什么来实现?当然离不开阴阳风水观念在城市规划与设计中的实际应用。阴阳风水观实际上是有关自然与山水的哲学形态,它在山水城市的空间布局上往往有着深刻而具体的表现。如汉代的襄阳城、长安城都非常讲究背山面水,以便聚气积阳。如果背山面水的具体方位是南面背山、北面向水,则构成极阴之地,这时候就可以通过北面的城门多于或大于南面背山的城门来实现阴阳平衡,让城市格局体现上达阴阳、下通人伦的天人和谐境界。深厚的家园意识与鲜明的阴阳风水观彼此结合,促使古代城市山水环境成为人的生存与发展的精神依托,成为山水文化传统底蕴深厚的具体表象。

三、现代城市环境的诗意创造

以城市意境为基础追求现代城市环境的诗意创造,需要考虑以下基本原则。

第一,凸显个性特色鲜明的诗意山水环境。尽管自然山水环境的诗性特征离不开人的诗意审美和体验,但是,能够调动人的诗意审美情绪的自然山水,总有其自然特色,如山水景观的原生性、生活性、园林性。这要求城市自然环境的规划与建设应努力遵循原生性、生活性、园林性准则。

原生性是诗意山水的重要维度之一。原生性意味着城市山水环境要保持原生态的自然本色。诗意之城的山水景观具有自然天成的特点,不是人工造物,决不能简单地依赖假山假水来装饰城市的山水意味。当然,诗意之城的自然山水也不是穷山恶水式的自然环境。穷山恶水并不满足诗意的城市环境的自然性维度。因为城市山水环境的自然性,除了考虑山水自身的自然特性外,还要考虑人类生存的基本特性。人类社会与自然界共同具有的自然性及其彼此结合,才是诗意之城应有的自然山水环境品质。它表明城市自然山水的形态、内容与人的自然生存乃至社会生存保持协调，形成可持续发展的自然基础。

当然，城市毕竟是人类社会历史发展与进步的产物，人类对城市周围的自然山水环境不可能完全无所作为，总会进行改造、加工，使之美化，符合城市环境的审美需要。因此园林性便成了塑造诗意城市山水环境的基本美学标准。园林性体现了城市对山水环境的独特的人文创造，是根据人的日常生活需要，对自然山水进行的艺术化处理，反映了城市与山水、人与自然之间的和谐关系，是自然山水的原生性品质的升华。必须注意，这里所说的园林性并不单纯地指城区环境绿化所达到的花园式状态，而是自然山水与整个城区人工环境的和谐，如城区环境的美化及其同外围山水环境的协调，城区与周边地区之间过渡区域的环境美化及其整体融合，城市外围山水环境美化及其对城区环境的烘托效果，都是必须充分考虑的具体内容。园林性不是针对城市局部环境的人工处理，而是指整个城市环境的艺术化，意味着城市的自然山水环境与城市格局之间的有机融合，以便彰显人与自然彼此和谐生存的人文精神品质。城市的园林化既是一个城市艺术化的行为，也是一个城市自然化的行为，它不是简单地加工或拼凑自然山水景观，用以点缀城市环境。对诗意城市的个性化创造来说，城市环境的园林化当然不是单纯旅游观赏性质的山水景观设计行为，而是人与城市和谐生存的环境设计行为。这意味着，人在城市就是人在山水，人在山水就是人在城市。如果城市自然山水景观与城市总体环境不能有机融合，存在疏离性、分立性，那就说明城市缺乏个性化的城市意境，不是优美的诗意之城。

生活性是中国传统诗意山水美学的重要维度之一，也是塑造现代诗意城市环境的重要品质。隋唐以前，中国人对自然山水的审美与艺术表现大多带有强烈的宗教、神祇、象征意味，偏离日常生活趣味。如晋代画家顾恺之的杰作《洛神赋图》虽有优秀的山水景象，却是宗教神秘性质的图像表达方式。唐代著名画家李思训的青绿山水画在题材与构图上大多描画"云霞缥缈，窅然岩岭之幽，峰峦重复，有荒远闲暇之趣，加以宫殿台阁的富贵趣"①，虽有名山大川气象，却无日常生活气息。唐宋以后，自然山水的生活品质才受到广泛重视。宋代著名画家郭熙甚至

---

① 陈传席：《中国山水画史》，天津人民美术出版社2001年版，第35页。

明确主张，山水画应该描画"可游可居"的山水，而不是"可行可望"的山水，因为君子之所以喜爱山水，缘于山水是君子起居生活最佳处所，而中国山川"可游可居之处十无三四"，山水画当然应该"取可居可游之品"①。这从理论上摒弃了荒山野水的题材，突出了山水的生活品质，也提升了人们对城市山水环境的生活品格的审美认知与需求。王维所说的"襄阳好风日，留醉与山翁"，传递的就是生活化的城市山水审美方式。孟浩然《秋登万山寄张五》云："北山白云里，隐者自怡悦。相望始登高，心随雁飞灭。愁因薄暮起，兴是清秋发。时见归村人，平沙渡头歇。天边树若荠，江畔洲如月。何当载酒来，共醉重阳节。"描述的也是一幅日常生活性质的城市山水景象。它提醒我们，创造现代城市意境应该充分考虑人的日常生活审美需要。

城市自然山水的生活品质首先与山水的自然面貌特征有关，要求山不在高、水不在深，能够充分适应城市居民的日常生活起居和休闲娱乐需要。为了创造诗意城市环境的生活品质，就需要保持城市山水景观与人之间的亲近关系，让山水环境真正成为人的日常生活环境的自然构成。对于城市周边的山水环境处理，要努力设计和建设成市民日常起居生活的载体、休闲观光的对象，而不需要用刻意的旅游方式去面对。人们专程远道去黄山、庐山旅游观赏，这属于山水旅游鉴赏行为，是人为的环境审美活动，不属于日常生活性质的山水审美行为。

第二，创造城市文化生活方式的诗情画意。诗意的城市是蕴含文化个性的城市，而不是其他城市或其他文化形态的延续或模仿。唐代诗人王维既描写过西北地区的山水城市，也描写过汉江流域的山水城市。在他的笔下，自然山水总是充满浓重的诗情与深厚的禅意。但他对西北山水城市与汉江山水城市的诗意描写各不相同，西北城市山水更显深沉、内敛的特征，汉江城市山水更显雄阔、豪迈的气势。要彰显地域特色鲜明的城市文化，就需要围绕城市自身的传统山水文化加以发扬光大，尤其不能缺少诗意的文化维度，因为诗对诗意城市环境的创造至关重要。海德格尔曾经为人类祈愿能够诗意地安居，并强调："只有当诗发生和

---

① 郭熙：《林泉高致》，载潘运告编注《中国历代画论选（上）》，湖南美术出版社 2007 年版，第 224~225 页。

到场，安居才发生。"①没有诗和诗情，就没有诗意的城市文化生活，诗意之城的创造难以实现。

为创造城市文化生活的诗意，首先需要努力创造诗意的城市文化生活场景。特别是建筑环境要充分应用城市自然山水条件，谨防人工建筑与自然环境的形式与精神冲突。如高大的建筑物遮掩灵山秀水，这是遮蔽城市诗意的重要因素之一。提倡依托自然山水环境来建造开放性的城市人文景观、休闲文化场所，既满足了市民的日常游乐，也容易激发人们的山水审美情绪。

为创造城市文化生活的诗意，还需要充分应用地域化的传统建筑符号、图像符号来彰显城市公共环境的诗情画意。那些个性化、地域化的建筑景观与视觉图像最容易调动人们欣赏城市环境，形成有关城市环境与文化个性的审美体验与认知。在城市环境的个性化建设进程中，可以充分利用城市自身的传统建筑形式与图形符号来完成公共建筑的总体设计与室内外环境装饰。还可以应用视觉造型艺术手段(如公共建筑壁画、环境雕塑)将那些重要的城市历史事件、历史传说与故事、文化名人再现出来，用于直观地表现和传播城市文化的特色内容。

为创造城市文化生活的诗意，也需要定期或不定期地举办各种文化艺术活动，如文学节、艺术节、山水文化节。从美学角度开展对城市环境特色与意蕴的专门研究，既是现代环境美学研究与发展的重要领域，也有助于推进诗意的城市文化生活方式，提升城市审美文化的品位。

第三，选择地域特色鲜明的城市环境模式。诗意是充满个性化体验与智慧的文化产物。城市环境模式的个性化、地域化是城市意境的现实基础。因而，诗意之城的创造需要选择一种个性化、地域化的城市环境模式，特别是具体区分田园山水城市、田园城市、山水城市、园林城市，防止笼统地使用山水城市或园林城市。

面对19世纪末的臃肿而混乱的伦敦，霍华德曾经提出了"田园城市(Garden City)"的构想，试图用乡村田园地带重组城市环境模式，建

---

① [德]海德格尔：《人，诗意地安居》，郜元宝译，上海远东出版社2004年版，第95页。

立田园城市基础上的城市群(社会城市)①。霍华德的田园城市首先是一个社会学与政治学概念,而不是城市环境美学概念。他试图依据一种社会生活理想来重新设计和改造现有的城市生活模式,以摆脱城市发展的困境。山水城市是基于山水文化传统的继承与发扬而倡导的城市设计与建设概念,试图在现代城市建设中保持并延续山水文化传统。园林城市是正在广泛推行的概念,强调以绿化、美化方式改善城市自身的环境面貌,在城市环境建设与管理上具有较强的操作性,但在如何突出城市环境的个性特色方面存在许多不足,遭到了诸多批评与怀疑。田园山水城市则指城市的自然山水环境与城市的农业环境紧密地融合在一起,表明城市的经济结构与历史文化本色都不应该将田园性剥离出去。襄阳城就是特殊的田园山水城市,而不是一般意义上的山水城市或山水园林城市。在襄阳城西,即襄阳城通往隆中风景区的地方,一路上既有开阔的、平整的小片农业耕地自然延伸,也有延绵起伏的山林地带的农业耕地隐现其中,堪称农业环境与山水环境的交错布局。在襄阳城南通往汉江南岸的岘山、习家池风景区的地方,也具有类似的农业环境与山水环境的交错布局。襄阳城北面与东面直接濒临汉江,而汉江北岸的鹿门山,同样是成片的农业耕地布局其间。在这里,山与水,城市与乡村,形成自然的交接与过渡。这是田园山水城市的现实物质基础,是塑造个性化的诗意城市的根本前提。这提醒我们,在推进中国现代城市环境建设的进程中,需要高度重视城市环境的个性化创造,不能把"园林城市"、"山水城市"之类的一般标准简单地套用到各个城市,以致城市在环境"美化"建设进程中丧失了自身的精神个性与地域特色。

(作者单位:湖北文理学院)

---

① [英]埃比尼泽·霍华德:《明日的田园城市》,金经元译,商务印书馆2000年版,第113页。

城市公共艺术的文化阐释与视觉象征

黄有柱

一、公共艺术与理想的城市家园

公共艺术的产生与发展与人类追求文明进步密切相关，让人们"艺术"而幸福地在城市里生活，成为城市文化建设的重要价值取向与不懈努力的目标。我们没有一天停止过对自己理想家园（乐居）的营造与追求。在人类个体生存和社会发展的理想目标追求中，都是以艺术的形式意蕴和功能手段去实现和完成的。尤其是在人类文化的高级阶段，更加显示出艺术的公共利益和人类共同的审美价值观的不可缺失。

自我生命的最佳状态、生存环境的最佳状态、群体生存的最佳状态都是从美感的发生开始的，进一步产生的是满足于精神和物质需要的各门类的艺术形式，而能够系统、完整、最大化地整合上述最佳状态的是公共艺术。这也就说明了公共艺术为什么会成为今天的热门话题和人们关注和研究的焦点。为什么这样讲？如果说工业化城市建设的核心目标是让人们享有行为空间的话，信息社会城市建设的核心目标可以说是让人们享有艺术化的（乐居）空间，或者是以城市空间为精神载体的公共艺术。从人类历史上关于城市与文化主题的演进中，就可以看到公共艺术所实现的审美期待的逐步深化。

首先是通过对城市形态艺术化的塑造方式丰富城市的精神意蕴，并且出现了形式美的普遍法则。其后是以崇高的艺术美渗入到公共设施中，实现意识形态的主流意志。进而以功能与审美的妥协来解决城市生活中出现的诸多矛盾，以期建立完美的城市生态环境系统和提高人类的生存质量。今天,我们以全新的视野来多角度地探索可持续发展的城市文化生态模式,而艺术的公共性则是实现城市文化创新发展最高目标的重要方式。"我们需要艺术,需要用艺术的手法来使我们理解生活、看到生活的意义,阐释每个城市居民的生活本身和其周围生活的关系。也许我们最需要艺术的地方是艺术可以让我们感受到人性的本质。"城市是人们的共居场所,是一个大的公共环境,公共环境下的生活逐渐走向艺术化。"公共艺术"便是将"公共"、"大众"与"艺术"结合成特殊的领域,就是为了给人们创造艺术化的生存环境。也就是说,走向"公共"的"艺术"将为城市的文化发展带来新的生机与活力。

因此,对公共艺术与城市文化创新发展的研究是当代社会综合地解决城市历史文化未来走向的重要课题。

二、"城市复兴运动"与当代公共艺术的转型

伴随着现代绘画、雕塑和建筑以及当代公共空间的发展和转型所带来的城市文化新需求,公共艺术成为当代城市文化的重要载体、一种十分重要的当代文化现象。它代表了艺术与城市、艺术与大众、艺术与社会等关系的一种新的取向。

近年来,欧美国家提出的"城市复兴"理论,是基于对急速消耗的自然资源和可持续发展的紧迫性,以及伴随着日益增长的对生活质量的追求和生活方式的选择而带来的社会转型所做出的敏锐的反应。2002年11月30日,在英国伯明翰召开了英国城市峰会,提出了城市复兴、再生和可持续发展的口号。

在世界范围内的城市的重建、复兴到城市的更新与再建,再到"城市复兴"的理论与实践,越来越强调城市整体设计的核心作用,更注意历史文化与文脉的保存,使之纳入可持续发展的环境理念中去,这些都为公共艺术整体介入城市空间形态提供了理论支撑。这种整体介入致力于将规划设计、历史环境保护、城市的整治、更新、交换纳入到一个大的视觉系统加以考虑,并使之融入动态的可持续发展的轨道之中。

城市公共艺术的建设是一种精神投射下的社会行为,不仅仅是物理空间的城市公共空间艺术品的简单建设,最终的目的也不在于那些物质

形态，而是为了满足城市人群的行为和精神需求，给人们心目中留存城市文化意象。它是渗透到人们日常生活的路径与场景，通过物化的精神场和一种动态的精神意象，引导人们怎么去看待自己的城市和生活。

三、城市文化语境中的公共艺术实践

公共艺术应传达人类共同的审美理想和价值目标。对公共艺术的需求，作为现代都市人追求高雅文化品位、调整审美情趣、导入艺术化生活的方式，正在走出它原本的功能限定，成为现代人精神生活的一个不可缺少的方面。当代公共艺术不仅仅是单一的装饰，而要看它是否具有普遍意义的文化精神和公共意志，能不能透过形式的外表传达出内蕴的文化责任，这既是对多元文化意识的探索和新型艺术的创造，同时也是对社会现实生活的艺术干预、制度评价，而根本目的是对全体社会的公众利益和一个时代的公共精神的弘扬。因此，在精神指向上，应更为重视它在文化价值的整体功能方面的要求和制约，注重公众在观赏公共艺术时所形成的公共舆论和社会(包括政治)意向，也必须强调公共艺术的产生过程中的公众授权和公众意见。因此，学术界疾呼要重视艺术的社会职能，以艺术家的良心和责任进一步促进艺术的创造性发展，这对社会、对艺术家自己都是同等重要的。

公共艺术应传达人类优秀的、历久弥新的伦理道德观。作为更加生活化的人类艺术设计形式，公共艺术还承担着"成教化，助人伦"的社会职能。当然，不同时代有不同的社会伦理道德标准、不同的弘扬方式、不同的实现途径，而且作为人们公共生活空间重要组成部分的公共艺术，并不是宣扬社会主流伦理道德的主要工具，但它在塑造人的心灵、培养人的意志、陶冶人的情操方面的作用是其他艺术形式难以企及的。尤其是在社会转型时期，传统道德精神受到冲击，新的道德意识尚未形成，公共艺术在充当道德教育角色方面的作用更是日渐明显。

公共艺术应传达民生、民俗的人文关怀。公共艺术与城市建筑环境共生的时间较长，是广大人民群众活动、休闲、观赏的场所，因此对人的关怀、对人的尊重、对人的体贴、符合市民的生活习惯是最基本的出发点。如在城市公共园区的建设中，人性化的公共设施为身处其中的人们提供了一个方便、舒适、轻松、愉悦、互动的环境和氛围,人在其中可陶冶性情、舒展心情、尽情体味生活的美好和惬意,一种融融的暖意在人们心中流淌,在平凡随意中尽显生命的意义,这是最具生活特色的人文关怀。

公共艺术应传达人地和谐的生态理念。在人类高速的发展进程中,伴随着环境的破坏污染、资源能源的恶性耗费和膨胀式消费方式的盛行,人类付出了惨重的代价并逐步意识到和谐发展的重要性。在这样的大背景下,生态理念广泛渗透到社会政治、经济、文化艺术及设计领域,成为人类社会发展的共同准则。作为与生存环境息息相关的公共艺术,理所当然要担负起这一职责。在公共艺术设计中要通过人地关系的科学配置、材料的合理选择和主题意旨的准确表达,向公共大众传达人地和谐的生态理念,使公共艺术既功在当代,又利在千秋。

公共艺术应当彰显城市发展的主脉与个性气质。城市公共艺术蕴含了丰富的社会精神内涵的文化形态。它将成为艺术与城市整体功能联结的纽带,是社会公共领域文化艺术的开放性平台,这个平台将成为政府、公众群体、专家之间进行合作与对话的重要领域。公共艺术的存在,大到公共建筑艺术、城市公共环境的景观艺术的营造、社区或街道形态的美学体现,小到对公共场所的每件设施和一草一木的艺术创意,它们无不反映着一座城市及其居民对历史及文化的态度。它缔造着一座城市的形象和气质,它们记录着城市的荣辱与兴衰,构成了城市历史的主脉和精神气质。

(作者单位:湖北文理学院)

数据库建筑：对可能性艺术的人类学考察

[荷兰]约·德·穆尔 著 雷礼锡 译

一、康斯坦特的"新巴比伦"

荷兰艺术家康斯坦特·纽文惠斯在1956年就针对未来社会的需要提出了富有远见的建筑方案，并在随后长达20年的时间内一直从事这一工作。在近40年里，作为由艺术家组成的眼镜蛇集团的创始人之一，他在1953年就放弃了绘画，以便专注于建筑问题。1957年，他成为国际情境画派的创始人之一，并发挥了核心作用，1960年，他退出国际情境画派。作为纽文惠斯最终所愿称谓的方案，"新巴比伦"乃是意欲引起争论的一种情境城市。

"新巴比伦"被阐述为无穷系列的模型、草图、刻版画、平版画、拼贴画、建筑图纸和照片拼贴，以及宣言、文章、讲演、电影。"新巴比伦"是批判传统社会结构的一种宣传方式。

"新巴比伦"构想社会的全面自动化，在那里，富有创造性游戏的流动生活方式取代了对工作的需要，传统建筑连同它所支撑的社会机构一起瓦解了。拥有庞大的多层级内部空间的网络最终覆盖全球。这些相互联系的网络区域通过高大的圆柱漂浮在地面上。当运载车辆在下面疾驶、飞机降落在屋顶之时，居民则徒步穿行在庞大的迷宫内部，不断地重建着空间氛围。每个环境区域都能自行控制和重新配置，社会生活变成了建筑的游戏，建筑变成了人类互动意愿的闪亮呈现。

"康斯坦特总是将'新巴比伦'看作一种可实现的方案，这引起了建筑与艺术学派对建筑的未来作用的激烈争论。他强调，传统艺术将会被集体形式的创造力所取代。他将自己的方案定位成终结传统艺术与建筑的起点,甚至对之后的建筑师具有重大影响。20世纪60年代,随着国际媒体的广泛报道,康斯坦特很快在试验性建筑领域赢得了显赫地位。但是,自1974年康斯坦特停止他的工作后,'新巴比伦'方案就不受关注,其影响终将被遗忘。"

上述内容引自鹿特丹维特·德·维斯(Witte de With)当代艺术中心网站。大约10年前,它作为"康斯坦特的'新巴比伦':超建筑的渴望"展览会简介被发布。这次展览会于1998年11月21日至1999年1月10日在维特·德·维斯举办。① 虽然这份文本为康斯坦特的"新巴比伦"提供了足够的解说,但回顾康斯坦特的影响,其最终被遗忘的结果是毋庸置疑的。尽管1974年在海牙举办的"新巴比伦"大型展览确实是康斯坦特"新巴比伦"的最后一次全面展示,但在随后的25年中,也举办过很多小型展览,如1989年在巴黎蓬皮杜国家艺术与文化中心举办了与国际情境画派有关的展览,1997年在巴塞罗那举办了"情境画派:艺术、政治与城市生活方式"的展览。

此外,自从1998年的鹿特丹展览之后,康斯坦特的"新巴比伦"就被策展人、建筑师和理论家再度频繁关注。早在1999年,也就是在鹿特丹展览一年之后,纽约绘画中心就以"康斯坦特的'新巴比伦':另类都市生活"为名举办了康斯坦特"新巴比伦"的首次美国展览。伴随这次展览,还举行了研讨会,并在2001年由麻省理工学院出版社出版了一本令人印象深刻的论文集《激进派艺术:从康斯坦特的"新巴比伦"到超康斯坦特的情境派建筑》。2001年,法国安提布毕加索博物馆举办了一次康斯坦特"新巴比伦"的回顾展,随后在2002年的德国卡塞尔第11届文献展上举办了一个特别的"献礼展"。2004年,柏林新国家画廊展出了康斯坦特的一系列模型以及雷姆·库尔哈斯(Rem Koolhaas)的设计、文字、图片,借以展示新巴比伦对当今主要建筑师的重大影响。正如马克·维格雷(Mark Wigley)在"超建筑的渴望"展览目录中写道的:

---

① 这次展览留有一份256页的目录,由时任普林斯顿大学建筑历史与理论教授的马克·维格雷(Mark Wigley)编写。——原注

"在一系列实验性建筑实践中,他的思想轨迹十分明显:建筑图像派①、建筑原理、活动空间、超级工作室、建筑伸缩派②、大都会建筑事务所以及北大西洋公约组织,当然远不止这些。新巴比伦的影响可以从具体的设计方案、理论提议、团队组织以及多媒体配置形式中看出。事实上,'新巴比伦'仍然引起当代人的强烈共鸣。"维特·德·维斯当代艺术中心董事长巴托梅乌·马里(Bartomeu Marí)在这份展览目录的序言中说:"新巴比伦"使得康斯坦特成为"20世纪最有远见的一位建筑师"③。

作为一位富有远见的建筑师,康斯坦特深深植根于先锋派传统,这一传统可以追溯到20世纪的各种历史先驱,如未来主义、立体主义、达达主义、超现实主义、建构主义、包豪斯运动乃至19世纪初的浪漫主义运动。这些前卫的艺术运动有其共同之处,就是厌弃"为艺术而艺术"的观念,因为这种观念将艺术从生活中剥离开来,却没有将艺术与生活重新融合的浪漫思想。尽管康斯坦特在他有关"新巴比伦"的文章中反复引用约翰·赫伊津哈(Johan Huizinga)的《游戏的人》,而且,毫无疑问,赫伊津哈有关游戏与自由紧密相连的思想也深深影响了康斯坦特。但是,康斯坦特反对赫伊津哈认为的游戏在地点和时间两个方面有别于"日常"生活的见解。与此不同,康斯坦特极力主张生活与社会合一的"游戏"本质,未来的游戏人会"远离功利世界,在功利世界中,创造性只是一种逃避、一种抵抗"。在这方面,康斯坦特设想的"无限游戏的社会"与席勒在《审美教育书简》中描绘的"游戏世界"有着更密切的联系。席勒在《审美教育书简》中赞同游戏对人的解放的作用。席勒重视人的游戏本能,这也与康斯坦特在20世纪60年代的反传统文化主张

---

① 建筑图像派(Archigram,或译"建筑电讯团"、音译"阿基格拉姆学派")在1960年成立于英国伦敦,倡导建筑自由,看重建筑的非物质性和文化因素,将建筑看成"硬件",使用建筑的人则是"软件",硬件要依据软件的意图来提供服务。——译注

② 建筑伸缩派(Archizoom)原本是20世纪60年代创建于意大利的建筑工作室(别称65号工作室),自称"超功能主义者",是现代激进设计派的代表之一。——译注

③ Mark Wigley, *Constant's New Babylon*: *The Hyper-Architecture of Desire*. Rotterdam: 010 Uitgeverij, 1998, p. 5.

存在关联，尤其与同时代的马尔库塞(Herbert Marcuse)存在关联。在康斯坦特着手"新巴比伦"方案的前一年，马尔库塞出版了《爱欲与文化》，同样追随席勒的"游戏说"。另外，反传统文化的代表们所主张的哲学，如吉尔·德勒兹(Gilles Deleuze)的欲望论，也与康斯坦特的"新巴比伦"精神有着惊人的相似之处。德勒兹的欲望生产概念和针对游牧生活方式的辩护类似于康斯坦特的"新巴比伦人"的流动生活，"新巴比伦人"生活在"富足的世界"里，在这里，"有一个大的屋顶，下边辅以活动构件，建成公共住所；这是一个临时的、可以不断改建的生活区，是全球范围内流动人口的大本营"。

不过，康斯坦特最显著的新发现是在赛博空间和混合空间理论领域。"也许最引人注目的就是'新巴比伦'方案的方式，它预示当代人所关心的东西总伴随着电子空间。无限灵活的幻想、永恒的转换、交互式的空间就是近年来无数计算机基础项目的回应"①。根据这种观点，"新巴比伦"看起来是对万维网(或称网络)的模拟。用《激进派艺术：从康斯坦特的'新巴比伦'到超康斯坦特的情境派建筑》一书的编者的话说："几十年前，也就是在当前有关电子时代的建筑在想象上缺乏固定场所的争论出现之前，康斯坦特就构想了一种城市和建筑模型，它真的就是网络构想。其'新巴比伦'的居民可以根据他们的最新愿望，流动在巨大的迷宫般的城市与建筑内部，不断改建每一个环境区域。墙壁、地板、灯光、音响、色彩、质地、气味也可以不断改变。这个庞大网络的各个'区域'可以看作是互联网的物理配置，人们在其中配置各自的网站，并自由穿梭。与虚拟世界类似，'新巴比伦'在今天看来仍然同它诞生之初一样激进"。应当强调的是，这不是简单的概念相似。计算机恰恰就是"新巴比伦"的核心："在1957年，康斯坦特曾在《光刻模造技术②报告》里写道：'技术、电子、建筑和运动'已经超越了自身的功

---

① Mark Wigley, *Constant's New Babylon: The Hyper-Architecture of Desire*. Rotterdam: 010 Uitgeverij, 1998, p. 63.

② 光刻模造技术，原文是德文 Liga，系德文 Lithographie GalVanoformung Abformung 的缩写，英译作 Lithography Electroforming Micro Molding。Liga 是 1980 年初由德国核能研究所发展出来的一种微型结构制造技术，它结合 X 光深刻、电子精密铸造与成型等技术，能够批量加工、复制微型结构产品。——译注

利意义。在1960年埃森展览会的开幕式上,'电子、自动化、控制论、太空旅行、化学品,成了新生活方式的原料清单'。从一开始,康斯坦特就密切追随控制论先驱者诺伯特·维纳(Norbert Wiener)的理论,反复引用《把人当人使用》的内容来说明计算机的影响,即计算机将使所有工作自动化。"①

就像国际情境派的其他成员,如居伊·德波(Guy Debord)和阿斯科·约恩(Asker Jorn)一样,康斯坦特强烈反对任何形式的功利社会,不论它是资本主义的还是社会主义的,因为这类社会坚持把"开发人的工作能力"当做"基本的现实任务"。他赞成"统一城市化"的情境派关注艺术与技术的综合。出于这个原因,"新巴比伦"应该既是技术的也是游戏的:"技术是实现实验集体主义不可缺少的工具。没有适当的传播手段却要进行集体创造是不可能的;同样的,没有技术的辅助而企图控制自然,这是纯粹的幻想。一个更新了的、重新改造过的音像媒体就是一个不可或缺的辅助工具。在一个动荡的、没有稳定基础的社会,人与人只能通过密集的电信保持联系。每个区域将为每个人提供最新的设备供其使用,但是,我们应该注意,这严格说来并不是实用的。在'新巴比伦'中,空调不仅有助于再造如同功利社会那样的'理想'气氛,而且有助于最大限度地改变气氛。至于电信,它不仅(或主要)服务于实际利益,而且也服务于游戏活动,它就是一种游戏形式。"

但是,"新巴比伦"预示了赛博空间,这并不仅仅是因为它使用密集的电信与计算机,而且更深入地说,也是因为"新巴比伦"类似数据库的灵活结构。建筑要素的动态以及无止境的重组赋予"新巴比伦"独特的性格,表明数据库本体(Database Ontology)支配着当今时代。"新巴比伦"是一个我们可以称之为"重组城市化"或"数据库建筑"(Database Architecture)的典型范例。

二、数据库建筑

当我们使用"数据库建筑"这一术语时,可以指称两种不同的东西。

---

① Mark Wigley, *Constant's New Babylon: The Hyper-Architecture of Desire*. Rotterdam: 010 Uitgeverij, 1998, p. 63.

一方面，它是类似信息论的术语。在这种情况下，重点是"数据库"一词(如"数据库建筑")，意指存储在计算机系统中的结构化的集成数据或记录。在信息论中，"数据库"一词的含义并不是单一的，它至少有三种不同含义。第一种，"数据库"可能是指数据收集，如某个图书馆中包含了全部有关康斯坦特"新巴比伦"问题的著作名称的清单。第二种，"数据库"可能是指用于组织这些数据的硬件和软件，比如我在个人计算机系统中使用尾注、参考文献资料。第二种，"数据库"含义的更确切表述是"数据库管理系统"。第三种，根据数据库管理系统的设计，"数据库"可能是指特定的概念模型或原则。在计算机数据库的短暂发展历史中，已经开发出了不同的数据库模型，如层级模型、网络模型和关系模型。正是在这种背景下，"数据库"这个词经常和"建筑"一词关联使用。"数据库建筑"就指的是备受关注的数据库管理系统中的特殊概念结构与功能运作。

尽管在过去几十年中，我们在数据库建模方面取得了显著的发展，拥有了更为灵活的数据库模型(关系数据库是目前最灵活的模型，也因此成为主导模型)，但从根本上说，所有数据库模型都体现了持续存储的四项基本操作，我们可称之为计算机的"ABCD"，即添加、浏览、更改、损毁(Add, Browse, Change, Destroy)。几乎所有计算机软件都集合了这四项基本操作，它们对应结构化查询语言命令"插入"、"选择"、"更新"、"删除"，构成数据库本体的动态要素，为数字重组时代确立了世界观的基础。

目前，数据库的应用实际上囊括了整个计算机软件领域，比如用于管理的主机数据库、光盘上的多媒体百科数据库、用于搜索引擎的数据库、互联网维基系统和其他 Web 2.0 应用系统。然而，数据库的影响并不限于计算机世界。数据库经常用做"材料"的比喻说法，借以指向物质世界的行动，如基因工程使用的生物技术数据库、工业机器人装备的数据库，促成数据库的大量定制。此外，数据库在工具效能上可能出现过剩效用。因而，数据库作为一种概念比喻，构建了人自身的和这个世界的经验。

心理学家马斯洛曾说过，对那些只有一把锤子的人来说，一切都看似一颗钉子。在计算机成为主导技术的世界里，一切都成了数据库。正如列维·曼诺维奇（Lev Manovich）在《新媒体语言》中所说，数据库已成为计算机时代的主导文化形式。这同样适用于建筑世界，并引起我关注"数据库建筑"术语中的第二个词，即"建筑"的含义。

就"数据库建筑"术语来说，如果把重心放在第二个词上面，它意指通过前述数据库本体已知的、所有业已建成的建筑类型。数据库建筑是数据库比喻引起物质与概念效应的明显例子。根据奥莱·包曼（Ole Bouman）的《QuickTimes的真实空间：建筑与数字化》，我们能区分三种数据库建筑。首先，"数据库建筑"可以指为"真实的建筑"设计和演示而广泛使用计算机技术。在相对短暂的时间内，计算机辅助设计改变了几乎所有建筑师的日常行为，而计算机自动辅助设计使整个建筑过程合理化也成为事实。这并不奇怪，因为"计算机自动辅助设计能够承担制图、计算、演示和管理职能，简单地说，就是承担一座建筑物的建造周期中的部分工作。业已存储的标准化制图格式能通过调制解调器或内部网络实现自由的数据交换，而根据自身规格编译且日益增加的建筑构件库也理所当然地加快了设计的组合进程。在演示阶段，任何应用程序都可用于优化设计效果（尤其显示视觉现实性）。现在，电脑着色渲染完全可以做到逼真效果"①。

由于计算机辅助设计的效率和有效性，"数据库建筑"在建筑设计领域绝对已成为主流类型②。建筑已经成为建筑构件的数据处理、无限重组。而且，自从我们涉及"材料"的比喻这一鲜明问题之后，数据处理便有了深远的现实影响——地球正日益遍布数据库建筑。

由此引出的关键问题是，我们是否应为这种主要服从于实用需要的

---

① Ole Bouwman, *Realspace in Quicktimes: Architecture and Dignitalization.* Rotterdam: NAi Publsihers, 1996, p. 31.

② "要问为什么这是必然的，标准的回答就是，它更快、更好、更雅，当然，还要加上更高效、因而更廉价。只要随便注意一下，就可了解它所能做的：更正错误、统计开销、测试颜色和质地而不费时、编制建筑要素的清单、用时尚的描述来蛊惑客户、依据建筑规程评估设计、绘制剖面图。只要你需要，任何并不太像样的正规程序都能为你代劳。多么省事，多么容易。用户自己就能搞定……"——原注。此注内容引自 Ole Bouwman, *Realspace in Quicktimes: Architecture and Dignitalization.* Rotterdam NAi Publsihers, 1996。——译注

数据库建筑发展感到高兴。何况数据库建筑可能容易造成单调和平庸。照此说来，数据库建筑似乎与康斯坦特作为创造性与游戏世界的"新巴比伦"愿景相矛盾。奥莱·包曼早在1996年就针对数据库建筑陈述了异议："不管多么简单、灵活、高效，大多数制图程序都在很多方面抑制计算机的创造性应用。首先，一切标准软件都只适用于解决众所周知的建筑问题，因为大多数建筑师自认为是服务供应商，设计软件的制造商也持有排他性的服务条款，那毕竟是他们的市场。所需要的就是思考层面，建筑要能用来探索既有程序的效能与矛盾。虽然普通的建筑师会认为建筑问题的自动化的解决像是从一个噩梦中获得快感般的解脱，但是对创造性的头脑来说，这与其说是一种改良，不如说是一种障碍。对建筑创新而言，一份建筑构件目录的存在简直是灾难性的。该目录非常容易变成一种新的独裁。在建筑领域，如果存在更简单的行为方式，那么只有最伟大的建筑师能规避这一困扰。直言不讳地说，软件产业绝不是帮助人们从事免费发明的商业。"[1]

也许康斯坦特是因为同样的原因而不愿对计算机的创造性潜力抱有太大希望。1964年，他在哥本哈根皇家学院给学生协会的演讲中说："计算机难以企及的唯一活动领域就是不可预见的创造性行为，这种创造性行为使人类随着变化多端的需要来改变世界、重塑世界。"[2]然而，有人可能会怀疑，如果不是人类对计算机的应用经常导致不可见和不可预见的副作用，我们就无需随机性发生器和偶发操作，以致我们看到操作结果后自己也会感到意外惊奇。若不是用于替代人的大脑而是用于拓展人的思维，那计算机就能拓展人的创造性和娱乐性。荷兰建筑师克拉斯·凡·伯克尔(Klaas van Berkel)为1996年"米兰三年展"设计了荷兰馆，它完全是数字化建筑，体现了如下效果："对我来说，计算机是一种彻底打破传统设计程序的方式。计算机的调解技术表明，从组织结构类型学到结构规划等规律直至诸多细节，许多建筑假设被完全推翻。计

---

[1] Ole Bouwman, *Realspace in Quicktimes: Architecture and Dignitalization*. Rotterdam: NAi Publsihers, 1996, pp. 32-33.

[2] Mark Wigley, *Constant's New Babylon: The Hyper-Architecture of Desire*. Rotterdam: Witte-de-With/ 010 Publishers, 1998, p. 63.

算机导致要从根本上重新考量建筑设计评估的隐性因素。在这个意义上,计算机技术可能代表了自现代主义以来建筑领域的首次重要发展。"①在这里,数据库不仅成为材料比喻的角色,而且同样成为概念比喻的角色,揭示了建筑设计与居住的新视域。

虽然计算机辅助设计和其他工具一样,不能提供品质或创造性方面的任何保证,但它可能为有创意的建筑师提供在传统的模拟建筑设计中无法实现的可能性。它可能无法避免模拟建筑设计的危险性,但至少能够以前所未闻的方式展开挑战。没有计算机的帮助,要完成复杂的建筑设计形式是不可想象的。在探索"新巴比伦"不断变化而复杂的可能性状况时,康斯坦特了然于此,因为"新巴比伦"可能很难用传统的模拟建筑设计模型或蓝图予以展示。他在1974年海牙展览会上的那篇文章中写道:"因此,任何三维描述就其本身都只有瞬间印象价值,既然如此,就算承认每个区域的模式可以归结为不同水平的几个层次和部分,也承认一个人可以应付各区域的详细地理浏览图,还是有必要借鉴航海日志的方法,它使用象征符号记录一个又一个的即时信息,完成地理形貌修正。毫无疑问,有必要求助电脑来解决这种复杂问题。"

不过,利用计算机辅助设计只涉及"数据库建筑"的第一层含义。这个术语的第二层含义是指执行建筑智能数据库管理系统。这里涉及更广泛的家庭自动化管理系统或家庭管理自动化领域。我们不仅要考虑业已应用的建筑自动化技术,如光控和气控技术、门窗控制技术和建筑安全监控系统,而且要考虑适应人的健康状况的浴室监控技术,甚至为人们提供衣着建议,还要考虑能跟踪人们所需食品的冰箱监控技术、自动烹饪技术设施,也要考虑多媒体家用娱乐系统的控制技术、自动室内植物浇水监控技术、能够自给自足的智能供养技术、喂养宠物的家庭机器人或技术系统、增进广泛适应性与拓展经验能力的智能材料系统、晚宴或舞会的自动场景技术系统、面向宽广环境的在线联结技术系统,用以消除一切清规戒律之感。这并不限于图像信息技术系统,还包括嗅觉、听觉和触觉信息技术系统,以及更友好、更有趣的用户操作界面。第二

---

① Ole Bouwman, *Realspace in Quicktimes: Architecture and Dignitalization*. Rotterdam: NAi Publsihers, 1996, p. 7.

类"数据库建筑"的终极版将是这样一种"建筑,它实际上是一个庞大的数据库"①。

第二类数据库建筑也是康斯坦特"新巴比伦"的一个组成部分。我再次引用1974年康斯坦特对"新巴比伦"的描述:"气候条件(照明度、温度、湿度、通风度)全都由技术控制。在内部,气候的变化范围可以随意创造和修改。气候成为娱乐氛围的一个重要因素,这也更因为技术设备向所有人开放,(分配的)分散化助长部门或集团的自治权。规模较小的中心区倾向于形成一个单一的中心,这有助于再造最多样化的气候。作为一种对照,可以根据吻合空间形变且不断变更的同步化原则来创造新的气候、变更季节、转换气候,为什么不能呢?同样的精神将应用于视听媒体。不断变化的世界部门要求设备(一个发送和接收网络)既是分散的又是公用的。由于众多人参与图像和声音的传送与接受,完善的电信将成为游戏社会行为方式的重要动因"。"新巴比伦人"都偏好游戏,其游戏愿望的改变取决于既操控其愿望也操控其行为的电子产品。

这提醒我们注意1974年出炉的一项离奇的乌托邦计划——智能环境。而在21世纪初,智能环境已成为官方的蓝图和飞利浦等公司的战略:"智能环境是这样的蓝图,技术无形化,技术置入自然环境,技术在我们需要之时出场,技术促成简洁而轻松的互动作用,技术协调我们的所有感官,技术适应用户、事件背景与自主行动。高质量的信息内容必须适用于任何用户、任何时间、任何地点、任何设备。"② 2000年伊始,欧盟委员会将它当做技术发展政策与战略的焦点之一,以便实现"一个公民友善的信息社会"。

很明显,飞利浦的流光溢彩同飞利浦与欧盟委员会制定的愿景之间仍有巨大差距,但这样的愿景和战略同"新巴比伦"有几分相似,是值

---

① Ole Bouwman, *Realspace in Quicktimes: Architecture and Dignitalization*. Rotterdam: NAi Publsihers, 1996, p. 39.

② Menno Lindwer, Diana Marculescu, Twan Basten, Rainer Zimmermann, Radu Marculescu, Stefan Jung, Eugenio Cantatore, Ambient Intelligence Visions and Achievements: Linking Abstract Ideas to Real-World Concepts, in *Design, Automation and test in Europe Conference*, 2003, p. 1.

得注意的。尽管可以预期人类未来的技术状况将在很多方面不同于康斯坦特的愿景，但在我看来，事实是显然的，即第二类"数据库建筑"将在不远的将来以某些形式得以实现。这不仅因为技术的发展会促其实现，而且因为社会和文化的发展，如人口老龄化、独居或繁忙的双职工家庭人口不断增多、可持续的住宅环境需求不断增长，也会促其实现。

基于计算机辅助设计的第一类"数据库建筑"已经扩大了建筑设计与建造的可能性和灵活性，而第二种类型标明了作为"可能性艺术"的建筑发展的新阶段。正如康斯坦特所设想的，以其最激进的形式，未来的智能建筑环境会持续不断地变化。奥莱·包曼依据赫拉克利特的名言宣称，未来的房子将给我们这样的体验："你不可能两次走进同一座房子。"①

然而，"数据库建筑"的第三层含义也将进一步拓展"可能性建筑艺术"。我指的是完全虚拟的建筑设计和建造，到时候，我们将"进入屏幕"，开始住在赛博空间，住在完全由信息构造的建筑物里。这里的"数据库建筑"看来找到了它的最终目的地。它敞开了一个领域，其特征在于虚拟建材无止境地重组，世界无止境地变化和流动，马克·诺瓦克(Mark Novak)为之创造了一个术语——"流体建筑"②。

在探讨本尼迪克特(Michael Benedikt)的划时代著作《赛博空间：最初的步伐》的文稿中，诺瓦克阐述了发明的魅力和快乐，或者我们不如说，这是赛博空间的发明所带来的魅力与快乐："赛博空间是流变的。流变的赛博空间，流变的建筑，流变的城市，等等，而流变建筑不仅仅是一种动态建筑、自动建筑，也是一种稳定部分与可变环节相结合的建筑。流变建筑如同其他形式与地带那样呼吸、搏动、跳跃，其建筑形态取决于观众的兴趣。它是既可以敞开来欢迎我，也可以封闭以抵制我的一种建筑，它没门和走廊，其隔壁房间总是我需要的地方也

---

① Ole Bouwman, *Realspace in Quicktimes. Architecture and Dignitalization.* Rotterdam: NAi Publsihers, 1996, p. 39.

② 诺瓦克富有远见的评论如今仍然适用，有事实为证。2008年，诺瓦克写于1995年的文章《传播建筑》(*Transmitting Architecture*)成为世界上最大的建筑组织国际建筑师联盟举行的第23届世界大会的主题。——原注

是我需要的样子。流变的建筑导致流变的城市,城市改变了价值取向,有着不同背景的观光客们会留心不同的地带,有着不同见解的邻居也会同样如此,并进而演变为成熟的或终结的观念。"①对诺瓦克来说,赛博空间和建筑几乎是相同的:"赛博空间就是建筑,赛博空间拥有建筑,赛博空间包含建筑。"②甚至流变建筑的特征就在于"无节制的可能性"③。

毫不奇怪的是,诺瓦克明确提到康斯坦特的"新巴比伦",并引用康斯坦特对"新巴比伦"的界定,即"新巴比伦"是一个"网状模型",是"一个有丰富的色、光、声、气操控技术、使用多种技术设备的系统",其特征就是"在任何特定时刻完成内部改造",在那里,"一个人可以长时间漫步在彼此关联的区域,进入毫无限制的迷宫去冒险"。④

当我们重新审视当今虚拟现实的状况,就必须承认理想与现实之间存在差距。即使是目前最先进的虚拟现实系统,如洞穴自动虚拟环境⑤,也只是诺瓦克所说的流变建筑的一道苍白阴影。但是,当我们看到台式计算机中的虚拟现实,有如我们看到网络世界里的第二人生与游戏玩家设计修改的非线性、非终结性的网络游戏,我们就进入了一个世界,这世界在许多方面与康斯坦特的"新巴比伦"相似。"新巴比伦"脱胎于康斯坦特的愿景,那儿有建筑却没有建筑师。因此,近年来游戏设计者和游戏理论家常常提到康斯坦特。例如,卢卡斯·费瑞斯(Lukas

---

① Marcos Novak, Liquid Architectures in Cyberspace, in *Cyberspace: First Steps*. ed. by M. Benedikt. Cambridge/London: The MIT Press, 1991, pp. 250-251.

② Marcos Novak, Liquid Architectures in Cyberspace, in *Cyberspace: First Steps*. ed. by M. Benedikt. Cambridge/London: The MIT Press, 1991, p. 226.

③ Marcos Novak, Liquid Architectures in Cyberspace, in *Cyberspace: First Steps*. ed. by M. Benedikt. Cambridge/London: The MIT Press, 1991, p. 244.

④ Marcos Novak, Liquid Architectures in Cyberspace, in *Cyberspace: First Steps*. ed. by M. Benedikt. Cambridge/London: The MIT Press, 1991, p. 247.

⑤ 洞穴自动虚拟环境(CAVE,英文全称为 a Cave Automated Virtual Environment)是沉浸式技术系统的一种,是芝加哥伊利诺伊斯大学计算机科学电子可视化实验室的一个研究课题,也称作工作室或头盔式虚拟现实系统,旨在借助计算机及其他相关设备制造具有特技效果的虚拟空间。这种虚拟空间技术系统不仅让人有如身临其境,甚至比真正的身临其境更好。——译注

Feireiss)在《"新巴比伦"重装上阵：学习娱乐之城》中写道："后来的'游戏建筑'（如第二人生世界）原则上是开放的、发展的、无需核心的游戏设计师。在计算机游戏世界的娱乐空间中所发生的事情早在康斯坦特构想娱乐之城时就已经预见到。他对新巴比伦人的描述非常适用于今天的游戏设计者和参与者："他们漫步在'新巴比伦'的各个区域，寻求崭新的体验，尚不可知的气氛。他们没有观光客的被动性，而是充分知晓自己的能力，得向世界采取行动，改造它、重建它'。"①

三、可能与现实之间

假如忽略有关"数据库建筑"的三种不同含义的探讨，可能有人会说"新巴比伦"是"数据库建筑"的极端梦想，因为它似乎包括和综合了这三种不同的内涵：计算机辅助设计、环境建筑和虚拟现实。这是一个混合的世界景象，由真实和虚拟的要素构成，而真实的虚拟和虚拟的真实一样多。这是一个充满无限可能性和娱乐性的世界，说它由称作"可能性艺术"的流变建筑构成且存在其中似乎是最贴切不过的。从某种程度上说，"新巴比伦"似乎是20世纪中叶提出的另一壮观的建筑技术愿

---

① Lukas Feireiss, New Babylon Reloaded, in *Space Time Play*: *Computer Games*, *Architecture and Urbanism*: *The Next Level*. ed. by Friedrich von Borries, Stephen P. Walz and Matthias Böttger. Boston, MA: Birkhauser Verlag AG, 2007, p.220. 参见："视频游戏绝对是数字空间游戏。空间由游戏行为来界定，已成为我们时代不可或缺的东西，它不仅体现，而且规定、改变我们感知和表达文化、空间、时间与经验的方式。在互联网，视频游戏融合社会团体，培植人际关系网，然后向'现实'生活延伸。这些游戏空间可能是二维或三维的表现，复杂的社会结构或新颖的概念与物理空间相联。我们有关视频游戏和建筑的观念开始纠结、交织，模糊了何处开始何处结束之间的差别。游戏与建筑彼此融合的观念并不新鲜，你别忘了，游戏建筑的更早案例尤其不是视频游戏，而是康斯坦特·纽文惠斯的'新巴比伦'。"——原注（该注内容引自 Grzeg. *Soft Babylon*, *New Babylon Reloaded*: *Homo Ludens Ludens*: *Knowing through Gaming*（Part 1）, http://grzeg.livejournal.com/47852.html, 2007-12-27。——译注）

景,即豪尔赫·路易斯·博尔赫斯(Jorge Luis Borges)的《巴贝尔图书馆》①的动态版本,巴贝尔图书馆容纳了全部现有的和可能的书籍。

从表面上看,"新巴比伦"的流变——"数据库建筑"似乎导致鲍曼(Zygmund Bauman)将现存世界称为"流变的现代性"。"新巴比伦"可能是不断加速变化和更加灵活的世界的最终体现。但是,我们应该明白"新巴比伦"中的自由不是无限的。"新巴比伦"的建设大多是可能的,但显然不是全部的。"新巴比伦"甚至就像一种幽灵般的意向实验,它禁不住"无节制的可能性",它会被各种制约因素所规定②。首先,它被逻辑约束。虽然"新巴比伦"的流变建筑可能非常灵活,其逻辑可能性在本体论上也相当丰富,尤其是在虚拟领域非常灵活,但是它不能违背基本的逻辑规则。再次引用诺瓦克的话:"隔壁房间总是我需要的地方也是我需要的样子",在"新巴比伦",这在逻辑上是可能的,只是人们并没有隔壁房间,也不会同时占有隔壁房间。要注意这个简单的逻辑可能性的例子,它可能蔑视"新巴比伦"与物理世界重叠的领域,但并不违背基本的物理规律。不是所有在逻辑上可能的事物就是在物理上可

---

① 博尔赫斯的短篇小说《巴贝尔图书馆》出版于1941年,它描述了一个迷人的世界:由一个巨大的图书馆组成,不仅包括现今业已出版的图书,还包括其他所有可能的图书。博尔赫斯这样描述这座图书馆建筑:"这个世界(其他地方称图书馆)由不可确定的、也许是无限多的六角形长廊组成,有巨大的通风井,环绕低矮的栏杆。透过任一六角形长廊,可以看到无止境的上下楼层。长廊的分布始终如一……每个六角长廊的墙壁上都有5个搁架,每个搁架上都有35本书,规格一致,都是410页,每页40行,每行80个字母,字母都是黑色……拼写符号是25个……这个巨大的图书馆没有相同的两本书。由这两个无可争议的前提就能推测图书馆的图书总量,以及搁架上登记的20多个拼写符号的所有可能组合(这虽然是一个庞大的数量,但也不是无穷无尽的)。未来历史的详尽细节、大天使的自传、图书馆的翔实的图书目录、成千上万的虚构图书目录、对那些目录的错误演示、对真实图书目录的错误演示、巴西里德斯的诺斯替福音书、对福音书的注释、对福音书注释的注释、死亡的真实故事、用所有语种对每一本书的翻译、对所有图书的每一本书所作的改写。"图书馆至少有 $25^{1,312,000}$ 本书。只有一种"可信的"卷册,与包含一大批印刷错误的其他所有图书混在一起,占据如此空间,填充这个已知的世界。——原注

② Daniel C. Dennett, *Darwin's Dangerous Idea: Evolution and the Meanings of Life*. London: Allen Lane, Pinguin Press, 1995, p. 118ff.

能的。从逻辑角度看，没有任何东西阻碍人们去想象漂浮在稀薄空气中的建筑物；而从物理角度看，这可能难以实现。如果流变建筑也意味着包括有机建筑，就像诺瓦克所说的能"呼吸"的建筑①，那它就不能违背生物学有关发育、生长、代谢和再生产的基本规则。并非所有在物理上可能的事物就是在生物学上可能的。最后，还有历史的限制，它涉及自然与文化，二者紧密联系、相互依赖。飞马在生物学上是可能的，但从进化角度看就不太可能会从现有的马种中产生。"历史的可能性只是一个机会已经错过的问题"②。建筑史也有明显的历史局限，甚至"新巴比伦"也将如此，至少对于像人一样的有限生物来说将是如此。

也许对"新巴比伦"的自由和可能性的最大制约在本质上是人类学的。问题是，无限的游戏和可能性是否适用于像人一样的有限性生物。为澄清这个问题，我将引用海德格尔、普勒斯纳（Helmuth Plessner）的哲学人类学，他们两人都在20世纪20年代末引人注目，都有建筑方面的特殊见解。他们的思想在许多方面有所不同，但都基于人本立场展开自己的观点。

当然，人的有限性并不是一个纯然的现代主题，它已经在中世纪的思想中发挥过突出作用，然而，就如奥多·马夸尔德（Odo Marquard）说过的，现代哲学在概念的含义上出现了一个重大转变。相对于超验的上帝来说，哪里存在有限性，哪里就被首先理解，就像被首先创造一样。也就是说，有限性本身没有自己的根基，它在世俗化的现代文化中被内在地描述成受到时空的限制③。普勒斯纳与海德格尔之间的关键差别在于他们对不同程度地脱离有限性的人的思考。海德格尔在《存在与时间》中把"时间"的有限性当做他思考的出发点。在海德格尔那里，有限性主要被理解成人的死亡和生存方式（此在），其特征是对死亡的意识，进而被规定成"面向死亡的生存"。普勒斯纳在《有机物与人类的演

---

① Marcos Novak, Liquid Architectures in Cyberspace, in *Cyberspace: First Steps*. ed. By M. Benedikt. Cambridge/London: MIT Press, 1991, p. 250.

② Daniel C. Dennett, *Darwin's Dangerous Idea: Evolution and the Meanings of Life*. London: Allen Lane, Pinguin Press, 1995, p. 118ff.

③ Odo Marquard, *Abschied Vom Prinzipiellen. Philosophische Studien*. Stuttgart: Reclam, 1981, p. 120.

进——哲学人类学导论》中却把"空间"的有限性当做自己的出发点,而有限性主要被理解成场所性与人的生活,人的生活(如行为反常之人)则与场所性处在特定的联系中。有关人的有限性的这些说明总体上适用于建筑,尤其适用于"新巴比伦",下面将就此作出解释。

对海德格尔来说,一个重要的出发点是,人类(海德格尔称作此在的人)将自己从那些没有稳定特征的非生命的自然界与其他动物中区分开来。作为人类,我们在时间中存在,这意味着,我们生活在现在,却总是迈向未来的可能性。这种存在论思想促使我们想象不存在的世界和生存状态。没有人,包括"新巴比伦"在内的创造就无法被设想。然而,海德格尔也强调,人总是同时受制于诸多可能性,这一点我们在过去就已明白。简要地说,海德格尔认为人就是被抛掷者。

但是,这并不意味着抛掷和投射始终平衡。西方文化自现代以来,生存的投射维度似乎比抛掷维度更具优势。在当今时代,人显然明白自己是一个独立、自由的行为主体。这个现代主体可以看成是一个"沃伦斯人(Homo Volens)",能自主地塑造自己的生活。现代技术赋予自主主体以能力,这意味着增强她的选择与行动能力。在前现代文化中,多数选择(如你的生活伴侣、职业、宗教)通常已经为你准备好了,而作为一个现代主体,你得不断选择。无论是计算机游戏中简单的左右键选择,还是某种生活方式的选择,每次选择的重点都是我们的人格意志。正如我们与鲍曼都已经注意到的,这导致了我们的世界和我们自己愈加灵活、易变。

但是,由于我们人的生存不是固定不变的,总得在未来得到实现,因而,海德格尔在《筑·居·思》一文中强调了人在"此在"中的无家可归。我们的世界和我们自身越是流变,我们越是变成本性上的无家可归。这使得海德格尔在1951年(当时德国的部分地区还处于废墟之中)做了如下煽动性的陈述:"我们正试图追索居住的本质。追索的下一步将面临这个问题:我们这个动荡不安的时代的居住状态是什么?我们从所有方面都在听到有关住房短缺问题的谈论,并有很好的理由。那并不只是空谈,还有行动。我们试图通过提供住房、推进住房建设、规划整个建筑事业来满足需要。不管住房短缺存在什么样的艰难与困苦,也不管住房短缺面临什么样的障碍与威胁,居住的真正困境绝不仅仅是缺少住房。实际上,居住的真正困境既是比毁灭性世界大战还要老旧的问题,也是比世界人口增长和产业工人社会地位更老旧的问题。真正的居住困境在于,人们不断重新追寻居住的本质,也必须不断学习如何去居住。假如人的无家可归就在于此,那么,人一直没有认识到作为困境的真正居住困境是什么呢?(这就是死亡意识)①而人一旦思及无家可归(有了死亡意识,前述所谓),居住困境就不再是苦恼。在内心里正确思考、有效牢记,这是把死亡召唤到居住的唯一途径。"②

为改善"新巴比伦"项目,康斯坦特看来思考过人在其中本性上的无家可归。康斯坦特在一些建筑师如雷姆·库哈斯(Rem Koolhaas)、艾莉森·史密森(Alison Smithson)、彼得·史密森(Peter Smithson)和彼得·埃森曼(Peter Eisenman)当中拥有的声望,看来是因为这些建筑师们认可"新巴比伦"对现代人本性上无家可归的表达方式③。依据"新巴比伦"所表达的与本性上无家可归相关的本性自由,这些建筑师们热衷于"数据库建筑"是可以理解的。不过,对那些被抛掷于生存中的芸芸众生来说,本性自由也被体验成了孤僻、无所归依的根本形式。从最根本的词汇意义上说,赛博空间作为一种纯粹可能性的领域,就是一种无空间的空间,就是适合人的"此在"的栖息。

赫尔穆特·普勒斯纳在《有机物与人类的演进》中分析了有机物与人类演进的"偏心场所性"(Eccentric Positionality; Exzentrische Positionalität)④,得出了类似结论。与海德格尔一样,普勒斯纳强调人类的有限性,但与海德格尔不同,普勒斯纳完全看重空间维度。在普勒斯纳看来,生物区别于非生物是因为生物没有太多外形轮廓,而是以一条边界为特征,进而以交界各边之间的交通为特征。此外,生物也以其

---

① 括号中的文字是译者根据文义添加的,下同。——译注

② Martin Heidegger, Building Dwelling Thinking, in *Poetry*, *Language*, *Thought*. New York/Hagerstown/San Francisco/London: Harper&Row, 1975, pp. 145-161.

③ Jetske van Oosten, Ruimte in dubbelperspectief. Helmuth Plessner, Constant Nieuwenhuis en de betekenis van utopische architectuur. MA, Erasmus University, 2004.

④ "偏心场所性"表示人与其他事物的存在都占据空间位置或场所,而这个场所与整个宇宙空间一样具有本质上的离心趋势(本体离心趋势),就人的生存而言则体现为偏离中心场所的特性。——译注

具体的边界关系亦即具体的场所形式为特征。

场所的安排方式决定植物、动物与人类的区别。在开放的植物组织中，有机体并不与其场所关联。无论是内部还是外部，它都有一个中心，换句话说，植物的特点是没有边界，在任何一边都没有，它既不是主体也不是客体①。与自己场所的关联首先出现在封闭的动物机体中。动物借助一个调节中心跨越边界，其物理层面的特征是神经系统，其精神层面的特征是环境意识。与植物不同，动物的调节中心不仅是一个躯体，而且还在其躯体中。人的生命形式不同于动物是因为人还会维持自己与这个调节中心的关系。虽然人(总是)占有中心位置，但人也与这个中心位置保持特定关系。于是就有了第二种调节方式：人意识到他的经验中心，同样的，人也偏离他的经验中心。"人不仅活着，经验他的生活，也经验他的生活经验。"②"一个活生生的人是一个身体，既在其身体之内(作为内部经验或灵魂)，同时也在其身体之外，人是这二者的结合。"③。

人既居于中心又偏离中心(反常)。居于中心的人知道自己有别于世界之外的现实。然而，偏离中心的人不仅知道现实，还知道可能的东西。人总是超越现实，从某种意义上说，人总是生活在虚拟现实中。由于语言，我们可以想象各种各样并不存在的世界，从童话故事到第二人生和"新巴比伦"。由于人的反常性，人得以成为创造性的动物。当然，这也意味着人不像其他动物，从来不与他(她)所在的现实保持一致。他(她)以"构成性的无家可归"为特点④。"偏离中心的人并不处于均势，他没有处所，置身于一无所有的时间之外，他的本性就缺少故土。

---

① Helmut Plessner, *Die Stufen Des Organischen Und Der Mensch. Einleitung in Die Philosophische Anthropologie*. Berlin：Walter de Gruyter, 1975, p. 282ff.

② Helmut Plessner, *Die Stufen Des Organischen Und Der Mensch. Einleitung in Die Philosophische Anthropologie*. Berlin：Walter de Gruyter, 1975, p. 364.

③ Helmut Plessner, *Die Stufen Des Organischen Und Der Mensch. Einleitung in Die Philosophische Anthropologie*. Berlin：Walter de Gruyter, 1975, p. 364.

④ Helmut Plessner, *Die Stufen Des Organischen Und Der Mensch. Einleitung in Die Philosophische Anthropologie*. Berlin：Walter de Gruyter, 1975, p. 309.

他总是得变成'什么',为自己创造一种均势"①。人对处所怀有一种本质欲望,希望处所能保证他的休息、稳定、居住和个性,总之,能保证他(她)的家。在针对偏心场所性的人类学分析基础上,普勒斯纳提出了三条与建筑高度相关的"人类学法则"。

第一条,人是"自然的造物"。人试图建造人工的家以逃避本性上的无家可归。通过建立人工家庭从构成性无家可归中逃离。"人试图逃避他在生存中难以忍受的怪僻,想要弥补构成其生活状态的需要。怪僻和需要的弥补是一样的。我们不应该在心理学或者什么主观的意义上理解'需要'。它是逻辑上先于每个需要、动力、倾向或意愿的东西。从这个基本需要或匮乏中我们找到了万物特别是人类的动因,焦点就在非真实性和人工手段的应用,也找到了技术产品及其服务的根本基础:文化。"②放眼人类文化的曙光,建筑就其字面意义看为满足居所——家——的渴望发挥了至关重要的作用。

不过,根据第二条人类学法则,即普勒斯纳所说的"直接性中介"法则,由人创造的产品获得了某种独立。人创造文化和技术,而文化产品与机构一旦存在,他们同样开始主宰人的命运:"技术产品的本质是其内在的分量,揭露其技术面貌的主观性只能被找出或发现,却从不能被制造。进入文化领域的一切东西都依赖于人类的创造性。但在同样的时间(和同样的范围),它独立于人。"③因此,文化和技术本身变成了异化力量,它激励人反复创造新的文化,而且,文化也反复承诺为人自身提供一个家。因此,这是一种不可持久的建筑历史发展,而人也否认找到过家。对于以本性上无家可归为生存特点的生物来说,这种家的希望必然是盲目的,也是徒劳的。

普勒斯纳的第三条人类学法则即乌托邦立场的法则。人类文化一次

---

① Helmut Plessner, *Die Stufen Des Organischen Und Der Mensch. Einleitung in Die Philosophische Anthropologie*. Berlin: Walter de Gruyter, 1975, p. 385.

② Helmut Plessner, *Die Stufen Des Organischen Und Der Mensch. Einleitung in Die Philosophische Anthropologie*. Berlin: Walter de Gruyter, 1975, p. 385.

③ Helmut Plessner, *Die Stufen Des Organischen Und Der Mensch. Einleitung in Die Philosophische Anthropologie*. Berlin: Walter de Gruyter, 1975, p. 397.

又一次地承诺为人们提供一个住所。然而,承诺提供住所的规定让人必定没有"安全、对命运的和解、对现实的理解、一片属于自己的乡土地"①,这种承诺无非是一个神圣的幻想。事实上,对世俗社会的许多人来说,政治和技术的意识形态已经取代了宗教的乌托邦角色,这使得这一法则不再那么合理。

四、重审"新巴比伦"

我们该如何从人类学角度评价"新巴比伦"的数据库建筑呢?因为不能看到它所承诺的东西,我们就不相信它,说它是一种乌托邦吗?从某种意义上说,它没有场所,因为它如同一个虚构方案,确是一种乌托邦。但是,我们不应急于下这样的结论。从一开始,康斯坦特就声称"新巴比伦"不是乌托邦,而是一个可行的方案。此外,"新巴比伦"绝没有为我们承诺一个家,至少在这个词的正统意义上没有承诺过。"新巴比伦"赞许人类的怪僻和创造性,它赞许人类的游牧生活方式,从根本上认同人类生存的流浪性,这也许有点过于严重了。

不过,值得注意的是,在设计"新巴比伦"方案的最初几年,其设计模型、制图等几乎没有体现出居民。1980年5月23日,在代尔夫特大学建筑学院的一次讲演中,康斯坦特总结了他以前有关"新巴比伦"的思想:"有可能形成一个相当清楚的、有关至今尚无人居住的世界的观点。更困难的是向这个世界移居人口,而这些人的确不同于我们自身:我们既不能支配他们,也不能事先设计他们的娱乐或创造性行为。我们只能发挥自身的想象,并将科学转换成艺术。正是这种认识促使我停止模型设计工作,而尝试绘画和制图,创造一些新巴比伦人的生活。这是我目前所能做的。该方案依然存在,它安全地存放在一家博物馆里,等到更有利的时间,它将再次唤起未来城市设计者的兴趣。"②

---

① Helmut Plessner, *Die Stufen Des Organischen Und Der Mensch. Einleitung in Die Philosophische Anthropologie*. Berlin: Walter de Gruyter, 1975, p. 420.

② http://www.wdw.nl/project.php?id=67, 2009-12-22。此注释由原文尾注方式改成脚注。——译注

威格雷在《康斯坦特的"新巴比伦"：超结构的欲望》中解释说，初次展示而不注重人的形象是会出现争议的。不过，威格雷也注意到，在"新巴比伦"方案的进一步发展过程中，当制图开始减轻物质形式时，阴影人物便开始出现了："在'新巴比伦'背景中的少许交叉平台上，人物最终成为注意的中心，只是他们仍然显得模糊、脆弱。在1960年的早期图纸中，还描画有一些手持拐杖的人物，他们瘦长的身体就像他们面前的梯子一样。两年后，一些斑点状的人物出现了，就悬浮在我们面前或是在空中穿梭，而1965年来了个急转，他们完全用于填充空间，而不像现在只是用几根灵活的线条。可以看到上百的人群处在各种躁动不安的状态中，或分散在花草丛中。但他们一直是一种幽灵般的时空幻象。到1968年，孤立的人物最终成为面向一些平面透镜的焦点，而他们身上的斑痕照现在看来就像是血污，要是它们变成红色那简直就是血迹无疑了。这里存在一种正在萌生的暴力意识。当我们终于接近人物，近得足以看清他们的脸面，就会看到斑痕堆积，或溅撒在各人的表面，仿佛发生过可怕的流血事件。人的生命不过是一道灭亡的污迹"①。

　　在1974年的康斯坦特艺术作品回顾展中，康斯坦特重申"新巴比伦"并非乌托邦，在某种意义上说，它无需成为安宁之处："从'能干的法贝尔'角度看，'新巴比伦'是一个不稳定的世界，其中的'正常'人可能任由各种有害力量、各种侵害行为摆布。但是，这让我们注意到，'常态'是一个与某种历史实践相关联的概念，因而它的内容是可变的。至于'侵害性'，精神分析理论相当看重，甚至定义为侵害'本能'。于是，该研究领域发现自己陷入了帮助人类为生存而斗争的境地。人如同其他物种一样，从古至今，一直就在从事这样的生存斗争。一个不必为自己的生存而奋争的闲散之人，其形象缺乏历史根基。自我防卫本能已被视为人的原始本能，所有生物都是如此。它是与其他所有本能相关的本能。"

　　我们可以理解康斯坦特重申的观点，"新巴比伦"不是另一种形式的乌托邦。它可能是一个可实现的方案，但不是针对现在活着的人。作

---

① Mark Wigley, *Constant's New Babylon: The Hyper-Architecture of Desire*. Rotterdam: 010 Uitgeverij, 1998, p. 69.

为文明的人类,要实现我们的乌托邦愿望可能太晚了。从看重新巴比伦人游牧式的流浪生活方式来说,康斯坦特的宏大愿景可以化解那种一直在找寻终极家园的盲目理想。但是,作为有限性的生物,人是古怪的,要是没有这种盲目的理想,我们不可能生存。

过去,我们可能从宗教或世俗的形而上学中寻找家的承诺,而如今我们肯定对栖居在赛博空间缺乏准备。因此,问题不在于"新巴比伦"远远超出了所能创造的世界,而是远远超出了适合像我们一样的有限生物来栖居的世界。为了能够在纯粹虚拟的赛博空间中生活(这里的虚拟并非"不真实"而是"纯粹的可能性"),我们得变成另一类人。对 21 世纪建筑的最大挑战也许是为地球上继人类之后的进化生命创造栖息地。但不要忘记,我们这样做,是在组织一场盛宴,而我们自己并不在受邀之列。①

参考文献:

[1] Mark Wigley. Constant's New Babylon: The Hyper-Architecture of Desire [M]. Rotterdam: 010 Uitgeverij, 1998.

[2] Jos de Mul. Romantic Desire in (Post) Modern Art and Pilosophy[M]. Albany: State University of New York Press, 1999.

[3] Johan Huizinga. Homo Ludens: A Study of the Play Element in Culture [M]. New York: J. & J. Harper, 1970.

[4] Herbert Marcuse. Eros and Civilisation [M]. Boston: The Beacon Press, 1955.

[5] Constant Nieuwenhuys. New Babylon[M]//J. L. Locher. New Babylon. Den Haag: Gemeentemuseum, 1974.

[6] Catherine de Zegher, Mark Wigley. The Activist Drawing: Retracing Situationist Architectures from Constant's New Babylon to Beyond[M]. Cambridge: The MIT Press, 2001.

---

① Jos de Mul, Transhumanismo. La convergenica de evolution, humanismo y technologia de la information, in *Arquitectonics. Dossiers de Recerca*. 2001, Vol. 1, No. 1, pp. 13-26.

[7] N. Katherine Hayles. Writing Machines [M]. Cambridge: The MIT Press, 2002.

[8] Boomen, Marianne van den. Transcoding the Internet: How Metaphors Matter in Digital Praxis[D]. Utrecht University, in voorbereiding, 2003.

[9] Jos de Mul. The Tragedy of Finitude: Dilthey's Hermeneutics of Life [M]. New Haven: Yale University Press, 2004.

[10] Martin Heidegger. Sein Und Zeit [M]. Tübingen: Max Niemeyer Verlag, 1979.

[11] Jos de Mul. Prometheus Unbound, The Rebirth of Tragedy out of the Spirit of Technology [M]//Arthur Cools, Thomas Crombez, Rosa Slegers, Johan Taels. The Locus of Tragedy. Leiden: Brill, 2009.

(作者单位:伊拉斯谟斯大学　译者单位:湖北文理学院)

巴西利亚与佩雷多

——两个城市，两种乌托邦

[芬兰] 约·瑟帕玛 著　吴恩沁 译

世界上没有任何地方叫做乌托邦。然而，人们曾尝试过建立它。正如乌托邦的定义所指出的：没有这样一个地方，所以乌托邦不能借由建筑来实现。尝试实现乌托邦，就像有些人尝试制造永动机一样。以下我要介绍两个曾经试图成为乌托邦的城市，以及阐述为什么它们不是，至少不完全是。

从我上学的时候开始，造访巴西利亚就一直是我的梦想。这座巴西的首都由奥斯卡·涅梅耶尔（Oscar Niemeyer）设计。不记得我从哪里得到它的印象，可能是百科全书中的图片。那时是20世纪60年代早期，巴西利亚还没有建成。2004年7月我参加在里约热内卢举行的第16届世界美学大会，这使得实现我的毕生愿望——参观距里约热内卢1000公里的内陆的巴西首都成为可能。我和阿诺德·伯林特教授（Arnold Berleant）同行，他和我有着同样的梦想。

我的第二个目的地是佩雷多。通过一个很偶然的机会，我听说了这个城市。听说我来自芬兰后，巴西导游便告诉了我这个位于里约热内卢和圣保罗之间的芬兰移民小镇。之前我从未听说过它。我的妻子是一个民俗学者，她对此很感兴趣。因此我们利用了在巴西的最后两天时间到这座城市去旅行，在那里度过了一个晚上和一个早晨。

一、外在的美与内在的美

涅梅耶尔（生于1907年）现在已经100多岁高龄了，但是仍然在他的建筑工作室里工作。他的最大愿望是创造一个美学的乌托邦：一个由完美的建筑塑造、极具象征意义的城市。当然，它也与社会理想和目标紧密联系。毕竟，涅梅耶尔是一个具有政治敏感的人，也正因为这个，他一度成为政治难民。芬兰人乌斯卡利奥（Toivo Uuskallio，1891—1969）是这个芬兰移民小镇佩雷多的创立者。他的乌托邦却追求相反的价值观——没有建筑美学的观点或目标（尽管他受过专业的园艺师培训），取而代之的是强烈的社会愿景。这与成为一个最美的人的理想同理，其美在精神上和道德上。

涅梅耶尔的巴西利亚是完美的，只要它是他的。实际上，它是由三个人共同设计完成的。巴西利亚也是规划师路西奥·科斯塔（Lucio Costa）和景观设计师罗伯特·布雷·马克思（Roberto Burle Marx）的作品。前者绘制了巴西利亚的总体规划图，后者设计了城市的水环境。这个城市没有一直在他们的控制之下，在离它很远的地方，一些卫星城伴随着社会问题自由地发展起来。巴西利亚似乎面临一种被压缩的威胁，就像20世纪50年代的芬兰园林城市塔皮奥拉（Tapiola）所面临的一样。一个城市的必要部分——宽阔的空间，可能已经萎缩；在高原之上不受阻隔的视线被堵塞（不过，有些现在正在修建的建筑物是原始规划的一部分）。第二个威胁来自建筑构造方面，风格的偏差和多样性几乎不可避免地降低了原来的标准。

像一个独裁者一样，涅梅耶尔被视为实现首都政治权力的象征意义的绝对美学权威。乌斯卡利奥不要求任何特权的力量，他把人们看作这个社区的创始人和天然的领导者——他是在梦中听见南方的原始呼唤的。1929年，乌斯卡利奥用极具煽动性的演说集结了近200人，准备离开寒冷的芬兰到神秘温暖的南方去建立一个基于素食主义和接近自然生活的理想社会。在之后的10年，陆续有100多人到达那里。

佩雷多的乌托邦特征不反映在建筑形式上，而反映在它的社会结构和引导人们的理想上——它内在的社会建筑。它的目标是——正如乌托邦社会一直以来的情形那样——建立一个与世界上其他国家不同，有自己法律并且实践它的理念的社会。那些打算加入的人受规则的严格约束，这些规则对芬兰人来说是难以接受和遵循的：他们要戒除烟酒、避免饮用咖啡，至少被希望这样做。其中一项规定：裸体主义，在强烈的热带阳光之下是痛苦的行为，因而是最先消失的。对那些咖啡生产者来说，戒除饮用咖啡是与诱惑作持续性的斗争。严格管制的佩雷多社区在争议和金融灾难中遭到瓦解，自然条件和市场形势难辞其咎。有些移民留下来住在这个社区之内，有些返回了芬兰，有些则移居到别的地方。

佩雷多并没有死亡，虽然乌托邦已不存在。那些留下来的居民在旅游业中找到了新的未来。今天，佩雷多是一个位于里约热内卢和圣保罗这两个大都会正中间的田园诗般的山村度假胜地。它的建筑风格是一种独特的组合：瑞士的"巧克力小屋"，媚俗风格的旅馆和餐厅，街上满是手绘的广告招牌。总体来说，那里有浓重的芬兰情调和乡愁情绪。这在店铺的名字、Koskenkorva伏特加酒的浪漫、圣诞老人和驯鹿的组合以及"芬兰日常生活点滴"博物馆中可以反映出来。佩雷多是一段自我运营的、朴素的、功能完善的旅游山庄，以其自身的方式吸引着游客。它与芬兰闻名于世的那些精美的小设计没有什么关系。

那些婴幼儿时期就离开芬兰的人们有不少现在还健在。第二代和第三代芬兰人作为少数民族正在渐渐地融入主流社会群体。我到那里之前，佩雷多刚举行了纪念该社区建立75周年的庆典仪式。参加仪式的人除了移民和他们的后代以外，还有当地的原住民。移民们旧的芬兰身份是一种乡愁的记忆，它赋予了这个小镇一种特殊的格调。建立这个移民社区以及很快导致它失败的观念已经消失或者变异了。像任何其他地方一样，紧密联系大自然的健康的生活、安全、共同的责任以及互相关爱一直以来就是这里积极的价值观。

20世纪60年代的巴西首都巴西利亚是一段并不久远的历史，但是不仅仅如此。有些涅梅耶尔设计的建筑还在施工过程中：此行中我们看见了巴西利亚尚未完成的建筑（里约热内卢的卫星城尼泰罗伊也是如此。我们参观了最近刚刚竣工的当代艺术博物馆）。1987年，联合国教科文组织将巴西利亚列入世界文化遗产名录。因此，人们像我一样前来参观。我没有失望，我看见了最美丽的建筑，其中的美术、园林以及房屋组成了完整的艺术。

巴西利亚的经验证实了一种消极的论断是错误的。相反，我认为它不是太大，距离不是太远，它不是那么没有生机——它甚至显示出极具功能性。它为权利赋予理想化的象征意义（同时，迎合权力）。议会大厦是最高的建筑，它代表人民拥有最高的权利。总统官邸稍远一些，有些类似芬兰的 Mäntyniemi 总统官邸，但它不是城堡，却显得活力而轻快，辨识度很高。外交部大门开在建筑的一侧，掩映在类似丛林的内部花园和较隐蔽的水围栏后面。大教堂位于地面以下，但是通过飞舞着天使雕塑的天顶向天空延展开来。在这些建筑中最明显的是风格明快的儒塞利诺·库比契克（Juscelino Kubitschek）总统纪念碑。正是儒塞利诺·库比契克总统决策了巴西利亚的兴建。相比之下，传统的权利象征——巨大的石材建筑、高傲的骑马的人像——并不存在于此。

当然，不论它代表怎样的权利，城市的外观仍然保持不变。建筑和城市规划的语言可以不同于当时办公室中的权力话语。即使居民和国家政治领袖发生了改变，总统官邸依然保有原来的样子。城市可以形成一个不变的面具，它讲述了其他的真实面貌。在这个国家的其他地方，我看见了穷人区。里约热内卢的山坡上分布着一些贫民窟，游客被警告不要只身进入该区域。在巴西利亚周边的卫星城镇就有这样的贫民聚居区，我听说过，但是并没有亲眼所见。弗里茨·兰（Fritz Lang）的电影《大都会》（Metropolis）中的两个阶层的城市和 H. G. 威尔斯（H. G. Wells）的小说《时间机器》（The Time Machine）开始浮现在我脑海中。在城市里，有上、下两个不同的阶层，他们生活在各自的世界中，互无联系。

我希望在巴西利亚，建筑与权利能够言说同一种美丽的语言——让高品位的建筑成为对权力的道德挑战。虽然经验引导人去相信乌托邦必然总是失败的，但是我们想到必然的失败，还是具有讽刺意味。因为我们需要乌托邦，它带给人们希望和存在的目标。佩雷多叫人回想起它在芬兰人的移民史上奇怪的、纠结的、那么有趣的风格。虽然这个社区没有成为乌托邦，但它真实地保留在历史中，是一个基于共同利益、为具有道德敏感性的人创造社会的尝试。我愿意相信，它是留下了印迹的。在这两个乌托邦中，巴西利亚拥有更强壮的外壳——是在人类心智之上对纯粹的美学价值观、美的力量的极好体现。人们从那里回来后或多或少会有所改变，因为在他们心里已经埋藏下了追求完美的渴望。

二、乌托邦进程的中间状态

巴西利亚的荣耀和命运已经转化成为世界遗产的纪念地并受到保护。极致的设计为人们带来了维护它的责任，为后来的设计师的才智留下了信任空间。保护城市的整体外观成为生活、工作的一部分。奥古斯都·凯撒（Augusto Cesar B. Areal）在他的论著中提到过巴西利亚。他看见了由良好的意图带来的一些问题："'第三个千年的首都'可能会变成'60年代令人惊讶的首都'，这是危险的"。

佩雷多没有建筑规划，所以城镇的格局是自由发展的。但是另一方面，从外部看不见的社会结构在乌托邦实验中具有强烈的约束力。如今，它是一个适宜的、有吸引力的居住地。对游客来说，它的美学趣味在于其讽刺意味和色彩缤纷的帐篷。管制社会的乌托邦已经消失了，但是好像没有人期待它，甚至不记得它。

宜居城市的特征是一个规划与非规划适当相结合的综合体。这样的城市保留了当初具有强烈意识的设计部分（建筑、街区、甚至行政区域），但是同时应当为当地居民和后来的设计师提供再创造的空间。如果没有这样的活动自由，人们会在未经许可的情况下自己开辟这样的地方。环境行动主义的流行形式是"游击园艺"，这是一种在年轻人中非常盛行的方式。它表现形式自由，但是总在被禁止的地方实施，比如荒地、公路边缘、还未开工的建筑工地，甚至用他们自己的植物来改造公园。人们希望留下自己的痕迹。有时，这种艺术行为被称为环境艺术。

1920年，里特维德（Gerritt Rietveld）为委托人设计了一栋房子。它坐落在荷兰乌德勒支（Utrecht），现在被当做博物馆；几乎在同一时期，路德维希·维根斯坦（Ludwig Wittgenstein）在维也纳为他姐姐设计了一栋房子；阿瓦·阿图（Alvar Aalto）设计、建成于1939年的玛丽亚别墅（Villa Mairea）是委托人一家的梦想——它的大部分现在也是博物馆。所有这些都是自成一体的小世界，完美的、极富美学意味的整体。居住者不觉得自己是在坐牢，因为这个房子就是他们想要的。但是设计到最小细节的房子却也在精神上约束了他们。巴西利亚就是这样一个城市规模的例子。

被高度规划好的城市或建筑总是受到逐步升级的恶化和无序的威胁，哪怕这种恶化和无序来自最小量的失谐。由于其不可变的完美性，它们总是处于被破坏的危险中。甚至一摞纸或一件被扔到椅子上的外套都能破坏施罗德住宅(Schröder House)的完善结构。当我们为有创作偏好的人保留创作空间时，应该看到更多的仅仅具有"普通标准"的可变更结构，甚至仅仅是保留在某些重要项目周围的荒地都应是有生机的和可以被改造的。这种需求的重要性等同于外部建筑和社会生活。承重结构和网络在城市和社会中都是必需的，但并不是任何事物都需要规划设计得具有最终完备的形式。明智的做法是相信动态平衡——我们的城市和社会能处于乌托邦进程的中间状态、介于极端有序和完全无序之间吗？

参考文献：

[1] Niemeyer Oscar. My Architecture [M]. Rio de Janeiro: Editora Revan, 2000.

[2] Teuvo Peltoniemi. Kohti parempaa maailmaa, suomalaisten ihannesiirtokunnat 1700-luvulta nykypäivään [M]. Helsinki: Otave, 1985.

[3] Airi-karina Savelius. Penedo, Suomalaiskylä Brasiliassa Brasiliassa [M]. Helsinki: Suomi-Brasilia, 2001.

[4] Toivo Uuskallio. Matkalla kohti tropiikin taikaa [M]. Helsinki: Otava, 1929.

[5] H. G. Wells. The Time Machine [M]. New York: Dover Publications, 1995.

（作者单位：芬兰东芬兰大学(原约恩苏大学) 译者单位：武汉大学）

从传统与自然中找回城市景观设计之本

马长勇

随着人类文明的高度发展,城市经济一体化的迅速加快,人类改造自然的手段经历了从对自然的发现、认识,到严重受制于自然,走向对自然的无度索取。尤其是工业化社会以来,给城市居住环境造成的恶果已日益显现:城市大面积的绿化植被越来越多地变成了钢筋混凝土的丛林,城市上空悠悠的白云被一团团工业废气笼罩;不断扩大的城市面积,使人们在生活、工作中不得不依赖于各种代步工具;甚至人与人、面对面的交往也被电子通信代替了;久居于都市的人们,离大自然日益遥远,在城市水泥的森林中,现代居住环境大多表现出与大自然的对立,无视地域自然环境;疲劳,孤独,邻里关系淡漠,充斥着生活在城里的人们,人成为人造环境中的一个物理因素,而逐步丧失了原来的社会中人与自然之间的和谐关系。因此,城市居住环境的走向已到了亟待解决的地步。

一、维持人与自然的动态平衡与共生共存

人作为大地之子,是自然之产物。当人类从大自然中获得生产力之初,人与大自然共同生存在一个和谐的环境中,并相互影响着,且有着密切而微妙的关系。科学家们近年在研究人体器官和组织中的 90 多种元素时,惊异地发现其中有 60 多种元素在人体内的平均含量同地壳中的平均含量相似,这些元素在人体血液和地壳中的平均含量丰度进线几乎吻合。这绝不是偶然的巧合,而是在漫长的岁月中,通过人体的新陈代谢与环境进行物质交换,并经过长期进化的结果。自然对人类影响最

大的莫过于居住的生活环境，居住环境的优劣影响着人类的智力和体质，例如《阳宅十书》上说："卜其宅者，卜其地之美恶也，地之美者，则神灵安，子孙昌盛，若培植其根而枝叶茂……泽之不精，地之不吉，则必有水泉、蝼蚁、地风之属，以贼其内，使其形神不安，而子孙亦有死类绝灭之状。"的确，气候的好坏、水土的美恶对人类各方面影响甚大。在我国有些地方，曾经因缺乏人体所需的碘，而引起地方性甲状腺肿大的流行，也有地方因饮用水质的含氟量过高，而引起氟斑牙病。反之，自然地理条件好的居住环境不仅有利于人类的身体健康，而且还为人们的大脑智力发育提供极佳的条件。现代科学研究表明，良好的自然生活环境使脑效率提高15%～35%。例如江南地区，山明水秀的自然景观，加上丰厚湿润的水土气候等条件，孕育了众多的文人志士；明代200多名状元、榜眼、探花三鼎甲中，江南人竟占50%以上；出现了"东南财赋地，江浙人文薮"的繁荣景象。这除了政治、经济、文化等社会因素之外，还与江南水乡清新秀丽的自然环境有关。这标志着人与自然环境之间的物质交换达到了动态平衡，也表明了人与自然的共生共存关系。

二、促进城市景观设计与自然的相互交融

中华民族在与自然保持亲和、感应和相互交融的关系中，很早就发现了自然美。在造园创作中以"天人合一"为最高哲学观和美学意念，体验自然与人契合无间的精神状态，成为中国传统建筑文化的精神核心。道家主张"以人合天"，提出"法自然"、"法天贵真"，认为只有顺应回归自然，进入"天合"状态，才能达到常乐的意境。儒家追求天道，主张"以天合一"，重在探求人的生命和生存之迹。栖居在我国高原的纳西民族，给我们营造现代城市居住环境留下了一笔丰厚的遗产：古城地处丽江坝，选址北靠象山、景虹山，西靠狮子山，东西两面开朗辽阔，既避开了玉龙雪山的寒气，又接引了东南的暖风，藏风聚气，占尽地理之便。城内，从象山山麓流出的玉泉水，经古城西北端流至玉龙桥下，并由此一分为三，三分成九，再分成无数条涓涓溪流，使其主街傍河，小巷临渠。每天拂晓封小渠、水漫街面，把由众多五花石融聚而成

的街面冲刷得犹如波光粼粼，使古城清净而充满生机。居住建筑保持明清风格，构造简洁、粗犷，多为木结构的"三坊一照壁，四合五天井，走马转角楼"式的瓦屋楼房，加之居民喜植四时花木，形成人与自然相互交融的美好关系。这些朴素的营造手法对于我们今天构筑城市家园有所帮助，启发我们在建筑城市居住环境中应与自然相互交融。

三、倡导城市景观设计向自然谦让的原则

人造环境作为大自然的配角、陪衬，应少一点唯我独尊的霸气，而采取"谦让"的态度。

但现今，基于科技的高速发展，各类先进建筑机械被大量使用，使人们"征服"自然的能力突飞猛进，可以轻而易举地改变小区原始地形，而且城市小区建设也大多从平整地形开始，于是，原本生动的自然坡度被填平，变成了拔地而起的高楼，光滑平整的广场覆盖了过去清新自然的绿色植被，小溪、池塘被无情地填塞或引入下水道，当然，这种做法不能一言蔽之。我国古代造园家常静坐于某一场地数日，观其地貌，测其气象，沉思其特点，然后才考虑其发展的可能性和计划。自古被称为"牛形村"的宏村，位于风景秀丽的黄山南麓，整个小区以耸峙高昂的雷岗山为"牛头"，以苍郁青翠的古村为"牛角"，以鳞次栉比的楼舍为"牛身"，以碧波荡漾的塘湖为"牛胃"和"牛肚"，以"穿堂绕屋、九曲十弯的人工水圳为"牛肠"，以小区外边四座木桥为"牛腿"，四环青山峰、稻田相连，俯视着居住小区，它犹如一头静卧在青山绿水之中的牛，杰出的建筑师善于巧妙地利用地形的变化，顺应地势建造居住环境；利用山势的坡度，造成水位的落差，使水始终处于流动、飞溅状态，具有动态美和生命力。石条路旁，古树茂盛，融湖光山色与层楼叠院为一体，集自然景观和人文景观于一身。这固然是由于当时劳动工具简单，生产力贫匮，缺乏对自然地形实施大改动的能力，但从另外一方面看，因地制宜地利用和改造了自然地形地势，减少了土石方移填工程，节省了大量人力物力。相对于那些为了盲目追求居住环境的平整性，而大量毁田造房、开发项目的情况，不是一种良好的启示吗？

作为现代建筑师也好，环境设计师也罢，在各类先进科学仪器的武

装下，更应深入分析地质、地貌、气候等自然特征和住宅建筑之间的关系，根据周边客观环境、地形、地貌，控制建筑物的高度，以及对天际线与建筑群的关系进行协调。

四、在城市景观设计中合理利用自然资源

居住小区的设计不能忽略对"阳光"和"水"的合理利用。夏季酷热的阳光使人们望景生畏，怎样充分利用建筑阴影产生不同时间段的户外活动空间以及怎样借助水这一自然元素进行城市居住生态的设计，是将人与自然再次沟通的一个最佳手段。

20世纪美国建筑大师赖特被人们称为"田园的诗人"，他在许多文章中表述了对自然的崇敬，因此他特别强调建筑物的设计既要尊重天然环境，又要合理利用大自然赐予我们的资源。在《建筑论》一书中他写道："大自然为建筑的主题——设计提供了素材，我们今天所知的建筑形式正源出于此。尽管几百年来，人们总是在书本上寻求启示和死守教条，但大多数的实践还是来自于自然，自然的启示是取之不尽的，它的富有远超乎人的意料……对建筑师来说，没有比自然规律的理解更丰富和更有启示的美学源泉。"赖特对自然的理解不只是停留于此，同样还体现在他的建筑作品中。众所周知的何夫漫别墅（也称流水别墅）堪称光与水、自然与地域传统的典范。三层高的建筑从后部的山壁向前轻捷地俯卧在瀑布之上，翼然伸出平台与嶙峋的山岩犬牙交错，林木、山石、流水、建筑互相渗透。室内的壁炉是以自然的岩石砌成的，前面保留了一块天然的岩石，只是稍加平整。底层直接临水，打破了人们倚窗观瀑的视觉习惯，是"伴着音乐生活"。并且从居室内拾阶而下，可直达水面。这不仅能使人俯视流水，而且引来了水上清风。对阳光的巧妙利用，使建筑内部空间充满了生机，在此，光线不仅作为一种天然的资源被引进室内，照亮和温暖着室内空间环境，而且起到了渲染室内气氛的作用。光线运动于起居空间的东、西、南三侧，光线从天窗直射下部溪流崖底的楼梯，形成了最亮的部分。东、西、北侧凹状空间较之暗了许多，但隐在岩石地板上呈现出富有节奏感的倒影。整个建筑物与大自然相互交融，浑然一体，且自始至终蕴涵着强大的生命力。他还经常根

据实际的使用功效,结合当地天然材料,发掘出大量原材料的新特性和潜在作用。赖特崇尚自然的设计思想和理论,对于我们面向信息时代、营构诗意化的城市居住环境,仍然有深刻的启迪:人类居住环境的营造应始终根植于大地,与自然环境融合。

在人类尚未揭开地球生态系统之谜,而生态危机已开始严重制约我们的今天,"可持续发展"的原则已在世界各个领域达成共识。城市居住空间与自然环境的走向也应引起社会各界的重视,我国著名建筑师吴良镛先生在他的《建筑与未来》一书中也曾说过:"我们现在所有的仅仅是从子孙后代处借得,暂为保管罢了。"所以,如何使城市居住环境达到如赖特所言的那样:"房屋应当像植物一样,是地球上一个基本的、和谐的要素,从地里长出来的,迎着太阳。"这是我们每一个相关领域应思考的问题。

参考文献:
[1]项秉仁. 赖特[M]. 北京:中国建筑工业出版社,1992.
[2]许平,潘琳. 绿色设计[M]. 南京:江苏美术出版社,2001.
[3]王受之. 世界现代建筑史[M]. 北京:中国建筑工业出版社,2002.

(作者单位:湖北文理学院)

对加强高校美术专业学风建设的思考
——以襄樊学院美术学院为例

刘 浩

抓好学风建设，培养和造就大批社会主义现代化建设需要的优秀人才是高等教育的首要任务。优良的学风是保证和提高教育教学质量的重要条件，是高校生存、发展、创新的基础保证。当前，大学生中存在理想信念不够坚定、人生追求不够远大、学习目的不够明确、学习缺乏动力的现象。加强和改进高校大学生学风建设势在必行、刻不容缓。高校美术专业有其特殊性，必须按照美术专业的特点有针对性地加强学风建设。

一、明确学风建设的内涵和重要性

学风，广义理解为学校的学习之风、教育之风、学术之风、办学之风等；狭义理解为一个学校学生的学习风气，具体指学生在受教育的过程中所表现出来的行为特征和精神风貌的总和，是学生学习风貌、学习态度、学习行为等的外在表现。一所高校只有形成了勤奋、严谨、求实、进取的优良学风，才会对生活在这个环境中的每个学生产生潜移默化的影响，使学生自觉或不自觉地受到熏陶。这种熏陶和影响，对于提高教育质量、促进人才培养具有直接推动作用。而这种推动作用和积极影响不仅反映在学生学习阶段，还将对学生毕业后的发展和事业成就发挥重要作用。学风建设应包括两方面的内容：一是教学工作；二是学生教育管理工作。它体现了高等学校教学工作的中心地位，也体现了人才培养的根本目标。加强学风建设是社会、学校、家长、学生的共同需要，是全面实施素质教育、提高教育质量、培养高素质人才的需要。

1. 充分认识加强学风建设的战略意义

加强学风建设,是全面实施素质教育、树立学生自主意识、自我成才观念的需要,是在扩招形势下提高教育质量、确保人才质量、提高学校知名度、参与办学竞争、实施高校质量工程的需要,是一个学校内在潜质和文化底蕴的外在表现形式,也是社会和家长、学生择校的重要依据。

2. 科学定位学风建设的基本目标

(1)总体目标。坚持社会主义办学方向,全面落实党的教育方针,通过稳定校园秩序、深化素质教育、繁荣校园文化和强化学生管理,从而为培养富有创新精神和实践能力的高层次人才,提供文明、健康、科学的思想道德条件和科学文化环境。

(2)具体目标。包括五个方面:勤奋学习的自主意识,严谨治学的科学精神,求实创新的学术品格,团结协作的集体观念,奋发进取的精神风貌。

3. 准确把握学风建设的主要原则

教师主导、以教风带学风的原则,师德为范、既教书又育人的原则,积极引导、健全管理制度的原则,齐抓共管、协调职能部门的原则,典型示范、奖优促差的激励原则。

4. 优良学风的基本特征

坚定正确的学习目标,实事求是的学习态度,勤奋刻苦的学习精神,科学严谨的治学方法,勇于创新的学习品格。

5. 优良学风的主要作用

优良学风是战胜学习困难的动力,优良学风是指引学习道路的灯塔,优良学风是实现学习目标的保证。

6. 学风建设的主要制约因素

以教风带学风的问题,学习评价体系创新的问题,解决好校园环境问题,学习、实践以及活动场所问题,扩大学生第二课堂的问题。

二、当下学风建设中存在的主要问题和原因分析

1. 部分学生学习目的不明确,学习态度不端正

有的学生在"读书无用论"思想影响下,没有明确的学习目标,读

书只是为了"混日子",混一张文凭"装门面"。有的学生虽然学习目的明确,但功利主义色彩较浓,将其作为获取个人利益的途径和手段,读书工具论、唯学分论比较普遍。总体表现为重学位、轻学识,不讲究真才实学。还有的学生很茫然,完全不知道自己应该干什么,只是机械地应付学习。

2. 部分学生学习动力不足,纪律松散

一些学生上大学后就认为自己进了"保险箱"、到了"终点站",缺乏继续学习的动力,丧失了力争上游的学习精神和只争朝夕的学习动力。部分学生沉迷于网络,整天昏昏沉沉睡大觉,或是谈情说爱,虚度光阴。迟到、早退、逃课、旷课,甚至旷考、舞弊等现象频频出现。因此有必要教育学生经常思考:沐浴晨光时,想想该干些什么;踏着夕阳时,问问有多少斩获。明白"三更灯火五更鸡,正是男儿读书时。黑发不知勤学早,白首方知读书迟"的古训。做人可以平凡,但不能平庸。

3. 部分学生缺乏勇于探索、刻苦钻研的精神

一些学生缺乏不畏艰难、勇于拼搏的精神和勤奋好学、刻苦钻研的作风。在学习上往往学不求深、识不求广,散漫、浮躁、拖沓。有的听课嫌累、考试嫌难。上课时,不做笔记,甚至做与课堂无关的事情;做作业时,不求学通弄懂,只求应付了事,有的照抄别人的作业交差,有的甚至根本就不做。课余时间用于学习、研究的比例偏低,课外书籍阅读量偏小、阅读面偏窄,且多局限于有过级任务的英语、计算机等狭窄领域,从而导致相当一部分学生知识面窄、知识结构单一、学习研究后劲不足。美术专业必须坚持"艺术、技术、人文"的办学理念。一个没有深厚文化底蕴的人,其艺术道路不可能走得宽、走得远,只能成为画匠,不可能成为画家。左宗棠在23岁写过一副对联:"身无半亩,心忧天下;读破万卷,神交古人。"我们要教育学生积累文化底蕴,研读古今中外艺术大师的作品。

4. 部分学生专业思想不稳定,存在厌学情绪

部分学生不能正确认识和对待所学专业,甚至少数学生是为了能够上大学而选择了美术专业。一旦专业不够"热",或者不是自己所喜欢的,就没有兴趣,甚至出现厌学现象。或者朝三暮四,今天想学设计,明天想学美术学,后天想学动画,甚至想转到其他专业,结果什么也没

学会。还有的学生认为"学校开的课对将来的工作没什么用",片面地认为"锻炼能力"最重要。于是,整天热衷于各种社会活动,忙于外出打工,在新生中也有类似情况。虽然力图增强所谓的社会适应力,结果真正的能力没有增强多少,反倒荒废了学业。要教育学生一旦选择了美术专业,就要像郑板桥所说:"咬定青山不放松,任尔东西南北风。"

三、加强学风建设的主要措施

学风建设是一个系统工程,涉及教育理念和学风建设的思路、模式、途径、措施等。培养和创建优良学风必须更新教育理念、理清建设思路、探索建设途径、调动各方面的积极性,形成全员抓学风的合力。

1. 以思想政治教育为学风建设导航

创建优良学风就是要教育学生学会做人、学会做事,树立崇高的理想和坚定的信念,摒弃急功近利的狭隘目标,增强大学生为民族复兴而奋斗的历史责任感、使命感和紧迫感。

(1)要加强理想信念教育。要坚定不移地用马克思主义和党的创新理论教育大学生,贯彻落实科学发展观,构建高校和谐的人文环境。以正面教育为主要途径,采用形势报告会、座谈讨论会、个别交流思想、建立学习园地、典型事例剖析等多种方式,不断提高大学生的思想政治觉悟,树立正确的世界观、人生观、价值观。学风的好坏反映人的理想志向、科学态度和求学精神,也反映人才的素质和质量。以人为本、思想领先,是学风建设的关键。要明确思想有多远,我们就能走多远,做人高度决定事业宽度,做事深度决定成就厚度。只有诚信笃实的人会成功,守时勤奋的人会成功,结缘助人的人会成功,智慧圆融的人会成功。要学习借鉴余世维总结的水滴文化:滴水可以穿石。即做人:晶莹剔透(诚信、光明);做事:水滴石穿(用心、坚持);对人:润物无声(乐施、奉献);对己:自我超越(勤学、多做)。

(2)要加强专业思想教育。学风是一种传统,是一种氛围,需要不断地培养和熏陶。要从新生入学教育开始,通过向学生介绍课程设置、专业方向、专业特色,参观专业实验室,邀请专业教师和社会名家作专题报告,使学生了解专业特点,充分认识学好本专业的重要性,树立牢固的专业思想。要把专业思想教育贯穿于大学生活的全过程，经常组织专家、教授、名师报告会和学习经验交流，使学生把握社会生活对专业的需求和专业发展趋势，热爱所学专业。新生要尽快适应大学生活，做好从中学到大学的过渡，要精心制定好大学规划。要解决好三个问题：为什么来上大学？如何上大学？毕业后能做什么？要做到做人要知足，做事要知不足，做学问要不知足。要坚信天道酬勤。

（3）以学风建设为主线，切实加强和改进思想政治工作。思想政治工作要做到以身正人、以德育人、以情感人、以理服人、以诚待人、以崇高的精神塑造人。要建立齐抓共管的思想政治工作立体网络，把深入细致的思想政治工作贯穿于各个领域，并结合实际工作，深入研究，积极探索新时期思想政治工作的特点和规律。要深入学生，了解他们的思想动态，积极开展学生心理健康教育和心理咨询服务，坚持做到尊重人、团结人、帮助人、促进人，让思想政治工作为学风建设导航。

2. 以校园文化建设营造学风建设的优良环境

学风建设是校园文化建设的重要组成部分。加强校园文化建设，创造文明环境，有利于促进良好学习风气的形成。加强校园文化建设，应通过组织学生开展社会实践等丰富多彩的课外生活，培养学生的综合素质，丰富学生的精神生活。要努力改善教学和生活环境，使学生在文明、整洁、优美的环境中学习和生活，为学生创造一个宽松愉悦的学习环境和施展聪明才智的发展空间。要充分发挥美术专业的特点和优势，开展好社团活动。

3. 以师德师风建设牵引学风建设

我国著名教育家叶圣陶先生说过："教师的全部工作就是为人师表。""教师的人格魅力可以直接对学生产生无言的持久的影响，并在很大程度上决定学术指导的效果。"因此，师德教风建设是人才培养和素质教育的源头性工程，教师的思想道德素质和品行，直接关系到一个学校的学风。要把加强师德教风建设作为推进学风建设的重要举措。教师要加强政治理论学习，提高思想道德水平，增强人才培养的责任感和紧迫感，做到为人师表、教书育人，弘扬良好的学风。要加强教师队伍建设，引导教师树立素质教育的全新观念和现代教育思想，全面提高教师的综合素质。要加强对教师的考核与管理，实行学生评教制度。要加强教学督导，开展党员示范课活动，评选精品课程，实施名师工程。实践证明，只有坚持不懈地开展师德教风教育活动，建立教师职业道德规范，形成良好的师德和教风，才能为学风建设打下坚实的基础。

4. 以完善的规章制度建设保障学风建设

学风建设需要由科学化、制度化、规范化的管理来保障，严格而有效的管理是形成良好学风的有效途径。要制定相应的规章制度，加强学生纪律管理、行为管理、学籍管理、考试管理；加强教师管理、教学管理、教学计划管理、课程建设管理、教材建设管理、实验与实习管理等。要以学风建设为主线，全面推进素质教育，要引导同学们考研、考级、考证。要建立科学的学风建设管理体系，建立领导联系、接待学生制度，定期听取学生的意见和呼声；要建立领导听课制度；认真搞好教学期中检查；搭建师生沟通交流、教学相长的桥梁，使学风建设和教风建设相互促进、相得益彰。要加强辅导员、班主任工作，改革奖学金评定办法，加大学习成绩的比重；要加强学生寝室建设，发挥党员、学生干部、积极分子的带头作用；要认真落实目标化管理和精细化管理，定期检查各项工作的落实情况，及时查处和纠正学生的各种不良行为与违纪现象，创建学风建设的长效机制，保证优良学风的形成。

5. 以关注困难学生群体全面促进学风建设

要积极倡导建立一种在人格上尊重学生、感情上关心学生、工作中信任学生的新型师生关系，加大对学习困难、经济困难、心理困难的"三难"学生的关心。要帮助后进学生细致分析原因、查找根源，通过明确而具体的方案，及时地检查、督促和规范学生各方面表现，最终取得增强学风建设的成果。对于经济困难学生，通过安排、设立勤工助学岗位、指导学生申请国家助学贷款、申请各种补助、联系校内外资助等，帮助经济困难学生解决经济问题。同时，还要主动与心理困难学生交流，帮助他们解决心理问题、树立信心、调整心态，以良好的精神面貌投入学习，不断取得进步。让学生明白：污泥可以长出莲花，寒门可以培养孝子，熔炉可以锻炼钢铁，困境可以成就伟人，苦涩可以酝酿甘甜；办法总比困难多；信心比黄金和货币还重要。

良好的学风，是学校的宝贵财富，是提高教学质量、培养合格人才的重要保证，是衡量育人环境的重要标志，在高校的发展中具有非常重要的作用。优良的学风是一种积极的氛围,使处于其中的学生感到一种压力,产生紧迫感;同时它也是一种动力,使学生能积极进取、努力向上,制约不良风气的滋生和蔓延;它还是一种凝聚力,有利于培养学生集体主义精神。树立优良学风,需要学校师生的共同努力。我们要将学风建设作为提高办学质量的头等大事,将推进学风建设作为具有战略意义的育人工程,努力形成学风建设的长效机制,为国家培养大批优秀的社会主义合格建设者和可靠接班人。

(作者单位:湖北文理学院)

襄樊市城市雕塑的突出问题及其对策

丁长河　李秋实

本文所涉及的"襄樊市城市雕塑"是指襄樊市区内（不含所辖县市）除寺庙神像、传统雕刻（如石狮、龙等）以外的所有城市公共场所的雕塑作品（包括政府机关和学校、工厂等企事业单位的室内外雕塑）。

城市雕塑是公共文化服务最显著的存在形式，它直接体现了该城市的文化特质以及现阶段的文明程度，它在满足人们的审美需要的同时，对市民的生活态度、价值取向、精神面貌产生着潜移默化的影响。作为襄樊市的城市公民和艺术工作者，笔者见证了襄樊市近半个世纪的城市发展，清楚地知道襄樊市现阶段的城市雕塑与几十年前相比，其艺术水平、数量以及公共文化服务的作用等方面已经有了大幅度的提升。然而，与国内外在公共文化服务尤其是城市雕塑方面的优秀城市相比，我们仍然存在很大的差距。迄今为止，襄樊市尚未产生在国内外有影响的经典城市雕塑作品，这与"中国历史文化名城"以及"省域副中心城市"的地位是不相称的。

经初步调研，笔者发现目前襄樊市的城市雕塑还存在缺乏整体规划、不能充分体现城市文化特质、缺乏对城市雕塑的管理保护等问题，但其中最突出的问题莫过于雕塑本身的问题，或者说是现有雕塑的艺术性问题。这主要体现在以下两个方面：

一、形式美问题

襄樊市现有城市公共雕塑作品220余件，其中圆雕90余件，浮雕20余件。从整体上看，现有的浮雕中虽然没有出现经典之作，但与圆雕相比，其"形式美问题"并不突出，也就是说"形式美问题"主要集中在圆雕上。

我们判断造型艺术作品形式美的优劣，其根本依据就是对其"生动性"的直觉把握。这种判断力是每个正常人都具备的，只是艺术家和相关专业人士更加敏感。以"生动性"为标准，笔者对襄樊市现有的城市圆雕作品进行"好、中、差"的大致分类，结果是：较好的作品约占30%；中等作品约占40%；较差的作品约占30%。这些较差的作品包括某些中等作品，主要存在以下三个方面的形式美问题：

1. 造型单调呆板

市区内的某些雕塑显得单调、呆板，其不生动的主要原因是雕塑造型本身缺乏必要的对比要素。例如，市昭明小学的"萧楚女像"，樊城沿江大道米公祠与车桥厂交界处的"攻读"、"童趣"，小北门城楼上的士兵像，襄樊学院南北校区交汇处树林中的少女读书像，襄樊职业技术学院医学实验楼前的石雕，阳春门公园的白居易像等，这些雕像要么完全呈对称状态，要么缺乏生活中人体自然扭动的节奏感。

2. 结构比例不合理

市区内的人物雕塑大约有40%，其中的80%都是写实性雕塑。除了大的造型外，合理的结构、比例是写实性人物雕塑获得生动效果的必备条件。然而市区内许多此类雕像都或多或少地存在结构、比例问题。令人遗憾的是，这些有问题的雕像竟然长期伫立在重要的公共场所。例如隆中书院的少年孔明像、鹿门寺的孟浩然像、仲宣楼外的王仲宣像、二桥头（北）的四古装舞女像、樊城沿江大道米公祠与车桥厂交界处的女性人体雕像等。造成此类问题的直接原因是雕塑的作者，他们明显缺乏足够的人体解剖知识和专业基本功的训练。这也是一些写实性雕像缺少必要的细节的主要原因。

3. 色彩不协调

材质及其色彩是雕塑形式美的重要组成部分。襄樊市并不缺少在材质及色彩方面与环境相得益彰的雕塑，如市体育馆周围的系列体育运动雕像、樊城沿江大道的《楚天柱》与其下方反映襄樊历史发展的大型浮雕等。但是，个别重要的雕塑使色彩问题成为突出的形式美问题：矗立在诸葛亮广场的襄樊市标志性雕塑《诸葛亮像》，原本是协调的紫铜色，经过"维护"后变成了俗不可耐的金色；襄樊学院卧龙广场前的"卧龙出山"也存在同样的问题，如果其色彩与卧龙广场图书馆背后的三国系列雕塑保持一致(青铜色)，必然会增加其古朴、典雅、厚重的艺术效果。

二、独创性问题

模仿大城市的雕塑、名家的经典雕塑甚至直接购买厂家批量生产的雕塑，是许多新兴中小城市普遍存在的现象。但是这种现象不应该出现在中国历史文化名城和湖北省省域副中心城市的襄樊。历史悠久的文化名城所拥有的可供雕塑创作的题材不胜枚举。然而市内仍然存在照搬、模仿和批量生产的雕塑：如长虹路与春园路交汇处转盘中的不锈钢雕塑、大庆路永安广场的雕塑、火车站对面的风车雕塑等，明显是照搬武汉市的城市雕塑；模仿、照搬的现象在校园雕塑中尤为突出，如襄樊学院附中的所有雕塑都是模仿品，一件批量生产的不锈钢雕塑(原来是襄樊学院正门内的主体雕塑)竟然安放在校园最显眼的位置。这些非独创性的雕塑也许有一定的审美价值，但它们却不能体现出襄樊市的文化特质。

"缺乏独创性"和"形式美问题"是目前襄樊市城市雕塑最突出的问题。它严重影响了襄樊市的城市美化，消减了襄樊市的文化特质，降低了城市的品位和公共文化服务的质量。那么，我们不禁要问：这些突出问题是如何产生的？有没有相应的解决办法呢？

表面上看，"形式美问题"和"缺乏独创性"似乎是雕塑家们的问题，然而实际上，这些问题生产的根本原因在于城市建设的管理者，在于城市公共文化服务中起决定性作用的相关领导。因为，无论是一个单位的雕塑还是市政大型雕塑，在哪里设置雕塑、用什么题材、用多少钱、选择谁来施工，都是由领导决定的。襄樊学院校园建设的历程就是一个典型的例证。学院成立之初，限于当时主要领导的素质，新校园的建设根本不考虑与其所在地古隆中的协调问题，其主体雕塑就是直接从厂家购买的批量生产的不锈钢制品。自该领导因贪污法办后，新任领导才开始采用"仿汉风格"的雕塑来改变校园面貌，使校园建设逐渐与古隆中的文化背景保持一致，校园里出现了三国历史人物雕塑，并最终拆除了原来的主体雕塑。由此，我们可以看出领导者的素质与城市雕塑优劣之间的关系。说到底，管理者的素质决定了城市雕塑的命运。

既然问题的根源在于领导，那么提高领导者的素质，尤其是艺术素质就是一个必由的途径。但是，提高领导者的艺术素质绝非一朝一夕之事，它是一个长期的过程，需要从基础教育抓起。而日新月异的城市建设绝不会放慢步伐来等待领导者艺术素质的提高。我们需要更为切实可行的办法来应对襄樊市城市雕塑的突出问题。

在笔者看来，这个问题的解决既简单又复杂。说它简单，是我们只需要真正确立艺术家的话语权，让他们在城市雕塑的项目申报、审批和工程招标中发挥决定性的作用。这里所说的艺术家，仅限于造型艺术工作者中的佼佼者。他们对雕塑艺术的审美能力理所当然地高于大众和一般领导，而且他们还是大众审美的引导者。问题的复杂性在于，艺术家的话语权如何才能得以真正确立？当前襄樊市城市雕塑的相关管理制度并不完善，更谈不上严格执行，比如一些企事业单位的雕塑无须申报和审批；雕塑工程的招标也许会请艺术家参与，但他们的意见是仅供参考的，或者请他们来只是走过场而已；即使艺术家拥有话语权，也不能保证他们当中的每一个人都能经受工程方的金钱考验。不难看出，这些"复杂性"存在于城市雕塑管理制度以及制度的执行方面。管理者的重要性再次显现——他们决定了艺术家能否在雕塑的项目申报、审批和工程招标中真正发挥作用。

总之，只有真正确立艺术家的话语权，让他们在城市雕塑的项目申报、审批和工程招标中发挥决定性的作用，襄樊市城市雕塑的突出问题才能得以解决。而只有相关管理者建立、完善并严格执行相应的城市雕塑管理制度，才能真正发挥艺术家的作用。

唐代张彦远在《历代名画记》中曾经记载了梁武帝时期的画家张僧繇"画龙点睛"的传奇故事："武帝崇饰佛寺，多命僧繇画之……金陵安乐寺四白龙不点眼睛，每云：'点睛即飞去。'人以为妄诞，因请点之。须臾，雷电破壁，两龙乘云腾飞上天，二龙未点睛者见在。"如果把城市规划和建设比作"画龙"的过程，那么城市雕塑就是"画龙点睛"之笔。我们期待着执掌襄樊市城市建设命运的人们能使这"点睛"成为神来之笔，期待着襄樊市的腾飞！

(作者单位：湖北文理学院)

环境美学与城市公共环境设计的文化表现

蔡 伟

什么是环境美学？如果说，艺术美的本体在于意境，环境美的本体就在于景观。它们是美的一般本体的具体形态。在环境美学的视域内，"宜居"进而"乐居"是环境美的首要功能，"乐游"只是它的第二功能。景观的生成有主体与客体两个方面的作用。自然、农村、城市是环境美学研究的三大视域，生态性与人文性、自然性与人工性的矛盾与统一是环境美学研究的基本问题。环境是我们的家，故环境美最根本的性质是家园感。

城市公共环境设计艺术是整体上蕴涵了丰富的社会精神内涵的文化形态，它将成为艺术与城市环境整体功能联结的纽带，是社会公共领域文化艺术的开放性平台。人类所创造的世界是一个带有文化气韵的设计世界。不同民族、不同时期、不同地区有着不同的文化色彩，古老的城市要反映其历史的演变，现代城市要体现经济发展的状况，这一切的一切都是在遵循自然界的基础上进行的人为塑造。城市公共环境的景观艺术的营造、社区或街道形态的美学体现无不反映着一座城市及其居民生活对历史及文化的态度。它缔造着一座城市的形象和气质，设计着人的行为方式和生活方式，影响着人的思维，陶冶着人的情感，它能充分挖掘城市中的环境美学潜力，展现城市公共环境所应有的形象。

一

文化是人类在征服自然、改造自然的过程中，对整个世界理解、认识的表现，而城市的公共环境建设如果只靠表面上的"抚摸"是站不住脚的，它只能是摇摇欲坠。要使城市深厚的环境美学内涵于其中，必须依托其历史文化背景，从某一角度上讲，它是城市发展的"脊梁"，是支撑城市建设的主力。所以，文化表现不是凭空产生的，它来源于人类的生产与生活的实践。它具有以下几个基本特征：

（1）文化的创造性。文化的产生和发展，是人类脑力劳动创造的社会财富，是对事物表面现象进行分析后产生的结论，因此，文化源于生活，又要高于生活，是对社会进步起到推动作用的一种强大的精神力量。

（2）文化的大众性。文化的实质是要解决人类在社会发展中存在的普遍性问题，文化活动必须要有人民的普遍参与才能产生和发展，它是人们在日常生活中对普遍存在的现象的一种群体性的共同认识，因此，文化必须有广泛的社会基础。

（3）文化的历史性。文化不是僵死的，在人类发展的不同阶段，人类对事物固有的、必然的、本质的特征进行揭示的过程中，不断地沉淀和积累对客观规律的认识，各阶段的认识程度有所不同，因此，文化是发展变化的。随着科学技术的进步，人类对自然的认识不断深化，文化的内容也在不断变化，任何文化都有时代的痕迹，所以，文化必然有先进与落后的区分。

（4）文化的指导性。文化虽然是精神方面的产物，但其对人类的所有行为产生重大的影响力，文化可以成为人类一切活动的标准和规范。不同的思想认识会产生不同的文化，进而产生不同的行为准则。为了达到全社会的一致性，教育就成为文化传播的主要手段和基本途径。

（5）文化的差异性。由于人们生活的自然环境、社会条件的局限，以及社会生产力发展水平和社会发展历程的不同，人们对事物的认识也就不同，因此，文化是一种社会状态的反映，是社会发展到较高阶段后表现出的对社会现象的理解，在全世界范围内，文化存在着很大的差别。

（6）文化的渐进性。这种性质是指文化在发展中的强化与弱化的关系。在文化发展的道路上，有些文化至今一直在使用，甚至比过去更受推崇，而有些文化现今已经成为历史，只是在生活中偶尔被拿出来品味一下其中的意味。

通过以上分析，可以看出文化表现具有丰富的内涵，如襄樊市夫人城公共环境设计中有一组表现韩夫人激战襄阳的大型浮雕作品《故垒惊涛》。浮雕作品是传播特定的时代文化精神、表达审美精神意志、优化美学环境文化的重要手段。按我们习惯的划分，有从地域上划分的东西方文化、城市文化、乡土文化等，也有按生活内容划分的服装文化、饮食文化、娱乐文化、旅游文化、建筑文化、宗教文化、装饰文化、环境艺术文化等。其文化表现应具备综合性的功能、多样化的景观表现形式，与此同时它应突出人文历史特性和环境特性。城市公共环境空间形式作为非语言的文化符号，总与一定的人及人的社会行为相互关联，这种复杂的关系必然带来多样的文化行为需求，追求一种文化的创造性、大众性、历史性、指导性来作为城市公共环境设计的活动支持。

二

从本质上看，环境美学文化是人类对居住环境质量优劣的评价、理解及改造活动不断深化的结果，是在长期的工程实践中，人类在装饰方面积累的知识、理论、技能等总和。它是人类文化最为重要的组成部分。武汉大学环境美学专家陈望衡教授说过："离开环境无所谓人，离开人无所谓环境。"因此，公共环境设计艺术的文化表现除具备文化的一般特征外，还具有以下几个特点：

（1）历史久远。装饰活动是人类最早进行的文化表现方式之一，其历史可以追溯到人类居住在岩洞之时。在古人类居住的山洞内，洞内的岩画就已经具有了文化表现的特点，所以，人类从有居处开始，就产生了装饰文化，人类早期的岩画、出土的骨、贝化石，都是环境美学文化表现方式的早期佐证。

（2）有强烈的社会性。从社会学角度上看，装饰不仅始终是人类最为关注的问题之一，同时表现出强烈的文化阶段性，不同社会等级、阶层的装修，装饰的内容、标准不同，在有阶级的社会中，色彩、造型、装潢等，都能够明确反映出社会地位的不同。

（3）限定性。环境艺术文化表现要求有载体，这就是公共环境艺术工程作品。它是通过作品反映其艺术价值和文化品位，所以被人们称为凝固的音乐。特定的环境艺术体现了装饰文化的限定性特征。

比如湖北省襄樊市诸葛亮文化广场是襄樊市"会节"主场所,广场被七里河路分割,如何将其有机地联系起来,是设计处理的要点,设计者将该路纳入广场并以其为主轴,使南北均"占地为王"的体育场与会展中心服从该轴,避免了"两败俱伤"。两条倒"八"字轴,与主轴对称,打破道路的边界,使城市道路的铺装和广场协调一致。轴线的交会点即景观节点,轴线构成的整体网络有效地控制了全局。倒"八"字轴以音乐喷泉为导引,拾级而上。北轴终点为诸葛亮雕塑,其底座为室内展场,后部为弧形会展主场馆,其位置将北邻的杂乱居民点遮挡;南轴终点为一大型喷泉,在广场气氛的中心形成了一股浑然的聚集力,把广场气氛推至最高潮,表现出了诸葛亮文化广场的艺术价值和文化品位。

(4)文化表现的多样性。从成就上看,人类在特定环境(建筑)内部的限定空间内,已经创造出极高的装饰水平,无论是东方还是西方,装饰已经深入到环境艺术文化的各个层面。

城市公共环境艺术设计的文化表现体现在人类解决居住需求的过程中,为了提高生活质量,通过装饰手法来诠释室内外空间的特点,以及在空间和人的关系上,在装饰过程中创造出来的物质财富和精神财富的总和。从文化表现的目的上看,它是城市精神与物质文明的窗口,应充分展示城市风貌特征。设计的目的是提高人们的生活品质,为人类营造舒适、安全、方便、优美的工作、学习、生活环境,在处理与其他文化的关系上,环境艺术文化必然要受到其他文化的影响,也要适应其他文化的发展要求,体现其他先进文化的发展要求,这也是先进环境美学文化的重要表现。

三

当一件城规建筑设计、景观艺术、室内设计,甚至雕塑艺术品的设计等这些属于公共环境美学设计范畴的作品具有了灵魂之后,它们就拥有了一种生命。而赐予它们生命的灵魂就是一种文化表现。在形式上,它就具有了自主性与连续性,成为一种历史文化的特征。城市公共环境设计的文化表现理想一为自然环境,二为人文环境,它们相互依存又相互影响,理想的环境设计意味着物质与精神两个层面都得到适当的体现。从物质层面上讲,良好的环境设计意味着安全、舒适、高效、与自然环境和谐,整个环境系统是动态循环的有机体系。从精神层面上讲,良好的环境设计反映着人类文化及美学价值特征的多样性,并能在某种程度上满足公众的情感需求。不管原来怎样没经刻意规划,但是经过一定时期的发展和约定俗成,就能在城市的自然形态、设计形态方面产生一种逻辑性和内聚力,一种固有的地方感、历史感,一种赋予城市及其地区的突出性格、特征的精神和伦理潜力——城市形象会诞生。如襄樊市襄阳古城东南的文荟园,昔日垃圾成堆、污水横流。2006年春,襄樊市有关部门根据中国美术学院的设计方案对这里进行了改造,如今的文荟园绿意葱茏、亭台秀雅,与古老的青灰色城墙、宁静宽阔的护城河和谐共存。引用学者陈新剑先生的《文荟园记》:"占尽风情,有烟柳翠堤,玲珑玉桥;居易雅园,红凌荷塘。春林燕语,似闻浅唱低吟;秋潭鱼跃,焉知非我之乐趣?水榭低迴,高阁耸立。波心楼影,依稀古城沧桑;河上艇疾,信美华夏第一城池。更观夫荟园涵纳万象,有花径铺锦,碧草如茵。长廊镌名宿诗句,曲岸泊渔家画舫。丹枫叶染,似唤张继来吟;孟亭檐飞,欲问夫子归期。人文荟萃之理念,尽在其中矣。"①

　　环境美学是人类在公共环境设计时把自己的意念施加在自然界之上,用以创造文明的一种活动,它的发展与城市的发展密不可分,需要发挥基础平台与拓展空间的重要作用。一个城市的文化氛围无法忽略环境美学的扩展,而人文景观的生存空间,取决于大众对历史文化、历史背景的了解与理解以及对其需求的程度。近年来我国一大批有理想的设计师们,立足本民族的文化根基,继承传统,超越传统,在公共环境美学设计方面进行了一系列探索实践,创造出一系列既具有中国文化追求与表现特色,又有时代精神、风格多样的设计作品来,例如北京人民大会堂香港厅、澳门厅、上海大剧院、博物馆、浦东新世界商厦以及武汉佳丽广场。这也正如当代著名的中国建筑界前辈、两院院士吴良镛先生所言,中国一切有抱负的建筑师,应当学习外国的先进东西,但各种学

---

① 陈新剑:《文荟园记》,http://www.xysww.com/cxj/onews.asp?id=128,2014-03-06。

习的最终目的,在于从本国的需要和实际出发进行探索,创造自己的道路。作为中国的设计师,更加需要了解中国的国情,脚踏实地、实事求是,继承和发扬中国的传统文化追求与表现精神,广泛吸收世界上一切优秀、有时代特点的文化成果,"纳百川于一流",才可能使中国的城市公共环境设计在文化追求与表现上走向世界与未来。

参考文献:

[1] 陈望衡. 环境美学[M]. 武汉:武汉大学出版社,2007.
[2] [美]阿摩斯·拉普卜特. 文化特性与建筑设计[M]. 北京:中国建筑工业出版社,2004.
[3] 周宪. 文化现代性与美学问题[M]. 北京:中国人民大学出版社,2005.
[4] 吴良庸. 人居环境科学丛书[M]. 北京:中国建筑工业出版社,2001.

(作者单位:湖北文理学院)

滨水区开发设计的美学探讨
——兼谈艺术家与植物在海岸线开发中的美学价值

[土耳其]约尔·艾尔桢 著 郭楠 译

一、人与自然：滨水区开发设计的基本准则

  对滨水区的开发应强调维护天然的海岸线，谨防为了给城市居民建设游憩娱乐区、拓宽海滨公路，却破坏了滨水区的自然风光。应该注意，海陆交界处这样的滨水区能够创造许多有机的与无机的形式，蕴含各种不同的关系和意义。从生态和美学角度来看，自然界所创造的各种丰富的生态环境关系，非常类似于艺术，它们都能唤醒人们对生活与生存的深层意识。然而，人为改良的滨水区往往造成人与自然之间的一种等级化的、可操控的、可开发的关系，却忽略了自然本身。

  许多设计都能为人们提供审美对象，并在它所暗示的自然与人类之间建立某种直接的联系，但在滨水区环境设计方面，我们还需要为各种自然生物提供继续生存的可能性，而不只是满足人类的需求。同样非常重要的一点是，滨水区通常拥有丰富多样的、潜力无限的有机生命与无机形式，是人类可以同自然亲密接触的地方，而不是主要为适应当代社会的迫切需要，并受制于这种需要来展开设计。经过人工改造、设计和城市化的海岸线通常满足了开发自然的需求，然而，海岸线的诸多其他意义却丧失了。经过改造的滨水区的海陆分界，往往是分隔水域的一条简单而机械的边界，但天然的、不断随波变化的海陆（或水陆）分界线实际上拥有不同的自然形式、缤纷的色彩、声音、运动、诱人的无穷生命形式。天然的海岸线不仅是优美的，还是富有教育意义的，它深刻地

关联着人的生命感。正如梭罗指出的："我们需要旷野的营养……在热忱地探索和学习一切事物的同时，我们要求万物是神秘的、难以考察的，要求陆地和海洋无限狂野，不可探测，也无人探测，因为它们是无法探测的。我们永不满足于自然。"① 而关注生态问题的前卫艺术家约瑟夫·博伊斯也在"创造性与跨学科研究自由国际学院"的成立宣言中提出："……为每一棵树，为每一块未开发的土地，为每一条尚未污染的溪流，为每一个古老城区的中心而奋斗，抵制每一个未经深思熟虑的重建计划。这不再是浪漫的遐思而是极其现实的事业。而且，自然也不应只是被看成浪漫遐思的对象。"②

二、商业利益与美学精神：土耳其滨海区开发设计案例评估

任何城区设计和改造的方案通常都会涉及所有相关方的商业利益。有鉴于此，在土耳其的伊斯坦布尔，许多项目都受到强烈的指责。比如2009年9月的伊斯坦布尔水灾造成10多人死亡，这一灾难事件就是由于当地政府对河床的开发引起的。这种开发导致河流丧失了天然状态，生态失衡。在过去二三十年里，已经实施的滨水工程当中有一个极具争议的项目就是博斯普鲁斯海峡的海岸线开发项目。这条海岸线被人为改造成双向行车的通道，成为了一条海上公路，而且就建在非常特殊的滨海建筑之前。就建筑来说，这里的滨海建筑构成了博斯普鲁斯海峡的有机组成部分，类似于威尼斯的水上别墅。这类建筑被称为"娅妮"（Yali，一种木质别墅），在某种程度上它的品质优于任何其他"设计过的"海滨建筑。土耳其作家内齐赫·梅里瑟（Nezihe Meriç）曾经热情讴歌这类建筑（见图1）的优秀品质：

---

① Henry D. Thoreau, *Walden*, 150*th Anniversary Edition*. New Jersey：Princeton University Press，2004，pp. 317-318.

② Joseph Beuys, Heinrich Böll, Manifesto on the foundation of a free international school for "Creativity and Interdisciplinary Research", in *Art into Society，Society into Art：Seven Germen Artists*, ed. by Christos M. Joachimides, Norman Rosenthal. London：ICA，1974，pp. 49ff.

神秘之水,无穷之水。

没有水,娅妮无所凭依。娅妮与水相依相惜。娅妮在水中呼吸,并洞悉水的所有奥秘。

娅妮与大海形影不离。在娅妮降生的几百年前,他们就已经同生共死,焕发生命、水以及已知与未知事物的神秘、芳香、艳丽、光辉。娅妮就隐匿在木头的根柢。有人说,这是海藻的气味、鱼类的声气、大海的韵味。他们吮吸这气息,为之战栗,尽管他们并不了然内心的滋味……

他们不大理解这气息,这气息就在最平静的日子里随着微风飘移。娅妮的壁柱建在海里,这些壁柱有细致的纹路,让它体内的湿气扩散到整个建筑,抵御不断变化的四季。这些壁柱使整个建筑更加坚固,抵御狂野北风的劲吹。连天的北风呼啸着卷起汹涌的波浪,挟裹着海水朝那阴暗的天空拍去。激荡的水花,汹涌的波涛,怒吼的南风吹得鱼儿晕眩,而娅妮毫发不失。当天空晴朗,海面静谧,娅妮的湿气便在阳光下慢慢消失……

海水拍击着码头,泡沫飞溅,形成各种各样的蓝色,然后又慢慢退去……

图1 《娅妮》(托马斯·阿罗姆 绘)

可惜，大多数市政当局利用天然海岸线来简单地解决交通问题的做法，导致了普遍缺乏想象并具有破坏性的设计方案。这在土耳其的许多地方都有所体现。如前述用于双向行车的海上公路就已经破坏了博斯普鲁斯海峡海岸线的自然美及其自身特点，冲淡了娅妮这种滨海建筑与大海的自然特性共同形成的环境韵味。而类似的解决方案已经被申请用在黑海公路的建设中。这会造成陆地和海洋的分离，也会引起土地滑坡以及洪水等非常危险的后果，就像2009年9月曾经发生过的水灾那样。

土耳其的伊兹密尔市还有两个重要的开发设计项目，就是当地政府已经着手要让伊兹密尔湾的海滩、海岸遍布公园，布满交通衔接设施。但是，这里是该市最繁忙的交通地段，公园和绿地无法从中脱离出来，导致市民们很难真正无忧无虑地享受海滨风光。和博斯普鲁斯海峡的情况一样，伊兹密尔的许多海滨房屋已被破坏。噪音和交通污染成为人们与水亲密接触的阻碍。房屋和道路之间的所谓自由区已成为停车场。几年前，那里是虽然窄小却能直通海边的步行街。每隔一定的距离，总会有人坐在海边，远离交通的烦扰，甚至还可以在水里泡上一会儿。然而，如今的这段区域虽然引入了公园和园林绿化，而地上往往铺着沥青或水泥，最常见的活动是走路或跑步，几乎再也没有一个地方可以让一个人单独坐在海边，听听海浪，或是遐想，或是沉思。这种模式应该是专为西方式的积极生活和有一定年龄的人设计的，但并不一定适合土耳其。土耳其的伊斯肯德伦有一个类似的沿海岸线建成的公园，人们甚至很难找到可以闲坐的地方，只有到岸上的咖啡馆才能坐下来。

这里要提到土耳其埃斯基谢希尔的城市滨水设计，它是一个值得肯定的滨水区设计方案，并已经由埃斯基谢希尔的新任市长组织实施。他下令清洗了波苏克河，并沿河建造了沙滩。这个项目获得了很多奖项。埃斯基谢希尔的市民也为此感到非常自豪，并乐在其中。另一个要特别提到的例子就是10年前设计的土耳其安塔利亚孔亚阿鲁提海滩。在这里，大部分交通已经与海滩隔开，人们既可以选择使用沙滩上的游乐设施，也可以只是随心所欲地享受海滨风光（见图2）。

不过，最好的例子当属里约热内卢。这里并不讨论里约热内卢滨海区的具体设计问题，而是关注它的滨水区设计理念，即：把交通和海滩相对分隔开来，将整个沿海岸线区域建成一个非常宽阔的公园区和游乐

图2　土耳其安塔利亚孔亚阿鲁提海滩(本南·瑟利克尔　摄)

区。当人们从海边的一座小山上俯瞰这里的海滩时,会发现那些黑白相间的鹅卵石图案和海浪在沙滩上留下的痕迹,有着统一性的美感。如图3所示,沿海岸线的许多地方保留着天然形态,面对如此巨大、拥挤和嘈杂的城市,这的确能够给人带来真正的自由感。

图3　从空中俯瞰里约热内卢(约尔·艾尔桢　摄)

三、多样化:滨水区环境美学价值

实际上,滨水区扮演着多重角色。在与大海相关时,它可以被看作是一条地理界限，并不断起伏变化，勾画出人类的陆地世界与巨大水体世界的界限。它也可以被看作是通向未知世界和变幻无穷的开端，可以是卡斯帕·大卫·弗里德利希和威廉·透纳的绘画作品中对崇高的联想，可以是不那么广为人知的生物的栖息地，可以是对自由的承诺，可以是冒险，或者是一个净化的避难所甚至更多能够浮现在脑海中的其他世俗意义。而相对于让人感觉更加踏实的陆地来说，海岸线会根据空气、光线以及水的细微变化而不断地、明显地变化。有时它看上去像是避风港里安静的角落，而下一刻就变成了毫无征兆却强劲的推动力。哪怕是风向、风力、沙石、海藻的最细微的改变，都会形成海岸线的一个全新格局。如果你试着在水边放上一些石头来阻止水流，就会发现水流已经发生变化，并形成一种全新的景观。

描写海岸线上大海力量的最精彩的故事之一是玛格丽特·杜拉斯的《抵挡太平洋的堤坝》。小说描述了这样一个故事：一个锲而不舍的母亲带着一双个性独特的儿女，发动村民一起用没什么技术含量的土方法建造堤坝，以抵抗太平洋潮水入侵耕地。我也曾经试图这样做，以保存位于伊兹密尔海边的我家房屋门前的陆地。然而，海底的一次轻微地震引起了海啸，冲垮了堤坝，把屋前的花园冲出了两米远。于是我们只好重建，并且为建造堤坝挖了更深、更坚固的地基。几年来，海水在地基下流动，冲走了土壤，在花园里形成了一些很深的洞。人们常常忽视大海以及各种形态的水的力量，水滴石穿，坚持不懈的水的力量往往能够有志者事竟成。我信奉海神波塞冬，他做事情总有自己的理由。无论我们修建多么坚固的堤坝来抵挡大海或其他形态的水，但总有一天他会通过某种方式来进行报复。

日本著名导演敕使河原宏拍摄过一部精彩的电影，是根据日本作家安部公房的小说《砂之女》改编的，电影是在日本某海滨的沙丘上拍摄的。沙丘本身属于它们自己的世界，并在一个非常特殊的微型生态系统中保护着许多生命。这部影片也通过某种方式提到了这种象征："沙子在夜间被拖走并在黑市出售作建筑之用；如果不挖沙，房子就会被沙埋没……被赋予一个类似西西弗斯神话的永恒任务……在履行这种单调的……任务时，有没有一个补救的效果？或者对那些执着于人工创造现代文明的人来说，生命的意义有没有保留？"我家附近的沙丘常常让我想到沙丘内的生命，它们看起来与外界隔绝，而我们人类自身其实就以某种未知的方式与它们保持着关联。这使我对生命的意义产生了疑问：生命的意义究竟体现在自然之内还是在自然之外？有关生态意识的最关键事实之一，也是有关海岸线或极地问题的最关键事实之一，就是人类不理解人造生存环境之外的生命形式，或者说，人类总是把任何意义都归因于外在的生命形式。除非人们能够更加敏锐地感知生命的无限可能与形式，人类才能真正关注生态。通过把那些生命形式与人类自身相连，寻找二者间的相似性，就能非常容易地做到这一点。在这个意义上，水的边界充满了各种可能性，因为水以其最赤裸、最纯粹的形式展示了不同的生活方式、不同的存在物。

美国艺术家帕特丽夏·约翰逊在她的很多作品中已经探索并表现了滨水区的各类生命形式。其中有一件作品特别涉及她在旧金山海滩上的装置，蜿蜒的形状暗指水中的爬行动物，而实际上是用来隐藏污水处理系统的。另一件作品是在达拉斯自然历史博物馆附近的一个水池中建造的蜿蜒小径，人们可以在上面边行走边观察栖息于水中的生物。对约翰逊来说，这些创造物本身就是优美的存在形式，我们可以学在其中，乐在其中。约翰逊的绘画与装置作品（见图4、图5）往往从爬虫形式中获得灵感，而根据达尔文的观点，这些爬虫形式也是人类起源的形式。

图4 帕特丽夏·约翰逊的旧金山项目（帕特丽夏·约翰逊 摄）　　图5 帕特丽夏·约翰逊的达拉斯博物馆项目（帕特丽夏·约翰逊 摄）

必须指明的是，陆海之间的分界线有如原始边界。如果柏格森的有关过去人类起源的记忆与事实的记述被存储为人的身体和生理结构中的某种编码信息,那么这个边界就存储了与人类起源有关的意义。这是诞生区,类似于我们从母体降生到世上。因此,它也涉及某种无意识,这是所有意识得以发展的基础。这种意识必定得到无数资源的滋养,而更重要的就是审美意识的滋养。审美本来是一种充分的感性认知,却在遭受城市生活的机械、重复和恶意摧残之后日益迟钝。海洋及其边界可以激活人的意识与无意识。无意识本身就像大海,往往模糊不清,却时不时地、出人意料地清晰明了,就像一轮明月下的大海。它一直不停地涌动,改变自己的外观和内涵。它在时间与空间方面都无限深邃。

正如梭罗所说,我们必须维护这个神秘而深不可测的世界。为此,滨海区首先应该得到保护,就像对待人的皮肤一样,它就是保护区。诚如前面已经谈到的,它也是人类的起源地。尼尔·舒宾曾说过,海陆边界处就是三亿六千五百万年前人类开始进化而成的地方。在他的《你是怎么来的》(或译为《你身体里的鱼》)一书中,舒宾追溯鱼类化石,通过它的扁平头部,认为鱼类是人类的祖先。在他看来,这证明了那些鱼试图率先来陆地生活……它们冒险来到了这个边界地带。

土耳其艺术家麦力克·阿巴瑟亚纳克·库梯瑟(Melike Abasıyanık Kurtiç)的拍摄从各方面向我们展现了大西洋沿岸沙滩的一种原生态特征(见图6)。

曾经有很多人把石头或沙子看作是无生命的普通事物。而艺术家和诗人却能超越表面去理解自然的语言。对麦力克·阿巴瑟亚纳克·库梯瑟来说,早在35年前,海岸线就代表了很多意义,这让她不得不停下来并试着去理解其中的意义。她的第一个办法就是绘画,用以展现爱琴海清澈碧绿的水面下,层级石上的海胆①。从那时起,她研究海胆刺的活动,并以此作为她生存的话语方式,作为她对世界的回应。她既描画鲜活的海胆,也描画死去的海胆,两种都被描画成美的,借以证明生存的多重意义和状态。她还关注可以标示海洋流向与风向的海藻的构成,收集了棕色、黑色、赤红色、绿色以及白化的海藻。这些海藻留有盐和水的痕迹。她把这些海藻仔细清洗干净并晾干,然后用它们充当各种颜

---

① 海胆,sea urchin,一种海洋生物,别名海刺猬。——校注

图 6 《葡萄牙海岸》(麦力克·阿巴瑟亚纳克·库梯瑟 摄)

色的画笔,创造自己的画作(见图 7)。

图 7 《海藻画》(麦力克·阿巴瑟亚纳克·库梯瑟 绘)

正如格尔诺特·伯梅所言,只有在主观性和大自然的感知特性上,我们才与世界相遇。而植物正是我们与世界相遇的重要媒质。地中海的海岸线就是各种特殊植物群的家园。其中有两种不太为人熟知的植物:白文殊兰(The Sand Lily)和石南花(Heather)。这两种植物在任何耕作土壤中都无法长成原本的形态。白文殊兰是一个埋在沙子中约 60 厘米深处才会吸取水分的葱头。它全年都能长出绿色的长叶。在夏季中期，它的叶子变干并开始长出长茎，有几个五瓣的白色文殊兰会显露出来。这些花有着浓烈香气，黑蜜蜂会闻香而至。在清新咸湿的海风吹拂下，这些花就会茂盛生长，而在经常被践踏的沙地上则无法生长。几年前，我在自家附近的巨大沙滩上挖到了六株白文殊兰。之后，由于伊兹密尔市市长的干预，原有规章被抛弃，海滩被开发成280个消夏别墅。结果，白文殊兰全被破坏，几乎绝迹于这片沙滩。如今，种在我家花园里的五株白文殊兰被移植回去，这片沙滩才重现白文殊兰的身影。

石南花是一种看起来非常雅致的灌木。无论是春天还是秋天，只要在潮湿的环境中，它就能生长茂盛。在我居住的地方，石南花在10月份绽放出粉红色的花，清香四溢，树枝躺在地上，迎着风力，创造出美丽的波浪形图案。这些野生植物生长区应该转化为天然的公园，因为这里有漂亮的岩石做装饰，有风和海浪刻下的痕迹，有阳光和潮湿的颜色。在这样天然的公园里，人们不仅能够学到关于自然的知识，还能知道如何放慢生活的节奏，如何观察生活，如何尊重其他的生命，比如不为人所知的白文殊兰与石南花(见图8)。

图8 《石南花》(约尔·艾尔桢 摄)

应该注意到，天然形态的滨水区拥有刺激感知的所有媒介，包括听觉的、视觉的、运动的、触觉的以及嗅觉的。我们对土壤、空气、风、海声、颜色的敏感反应，会刺激我们的感官，激发我们的情感。这一事实就是地球及其存在物共生共存的明证与检验。格尔诺特·伯梅提醒我们，康德在他的《判断力批判》中已经谈到，自然会通过其优美的外在形式与我们对话。我们不仅察觉到环境的特性，而且对每一种特性的感知都有随之而来的或直接产生的情绪、感受以及内心最深处的情感。因此，人类如果想要继续生存下去，就必须努力保持环境的自然特性，而其中最迫切的当属滨水区生态环境的保持。

参考文献：

[1] Henry D. Thoreau. Walden or Life in the Woods, Garden City[M]. New York: Dolphin Books, 1960.

[2] Marguerite Duras. Un barrage contre le Pacifique[M]. Paris: Folio-Gallimard, 1950.

[3] Wu Xin. Patricia Johanson's House & Garden Commission: Reconstruction of Modernity[C]. Vol. 1-2. Washington D. C.: Dumbarton Oaks, 2007.

[4] Henri Bergson. Matiere et Mémoire[M]. Paris: Quadrige/Puf, 2007.

[5] Neil Shubin. Your Inner Fish[M]. Carol Stream: Tyndale House Publishers, Inc., 2008.

[6] Gernot Böhme. Atmosphäre[M]. Frankfurt: Suhrkamp, 1995.

[7] Gernot Böhme. Atmosphäre[M]. Frankfurt: Suhrkamp, 1995.

（作者单位：土耳其中东科技大学　译者单位：湖北文理学院）

环境艺术化与艺术环境化的统一
——城市公共艺术的美学考察

陈国雄

城市的扩展已越来越远离人类所秉持的理想,越来越远离令人愉悦的美感。城市的片面发展必然引发对文化的诉求,唤醒人们对艺术化生存的回归。公共艺术代表了艺术与生活、艺术与城市、艺术与大众的一种新的取向与融合,它是当代城市发展的必然要求,也是城市文化和生活理想的一种体现。公共艺术不是建筑艺术、园林艺术、雕塑、壁画等机械组合,而是由多种艺术组成的有机整体,其整体的理念渗透了人们对于理想人居的渴求。公共艺术不能只为了满足"艺术的环境化",更要追求"环境的艺术化",从而促成环境与艺术的互动,进而实现"环境艺术化"和"艺术环境化"的完美融合。

对于公共艺术,环境艺术化与艺术环境化的统一可以从审美本体、审美模式与审美经验三个方面来进行建构。

一、山水为体,文化为魂

理想的居住环境"在规划上要以山水为体、文化为魂"①,"以山水为体,以文化为魂"是实现理想和谐的生存环境的必要的规划原则与人文理念。城市公共艺术的存在是为了更好地促进理想居住环境的生成,必然遵循这样的原则与理念。

---

① 陈望衡:《山水为体,文化为魂——关于将武汉建成国际级山水园林城市的构想》,载《长江日报》2006年3月17日。

1. 山水为体

在公共艺术设计中，以"山水"为体其实就是以"自然"为体，主要侧重于以自然山水"为体"，而不是"为用"。自然山水应当成为公共艺术设计中的根本，而不应只把其作为设计的工具与手段。以山水为体，也就意味着，必须服从它、尊重它，通过观察与学习，进而与它合作。自然山水只有成为根本，我们在设计中才不会随意地剪裁山水，才能真正做到以自然为师、顺应自然。

公共艺术，首要在造就城市景观，而景观与自然山水的内在神韵必须互相契合。正如荆浩所言："景者，制度时因，搜妙创真。"①"制度时因"，徐复观在《笔法记》中校释为"制度因时"，此谓"景"要根据自然山水的客观变化，"搜妙创真"，就是在求索大自然时空的无限性与永恒性的过程中，创造出蕴涵自然与人的生机和生命活力和审美对象②。公共艺术只有在"制度因时"的基础上，才能"搜妙创真"。因此公共艺术不应与自然山水对抗，而应欣然地与环境融为一体，正如公共艺术家约翰松所言："在我的艺术中，最重要的正是我未作任何设计的那一部分。"③公共艺术应关注现有的存在，并适应它们现在的充满生机的存在方式，从而创造出一种"万物俱荣"的生命景观。

公共艺术的创造与设计应着重关注环境与艺术之间的互动。公共艺术应该是一种活动艺术④，而不是传统那种在理想状态下被保养维护的艺术。这种环境的进程——光线、天气与季节的短暂影响、生长腐朽的

---

① 荆浩：《笔法记》，载《历代论画名著汇编》，文物出版社1982年版，第50页。

② 关于"景者，制度时因，搜妙创真"的具体论述与解读，可参见张家骥《中国造园论》，山西人民出版社2003年版第四章《景以情合 情以景生》的相关内容。

③ [加]卡菲·凯丽：《艺术与生存——帕特丽夏·约翰松的环境工程》，湖南科学技术出版社2008年版，第18页。

④ 活动艺术(a living art)，由美国公共艺术家约翰松所提出的一种理想的艺术类型，它随着时间的变换而生长变化，由环境对其塑造、美化。参见卡菲·凯丽《艺术与生存——帕特丽夏·约翰松的环境工程》，陈国雄译，湖南科学技术出版社2008年版，第44页。

过程——应成为公共艺术设计中不可或缺的部分。

由此可见，公共艺术与西方经典艺术之间的一个重大的差异是它们各自的时间存在模式。经典艺术客体被假定为固定而永恒的，因此通常而言，我们不仅要避免改变艺术客体，而且更要尽力保留艺术客体的原初状态。而公共艺术的特征由于与自然山水环境的结合而具有更多的流动性与暂时性。

任何事物都永远处于变动之中，我们在创造公共艺术时必须用不同的眼光看待事物，从而处理艺术中季节的不停变化、天气与阳光对于景观的影响，公共艺术应当借助于这些自然变化，使这些变化渗透于设计之中，从而展现囊括自然变化的动态而多面的景观，而不仅仅是需要维护的艺术品或公园。

由于公共艺术与环境的融合形成了缺乏稳定性与持久性的特征，这种特征对于经典美学而言，是一种审美上的缺陷。康德认为，持续变化和具有流动性的客体，如一团壁炉的火焰或一条潺潺小溪，尽管它们对于"想象力带有一种魅力"，但"这两者并不是什么美"①。非永恒性和流动性仅仅是对以纯艺术为中心的美学来说是审美上的消极因素，而对于公共艺术而言，其易逝性和易变性可以成为其审美上的优势，不停的运动、突如其来的变化以及灭绝的过程都通过刺激我们的想象力，使我们的体验更兴奋和更具挑战性，从而鼓励人们探索大自然的动态流程，鼓励人们与无限复杂的自然进行更多的对话。

据此，公共艺术对西方美学秉持的理论想象构成了一种事实的冲击，西方美学一直认为艺术家本人主宰控制其创作的每一个方面，决定体验者的体验内容，以及作品一旦完成就应极其神圣地被保留，避免任何改变。而从大地艺术作品开始，艺术家放弃对客体的全面控制，使它们顺应自然地进行，迈克尔·海泽就主张在其作品中否定永恒的客体，他认为："如今艺术要掌握的是在时间和空间上都无需达到盖棺定论程

---

① [德]康德：《判断力批判》，邓晓芒译，杨祖陶校，人民出版社2002年版，第87页。

度的易变材料。以一个静态的奉为经典的客体而告终的创作是一个不可逆转的过程，此种观念不再有太多的适用性。"①这种创作理念挑战了西方传统艺术的一个重要前提：空间的确定性和艺术客体自给自足的合法性，从而使自发性、偶然和变化作为可行的艺术审美价值而被接受。

2. 文化为魂

广义上的文化包括人类所创造的一切物质文明与精神文明，而我们在这里所讨论的文化主要指历史文化。城市环境本身是人类历史文化深厚积淀的结晶，公共艺术要想与城市浑然一体，必然要深味城市独有的文化底蕴，从而实现与历史文化的互生共荣。凯文·林奇认为："（人类的）审美情感和符号体系通常在城市环境中的公共广场、历史标志物以及城市纪念碑上予以表现出来，这些审美情感和符号体系使得我们将城市的过去与城市的现在用胶合剂联结起来。"②在特定的城市语境中，作为符号化的公共艺术应通过对现在与过去的胶合，展现一种城市文化发展的动势，从而构建出一张城市的过去、现在与未来相互交织的文化之网。

历史文化在很大程度上带有浓厚的地域性，是一种地域文化。公共艺术的创造与设计必须研究每一个场所独具的历史和生态，需要细致深入地了解它的过去、现在与未来，从而开始审慎的设计，让地域来决定艺术的形状和内容，从而使其充满地域感。

现代生活把人们与环境分割开来。那种古老而熟悉的的乡土体验，已经被世界主观划定的边界、与分水岭毫不搭边的重叠管辖所取代。公共艺术寻求的是把家的感觉带回我们的栖居之所。它们就像一幅幅地图，引导我们探求、发现某个特定场所的所有细节。这种艺术体验能连接文化与心灵，从而使我们对这个场所产生一种家园感。

---

① Jeffery Kastner, Brian Wallis, *Land and Environmental Art*. London: Phaidon Press, 1998, p. 24.

② K. Lynch, *What Time is This Place?* 转引自陈望衡：《环境美学》，武汉大学出版社 2007 年版，第 386 页。

城市作为人类文明的荟萃之地，其人文意蕴是城市的灵魂，它无疑是构成城市的巨大魅力的重要因素。建设园林城市不能忽视彰显城市的人文意蕴。城市中的人文意蕴，一是来自历史，二是来自当代，两者要实现良好的整合①。在一种历史的语境下，在一种人类文明的厚重积淀中，公共艺术应与历史文化达成一种完美的契合，艺术由于城市历史人文意蕴的介入被赋予了一种内在的灵魂，而城市的历史人文意蕴也因艺术的鲜活实践而具体、感性地渗入城市的每一个角落。公共艺术在历史语境中凸显其自身独特的艺术魅力，当凝结着几百年乃至几千年历史的城市公共艺术激发出观赏者的想象力时，历史事件以及时代精神便开始复活，不仅联系了现在，而且通向城市的未来。

公共艺术应紧密地把握城市历史、文化根脉的精神，这种精神的获得需要艺术家、公众和全社会的共同努力。城市公共艺术由于其广泛、开放地存放于城市公共空间，用其生动、鲜明、可视的艺术形态，铭刻、叙述、表现着城市的故事、历史文脉、市民风情、社会理想，代表着城市大众的公共意识和公共精神，它是城市文化的重要载体和传播媒体，表达着一种文化的氛围、一种文化的积淀、一种文化的韵味。

二、静观与动观的结合

公共艺术作为一种艺术，必然具备传统意义上的纯艺术的一些特征，如绘画、雕塑、音乐和文学。因此作为审美客体，它必然蕴含纯艺术中的那些典型特征：确定的时间和空间界限、相对稳定和永久性、统一连贯的设计、主要为审美理念的表达而进行的有目的的创作，以及主宰我们的体验和欣赏的某些传统共识。由此，从审美模式而言，公共艺术在某种程度上适用"静观"的审美方式。

随着环境美学的发展与推动，环境成为艺术界最近关注的焦点。当代有些艺术和美学理论家，由于对植根于西方美学与艺术界的一些假设

---

① 陈望衡：《将城市建设成温馨的家——中国城市现代化道路的反思之一》，载《郑州大学学报(哲社版)》2009年第3期。

和限制的不满,开始从事于环境或与环境相关的作品的创造,扩大了艺术客体的范围。作为一种审美客体的环境,因其具有无框架的特征而不同于典型的艺术客体①。而以环境为体的公共艺术必然带有这种无框架的审美特征。公共艺术应当寻求的是艺术与自然两者边界的消弭与融合,"寻求与自然的对话,与自然力固有的物质矛盾彼此互动——就像自然有时阳光四射有时暴风骤雨一样"②。因此,在某种意义上,公共艺术应当是一种"半成品"或"准艺术品",它不像传统艺术那样是一种有确定边缘的艺术,而是一种具有不确定边缘的艺术,欣赏者在其中能够借助自然的力量形成艺术的有机整体。真正的公共艺术不能容忍人造景观的范例——公园对于自然的理解方式,因为"公园只是自然的理想化,而自然实际上并不是理念的一种条件。自然没有沿着一条直线行进,而是曲折发展的。自然永远没有终止。"③由此观之,公共艺术反对传统的欧洲艺术观念,从画架、画框、基座等传统载体走向广阔的天地自然,在人与自然的对话之间,寻求传统意义上的艺术蜕变。

在此基础上,公共艺术的审美模式因其自身的特色又与传统的艺术审美模式大相径庭,这与"自然欣赏"的模式有千丝万缕的关系。

---

① 关于环境"无框架"特征的认可,最早由美国学者赫伯恩提出。可参见 Ronald Hepburn, Contemporary Aesthetics and the Neglect of Natural Beauty, in Peter Lamarque and Stein Haugom Olsen(eds.), *Aesthetics and the Philosophy of Art*. Oxford: Blackwell Publishing, 2003, pp. 523-524。日本学者斋滕百合子在此基础上,通过与传统艺术品(如绘画作品)的对比,认为作为审美客体的环境具有无框架的特征,它不像一个传统的艺术品是以有着清晰边界为前提的。而且她认为环境的这种无框架特征也是当代艺术品所具有的,尤其以大地艺术(而大地艺术在某种程度上而言就是一种公共艺术)最为明显。关于环境的"无框架"特征,详细论述可参见斋滕百合子《美学和艺术的环境方向》,载阿诺德·伯林特《环境与艺术:环境美学的多维视角》,刘悦笛等译,重庆出版社2007年版,第201~218页。

② Robert Smithson, *The Writings Robert Smithson*. New York: New York University Press, 1979, p. 13.

③ Robert Smithson, *The Writings Robert Smithson*. New York: New York University Press, 1979, p. 13.

在自然欣赏的诸模式中①,卡尔松最为推崇的是环境模式,这个模式在于把自然当成自然,从而在自然与更广阔的环境背景之间建立一种根本性的关联。环境模式注重"自然力的整体",而不是片断自然力的呈现,关注"自然力"本身的交互作用。因此,作为"以山水自然为体"的公共艺术的欣赏必然带有"环境模式"的美学特征,必须适应动态的审美方式,从而在其审美过程中突出了艺术与自然环境之间的互动。

公共艺术应具有对时间和过程的解读能力,在其创作过程中,不仅承认自然物体所呈现出的物质原始、粗糙的自然表达,而且注重其在时间中被自然力量重建、侵蚀或消解的过程之美。公共艺术作品不仅仅是可以陈列的展品,更重要的是,它和它的存在环境密不可分。一方面,公共艺术所处的环境不同于传统艺术中仅供展览的环境概念,而是成为了作品的主要内容;另一方面,环境的特征通过艺术得以充分体现,并且可以通过一种互动式的审美,建构一种关于环境的独特的时间和空间体验。由此,公共艺术既可以借助自然的变化,也能改变自然。它强调与自然的沟通,利用现有的场所,通过艺术的手段改变它们的特征,创造出精神化的场所,为人们提供体验和理解他们原本习以为常的空间的不同的方式。公共艺术所蕴含的意义与每一个游客与居民的个人体验与独特理解互相交融。在此情境中,公共艺术应该不需要我们在前期去阅读任何东西,也不需要与艺术史相关的任何学位,对于我们而言,你要做的就是置身其中,在动观中得到自己对自然的体验,并透过体验,了解世界是如何运作的。

静观与动观结合的审美模式,其内在本质与卡尔松所坚持的"审美欣赏"是相通的,卡尔松认为传统美学概念束缚了审美欣赏,传统美学

---

① 卡尔松于 1979 年在《鉴赏与自然环境》(Allen Carlson, Appreciation and Natural Environment, in *The Journal of Aesthetics and Art Criticism*, Vol. 37, 1979)中最初认为自然欣赏模式有两种范式:对象模式与环境模式,而随着其思想的发展,他认为自然欣赏模式有:对象模式、景观模式、自然环境模式、参与模式、唤醒模式、神秘模式、非美学模式、后现代模式、多元化模式以及形而上想象模式。关于自然欣赏模式的论述,可参见 Allen Carlson, *Aesthetics and the Environment: The Appreciation of Nature*. London and New York: Routledge, 2000, pp.3-15.

过多地关注欣赏者所处的精神状态,而很少关注欣赏对象自身的性质,过多地强调无利害性和同情这些美学观点,而忽视欣赏的真正含义。只有"从美学传统的困惑中脱离出来,欣赏才能成为关注的焦点"①。卡尔松强调审美的欣赏是欣赏者遵循"以对象为导向"②的视角,对对象"如其所是和如其所具有的属性去欣赏"③。欣赏不同于传统美学概念中的体验,因为"前者不仅蕴含着更多的积极含义,而且就欣赏对象而言,它更恰当"④。欣赏的主动性一方面在于,它不仅包容了阿诺德·伯林特所主张的"审美参与"⑤,强调欣赏者与欣赏对象需要积极地互动,共同投入到审美欣赏中,同时也关注欣赏者积极主动地向对象寻求指引;另一方面在于,欣赏不仅与不需对象任何指引的消极欣赏截然不同,也与同情观点所坚持的只依赖欣赏者的主观臆断,盲目地将主体情感赋予对象的积极欣赏也有所区别,其主动性在于要求我们积极地"遵循对象的指引并相应地作出反应"⑥,将我们自身置身于积极和反应性的审美情境中,从而摆脱传统美学中同情和无利害性这两种观念对欣赏者审美方式的不当限定。在静观与动观结合的审美模式中,公共艺术通过它所蕴涵的无限的创造力,使审美主体摆脱了束缚传统美学和艺术创造的各种限制,为审美体验提供了丰富的可能性。

---

① Allen Carlson, *Aesthetics and the Environment*: *The Appreciation of Nature Art and Architecture*. London and New York: Routledge, 2000, p. 106.

② Allen Carlson, *Aesthetics and the Environment*: *The Appreciation of Nature Art and Architecture*. London and New York: Routledge, 2000, p. 106.

③ Allen Carlson, *Aesthetics and the Environment*: *The Appreciation of Nature Art and Architecture*. London and New York: Routledge, 2000, p. 51.

④ Allen Carlson, *Aesthetics and the Environment*: *The Appreciation of Nature Art and Architecture*. London and New York: Routledge, 2000, p. 238.

⑤ Arnold Berleant, *Living in the Landscape*: *toward an Aesthetics of Environment*. Lawrence: University Press of Kansas, 1997, p. 4.

⑥ Allen Carlson, *Aesthetics and the Environment*: *The Appreciation of Nature Art and Architecture*. London and New York: Routledge, 2000, p. 104.

三、审美性与功能性的交融

正确认识公共艺术审美性与功能性的关系,成为公共艺术创造与欣赏过程中亟待解决的问题,也可以为环境与艺术的互动创造良好的基础。环境的确是人的肉体与精神的对象,是"环人之境",是人的周遭的物质性存在,并且与人的日常生活紧密相关。公共艺术使环境艺术化,从而突出了环境的审美性;与此同时,公共艺术的环境化突出了艺术的功能性。因此,公共艺术的审美经验融合了审美性与功能性,其审美性是不容置疑的,在此,我们来探讨一下其功能性的体现及其与审美性的结合。

生态系统应成为公共艺术所秉持的典范,关注艺术与生存的内在关联是其恒久不变的主题。通过对环境中的生物的生存策略的探索,公共艺术应以不同的艺术处理方式来进行应对,从而发挥其恢复自然生态的作用与功效;当然,在这过程中,公共艺术不能抛弃美,因为审美与功用的结合更能促成其生态复原的功用。

公共艺术可以修复破损的人与环境的联系,可以使一个地方再度成为一个整体,而这必须运用"整合碎片"①的理念与方式。"整合碎片"以一种意想不到的美学效果把碎片缝合到一起,其工作既有益于社会,又有利于生命的维持。在公园领域和基础设施工作领域中,这种理念与

---

① 整合碎片(Organizing the Scraps),由美国公共艺术家约翰松所提出的公共艺术设计的理念与方式,它随着时间的变换而生长变化,由环境对其塑造、美化。她认为:"'整合碎片(Organizing the Scraps)'的理念对我而言,非常重要。我过去常常看祖母做饭。她会把架子翻一遍,找到两勺这样或那样的东西,然后用这些东西,做出一顿可口的饭来。这是一种比喻——你需要利用所有可以利用的东西;你不能抛弃任何东西。碎片是你成就伟大作品的材料。它们刺激着你的创造力。这是个我非常钦慕的传统。把艺术和基础设施与活动景观结合到一起,会牵扯到这样一个问题,即如何才能把所有的、未必符合逻辑的组成部分联系到一起。这很像缝被子的工作。怎样才能把所有的东西拼凑到一起,每个部分美化衬托了其他部分?"参见卡菲·凯丽《艺术与生存——帕特丽夏·约翰松的环境工程》,陈国雄译,湖南科学技术出版社2008年版,第127~128页。

方式能把残存的生态系统、栖息地、水域和娱乐通道联系到一起，从而打破了艺术、建筑、景观、规划和恢复生态之间的壁垒。

公共艺术家对于艺术功能化的思想来源于对艺术无功利思想的反叛，而实用主义美学思想在其中起着十分重要的催生作用。约翰松大胆呼吁艺术应该功能化，她认为，在西方传统中艺术被"隔离在文化的宫殿中，只有5%的人才能看得到，对我们的日常生活毫无意义"，而"艺术家有着充沛的精力和开阔的视野，但在逼仄狭小并受着严密保护的艺术世界里，这些精力和视野却白白浪费掉了。现在我们不再需要尸位素餐的艺术。我们需要那种与人们密切相关的艺术，需要使艺术与社会及自然界发生功能性联系的机制。在我们的生存受到极大威胁时，不可能再依照传统的关系，来应对这个世界"①。

以康德为代表的形式主义美学家强调审美经验是一种与一般经验截然不同的纯粹直觉的经验。公共艺术对于环境的介入体现出对审美无功利的一种挑战。审美无功利的观念经过康德那周密的思辨，被现代美学当做一个艺术审美的教条继承下来，但他的审美教条造成了审美与实践或功利的分离，正如布拉萨所言："对康德美学来说，建筑引起了许多和景观引起的难题相同的难题。"②因为对于建筑与景观的审美鉴赏，不可避免地和特殊的个体和文化集团的实践意义相联系，康德美学对此无能为力。因此，以杜威为代表的实用主义美学家主张，审美经验不是一种特殊类型的经验，它与日常生活经验之间只有程度的区别而没有类型的区别，审美经验只是一种比日常经验更丰富、更强烈、更完满的经验。

事实上，在西方美学走向现代性之前，美感经验并不是一种与日常生活经验截然不同的经验，而就是日常经验本身，是日常经验的原初形

---

① [加]卡菲·凯丽：《艺术与生存——帕特丽夏·约翰松的环境工程》，陈国雄译，湖南科学技术出版社2008年版，第95页。约翰松的艺术功能化的思想来源于其对于米瓦族人艺术品的分析，在米瓦族人看来，艺术不仅与日常生活相关，而且艺术与自然现象与过程紧密关联。关于艺术功能化思想的详细论述，也可参见该书第95~97页。

② [美]史蒂文·布拉萨：《景观美学》，彭锋译，北京大学出版社2008年版，第45页。

式。因此，席勒认为，希腊人"既有丰富的形式，同时又有丰富的内容，既善于哲学思考，又长于形象创造，既温柔，又刚毅，他们把想象的青春和理性的成年结合在一个完美的人性里"①。在席勒看来，古希腊人的日常生活本身就是审美的，而近现代人由于日常生活已经被分裂为不完美的碎片，而已经丧失了人性的和谐，"给近代人造成这种创伤的正是文明本身。一方面由于经验的扩大和思维的更确定，因而必须更加精确地区分各种科学，另一方面由于国家这架钟表更为错综复杂因而必须更加严格地划分各种等级和职业，人的天性的内在联系就要被撕裂开来，一种破坏性的纷争就要分裂本来处于和谐状态的人的各种力量。"②因此，审美不得不从完整的日常生活中分离出来，审美经验被视为一种特别的东西，一种同日常经验相区别的经验：基本的经验世界本就是一个充满了诗意的世界，一个活的世界，但这个世界却总是被"掩盖"着的，而且随着人类文明的进步，它的覆盖层也越来越厚，人们要做出很大的努力才能把这个基本的、生活的世界揭示出来。所以，"艺术的世界"常常表现为与"现实的世界"不同的"另一个世界"③。但是，审美领域不能从实践领域中完全分离出来，甚至康德最终也开始在审美与实践之间建立联系，在他对审美判断讨论的结尾，得出了一个结论：美是道德的象征："美是德性——善的象征；并且也只有在这种考虑中（在一种对每个人都很自然的且每个人都作为义务向别人要求着的关系中），美才伴随着对每个别人都来赞同的要求而使人喜欢，这时内心同时意识到自己的某种高贵化和对感官印象的愉快的单纯感受性的超升，并对别人也按照他们的判断力的类似准则来估量其价值。"④

这种主张看起来像是事后附加在他的批判上的想法，但是他明显地放弃了某些审美的独立性，并把对美与道德之间的类比看作趣味判断的

---

① ［德］席勒：《审美教育书简》，冯至、范大灿译，北京大学出版社1985年版，第28页。
② ［德］席勒：《审美教育书简》，冯至、范大灿译，北京大学出版社1985年版，第29页。
③ 叶秀山：《美的哲学》，人民出版社1991年版，第61页。
④ ［德］康德：《判断力批判》，邓晓芒译，杨祖陶校，人民出版社2002年版，第200页。

普遍主体性的最终解释，这种表征说明了其对于审美领域与道德或实践领域之间联系的确认。

而在《艺术即经验》中，杜威将康德的这种确认进一步明确化，他把艺术从其他经验中区别出来形容为一个"具有讽刺意味的反常现象"①，他认为，"将艺术与对它们的欣赏放进自身的王国之中，使之孤立，与其他类型的经验分离开来的各种理论"肯定会"深深地影响着生活实践，驱除作为幸福的必然组成部分的审美知觉，或者将它们降低到对短暂的快乐刺激的补偿的层次"。因此，他主张"恢复审美经验与生活的正常过程间的连续性"，"回到对普通或平常的东西的经验，发现这些经验中所拥有的审美性质"②。所以，他主张将艺术与生活联系起来，并且认为，审美经验同日常经验之间不存在本质的差异，任何一种完整、统一而有强度的经验，都具有审美性质。杜威认为审美经验与实践的、日常的经验是相关的，而不是截然不同的东西，由此，他在康德结论的基础上进一步认为，审美经验不是没有欲望与思想，而是它们彻底地结合到视觉经验之中，从而与那些特别理智的实际的经验区分开来③。而他对审美经验的这种认识，来源于他对于艺术和美学与实践或道德的关系的认识。

实质上只存在两种选择：要么艺术是在智性选择和安排下的自然事件的自然趋向的一种延续；要么艺术是一种对某种仅存在于人的心胸中的东西自然发生的本性的特殊附加物，不管给后者一个怎样的名称，在前一种情形中，令人愉悦地增进感知或审美欣赏，与享受任何一个完满对象具有同样的性质。它是一种有技巧的、有才智的，为了增强、净化、延长和加深自然物所自发地提供的满足而处理自然事物的艺术的产物④。

---

① ［美］杜威：《艺术即经验》，高建平译，商务印书馆2005年版，第3页。
② ［美］杜威：《艺术即经验》，高建平译，商务印书馆2005年版，第9页。
③ ［美］杜威：《艺术即经验》，高建平译，商务印书馆2005年版，第282页。有关杜威对审美经验与知识经验和实践经验的区分的详细论述，可参见史蒂文·布拉萨《环境美学》，彭锋译，北京大学出版社2008年版，第53~59页。
④ John Dewey, *Experience and nature*. London: George Allen Unwin, 1929, p. 389.

在此，他认为，审美经验是一种完满的或本然让人感到愉悦的经验。任何凭自身就具有意义的生产或感知行为，都是艺术。根据这种定义，在实用艺术和美的艺术之间就不存在区别，因为二者都可以是艺术家及欣赏者的完满经验的来源。

由此，他主张，"审美经验的标志是，比日常经验中所出现的具有更大的对所有心理因素的包容性，而不是将之约减为单一的反应"①。与此同时，这种对于审美经验的判断，也来源其对于审美经验的辩证分析。杜威注意到审美经验包括与环境的相互作用，他还表明审美经验可以在有机体与其环境之间的相互作用的几种最基本的形式中找到根源。这些根本性的生物学上的相互作用，包含了审美经验的胚芽。但是，关于审美经验中的生物学基础的论断，遭到了苏珊·朗格无情的批评，她认为："决定实用主义哲学整个过程的主要设想是：人类兴趣，就是其动物性所需要诱导的冲动之直接或间接的表现形式。这一设想，把人类兴趣的可接纳范围，通过这样那样的方法，限制在对动物性心理的可解释的范围中。"因此，她认为将美学归纳为一种动物本能冲动的理论，是不切实际的，"真正的艺术鉴赏家马上就会发觉：把伟大的艺术看作本质上无异于日常生活经验的原因，恰恰漏掉了艺术的本质，漏掉了致使艺术像科学甚至宗教一般的重要，而又区别为典型的人类思维的自发创造性功能的那种东西。"②尽管朗格在强调艺术独特的人性与创造性方面是正确的，但她对于实用主义美学的批评在此点上是有失偏颇的。因为杜威充分意识到审美经验不仅是一个生物学的问题，也是一个文化的问题："经验是有机体与环境之间的一种互动。这种环境既是人类的也是物质的，既包括传统和习俗上的材料，也包括当地的周围事物。有机体通过它天生的或后天获得的结构而带来对互动产生影响的力量。"③

---

① [美]杜威：《艺术即经验》，高建平译，商务印书馆2005年版，第283页。

② [美]苏珊·朗格：《情感与形式》，刘大基、傅志强、周发祥译，中国社会科学出版社1986年版，第47页。

③ [美]杜威：《艺术即经验》，高建平译，商务印书馆2005年版，第246页。

杜威对于审美经验的论述，为公共艺术的审美经验分析提供了理论启迪，有利于我们进一步处理公共艺术审美与功利的关系。在审美无功利的理论视野中，对于艺术的观照，采取无利害的态度，并从日常实用的关心中抽离出来是必需的。公共艺术的实用性可能阻碍我们的审美体验，转移我们对艺术关注的视线，分散对审美体验的注意力。但这只是问题的一个方面，在实用主义美学理论的启迪下，公共艺术的功利性与实用性成为其审美经验构成的重要因素，它能修饰、改造与强化其本身的美感。布洛对于"心理距离"理论的分析提供了最好的例证，一方面，他对海上大雾的描绘，已经成为说明审美无功利的经典，他极力主张有距离的态度对船上的乘客们审美地体验浓雾是必不可少的，这样他们就不会执着于覆船的危险。但另一方面，他并没有把我们对海上大雾的审美体验的来源限定在它的"由于透明乳状物模糊了事物的轮廓，并把它们扭曲成奇形怪状而导致的晦暗不清"上。相反，体验的强度来源于看似宁静平和，而实际上"虚假地否定任何危险的暗示"，"与其盲目混乱的焦虑的一面形成鲜明对比"的这种现象所产生的"平静和恐惧的奇异混合"①。因此，依布洛所说，审美距离并没有消除我们意识中紧迫的危险和恐惧感，而是体验着融所有实用意识和"一个纯粹观者的无关心"②于一体的现象。而公共艺术这种审美与功用结合的特征尤为突出，公共艺术的审美经验可以通过整合我们对于艺术对象的实用性而使对象的美感得以改变或深化，所以忽视或弱化其实用性方面会不恰当地限制了公共艺术所具有的审美价值的丰富性与深度。

综上所述，环境艺术化与艺术环境化的统一可以从公共艺术的审美本体、审美模式与审美经验三个方面来进行建构。就审美本体而言，公共艺术应以山水为体、文化为魂；从审美模式来看，应适用动静结合的方式；而其审美经验应当是审美性与功能性的交融。上述三个方面的内在结合，促使公共艺术不仅打破了以往不同艺术形式之间的疆界，而且

---

① Edward Bullough, "Psychical distance" as a factor in art and as an aesthetic principle. *British Journal Psychology*, Vol. 5(2), 1912, pp. 88-89.

② Edward Bullough, "Psychical distance" as a factor in art and as an aesthetic principle. *British Journal Psychology*, Vol. 5(2), 1912, p. 88.

提供了一种艺术家与公众、艺术与公众之间对话的典范形式。公共艺术与公众生活的完美结合，促成其与社会和环境问题的结合，从而实现环境艺术化与环境艺术化的统一。

（作者单位：中南大学）

设计作为一种当代生活方式

齐志家

作为技术主义、享乐主义和虚无主义的当今时代，其设计也无疑受到影响。技术主义是技术的极端控制。这导致设计只是炫耀其技术性，而产生了形式主义的作品。享乐主义是欲望的没有边界。这诱使设计无限追求满足并刺激人的欲望，特别是身体的欲望。虚无主义是智慧的失去规定。这形成了一些空洞的、没有意义的设计产品。对此，理论界如何应对？湖北省美学学会和武汉纺织大学美学研究所主办的"当代设计、时尚文化与美学研究"研讨会暨湖北省美学学会2009年年会为我们提供了有益的启示，体现了美学理论、文化生活、艺术实践三大视域的交互对话。

一、设计作为美的存在方式

技术时代的设计究竟是什么？对这一问题的解答直接影响设计的运作与发展。湖北省美学学会会长、武汉大学教授彭富春认为，在技术时代里，设计已成为一种新的存在理念。但是，人们大多只是关注设计的技艺和技术层面，而没有考虑到设计之外更为复杂和深刻的思想问题。因此，还需要从设计的规定出发，考虑设计与智慧的关系。他认为，设计是人的生活的一般本性。在根本上它是被技术规定的，它是技术和艺术结合的完美产物。但设计并不能只是囿于技术和艺术自身，而是必须考虑作为其出发点的欲望和作为它的最高规定的智慧。而欲望如何满足？工具如何运用？这两者必须靠智慧来指引。可以说，任何一个设计品就是技术、欲望和智慧（大道）三者游戏的聚集。为此，他提出了设计的真善美原则。他认为，从根本而言，设计就是要揭示事物的本性，让一事物成为一事物。善就是考虑社会功用，物的功用就是要满足我们的实用性。此外，更要考虑人的尺度，它既要考虑对物的影响又要考虑对人的影响。这是因为，美是人生存的最高的、最有意义的东西。一种美的设计其实就是一种美的存在方式。

从美学维度深入认识设计，加强美学与设计的联合，是理解设计的审美存在方式的重要基础。湖北省美学学会名誉会长、武汉大学资深教授刘纲纪先生高度赞赏当代美学与设计的有机结合，认为这是完善美学与设计的重要途径。他指出，要重视基础理论的研究，他认为，要怀疑西方当代一些诸如反本质主义等时髦观念，回到基本理论上来。要重读经典，要站在西方现当代的高度上来回答西方现当代提出的各种问题。同时，要注意研究与发扬中国传统文化的优势，要关注中国当代社会的大发展与当代人们生活中一些精神价值的缺失来建设社会主义的审美观。他还特别指出，一定不要忽视应用性的研究。一方面，要把设计提高到塑造中国形象这个高度上；另一方面，设计既要有高度，又要讲实践性、可操作性。一定要注重具体形式，要把设计具体化，不要停留在形而上的概念里。

湖北美术学院刘茂平教授关注的是"设计的限度"问题。他认为，现代生活不再是自然的生活，而是被设计的生活。欲望是设计的原初出发点，但欲望横流，将导致实现欲望的技术手段的极端化，最终可能使设计丧失自身。因此，必须反思设计的限度，对设计进行规定。刘茂平指出，对设计进行限制就是要对欲望进行分类，就是要警惕设计实现中的极端的技术。为设计设立合理的边界也就是要使物不失去自身，人不被异化。要由设计的理性化、技术的精致化来实现对技术与手工的超越，从而实现设计的诗化。

湖北大学卢世林教授认为，按照席勒的观点，身体和服装处于自由的关系时，才是一个最好的状态，而身体和衣服各自的过多凸显都将达不到这种自由，我们现实生活中所需要的美正是这种自由的美。武汉大学王进博士认为，国服的设计要摆脱政治学的民主国家的狭隘思维。他认为设计中服装与身体应互为依靠，服装使身体摆脱了肉体，成为身体；而服装成为服装又必须依赖身体的存在。

二、基于审美的艺术创作与设计

将设计理解成美的存在方式,必然要考虑艺术创作与设计实务的审美原则问题。对此,武汉大学邹元江教授以电视舞蹈大赛为例,对其舞蹈编创和舞美设计进行了批评。他认为,其实舞蹈就是舞蹈,舞蹈就是对身体美的展示。它不善于讲故事,也不善于叙事。它就是对身体自身的一种展示而已。正是在这个限制里,才表现出舞蹈自身的魅力。

湖北美术学院院长徐勇民教授从视觉艺术效应的角度对当代视觉艺术发展的问题进行了审视。他认为,随着中国当代视觉艺术的发展,对时代主体精神的要求已经凸显在美术教育和艺术创作中。因此,应该注重对传统文化与艺术样式的意涵与当代性的阐述;应该注重在教育中培育人文关怀,用视觉艺术的实践体现中国文化的超越性,提升当代中国文化的精神层次;应该努力倡导多元文化背景下艺术表达的相互尊重。

中国地质大学(武汉)向东文教授探讨了作为景观资源的废弃矿山遗迹的美学价值。并运用具体的矿山景观设计例证了废弃矿山景观资源在修复生态、矿业文化、人文资源方面所具有的美学意义。襄樊学院美术学院雷礼锡教授则批评了城市规划及其环境设计上的一种自然精神的缺失。

武汉纺织大学美学研究所张贤根教授通过综述近年英国美学研究与艺术教育的现状,反思了当前国内设计教育的问题。他认为,当今设计教育的主要内容仍然停留在技术与制作的层面。并且,设计理论的研究也没有形成对设计实践的指导作用。因此,应该倡导一种哲学的、美学的高度的研究来提高理念的层次。

三、时尚、文化与生活的审美化

作为美的存在方式的设计,如何与人的现实生活密切结合,体现其应有的审美准则?华中师范大学张玉能教授认为,日常生活审美化是整个社会历史发展的必然趋势,同时又是21世纪以来中国社会发展和美学学科发展的一个必然趋势。并且,日常生活审美化应该就是美学的本身。日常生活审美化在当前社会呈现为不同的水平层次，可归纳为需要适当加以控制的精英化、需要鼓励和引导的大众化、需要去遏制的市民化或者庸俗化。

武汉纺织大学杨洪林教授回顾中国社会30年的发展变化认为，从开始的初级发展到科学发展，从开始的片面求真到有真兼善再到真、善、美和谐统一，从技术理性话语独大到人文审美话语的复兴，可以看到一个从求真、求善，到求美的历史逻辑。我们的社会已经到了人文审美话语复兴的历史阶段。

武汉纺织大学杨家友博士认为，当代实践已经越来越远离精神和信仰，这是当代实践存在的最大问题。其原因是实践缺乏精神和实体的皈依。他着重从精神现象学的角度探讨实践与精神关系。他还指出了精神客观显现的伦理、教化、道德三个阶段，而实践决定和促进着人类精神的进展。中南民族大学彭修银教授围绕20世纪"85前卫艺术"作了探讨，认为"85前卫艺术"一方面粗暴地指责了延续几千年的国画传统，将变形怪异、不堪入目的丑在自己的画面上大肆地渲染，使我们的审美期待频频受到惊吓。另一方面，这次狂飙运动突破了对美术的传统理解。但是，它太依赖于西方的哲学与艺术，作为一个长不熟的青苹果生长在语言的贫瘠和表达的生硬里。

武汉大学李跃峰博士认为，文学的始源性和在场性是两个紧密相连的共在结构。强调文学向始源性的存在绽放，同时文学事实的存在又必须从生命的现实性的具体历史存在本身出发。正是这个共在结构保证了审美的日常性以及审美的超越性的一种整体理论构架的完成。

当代设计要面向人类日常生活，自然要适应日益鲜明的日常生活审美化需求，在设计活动中充分考虑时尚、文化与审美生存的有机结合。这既能进一步发挥美学的智慧优势，使美学能更深入地影响日常生活、提升精神素质；也能通过极其具有创造性的美学反思，探明设计的本性，理解设计的限度，指引我们从当代的事情出发，思考如何更好地从事设计，倡导一种高尚的、审美化的生活，提倡一种在美学理念指引下不断拓展审美意蕴的艺术实践。

(作者单位：武汉纺织大学)

关于实现襄樊市城市环境的文化价值与生态价值的几点构想

孙莉群

中国城市的建设一直有自己的环境观,古代的风水说实际上就是朴素的环境学,其中包含着自然和人类生命相互融合的规律。中国文化中的"天人合一"思想,对于思想家是解释生命,对于风水师是勘察最理想的生活环境,对于道家、道术是用阴阳、八卦、乾坤、五行来形容世界的规律,它是中国人谋求与自然规律合拍的思想准则,是华夏祖先的智慧结晶。中国古代的城市,从不以建筑为目的,而是将城市环境涵盖在一个规模庞大的空间里,观照自然的给予和限制,满足人的物质和精神的需要,在两者之间取得平衡,全面设置城市的设施,实现城市的功能。比如中国古典园林,布局设计顺应地势地形形成特色,实现功能要求,文化的想象力营造出闲情雅意,让人身心舒展。中国古代的造园艺术其实是文人的诗心造境,它将文化和自然和谐地结合在一起,全面满足居住者的要求。

一个城市有一个城市的面貌和性格,好的城市环境应该具有独特的地域风貌和文化背景,体现城市的魅力和美学品格。比如周庄,纵横交织的水道,各种桥梁巧妙相连,回环往复的小巷,依水流自成情致,舒适悠闲不求奢华。重庆山城,起伏回转,狭窄突兀,借山势而成韵味,奇思妙想,灵动而秀美。他们都体现出地域特有的生态环境和文化环境,构成城市的独特韵味。

从自然环境来看,历史上分别有襄城和樊城,新中国成立时合二为一,命名为襄樊。襄樊二城,有襄江(汉水在襄樊段称为襄江)从中间经过,南为襄城,北为樊城,呈现出鲜明的地域特点,以及城市格局和城市功能划分。

襄江南岸的襄城，顺应岘山和襄江的走势，形成东西方向的三条主线。外围以岘山山脉为线，由南门外向西绵延，经古隆中，一直连接到南漳山区。中间以襄阳古城东街、西街交通干线为线，从东门到檀溪路，贯穿东西。内线以沿汉江为线，从闸口到古城墙、老龙堤，一直向西溯江而上。

襄江以北的樊城，地势平坦开阔，道路纵横，商业繁荣，居民聚集，辐射周边乡镇农村，一直是古渡口和码头，是北上南下经商的便捷之地。樊城是襄樊市商业区、工业区、居民聚集区。老樊城过去也是一座完整的古城，因历代战争的破坏、建设的开发，古城墙已经被毁坏。

襄江是襄樊的母亲河，也是城市自然环境的重要角色。樊城郊外还有小清河、唐白河等汉江的支流，襄江下游有余家湖、崔家营水电站，襄江上游连接丹江水库。襄樊以襄江为界，南城北市，汉江两岸又是古迹集中区，是自然风光带。上游有桃花岛、月亮湾，下游有鱼梁洲。襄城沿江有襄阳古城墙、囤兵洞、临汉门、夫人城、沿江广场，樊城沿江有樊城古城墙、沿江广场、米公祠。两城一江中间横跨汉江一桥、二桥、鱼梁洲大桥，三座桥梁是城市的交通枢纽，也是城市的人文景观和城市的观景台。

从文化环境来看，襄樊有自己的故事，也有自己的辉煌。襄樊是一座具有2800年历史的文明古城，文化珍迹灿若繁星。它是楚文化的发祥地之一，襄樊宜城，古称郢都，是战国时期楚国的都城，这里有卞和含冤献璧楚文王，屈原弟子宋玉辞赋载入《汉书》。它是三国文化形成和三国历史故事的发生地之一。诸葛亮出山前躬耕于古隆中卧龙岗，武侯祠、卧龙草堂、抱膝亭、躬耕处至今尚存，诸葛亮长啸于古隆中，足迹遍及古襄阳，古襄阳名士凤雏庞统、徐庶、水镜先生司马徽、黄承彦都是卧龙草堂的常客，水镜先生将诸葛亮举荐给刘备，方有刘备到古隆中三顾茅庐、刘备马约檀溪的故事，黄承彦将黄阿丑嫁与诸葛亮，佳话流传至今。

襄樊历代多名士、文人、诗人、书家、画家。东晋释道安襄阳弘法15年，现留有铁佛寺。东晋韩夫人率妇孺抵御前秦符丕，有完好保存的夫人城。唐朝的孟浩然，诗风清绝。张继，夜泊枫桥千古传颂。鹿门子皮日休，诗风犀利，揭露黑暗。建安七子之一王粲，诗文璀璨，现留有仲宣楼铭记。梁武帝之子昭明太子萧统，精研儒学、佛学，现留有昭明台祭奠。习郁之习家池，背负岘山，南临汉水，风景优美，李白曾游醉于此。北宋米芾号米襄阳，米点山水，米家书法，彪炳千古，米公祠被完整保留，米氏后人在襄樊传承有序。还有襄阳王府、山陕会馆、鹿门寺、广德寺、真武道观等历史的遗迹。

纵观襄樊城市的城市环境，襄樊南靠岘山，地势坐南朝北，中流汉水，得山水之灵气。城市周边道路通达，腹地广袤富庶，土地资源得天独厚。城市布局南城北市，自古南船北马，商贾云集，水陆交通便利。南部以自然环境见长，北部以商业功能为主。陆路西连巴蜀，东进吴越，南下荆楚，北通山陕，水路顺流可下汉口，溯江可上陕西，实在是商业物流集散的好码头，是具有战略价值的兵家必争之地。襄樊文化积淀深厚，历代古迹遗址、名人轶事丰富。受楚文化精神和道家文化影响，自古民风淳朴，性情温厚而豪放，历代文人英才辈出。但是，这些自然和文化的因素在襄樊城市环境中未能得到很好的体现，也没有形成鲜明的美学精神和城市形象。如何在现有的基础上构建更加具有襄樊地域特点和文化精神的城市环境？如何让襄樊地区特有的自然资源和文化资源体现出应有的价值？下面将就这些问题提出几点构想。

以岘山为依托，开发出城市自然风景区。对现在的襄樊市林场，进行保护性的局部开发，设置"襄樊城市森林公园"，将现在分散的烈士塔广场、真武山道观、古隆中、黄家湾、植物园、广德寺等整合起来，以岘山山脉为主体，组成系列风景点，构成大型城市森林公园。在保护自然资源的同时，将自然资源和文化资源相结合，让城市森林为城市环境服务，让历史文化为市民生活所用，为城市居民休闲度假服务。同时，加强襄樊城市山水的综合治理、市区、郊区的植树绿化，以及公共绿地的养护、增加，丰富襄樊城市的绿色资源，增强襄樊城市空气的自我净化功能。体现城市的生态价值和文化价值，提高城市居民的生活品质，从而间接地提高襄樊城市环境的经济投资价值。

以汉水为依托，建造襄樊城市的游览观光风景带。襄江两岸汇集了襄樊城市自然和人文的精华，是襄樊城市的明珠、襄樊城市环境的亮点。围绕襄江游览，恢复古渡口、古码头的功能，沟通两岸古迹名胜，如米公祠、临汉门、夫人城、月亮湾、鱼梁洲等，可以称之为"襄樊汉江水上游"。现在的襄江两岸是市民散步休闲的好去处，但是由于道路长，出入交通不便，人气不旺。如果增设沿江大道小型电瓶公交设施，既可以保持安静环保的步行环境，又能方便市民出入，有效汇集两岸的人气。同时，可以在两岸设置美术馆、音乐厅、戏馆等艺术场馆，结合原有的历史古迹、餐饮、购物环境，形成具有襄樊城市特色的襄江游览风景带。

对于襄阳古城护城河，可以开发"襄阳古城水上游"。从襄阳古城东门外护城河出发，可以一直通往南门外的南湖广场，沿线有襄阳动物园、阳春门、文苑、惠园、南湖等景点。从西门桥外一线，可以由西向南到达南门外的南湖广场汇合。襄阳古城护城河上可以设置仿古的画舫游船，沿途现有花园、碑廊、茶楼，还可以增设古玩字画、花鸟商店等，形成襄阳古城的水上观光线路，体现城市环境的特点。

对樊城郊外的小清河、唐白河，进行疏浚、修缮、治理和净化，在保持运输功能的同时，让优质、充沛的河水源源不断地注入襄江。完善城市地下排污系统，扩充自来水的净化系统，加强襄樊城市的水环境自净功能和排污、排涝功能。让襄江水质更好，水量更足，从而改善襄樊的水资源环境。

将襄樊历史文化中的历史名人和历史古迹进行整合。比如米公祠和米芾书画，昭明台和昭明太子萧统文集，仲宣楼和建安文化、王粲文赋，铁佛寺与释道安、佛学，孟浩然与盛唐的诗词，诸葛亮的成就与三国襄阳名士。以古隆中为依托的三国文化，马跃檀溪古迹遗址，水镜庄、黄家湾等，设置研讨项目，进行应用性的开发。

研究开发具有历史文化价值的城市遗迹，增加襄樊城市的文化内涵。与襄樊古城历史相关的还有襄阳王府、夫人城、邓城遗址、山陕会馆、古码头、古渡口、广德寺、鹿门寺、真武道观等，都是值得研究开发的项目。保护管理好旧城区，保护好、利用好现有的文化历史价值，加强城市环境中的文化含量。将老地名、老街道、老门脸、古树、老街道提炼出来，标上统一的标识，加以区别保护，突出城市的珍迹亮点，让城市的历史活在今天的生活之中。比如襄城北街仿古的样式，虽然是仿古新建，但能够帮助体现襄阳古城的格局，不失为很好的城市设施。

襄樊古城还有许多历代变迁的珍贵遗迹，比如冯家巷曾经是女驸马故事的发生地，老樊城原来的城门、码头的梯子口、最繁忙的前街、瓷器街，都可以收集整理出遗迹、遗址，成为在城市环境中实现文化价值的连接点。

城市环境中的文化价值还可以在文化设施中得到体现。如设置博物馆、美术馆、音乐厅、京剧馆、豫剧馆、歌舞剧场、图书馆、科技馆、植物园、书店、古旧市场、多功能的会展中心等设施。反映襄樊城市历史故事，编演戏剧歌舞，绘制展示美术作品，撰写诗词歌赋，都是实现城市环境文化价值的手段和方法。这些设施的完备，体现出城市文化环境的完备和文化价值的实现。文化设施的欠缺，不仅影响城市功能和文化价值的实现，也必然影响襄樊市整体的政治、经济、文化的环境，以及城市未来的发展。

与自然亲近的城市是迷人的，有历史的城市是可爱的。在建设城市的同时保留历史的痕迹，使城市的脉络不断传承，这是城市环境文化价值的最终体现和总体原则。强化襄樊二城南城北市的城市功能，完善樊城的商业物流功能，优化治理襄城的自然环境，让襄樊城市环境得到山的涵养和包容，得到绿色生态的保护，得到水的灵秀之气，受到水的惠泽滋养。同时，将文化环境与自然环境有机结合，让历史文化的精神给人熏陶濡养，形成襄樊城市独特的文化氛围。

中国现在是一个初具现代化规模的国家，一方面是舒适、方便，另一方面是更加程序化、模式化，导致城市的个性丧失，文化被忽略。一个城市的历史文化环境其实就是一个民族的文化环境。城市最吸引人的地方，是它的丰富性和不同性。城市就像家庭，应该给人多层面的满足，一般化的方便性、舒适感，特定的文化历史、情感因素，良性的自然生态环境等，这是城市的灵魂，它关系到一个民族的文化精神和美学观。比如在罗马，新建筑必须建在罗马旧城以外。罗马城和意大利全境的小镇，一直沿袭2000年来的习惯，天天敲钟，钟声一响，那鸽子就绕着钟楼飞翔。保留着所有文艺复兴前后的习俗，每到传统的节日，人们就穿上几百年前的全套衣服满街走，文化的精神在不变的仪式中传承，这就是历史的延续、文化的延续。北大俞孔坚在《城市景观之路》里讲到，在美国的富强过程中，曾经有人提出学习古罗马的城市模式建立新城市，设置主干道、广场、标志性建筑，并在哈佛做了多年的研究。14年后，遭到全国上下的抵制，因为美国城市已经形成一致的模式，造成了无精神、无性格的诟病。后来，纽约50年以上的街道和房子，绝对不允许拆毁。还有转型中的日本、印度、俄罗斯等，都在努力保留自己的文化。我们保留自己的过去，就是保留民族的文化，传承民族的精神。我们居住的城市可以告诉我们祖先的行为和荣耀，以及自然的赐予和荫庇，这样的城市才有温情、亲切感和精神的价值。

城市环境的自然资源和文化资源是有限的，甚至是不可再生的。襄樊的城市环境是历史形成的，也是自然生态造就的。襄樊是楚文化的发祥地之一，道家思想的熏染显然多于儒家学说的影响，民风淳朴，豪爽率性，亲近自然，好诗书闲情，历代风雅名士多善诗文书画。现在的襄樊在经济发展和生活消费方面没有过激的超前意识，而是注重稳定的节奏。襄樊的城市建设，应该凸显襄樊山水的自然神采和深厚悠久的文化底蕴，彰显自己的文化精神，传播祖先的辉煌业绩，让历史文化的精神继续焕发生机与活力。只有维护、营造文化环境，保护、利用生态环境，才能更好地发挥城市环境的功能，满足人们生活物质和精神多方面的要求，以及襄樊城市政治、文化、经济的长远发展的需要。综合开发利用襄樊的自然资源和文化资源，将提高襄樊城市的生活品质和文化品质，营造温馨舒适的生活环境和淳朴文雅的精神家园。

参考文献：

[1] 赵广超. 不只中国木建筑[M]. 北京：生活·读书·新知三联书店，2006.

[2] 王宝菊. 陈丹青、艾未未非艺术访谈[M]. 北京：人民文学出版社，2007.

[3] 王宝菊. 陈丹青、艾未未非艺术访谈[M]. 北京：人民文学出版社，2007.

(作者单位：湖北文理学院)

建筑艺术在我国现代城市文化建设中的作用

唐绍伟

  罗马著名建筑师维特鲁威关于建筑"实用、坚固、美观"的三要素早已阐释了建筑的功能与意义。随着现代文明的不断进步，建筑在人们生活中的角色越发显得重要，从20世纪80年代开始，我国的城市建设在超高速发展及扩容进程中，由于实施者缺少审美文化修养和对城市地域特色的高度重视以及城市发展的可持续性认识，实用主义、形式主义成为城市建设争赶时髦的主旋律，城市建筑既失去了鲜明的城市个性，又彰显不出历史积淀，还造成严重的视觉污染，不但影响了城市居民的身心健康，还使城市经济效应滞后。如今，在注重城市文化建设的大背景下，从生态文明和美学角度研究城市建筑艺术，对提升我国的城市化建设内涵具有积极的现实意义和深远的历史意义。

一、城市文化的涵义

  如果说城市是人与人相互联系的物质保证，那么城市文化就是人们增加交往的精神动力。广义的城市文化，是人类在社会历史实践过程中所创造的、积累的物质财富与精神财富在城市区域内的总和；狭义的城市文化，是城市的文学艺术、广播电视以及各种社会性、群众性的娱乐性活动的总和。城市文化是城市物质文化、制度文化和精神文化相互作用后必然形成的以人的主观能动性为特征的综合实力，是综合认识的结果，具有相对独立的地域特征，也是城市精神、城市价值的具体体现。其中，城市建筑艺术作为城市物质文化的重要表现形式，对制度文化、精神文化具有潜意识的感召作用和可视的影响力。

二、建筑在塑造城市形象中的作用

人们认识一个城市一般是从其外部环境——建筑的整体特色开始的。由此可见，建筑在塑造城市形象的过程中起着至关重要的作用。城市建筑是其文化与精神的积淀，不同的城市建筑都以其独特的形式语言在强化、提升城市的形象。比如，我们可以从故宫等明清遗留的建筑中看到古都北京的风韵——部局的庄严秩序，气势的宏伟壮丽；而鸟巢等现代建筑又体现出北京融入并引领了现代都市风格。可以说，北京是在全盘的处理上完整地表现出伟大的中华民族建筑的传统手法和在都市计划方面的智慧与气魄。这种整体设计既增强了我们对于祖先的景仰，又昭示着中华民族文化的骄傲和对于祖国首都的热爱。还有，上海是我国近代城市发展的代表与典范。其中，外滩建筑群和繁华的南京路街景充分展现了上海的城市魅力。从20世纪30年代建造的高达24层的国际饭店，到90年代的开发浦东，上海再度崛起，具有标志性的建筑又为上海城市发展写下光辉的篇章。如今上海的建筑与近代建筑有一种比较完整的内在精神联系，都使用一种国际语言来讲述关于现代大都市状态的思考。建筑文化在旅行中不断变异、发展。而改革开放以来，广州的建筑结合时代精神，构成了崭新的、充满生机的空间形态，突出了城市的开放特色，展现出与时俱进的城市精神，预示着新的文明浪潮的到来。

三、对城市经济的拉动作用

建筑艺术是人们生活轨迹的再现与积淀，在我国城市化的大潮中，它呈现出许多新的亮点，也越来越受到人们的关注。其中，城市建筑在城市经济中的作用日渐突出。在人们的日常交流、沟通过程中，建筑是浓缩地域精华的名片，放射着城市文化的光芒，饱含着城市与外界交往的动力，是城市经济发展的外在基础。首先，城市建筑的人性化、艺术化发展，培养着消费群体数量的不断增加，促进着消费的持续增长。统计显示，仅建筑业增加值占 GDP 的比重多年来稳定在 5.5% 左右。其次，城市建筑构建城市旅游资源，以旅游为龙头搭建城市经济是现代城市发展的必然，也是一个城市经济发展的源头活水。这是因为，旅游是带动城市经济发展的第一步，一个城市犹如一个人，如何能让初来乍到的客人们对这座城市着迷，让他们流连忘返，城市的建筑环境是给予人第一印象的最直观的风景，建筑功能的拓展与完善，除了影响旅游经济外，还暗藏着无限的商机。可以说，城市建筑艺术是扩大城市经济吸引力与辐射力的基础，是支撑城市生存、竞争和发展的巨大动力和有形资产。

四、对城市生态的可持续作用

建筑业在经济链条中举足轻重，有关资料统计，在建造和使用过程中直接消耗的能源已占全社会总能耗的 30% 左右，建筑已经成为我国三大用能领域之一。建筑领域是实现我国节能降耗和污染减排目标的重要部分。如何解决好建筑在建造和使用过程中的土地使用、能源资源节约和环境保护问题，对于加快建设资源节约型、环境友好型社会、促进生态文明建设、实现"十二五"规划目标具有重要作用。政府工作报告提出要大力发展节能省地环保型建筑，这为我国建设领域实现可持续发展指明了方向。

胡锦涛在党的十八大报告中指出，建设生态文明，是关系人民福祉、关乎民族未来的长远大计。并指出要努力建设美丽中国，实现中华民族永续发展。

中国作为人口最多的发展中国家，在城镇化、工业化进程中，加快推广现代建筑技术，对于促进可持续发展、改善人居环境十分重要和紧迫。要坚持节约资源和保护环境的基本国策。曾培炎说，中国将借鉴国外先进建筑技术和管理经验，探索符合国情的建筑业发展道路。新建建筑要加快推行绿色建筑标准，循环发展，低碳发展，形成节约资源和保护环境的空间格局；既有建筑要积极推进节能改造。鼓励绿色建筑技术、材料和设备的研发，广泛利用智能技术完善建筑功能、降低建筑能耗。完善相关法律法规体系，实行有利于促进建筑节能的政策措施。希望通过研讨会和博览会，加强中国与世界各国建筑界的交流和合作，集思广益、群策群力，共同推动建筑业实现可持续发展。同时，可持续作用也反映在建筑设计的人性化与前瞻性等方面，追求建筑与人、自然的和谐统一。

五、结　　论

我国作为世界第二大经济体，经济的高速发展必定带动城市化进程。现代中国正在经历一种前所未有的城市化进程，在城市建设发展史上，像中国这样大规模地推行城市建设，有众多的人口参与，且又是发展中国家，这在世界范围内也是空前绝后的。中国城市均经历着激烈的社会和空间的转变，为此，城市建筑必须立足于文化传承，体现时代精神，突出城市特色，着眼长远发展，对全体市民形成强烈的亲和力、感召力和凝聚力。中国是四大文明古国之一，拥有悠久的历史与灿烂的文化，每一区域的城市都应张扬独特的个性。在一定意义上，现代都市与过去的历史文化应该具有连续性，城市的建筑应该致力于表现这种连续性，如此才能既保持城市历史文化的原有特质，体现对历史的尊重，又使得人们在获得新的城市生活方式的同时，找到新的地域认同，增强城市的竞争力与辐射力，让城市居民诗意地栖息于城市之中。

参考文献：

[1] 沈金箴，周一星. 世界城市的涵义及其对中国城市发展的启示[J]. 城市问题，2003(3).

[2] [美]罗伯特·文丘里. 建筑的复杂性与矛盾性[M]. 北京：知识产权出版社，1966.

[3] 中国城市规划学会. 规划50年——2006中国城市规划年会论文集（下册）[M]. 北京：中国建筑工业出版社，2006.

[4] 中国城市规划学会. 城市规划面对面：2005年城市规划年会论文集（下册）[M]. 北京：中国水利水电出版社，2005.

[5] 于东玖，吴晓莉. 设计中易用性原则与情感的关系[J]. 包装工程，2006(6).

[6] 王晓艳. 人性化的居住区户外环境设计研究[D]. 郑州：郑州大学，2003.
[7] 胡锦涛. 坚定不移沿着中国特色社会主义道路前进　为全面建成小康社会而奋斗——在中国共产党第十八次全国代表大会上的报告[M]. 北京：人民出版社，2012.

（作者单位：湖北文理学院）

广告摄影在公共艺术中的价值体现

张 波

21世纪，最大的一个文化特点就是艺术的公众性和公共性。公众是开放的，公共是共生的。任何艺术形式都不能孤立地发展，也不可能独立地生存。艺术需要传播和交流，也需要延伸和共存。开放的意义通过几十年的经历和验证，我们已经有了很清醒的认识，但是对于"公共"的概念，我们或许有一些陌生。"公共"又被称为公共空间和公共领域，这是近年来英语国家的学术界常用的概念之一。这种具有开放、公开特质的，由公众自由参与和认同的公共性空间被称为公共空间，而公共艺术所指的正是这种公共开放空间中的艺术创作与相应的环境设计。人类的公共环境是一个以社会群体部落为形象的活动舞台，是一个与地貌、人种、文脉、生态有着千丝万缕联系的人的生存环境。从艺术的角度来考虑和对待公共环境，是人类优化生存状态、优化自身境况的一个重要方面。回溯社会历史的发展，我们可以读到这样一部关于环境艺术和公共艺术的发展历程。

如果说公共艺术中公共的含义从"群"这层意义上讲，只是具有"公共性"的话，那么几乎所有的艺术都具有这种公共性。从空间意义上进行探讨，便是给公共艺术作出定义的一种尝试。所有的公共艺术之所以被称为公共艺术，是因为它首先存在于公共空间当中，即它在空间上必须以一种公共方式存在，即使一幅被摄影家用于公共场所的摄影作品，如果它在创作完成之前只是被放置在某个私人的空间当中，那么它也只是一件私人艺术品，而不能成为公共艺术。当然有一个例外，就是私人空间在某种情况下也可以转化为公共空间，尽管是短暂的。于是，我们可以得出这样的结论，"公共"的概念从空间上来讲，也具有可变性。

一个最简单的例子就是将同样一幅摄影作品放置在私人空间当中和公共空间当中，它们的属性是不一致的。如果放置在私人空间当中，我们便不能称之为公共艺术。

如果按照这个定义，那么凡是放置在公共空间的一切艺术品都可以算作是公共艺术了。显然，我们前面所探讨的所有艺术以及艺术样式都可以归入此类艺术当中。然而问题是，"公共"一词的含义会随着时间的变化而发生改变，因为它会随着历史的发展而不断发展。古代私人或皇家园林由于所属权的变化，在今天很大一部分已经对公众开放，受众面的扩大使得园林艺术从专门伺服于私人家族和皇家转而具有了公共性质。如苏州的拙政园、网师园，北京的天安门广场、故宫和颐和园等。这种在过去只属于一定阶层的艺术，在今天才真正具有了广泛的公共性。由此可证，公共空间是可以改变的。

空间是一个相对哲学化的术语，与时间相对。公共空间是城市空间的重要组成部分，按照安切雷斯·施耐德等人的理论，公共空间可由几个不同层次加以划分：物理的公共空间；社会的公共空间；象征性的公共空间。第一种关注的是它的材料的存在，第二种关注的是在空间内部的规范和社会的关系，第三种关注的是纪念和地方的"气氛"。他们认为，不管是客观的还是主观的，每一种公共空间都可以通过这些定义中的一个或多个意义来加以确定，对于公共空间意义的理解改变着我们看待公共空间的方式。应该指出的是，尽管我们愿意将定位好的三种公共空间看成是三种不同的类型，但是每一种公共空间都融合了这些类型中的一种或多种。物理公共空间如街道、广场、草地、海滩等，通过城市设计可以形成。社会公共空间包括咖啡屋、餐馆、酒吧、报纸等各种形式的媒体、互联网以及私人住所。物理公共空间是最明显的，可以说是最为浪漫化的，它是通过所属权的类型来确定的，被连接在建筑和"自然环境"当中。

社会公共空间是三种形式中最有趣的一种，因为它拥有一种变形或者是重新确定所属权的潜在可能，并赋予城市空间新的意义。社会公共空间处在持续不断的重新界定当中，通过它，使用价值和交换价值的冲突在一个实在的地方得以完成。象征性空间是通过规范和人们的集体记忆来完成的，因为与物理公共空间的材料的存在相反，这种确定公共空间的形式很难被归结为"实在地方"。在大多数例子当中，象征性公共空间是一种短期的生存经历，而且限于某一类人群。如果象征性空间成为一般历史的一部分，那么其易于遭受一种转变，其中这种空间的意义和相联系的东西开始与一种目前主流的历史方法发生联系。这足以解释我们的史前岩画、雕刻、宗教艺术、陵墓艺术为什么在今天能够被归为公共艺术了，这些艺术可以看作是一种处于象征性的公共空间中的艺术。

显然，我们前面所探讨的公共空间应该属于第二种空间，即社会空间。社会空间存在着可变性，它在公共和私人之间可以相互转换。因此，我们所探讨的公共空间会触及更广泛的能够归结到公共空间当中的艺术，但是从空间的层面上讲，公共艺术所在的空间可以包括物理公共空间、社会公共空间以及象征性公共空间三种，这三种空间在信息时代共同构成了公共艺术的外部存在方式。

空间的公共性与私人性是相辅相成、共生共成的，没有绝对的私人空间也就不可能存在绝对的公共空间，没有开放自由的公共空间也就不可能存在隐秘安全的私人空间。从这个意义上来说，在城市里，由于人口众多，空间巨大，从低矮的平房到耸立参天的大厦，尽管人们可能在一定区域内工作，但是人们之间的分工越来越细，加上不同的文化、教育、兴趣、职业等差异，阻碍了人们之间的了解，相互之间的交往也越来越少。可以说，在很大程度上，人们生活在相对陌生的人群中，这种状况很好地保护了私密性。加上城市的居住格局是一个个小单元住房，这是现代城市的一种特殊现象。虽然个人空间得到了更多的保护，但是人们又有交往的愿望、有交往的需求，他们就要寻找一个其他的场合去交往，这就有了对公共空间的要求。

由此各种形式的公共艺术就成为了人们精神和物质的一种必然需求。当一个人处在一个空白的房子中，他会感觉空虚和绝望，而当这个房子中配置了书籍和音乐时，那就成了另外的一种情形：他会忽略岁月的孤独和漫长，沉浸在一种忘我的娱乐和享受中。

广告摄影是一种空间艺术。虽然它只有二维的特性，但并不影响它在公共空间中所产生的效应。它的点、线、面的抽象性和影调、色彩的具象性每时每刻都在传达信息和刺激着人们的视觉印象。

铺天盖地的广告已经成为了人们生活中的一个部分,它既是一种经济现象也是一种文化现象,更是一种不可或缺的公共艺术形式。而传统的图文并茂的广告摄影又一直是公众喜闻乐见的艺术形式之一。

它特有的艺术个性和表现形式一直影响着所有的受众,不管你愿意与否,因此它的经济功效和审美价值就显得尤为重要。

首先广告摄影的信息传达必须清晰、准确,防止误导,要有商业标准和职业道德。尽管广告摄影在构思创意上会受到被宣传商品广告策略的制约和限定,会牺牲个人的一些风格追求,但仍然是以服从商品的需要为主,并且要做到以下几点:

(1)更易引发购买欲:几乎所有人都能看懂摄影图片,广告摄影利用其瞬间捕捉的优势,将商品最理想状态的瞬间展现给人们,并能利用一切艺术手段突出商品的最理想状态,从而挑起人们跃跃欲试的购买心理。

(2)更大的吸引力:特写镜头所显示的商品细部、特技手法所显示的产品动感、丰富的色调将商品表现得细腻逼真,特别是彩色摄影,对人的视觉有更大的吸引作用。

(3)更真实可信:一般说来,图片的表现力足以将任何产品表现得逼真动人,更易造成一种真切生动的生活气息。在一般人的心目中,摄影镜头所展现的是客观、公正和真实的,所以对图片是信任的态度。图片的真实生动性能够使人们对广告客户增加信赖感,在广告要真实可信的呼声愈来愈高的形势下,广告摄影在众多广告形式中的威望就越来越高了。

(4)更快地制作发表:依靠现代技术,尤其是数码技术,广告制作的时间越来越短,而设计者工作的重点和主要精力,转到了创意构思、精心设计和掌握运用新材料、新技术方面。获得一幅图片的速度远远快于完成一幅绘画插图的速度,画面的复制越多,辐射就越大,就越能体现广告摄影的这一优势。随着现代印刷、喷绘技术的不断发展,这一优势将越来越大。

广告摄影是摄影中的一种艺术形式,随着经济的不断发展,人们的精神需要日益突出,人们不再只满足于广告摄影的逼真,而对广告摄影的审美意识有了新的要求。构思巧妙和画面新颖的广告摄影作品,同时也是优秀的摄影艺术作品。广告摄影既不以审美为最终目的,也不以拍摄者的个人情感和思想为主旨,而是以传播商业信息和广告意念为主要动机,迎合消费者的情趣,达到促销的目的。这种明确的功利倾向,是现代广告摄影的最大特点。

只有正确了解和掌握广告摄影与一般摄影艺术、造型艺术之间的关系,才能调动一切有效的艺术表现技巧,为突出广告主题服务,避免广告摄影在公共艺术中只有功利没有公益的纯粹倾向。

广告摄影的目标就是要强化影像语言的渗透性和辐射率。为了实现这一目的,应该遵循两个原则:一是在信息视觉化的过程中应以"感染、注目、兴趣、记忆"为基本原则,尽可能将繁琐复杂的信息内容以最简洁醒目、生动个性、有序清晰的形式予以表达;二是必须在画面中注入审美内涵,只有艺术美才最具感染力,最能予以欣赏价值及深刻印象。以"美"作为信息内在驱动力,把人们对信息的接受转化为精神的享受,转化为文明情感的对白,无疑是一种有效的传达策略和超物质的精神途径。

同时,广告摄影媒介的天职不仅要以市场和沟通顾客为目的,而且本身也应取得一定的美育和社会文化的启示效应。在大众中倡导新的精神生活观念,提倡新的物质生活方式,是整个广告业应尽的社会责任和义务,也是广告摄影语言之所以要"设计"的原因之一。

只有传达功能与审美功能相结合,使信息价值与审美价值相结合,才能构成影像媒介的完全价值,使用广告影像语言传达信息并使之兼有对社会精神文明建设和文化教育的功能,这种广告摄影才具有最完整的意义。

公共艺术空间需要出现多种形式的艺术品,并且是富有个性的、多样化的、有序的、和谐的,能够满足各个层次需求的,否则就没有了"群"的意义。多样介质构成的艺术品融合在一个公共空间中,必然会形成一个特殊的艺术景观。这种景观在长期生存和发展的过程中,会通过个体与个体、个体与群体、群体与群体之间的互动逐渐衍生出特定的社会新文化。广告摄影就是这个群体中的个性角色,从发展的角度上看,它的价值是不容忽视的。

参考文献：

[1] 马谋超. 广告心理：广告人对消费者行为的心理把握[M]. 北京：中国物价出版社，2002.

[2] 郑也夫. 后物欲时代的来临[M]. 上海：上海人民出版社，2007.

[3] [美]鲁道夫·阿恩海姆. 艺术与视知觉[M]. 滕守尧，朱疆源译，成都：四川人民出版社，2005.

[4] 徐恒醇. 设计美学[M]. 北京：清华大学出版社，2006.

[5] 杨立川. 创新与和谐：当代中国广告学研究与广告教育[M]. 西安：西北大学出版社，2006.

（作者单位：湖北文理学院）

构建城市化进程中景观园林的空间延伸
——以襄樊黄家湾的景观园林实践为例

夏晓春

在城市化进程快速发展的今天，城市近郊区的乡村景观园林的地位也越来越引起人们的关注。

城市乡村景观是景观科学研究的一个前沿领域，在中国快速的城市化进程中，景观规划实践势在必行，其理论研究迫在眉睫。新时代的城市近郊区的景观园林应以什么样的面貌出现在人们的面前，如何传承乡土文化，创造出具有城市特色而非城市发展模式拷贝的现代乡村景观园林，成为景观园林在未来的发展中研究的重点。

以城市化进程中景观园林的空间延伸——襄樊黄家湾的景观园林规划实践为例，尝试探索出城市近郊区内的景观园林的发展模式，创造出自然和谐的人类聚居环境。

一、乡村景观园林

乡村景观园林由乡村和景观园林两个概念组成。景观园林的定义可以理解为景观和园林两个方面。景观包含着地球表面自然的、人工的，并且与社会、文化、习俗、人类精神、审美密不可分的人类聚居环境；园林是指以自然山水为主题思想，以花木、水石、建筑等物质为表现手段，在有限的空间里，创造出视觉无限的、具有高度自然精神境界的环境。乡村园林以乡村景观为背景，乡村景观在客观方面包括地理位置、地形、水、土、气候、动物、植物、人工物等，在主观方面包括经济发展程度、社会文化、生活习俗。乡村园林正是在这种综合的景观中孕育、演变、发展、生成，所以乡村园林与乡村景观密不可分，逐渐形成了乡村景观园林。其发展经历三个阶段：一是传统农业景观；二是传统农业向现代农业景观园林的过渡景观；三是集约化的现代乡村景观园林。乡村景观园林则是非城市化地区的人类聚居环境，以大自然的真山、真水等自然材料形成的具有高度自然精神境界的环境。

乡村景观园林是具有特定景观行为、形态、内涵和过程的景观园林类型，是人口密度较小、具有明显田园特征的景观区域。从地域范围来看，乡村景观园林泛指城市景观以外的具有人类聚居及其相关行为的景观空间；从构成要素看，乡村景观是乡村聚落景观、经济景观、文化景观和自然环境景观构成的景观环境综合体；从特征看，乡村景观是人文景观与自然景观的复合体，具有深远性和宽广性。

乡村景观园林有别于城市景观园林，乡村景观园林是运用自然，更为朴素地保留着更多的自然真迹。如果说城市景观园林是"虽由人作，宛自天开"，那么，乡村景观园林则是"虽由天作，宛自人开"。但是，倘若从自然美的角度来看，乡村景观园林远比城市园林自然优美。

乡村是受现代景观园林冲击相对较小的地区，而城市周边地区却已成为景观园林的延伸空间，我国现存不少的乡村古民居景观都是重要的文化遗产。

二、中国传统文化

1. 中国传统哲学观中的"天人合一"

中国传统哲学观中的"天人合一"的思想对乡村景观园林的全面、协调和可持续发展，具有重大的现实意义和深远的历史意义。"天人合一"包含两个方面：其一，天人本来合一；其二，天人应归合一。"天人合一"是中国传统文化一个最基本的问题，是传统文化与乡村景观园林之间所构成的内在联系的基本特性。

从人与自然的关系来看，"天人合一"注重人与自然的一体性，也就是把人看作自然的一部分，同时自然也是人的另一体。这一思想强调人与自然的统一，实现人和自然的和谐发展。这一思想对于乡村景观园林的发展具有指导价值。作为一种规划设计思想，其对乡村景观园林的布局产生了普遍而深刻的影响。

中国乡村的山水格局、生态景观、乡土文化遗产和草根信仰体系，是中国乡土聚落"天地—人—神"和谐的基础。

2. 中国的山水文化

中国古典园林的自然风景是以山水为基础，以植被作为装点的，山水和植被乃是构成自然风景的基本要素。有意识地对其加以改造、调整、加工和剪裁，从而出现了一个精练、概括的自然，也是典型化的自然。在乡村景观园林意境的创造中，"山水"始终成为一种理想的景观。在山水文化中，对山的态度只有生存性，对水则追求静穆而无内涵，对林木则是共享移情式的关系而非征服式的处理。

人们始终以一种不带征服色彩的方式适应自然景观园林，对自然力量的崇拜奠定了古代意识中的神学基础，这种源于敬畏的原始的生态保护观念指导着中国人对待自然景观园林的行为方式，并培养了一种景观园林欣赏的品位，这便是独特的山水文化。

山水文化对乡村景观园林的发展起着潜移默化的作用。乡村景观园林是由建筑、山水、花木等有机组合而成的艺术品，特别强调人与自然的亲融与协调。

3. 中国传统文化形成了乡村景观园林的风格

最初的景观园林，无论中西方，都是以实用性为主的。只不过在中国，园林很早就从以实用性为主转换为以观赏性为主的景观园林。在这一转换的过程中，古代中国人选取了地域景观园林中天然形成的一部分作为园林的原型。由于中国人对于山水风景的欣赏，也会在这样的风景环境中修建寺庙、游览路和休息设施，这些人工构筑物连同自然山水一起，都成为日后中国景观园林模仿的对象，使中国乡村景观园林形成了以自然山水为骨架的风格。

三、以区域性的景观园林看未来的发展

城市近郊区内的乡村景观园林是一种特殊形态的区域生态系统，是产业结构、人口结构和空间结构逐步从城市向乡村景观特征过渡的地带。作为湖北省省域副中心城市——襄樊的黄家湾，已成为城市化进程

中景观园林的空间延伸。

襄樊的黄家湾自然景观园林位于襄阳古城5公里处,是一个幽长而又深远的山湾,此地是三国名相诸葛亮岳父、襄阳名士黄承彦的故里,故曰黄家湾。

黄家湾山谷陡峭,松林茂密,绿草如茵,山不高而葱茏,水不深而澄清,山连着水,水环绕着山,景色迷人,一年四季空气清新。此处以群山、青松、碧水、绿草为主要景观,周围的山有磨旗山、凤凰山、马槽山、望郎山、仙家山等。松是一色的马尾松,树不大而茂密,伴着起伏的山峦,层层叠翠,置身山中,看松听涛,令人心旷神怡。这就对应了中国传统文化中的山水文化的哲学思想。

黄家湾的规划设计思想,体现着古代中国人朴素的宇宙观念"天人合一"的哲学。它是从对自然环境的审时度势以及对生活的实际体验发展而来的,从"天人合一"的角度构建的心目中理想的生活空间和景观园林格局。

黄家湾的生态规划注重增加了景观园林异质性来创建新的景观园林格局,尤其是在以前的自然景观的基础上,改变原有的景观园林基质,营造生物廊道与水利廊道,改变斑块的形状、大小与镶嵌方式,注入新的文化特征,结合"以人为本"、"天人合一"思想,在原有的景观园林基础上完善到现在的黄家湾这一独特的乡村景观园林。这些景观的空间构架乃是在原有的地貌、气候与生物等自然属性的基础上注入新的人类文化特征后所形成的,是人类寻求与自然和谐、协调、统一,在景观园林尺度上实现可持续发展的积极探索。

叠山理水、植物配置,成为中国造园中不可或缺的要素。黄家湾模拟自然,通过叠山理水、植物配置,多以山水取胜,配以适当的植物,构成江南水乡野趣,其中黄石假山,山体自然,神似真山,浓缩了自然界美好的山水风光,在景观园林中达到"虽由人作,宛自天开"的艺术效果,取得了成功。

黄家湾结合乡村景观的特点,建立自己的风格,结合周围的环境、地理位置、自然条件和经济实力,因地制宜地建立相匹配的园林式乡村景观,将社会主义新农村景观园林建设落到实处。

黄家湾在对乡村景观园林充分认知的基础上,合理开发、利用、保护、保存乡村景观园林，实现乡村景观园林的多重价值体系与功能。

通过对黄家湾的探讨，得出城市和乡村都不是永恒不变的，只有大自然才是永恒的。20年后，我国城市化率上升，一些乡村因为生产力不高，土地对人口承载力有限，一些乡村村庄也会随之消失，相应自然区和自然保护区将进一步扩大。

现在的黄家湾一年四季空气清新，已经成为都市人感受大自然、传承传统文化、弘扬民族精神的极好去处，既是青少年进行生存能力培养、体能耐力训练的理想基地，也是企业团队培训的绝佳场所。由此可见，建立一种和谐的人工生态系统和自然生态系统相协调的现代乡村景观园林是十分可行和必要的。

在社会主义新农村建设背景下，对城市近郊区内的乡村进行景观园林设计，要传承保护好传统文化村落的生态环境和历史文化。旧的村落不应被彻底铲平，也不应完全被城市化，而是通过一定的景观园林格局来使村落的生态、历史、文化和社会的生命过程得以延续和再生，使像黄家湾这样的传统村落得到更完美合理的优化。

四、结　　语

随着城市化进程的不断加快，城市周边地区也就成为城市景观园林的空间延伸，使我国现存的乡村古民居景观以及民众世代传承的人生礼仪、节日庆典、体育竞技、民俗活动和民族民间服饰等文化遗产得以保存，同时中国乡村的山水格局、生态景观、乡土文化遗产和草根信仰体系，是中国乡土聚落"天地—人—神"和谐的基础，是中国传统文化的体现。湖北襄樊黄家湾的景观规划的实践，创造出优美的、极具特色的乡村景观艺术形象，为我国大地增添了一道亮丽的色彩，这对于我国城市公共艺术的未来发展具有极为重要的现实意义和深远的历史意义。

参考文献：

[1]陈植.中国造园史[M].北京：中国建筑工业出版社，2006.

[2]曹林娣.中国园林文化[M].北京：中国建筑工业出版社，2005.

[3]刘志强.景观艺术设计[M].济南：山东艺术出版社，2006.

[4]张薇.园冶文化论[M].北京：人民出版社，2006.
[5]周武忠.城市园林艺术[M].南京：东南大学出版社，2000.
[6]王云才.乡村景观旅游规划设计的理论与实践[M].北京：科学出版社，2004.

（作者单位：湖北文理学院）

芬兰户外椅设计中的大自然文化诉求

吴恩沁

一、引言

对芬兰人来说，乡村是一种态度，实际上也是一种生活方式。对自然的尊重早就成为芬兰民族文化的一个重要组成部分。因而现代芬兰家具设计师主张设计活动与自然保持亲密的关系。设计师在大自然中寻找灵感，使用本国丰富的木头和岩石材料为生活在极端气候环境中的人们提供在使用上和精神上均舒适的户外椅。户外椅承载了芬兰人对大自然的眷恋情怀，同时体现了芬兰民族质朴高尚的气质。

二、芬兰民族的自然观

1. 芬兰民族的自然观来源：气候与历史条件

在芬兰人的生活中，大自然是一个占绝对优势的因素，对芬兰人有着极大的美学影响力。这些能在北纬60°以上地区生活的人当然能够拥有良好的自然生活观。寒冷的气候使芬兰人成为阳光的爱好者。

在历史上，芬兰先后受到瑞典和俄罗斯统治。其间，她是一个贫穷而被忽视的地区，忍受着沉重的税赋。几百年的孤独与抗争教会了芬兰人去依靠他们的双手工作，去接纳和欣赏大自然的规律。芬兰的自然环境和社会传统令设计师对于设计与人、自然的关系非常敏感。

2. 芬兰民族的自然观来源：《卡勒瓦拉》

《卡勒瓦拉》是芬兰的民族史诗。它对自然的描写为别国的史诗所不及。书中的歌手兼英雄万奈莫宁就出生于水中。《卡勒瓦拉》的编辑者埃利亚斯·隆洛德这样说过:"这国家的居民住处相隔很远,因此就在大自然中寻找朋友和伙伴。他们想象着一切自然现象都有生命,都有感觉,都有说话的能力。如果有人来到了异乡,太阳和风就是他的老朋友。欢乐和幸福的人们也一样寻找着大自然的友谊"①。

隆洛德是一个很坚强的、热爱自然的人。在收集素材的过程中,他徒步、骑马、划船和乘雪橇,经过荒凉的沼泽、森林、洼地和冰原,经历了无数次冒险。不论是《卡勒瓦拉》的内容还是其编辑过程都与自然有着紧密的联系。它在唤醒民族精神方面扮演了极为重要的角色,芬兰人对他们的民族史诗深感自豪。

3. 芬兰民族的自然观来源:阿尔瓦·阿图

芬兰当代设计师在设计思想上深受阿尔瓦·阿图的影响。阿图提出的"有机功能主义"是对现代设计中渗入自然主义和人情因素追求的总结。在他的设计生涯中,功能主义只是一个阶段,是他表现人与自然以及设计作品之间关系的一个步骤。他曾于1940年说过:"设计师创造的世界应该是和谐的,它应当尽力将生活的历史和未来联系起来。而造成这一联系的基本经纬线就是人的感情和大自然"。以自然环境作为设计的起点是阿图设计理念的标志。他的设计作品表现了他对创造自然和设计之间的和谐气氛的关心,同时也表现了结构功能主义和美。阿图尽可能在材料和形态上作出努力,使作品作为自然的一部分呈现出来。他认为木头是一种有着和人类一样细腻感觉的自然材料。

三、芬兰户外椅设计的大自然文化诉求

1. 材料源于自然

芬兰拥有丰富的森林、岩石和湖泊资源。其66%的国土被森林覆盖。木材一直是芬兰的绿色金子,也是其民族身份的一部分。芬兰及其文化处于"木文化"的影响之下,并且随之发展而发展。

---

① [芬]埃利亚斯·隆洛德:《卡勒瓦拉》,孙用译,人民文学出版社1985年版,第7页。

森林反映了精神的自由和艺术的深刻。芬兰人相信树也有言说能力。有谚语说："你应当倾听你房子周围的云杉"。于是木头成为传递民族感情的媒介：高大的松树被看成是芬兰国家意识和力量的象征。在艰难的年月，这个民族像松树一样在外来压力下忍辱负重，但是绝不崩溃。木头是有生命的材料，不需要借助外力，而安静地存在着。它存在的方式给人们一个该怎样理解自然和森林的完好的示范。在碰到困难时，芬兰人常常喜欢诉诸森林和木头。森林给他们提供了必要的生活资料、隐遁之处以及精神营养。

阿图说过："木头作为一种特别适合制造精美的细节的材料，它总是很恰到好处地呈现它的状态……原生木头的最重要的品格是特别的人情和心理因素"①。木头的结构强度、声音品质、极好的触感和绝缘性、丰富的质地和色彩以及它的易加工性和多种表面处理方式使木头成为灵活多用的家具材料。它对对象的功能及美学品质的表现都是优秀的。

大自然提供了无尽的创造性洞察力，它们只能被那些能领悟它们的语言和拥有锐利眼光的设计师所运用。这件作品（见图1）由木材和泥土简单地构成梯田状，是阿图在1962年设计的赛那约克市政厅的附属结构。它可以被用来做户外椅，也可以被当做通向市政厅后门的阶梯。在这个梯田上或站或坐或躺，人们能感受到与大地的关系是如此亲密。

这两把高椅子（见图2）从来都是孤独的。由于过大的尺寸，没有人可以方便地使用它们。从被制造出来的那一天开始，它们就成为一种象征：象征孤独地居住在森林中的芬兰人，更象征着静静滑过的时间。时间总是被木头强烈地表现出来，总是在木头的生长、老化和逐步腐朽的过程中被言说，也在一代一代人使用一件人造木器的过程中被言说。木头是唯一的一种随着使用时间增长而变得越来越美丽的材料。

除了木头以外，芬兰的岩床资源也非常丰富。它属于世界上最古老的岩石，并且拥有独特的地质品质。它把过去的信息和文化遗产带到现在和将来。自然的石头有优美的肌理和色彩。同时，由于石头的耐久

---

① Wood Building Materials，转引自 Suomen Rakennustaiteen Museo，*The Language of Wood*：*Wood in Finnish Sculpture*，*Design and Architecture*. Helsinki：Museum of Finnish Architecture，1987，p. 22.

性，它不会在长时间的日晒和雨淋环境中腐坏，所以一直以来就被用做户外椅等公共设施的材料。例如这些石凳(见图3)，毛坯石块被加工成形态精美的设计产品。石凳与石质地面的呼应体现了其低调、平和的特征，使它们与城市现代环境和谐相处。

图1　赛那约克市政厅一角①　　　　　图2　木质户外椅

图3　石凳②

对于石材的开采和使用来说，环境保护问题变得越来越重要。这个长凳(见图4)体现了设计师对荒废石材的再利用的构思。相较于石材，

---

① 除特殊说明外，本文所用图片均为本文作者实地拍摄。
② http://finstone.fi/engl/natural_stone_products/paving_stones.php，2013-05-06.

木头有着它自己的莫测的语言,并且有着它自己需要贯彻的信息。设计师希望去理解木头肌理中的语言,并且他们相信当人的肌肤触碰到木头的时候会产生很积极的感觉。由于木头的参与,这张长凳拥有了温和的面貌。

图 4　石材长凳

2. 使用回归自然

芬兰是一个将自己的心脏安放在乡村的国度。每到夏季,市民们都会回到他们的夏季别墅,城市顿时变得空虚。芬兰人更愿意在远离常规生活和人间压力的地方安度自己的闲暇时光。他们期待一个更简单、更纯净的生活状态,几乎所有的夏季别墅都没有自来水,甚至有的连井水都没有。毫不夸张地说,芬兰人在夏季别墅中过着他们最真实的生活。

阿图认为好的房子没有任何形式上的动因,它不是一个纯粹设计或色彩上的问题。好的房子由一个既有的城市建筑开始,实际上,开始得更早些。这段针对建筑设计而言的论断对于户外椅的设计同样具有指导意义。户外椅的设计应当基于它所处的环境,在使用体验或在观感上与大自然融为一体。虽然阿尼奥1967年设计的糖果椅(见图5)和1971年设计的西红柿椅(见图6)使用了当时很先进的玻璃纤维作为材料,而不是取自自然界,但是夏天坐在该椅上漂浮于湖面是莫大的乐趣,在冬季它可以以惊人的速度从小山丘上滑下来。芬兰有188000个湖泊;芬兰每年冬季有6个月的时间国土被大雪覆盖。糖果椅和西红柿椅提供给人与这独有的大自然进行零距离接触的机会。再来看这张鱼形户外椅(见图7),鱼是芬兰人最主要的食物之一,这张椅子将芬兰的自然主义、浪漫主义与日常生活相融合。在特定的文化和自然生活情境中,它在城市的中央不断地提醒过往的人们的生活状态以及人们与自然的关系,具有极强的地域特色言说力。

图5　糖果椅①(阿尼奥,1967)　　图6　西红柿椅②(阿尼奥,1971)

在户外,"少则多"的哲学意味着以合乎自然的方式建构景观,创造令人赏心悦目的艺术去处,而不是改变当地的形态或重新构筑新的园景。这件篝火椅(见图8)形似自然倒地的树干,在树林里几乎被人忽视,而在你需要的时候它又非常有用。芬兰人的"森林即生活"的生存观念可见一斑。图4的这张长凳,它简洁庞大的造型也是设计师精心组织空间与阳光元素的构思的体现。这张长凳在辽阔的湖畔空地上表现了它的宽厚低调以及善意的接纳心。为了生存,在身体和精神上与自然长期斗争的芬兰人认定"简省"是他们的主要品质,在设计形式上他们一贯追求简洁的风格。但是,在这里,你也会在材质的特性和纹理中找到丰富性和变化感。这种简与繁的对立和谐在过去和将来很可能都是主要

---

① http://www.eero-aarnio.com/24/Objects/Pastil_Chair.htm,2013-05-06。
② http://www.eero-aarnio.com/24/Objects/Pastil_Chair.htm,2013-05-06。

芬兰户外椅设计中的大自然文化诉求

图 7　鱼形户外椅

的、占优势的设计原则。

图 8　篝火椅

3. 幽默融于自然

芬兰人最典型的价值观是"西苏"（Sisu），它意味着勇气、强健、活力、顽强以及忠贞——这些能力一直被用来应付艰难的生活和灾难，但唯独没有幽默。在《芬兰：文化孤狼》一书中，理查德·D. 莱维斯说："但是你不能因此认为芬兰人是忧郁的和缺乏幽默感的。相反，他们对

145

幽默非常感兴趣。实际上,他们渴求幽默"①。

芬兰人是热心的,但是又希望独处。他们约定俗成地认为应当适度地表现笑容和惊喜的表情,一个正直的芬兰人应当保持不动声色的脸部表情。这种对待幽默的矛盾心态造就了芬兰人特有的幽默感。这种幽默感有不合逻辑的、矛盾的特性,也可以叫做干幽默和不动声色的幽默。

有关自然的幽默,我要重点分析这张老狼户外椅(见图9)。这张椅子位于约恩苏市中心广场。一位友好的雅皮士坐在椅子一头,似乎在等着拥他的女朋友入怀。仅此而已吗?我们可以从两方面来分析这张狼椅子。

图9 老狼户外椅

狼在芬兰人心目中的地位是极其特殊的。历史上芬兰被称为独行的狼。基于"西苏"精神,这是一只有力量、能忍耐,对生存环境适应能力极强的狼。在与前苏联的冬战期间,芬兰处于孤立无援的悲惨境地。受狼的精神鼓舞,芬兰人维护了他们的独立和民主制度。战后芬兰推行了"孤狼"政策,将自己从颓败的战争废墟中拯救出来,并在50年内建设成为当今世界上最先进的国家之一。

从生态上看,芬兰人与狼亦敌亦友,纠缠了多年。在芬兰,绝大多

---

① Richard D. Lewis, *Cultural Lone Wolf*. London: International Press, 2005, p. 162.

芬兰户外椅设计中的大自然文化诉求

数的狼只出没于东部地区，尤其是北卡莱利亚地区。但是近几十年来，环保人士给予了狼特别的地位。20世纪60年代末，他们发起了关注狼群数量和其生存环境的讨论。20世纪90年代末至21世纪初，这一讨论达到了高潮。约恩苏作为北卡莱利亚地区的首府，自然处于该讨论的风口浪尖。最终人们怀着对狼的矛盾心态善意地接纳了这个危险的朋友，并作为优越方对其采取保护措施。现在狼对人类已经不构成威胁，哪怕是在北卡莱利亚地区。出于玩笑，芬兰旅游局对大众宣称"大多数城镇已经不再被狼骚扰，除了狼穴镇这个约恩苏的自治镇"。这只是一个芬兰式的幽默，因为根本不是这样，如果你看见什么动物长得像狼，它不是狼，只是大一点的狗而已。

在这样的社会背景下，这张户外椅的出现表现了设计师的幽默感和浪漫精神以及他们对民族精神的赞许和尊重。幽默表明了人类的信心。当人类能以幽默的态度看待周边事物的时候就是人类能把握它们和自身的时候。这张狼椅子已经成了约恩苏城的标志，它那具有历史沉淀和人生感悟的幽默元素被展示于天真无邪的自然环境中，传递着北卡莱利亚地区独特的自然文化特征。

芬兰式幽默通常出乎人的意料。这两把椅子（见图10）被安置在齐亚斯马当代艺术博物馆门口，是当代艺术博物馆的新奇气氛的延续和补充。它们貌似平淡地表现着现代生活的矛盾与无奈，引导人们思索环境能否与人和平存在的问题，含有黑色幽默成分。这两张椅子的幽默感是微妙和智慧的，但不是每个人都能领悟。你必须很用心才能把握它，才

图10　户外艺术椅

会发现它其实相当的幽默。

这一组石头沙发(见图11)出现在芬兰宝石中心前的空地上。其顽皮的幽默就藏在严肃的、经典的表象下面——它的柔软质感可以以假乱真,可是它并没有沙发的功能,只是一个悄然发生在光天化日之下的谎言,一个关于材质的恶作剧。这的确是属于芬兰人的玩笑,沉默的、没有表情的。

图11 石制沙发

这些户外椅因主题、因精神或因材质与周遭的自然环境、人文环境融为一体,以幽默的态度表达芬兰人与环境共生的追求。不同的人可以不同程度地领会它严肃外表下的幽默,以及比幽默更深一层的思考。

四、总　　结

芬兰是一个年轻的国度,但是她与自然的亲密关系和对自然的价值观的形成却历史悠久。其与自然的斗争导致了对自然的尊重,使自然观念长久地居住在每个人的灵魂里。这样的生存哲学造就了芬兰人纯真的个性。在追随自然的过程中,他们放心地被自然所引导,将自然的模式带入自己的生活。

伊丽莎白·盖伊诺在她的书《芬兰生活设计》中写道:"什么使一个家更个人化?填充屋子的物件昭示了房子的个性,并且应该显示出住在这间屋子里的人的身份。"①同样,这些户外椅表现出芬兰人依赖森林、岩石和湖泊的自然归属感。芬兰设计师遵循着阿尔瓦·阿图的有机功能主义原则,从材料、使用方式和精神内涵上为国民提供了舒适的产品,真正做到了尊重人、尊重自然。同时,这些户外椅就像一件件雕塑一样,使自然更添独特的人文内涵。从这个意义上看,自然同时担任了赞助者和受益者的角色。

(作者单位:武汉大学)

---

① Elizabeth Gaynor, *Finland Living Design*. New York: Rizzoli International Publications, 1984, p. 67.

"城市—家园"：城市规划的重要理念

伍永忠　刘化高

从传统美学到环境美学，美学概念发生了很大的变化，这种变化的产生主要来源于人们开始走出传统美学的哲学视界。传统美学建基于以认识论为核心的哲学，其审美过程类似于认识过程，是审美主体从客体中"审出美来"，就像认识主体从对象中发现规律一样。隐藏在这种哲学背后的基本信念则是：人类依靠认识活动可以发现真、求证善、感受美，从而使人类生存状况日益圆满。然而，19世纪末以来的哲学发展大大动摇了这种信念。约定主义的真理观向传统符合论真理观提出了挑战，并得到了广泛认可。在海德格尔那里，真理概念本身亦发生了根本性的变化，科学的、认识论的真理被存在论的真理所取代，乃至真、善、美这样的经典划分也被淡化。海德格尔在《艺术作品的本源》中指出"美是真理的显现"，而艺术作品之所以成为艺术作品，即艺术作品的本质之源在于："真理自行置入作品中"，也就是说，美就是存在的真理之显现。康德早就指出知性对于道德的无能为力，而为宗教留下地盘，希望宗教为道德提供最后依据，然而，理性主义"言之有据"的要求使一切"启示的真理"无地自容，道德上的相对主义成为绝对信条，最后演变成费耶阿本德的"怎么都行"。

从美学领域来看，典雅的传统艺术过于依赖视觉想象，过于超越功利，甚至超越生活，审美似乎成为文人雅士的专利。然而，鲍姆嘉通提出"美学"这个概念的时候，"美学"就是感性学。相对于传统的美感定义，感性的范围却非常广泛，为文人绅士和引车卖浆者流所共有。感性的愉悦和感性的创造并非那么"经院式"，一定要到艺术馆、画廊、音乐厅才能享受到，在普遍的日用常行之中，到处洋溢着丰富而又热烈的感性活动。现代派艺术的种种荒诞表现,是否可以看成对于"艺术"独占美感的抗议?杜尚将小便器搬到艺术展,是不是宣称普通的器具也能带来感性的愉悦?可见,传统美学将自己限制在一个狭隘的范围(认为只有超功利、无目的的感性活动才属于美感,将大量丰富的感性活动排除在美学范围之外,"艺术"跟美学同步,也严守艺术与非艺术的界限),美学和艺术都将大量重要的、丰富生动的感性活动排除在自己的范围之外,日益显示出远离现实生活、孤芳自赏的倾向。

美学与艺术都需要突破成规、开辟新境界,环境美学的诞生为此提供了广阔的前景。可以说,与人类生死攸关的环境问题,以及由此引发的深层哲学思考、美学与艺术自身的发展需要、人类生活方式与生产方式的变革等诸多因素,都促成了环境美学的应运而生。环境美学提供了一种全新的美学理念。

首先,从哲学基础来看,环境美学相应于哲学认识论哲学向存在论哲学的转变,以及"生活艺术化,艺术生活化"的要求。建基于存在论哲学的环境美学要求人们在审美活动中不再迷恋于"意象中的情趣",而回归到实实在在的"感性学",关注人类生存活动中丰富而又切实的感受。环境是与人类生存活动息息相关的,美的环境给予人的是全方位的感性愉悦,无论是功利还是超功利,有目的还是无目的的人,好的环境给予人的感受都是美的。固然,流行的城市规划、环境设计仍然以"如画性"①作为追求目标,也有所谓"城市意象"之类的概念被提出来,但环境的设计与音乐或图画创作,有本质之别。实际上,我们很难将作者个人的情趣融入一个意象之中,让所有的市民来揣摩作者赋予城市意象的情趣。环境美学认为,环境不是一种个人创作,它是人的栖居之所,它比你大,比你历史更久远,你生活于环境之中,环境并不是展开在你面前的一幅图画。艺术家不可以在这里任意驰骋自己的想象。环境

---

① "如画性"这一概念,首先在英国流行,后来扩展到整个欧洲,成为风景审美的一个相当时髦的概念。"如画性"是对18世纪美学那种绅士派头的沉思式的观察风格的典型写照。它仍然是自然美学中的观赏方式,不仅摒弃事物的利害关系,而且只强调视觉性,显然与现在的环境美学不同。参见陈望衡《环境美学的兴起》,载《郑州大学学报》2007年第3期。

是人的家园，人可能破坏或者守护家园，不可能创造家园。我们是守护还是破坏家园，取决于我们的生存态度和思想方式。所以，环境美学直接建基于人的存在问题之上。

其次，从审美对象、感知方式来看，环境美学大大拓展了审美活动的范围。环境美学范畴之下的规划与设计活动不能与传统"艺术"范畴内的创作活动等同起来，它们存在着几个重要的区别：第一，从"审美对象"来看，环境美学涉及的对象一般是宏观的，如城市、农村等，要求整体性的考量。环境有大小，小环境寓于大环境之中，较小的整体应该服从于更大的整体，环境规划没有终极的评价，在小范围内也许是好的，但从更大的范围来看，可能就有缺陷。更为重要的是，环境规划不能局限于主体、客体对峙的审美模式，而是在主体置身于环境之中，充分尊重环境"生成性"的前提下，有所规划。第二，环境美学强调美感与其他感性愉悦之间的不可分割性。传统美学观念强调美感的纯粹性，把它与其他的感性愉悦严格区分开来，甚至用高雅、粗俗这样的二分方式来看待美感和其他感性愉悦，无形之中贬低了"美感"之外的感受。环境美学要求扩大"美感"概念的外延，把所有的感性愉悦都纳入美感范畴来加以研究。事实上，人的感性活动是一个整体，是整个生存感受的一部分。环境美学要求从存在论的角度来理解美感。第三，在环境美学的范畴内，艺术的范围也将拓展，相应于"生活艺术化"的原则，与生存活动相关的各种环境、氛围、生存方式等都将成为艺术的形式，构成"艺术作品"的材料不仅局限于表达意象的符号，还有实实在在的山、水、动植物、建筑甚至人的生存活动等。艺术不一定是主动积极的创造活动，而要有更多"顺天应人"的意识。

公共艺术的定义有许多，且在不同的文化环境中，它的内涵都在不断变化。但大体来说，关于公共艺术的一些基本特征，已经获得了比较一致的认同，例如：公共艺术是在公共空间中展开的艺术；公共艺术必须照顾公众的审美诉求；公共艺术的种类包括城市规划、公共设施设计（道路、桥梁、建筑等）、雕塑、壁画等。

毫无疑问，公共艺术的本性在于其公共性和艺术性。就公共性而言，用公共空间来划定公共艺术范围，也难免有失偏颇，公共空间当然具有公共性，但具有公共性的东西，不一定在公共空间中。例如城市，它是将所有私人空间都囊括进去的公共空间,不同于纯粹的公共空间——如广场。城市的公共性,包括了公共空间的公共性,也包括超公共空间的公共性,用陈望衡先生的一句话来说,就是"城市,是我们共同的家"①。家,似乎是个比较私人的概念,然而,共同的家,即家园,则是贯穿了私人性的公共性,因此,属于最高的公共性。所以,一切艺术的公共性,都必须从它作为城市的一个元素中获得它的公共性。不能说,一个雕塑放在公共空间中,供公众瞻仰,并且得到了许多人的认可,就算得上公共艺术。如果它与自身作为一个城市元素的身份背道而驰,就破坏了城市的公共性,就应该像文章中偏离主题的华丽辞藻一样被去掉。所以,在城市中,所有公共艺术都应该围绕城市规划的主题来展开,服从于城市规划,或者说,一切公共艺术种类,都是城市规划的一部分。

这样一来,在环境美学的视野中,公共艺术问题就归属于城市规划或农村规划问题(我们这里主要讲城市规划问题)。我们要把城市规划成什么?哪些是可规划的?哪些是"不能规划",或者是"反规划"②的?我们认为,城市是在规划与"反规划"中不断生成的,也就是说,城市有它自身的生命,"历史文化名城"的魅力就在于它的生命力。如果城市不再自己生成,那就意味着城市的生命被扼杀了。什么是城市生命力的源泉?家园。城市的"生存"与人的生存相互依赖,如果城市作为家园被守护,那么人就能本真地生存,城市也因此获得它的生命力。如果有一天城市不再是人的家园,那么,人成为漫游者、无家可归者,城市亦成为一堆僵死的钢筋水泥,不再有生命,也就是说,城市的生成过程从此终结了。

人们想念家园在英文里被称为"Homesick",对家园的想念似乎是一种心理脆弱。问题是人们能不能消除这种心理脆弱?如果人们可以超越对于家园的思念,那么,"回归家园"、"重建家园"的问题自然成为

---

① 陈望衡:《城市——我们的家》,载《光明日报》2008年12月11日。
② "反规划"不是不规划,也不是反对规划,它是一种景观规划途径,本质上讲是一种通过优先进行不建设区域的控制,来进行城市空间规划的方法。参见俞孔坚、李迪华、韩西丽《论"反规划"》,载《城市规划》2005年第9期。

假问题。人们来到异地他乡之后,久而久之,似乎不再想念家园了,那是因为他已经有了新的家园。人们对于家园的依赖,似乎是作为固有一死的人的生存本性。

海德格尔对于技术社会中人类无家可归的遭遇,以及如何走上还乡之路,有非常精辟的论述,我们今天的城市建设亦可以从他那里得到很多启示。无家可归并不意味着露宿街头、妻离子散。家园是什么?家园意味着熟悉、亲和。家乡的山河大地、草木虫鱼,每一件使用过的物,每一个人,每一种风俗,都是与我们的生存融合在一起的。我们作为人的存在,与物作为物的存在互为条件。海德格尔用"天、地、人、神"四元概念来解释人与物的存在关系。每一个物,都是天、地、人、神的聚集,例如,一把壶,在技术语言中,壶不过是一个容器,但在生动的生存活动中,壶之为壶,乃在于它可以倾注,给出水和酒供我们饮用:"在馈赠给人的水中有泉,在泉中有岩石,在岩石中有大地的浑然蛰伏。这大地又承受着天空的雨露。在泉水中天空与大地联姻。在酒中也有这种联姻。酒由葡萄的果实酿成。果实由大地的滋养与天空的阳光所玉成。在水和酒之馈赠中,总是栖留着天空和大地。……倾注的赠品乃是终有一死的人的饮料。它解人之渴,提神解乏,活跃交游。但壶之赠品时而也用于敬神献祭。"①

在这样一把壶中,凝聚着人与天、地、神及他人之间的关系。而在技术化的世界里,物不是天、地、人、神的聚集之所,因而丧失了神圣性,丧失了物的自性。人与天、地、神、人之间的关系被切断,我们遭遇的不再是一个充满意义的世界,而只是材料和工具。用老子的话说,就是"朴散而为器"②。所以,所谓无家可归的状态来自于人与物之间关系的扭曲。终有一死的人生存在此世中,要与物为邻,当天地万物都作为物本真地存在的时候,当万物都被当做天、地、人、神的聚集之所,得到守护的时候,人就栖居于万物之中,人的家园就存在。

现代城市是技术化世界的典型体现。在快节奏的生活中,我们无暇

---

① [德]海德格尔:《演讲与论文集》,孙周兴译,三联书店2005年版,第108页。
② 《老子》,饶尚宽译注,中华书局2007年版,第71页。

顾及物之物性，我们不是与物为邻，而是占据、统治着物。在这种技术化的语言中，物不再与人对话，天空与大地也变得沉默，神被当做迷信彻底驱逐。所以，海德格尔呼吁诗意的语言。然而，要想重新聆听到这种语言，就必须实实在在地改善同万物的关系，把物当物（天、地、人、神的聚集之所）对待。

综上所述，家园并不一定是出生地，而是安顿身心的地方。如果一个城市足以安顿身心，哪怕是移民，也可以从这里找到家园的感觉；如果人与人、人与物的关系异化了，那么我们走到哪里，都会产生孤独、陌生、飘零之感。所以，在城市规划中，关键要建立一种人与万物的关系。这种关系存在的前提是万物作为万物存在，而不是作为加工的材料存在。只有"成物"才能"成己"。

物何以成其为物？海德格尔给予我们的启示是：让物成为天、地、人、神的栖居之所，只有这样，物对于"此在"（人）来说，才是作为物而存在。用庄子的话来说，就是"物物而不物于物"①。人在生存活动中使用物，同时，物作为物的存在也是人类本真存在的前提，人的生命痕迹也在物中保留下来。也就是说，家园感来自于人与物之间这样一种相互渗透的亲和关系。

家园既不是简单地等于一个套间的概念，也不是虚无缥缈、纯粹形而上学的所谓"精神家园"。家园必定是可感可触的，但是，可感可触不是形成家园感的充分条件，必须考虑人作为精神性的存在对于家园的要求。在城市规划中，只有充分尊重人的家园观念，并且让它们以感性的形式充分体现出来，才可能使城市成为人类真正的家园。

如上所述，在海德格尔看来，"天、地、人、神"四元的聚集，即每"一元"中都有其他"三元"的存在，是家园存在的必要条件。具体到城市规划，尤其是在中国这样独特的文化传统中，如何使城市具有家园感？中国人对于家园的理解是必须得到充分考虑的。我们认为，可以把"天、地、君、亲、师"五个方面作为"城市—家园"的必要元素。

"天、地"是万物的来源与归宿，对于熟悉的山水，人们有一种本能的、与生俱来的家园认同感。在中国的传统信仰中，认为"人之生、

---

① 《庄子》，孙海通译注，中华书局2007年版，第285页。

气之聚也，聚则为生，散则为死"①。在民间的风水理论中，无论是阳宅还是阴宅的选址，都要遵循"藏风纳气"的原则，要选择聚气之地，便于生命的循环运转。山脉被当做生生不息的生命之流（气）的运行脉络，水则促成气的聚集。可见，把山水作为生命的本源和归宿，是由来已久的信仰。俗话说，一方水土养一方人，人们总是把自己的生命与家乡的那方水土紧密相连。然而，只有在天地之间自然伸展的山水才成其为真正的山水，才能有气化流行的气势、容纳生命的胸怀，才是活的山水。只有面对活的山水，人作为此在，才可从中领悟大道，寄托人生。因此，在城市规划中，一个地方特有的山脉、河流，必须尽量保持它的原生态。一排林荫树，一片人工草地，那算什么天地？在城市建设中，不应当动不动就将一切铲平，应当因应地形，这样才能从整体上保持城市的地形特点，这是该城市不同于其他城市的本质特征。我们经常讲要搞一个什么标志性的建筑，现在看来，任何建筑都难以具有真正的标志性，尤其作为家园的标志，不能与独特的山水相提并论。一个城市，如果不留出大片的原生态的山水，就意味着没有真正的天地。尽最大的力量保护原生态的山水，不仅是名山名水，名不见经传的野山野水也要保护。这就是守护城市的天地。没有"天地"的城市不可能成为人的家园。

"君"在现代社会中应当理解为独特的政治、社会生态。政治措施与社会习俗是维系社会群体的纽带。人是社会的动物，尤其在现代社会中，社会分工把人们的命运紧紧联系在一起，没有别人，我们无法生活。但是，人与人之间的联系又不是以相守在一起的方式来实现的，而是通过法律制度，以保证人与人之间方便地进行合作，又有足够的自由度。群体意识、群体归属感是家园概念的重要内容。群体的凝聚力来源于政治的正义性与社会习俗的道德性。在城市规划中，这个维度体现在公共场所建设和公共活动的开展中。例如，民众参政议政的广场、大会堂、市政大厅、公园、民俗风情等。当然，这些"硬件"必须与政治文明、社会道德风尚等"软件"相结合，才能激发人们的群体归属感，增强城市的家园感。

"亲"就是家族意识。毋庸讳言，这在中国人的心中是根深蒂固的。

---

① 《庄子》，孙海通译注，中华书局2007年版，第299~300页。

从很大的意义上说，家园就是祖先居住之地。人们对于家园的眷恋，在很大程度上来自于对祖先的缅怀，家乡的一山一水、一草一木，甚至一个不起眼的日常器具，都有祖先（包括祖先的天、地、祖先的神灵）居留其中，它们都会说话，诉说着作为终有一死者的幸福与悲伤、希望与绝望、毁灭与拯救。没有这些会说话的物的存在，家园何在？现代城市中，几乎没有家族生存留下的痕迹。我们知道，这个城市不是我的家乡，甚至我们也没有任何异地他乡的感觉。因为它不是任何人的家乡。如果它是某些人的家乡，哪怕作为一个异乡人，也可以因此勾起我的思乡之情。但现代城市不是任何人的家乡。有家园就有异乡人，家园总是某些人的家乡。一味追求城市的开放性、普遍性，正是它完全丧失家园感的重要原因。所以，在城市规划中，应当保留"土著"家族生存的痕迹，允许一定的场所来表现这些家族在这块土地上生存繁衍的辛酸史、奋斗史，表彰他们的丰功伟绩。很多英雄人物的所作所为，是从家族获得动力的，他们的铜像应当放入他们家族的纪念地来供人瞻仰。因此，对人们在法律允许的范围内修建家族祠堂持宽容态度，是使城市作为家园得以生成的有效办法。

"师"代表宗教或教化。宗教或教化解决人的信仰问题，帮助人们安身立命，告诉我们理解生命的意义，以及如何树立正确的态度来对待生命过程。因为生命的有限性，生命过程实质上就是一个在此世栖居的过程。"栖居"本来就意味着暂时居住，但是，它也包含"宁静"的意义，即对这种暂时性有了深刻的理解，能够平静面对，才能获得真正的栖居。没有这种因为对于生命的理解而来的宁静，就没有真正意义上的栖居，没有居住，家园就没有意义。所以"终极关怀"问题与家园意识与家园感是密切相关的。在西方的许多城市，教堂的存在是使城市成为家园的重要因素。在中国，虽然没有西方严格意义上的宗教，但儒家教化实际上起到了相同的作用。儒家的"教师"与如今被技术化、师道尊严日益淡化了的教师是不同的。儒家教化的核心是安身立命，即对生命意义的追问。它是一种终身教育，就像西方教堂的教训，那是永远不存在毕业的。从城市设施方面来说，体现精神家园的应该是儒家"书院"。一座城市如果都有自己的著名书院，书院中有德高望重、知识渊博的通儒主持，市民总是可以从那里得到精神的指引，那么，这个城市自然会给人一种独特的家园感。

参考文献：
[1] 陈望衡. 城市——我们的家[N]. 光明日报，2008-12-11.
[2] [德]海德格尔.《演讲与论文集》[M]. 孙周兴译，北京：三联书店，2005.

(作者单位：中南林业科技大学)

日本艺术珍宝展和冲绳岛

[日本]喜屋武盛也 著 张小溪 译

在这种背景下,我们必须特别关注那些观看了日本艺术展的冲绳人的评论,他们表达的不仅仅是对所看到的艺术工作的钦佩,更多的是对日本当局的认同感。从冲绳角度来看,这次展览是冲绳回归日本文化的切入点,当冲绳在这个场合展现它自己的时候,日本已经作为一个有着高度精致文化传统的爱好和平的国家从二战的军国主义中重生了。在重建的博物馆举办的日本艺术珍宝展已经通过其文化和审美信息,再一次对冲绳人成为大日本国民施加了强大的影响力。

在这次展览中冲绳对日本怀有的这种情绪很好地符合了日本的意图。继1951年的旧金山和平运动后,日本政府为了重生已开始从事公共关系活动,战后,日本在国外的各种场合举行了"日本艺术珍宝展"。这个目标从"日本艺术珍宝展"到1964年的东京奥运会后最终变得明显。在冲绳举办的展览也必须理解为是基于日本的战后战略的,带着冲绳回归日本的希望,冲绳人因此接受了展览上呈现的日本文艺历史,但展览并没有包含冲绳人自己的文艺工作。

一、简 介

1966年11月3日对首里来说是个特殊的日子。在那一天,10月份就已经落成的博物馆新大楼就要开张并营业了。这座现代风格的新大楼在首里的Onakacho占地约有3300平方米,Onakacho是过去琉球王子的居住地。这座大楼内部有空调展览室、演讲室、储存区和档案室。当我们了解到,首里文化节最初是用来庆祝这一天的,并从那时起，首里的人继续举办一年一度的节日庆祝，我们就可以想象当时的节日气氛。

1967年，即开幕活动举办之后的下一年，日本艺术珍品展览会在首里新馆举行。这个展览会展出了以前从未在冲绳展出过的珍品，其中包括7件国宝、22件重要的文化财产和6件艺术珍品。展后众多媒体声称"日本艺术珍品展"在未来6年内还会在此举行，两个展会都吸引了大量观众。当我们考虑到日本政府围绕冲绳回归日本的时间点出台的文化和艺术政策时，这样一系列的展会效果的确是显著的，对冲绳的人们展出这些珍品肯定是有某些理由的，尽管伴随着长距离运输，这些珍品会带来高费用和高风险。

本文主要聚焦于1967年的"日本艺术珍品展"并探索其文化和政治影响。但与此同时，从更大范围的背景来看，其目的是在于呈现日本冲绳的形象并解析这个反映二战后的文化政策的形象的重要性。

二、规划与实现

1962年3月，日本文化遗产保护局和琉球群岛政府机构召开非正式会议，讨论了在冲绳举办"日本艺术珍品展"的可能性。在那次会议上，GRI强烈要求实施这一工程，但问题是缺乏一个适当的场所来展示这些重要的文化财产。1964年，当东京举办奥运会时，该计划被再次审议，但要求不能被同样的理由搁置。

当时在首里已经有一座GRI的博物馆，早在二战后的1945年就开始努力保护文化财产，并于翌年（1946）成立首里民俗博物馆。它于1953年并入首里博物馆并拥有一栋大楼。1960年被改为"首里琉球政府博物馆"。然而，日本文化遗产保护局判断博物馆没有足够的空间和能力来保护国宝。冲绳炎热潮湿的气候也是这一严酷判断的主要理由之一。这在当时和现在对脆弱的文化财产都是危险的。

从冲绳转变视角，1962年，日本艺术珍品展第一次在北海道举行，1964年，那一年奥运会在东京举行，日本艺术珍宝展在东京国立博物馆展出。可能从冲绳来的艺术专家参观了这些展览并引起了他们在冲绳举办这样一个展览的愿望。

在1965年，当USCAR下令对GRI的新馆重建时，这种状况得到迅速改变。大部分的大楼建设费用是由美国捐赠的。新大楼于1965年5月开工，1966年10月建成。在这里举办的日本艺术珍品展览计划作为日本政府的教育援助项目。

据1966年11月21日的报道称，日本艺术珍宝展将在首里GRI的博物馆举行。他们解释说这是一个国内展览系列中的项目，并强调说，这个展览是系列中最大的一个。在冲绳，几乎所有大众媒体都对该展览给予支持。报纸经常对市民介绍这些艺术作品。

日本政府在这次展览上花费了15000美元，而GRI花费了1800美元。1966年12月，作品在东京国立博物馆被收集并包装运输，同年从东京运往冲绳。展览的开幕典礼是在1967年1月20日，并于2月19日结束了展览，期间没有发生任何不利事件(见图1、图2)。

图1 1967年日本艺术珍品展的开幕典礼

图2 展出场景

展览非常成功。在刚开始的4天内就有2万人参观，最终参观人数达128041人。这一成功的原因之一就是没有入场费。但是，如果艺术作品对冲绳人没有足够的吸引力，他们也不会去看。在日本冲绳的艺术和文化的一些潜在需求已经受到了美国规则的占领。

三、冲绳和日本：在展览上凝视

展览获得了冲绳人民的普遍支持和响应。在他们的正常生活中是没有机会欣赏到真正的珍宝的。因此他们直截了当地表达了对这次展览的文化财产的好奇心及对如此远距离来到冲绳展示国家珍宝的感激。

值得注意的是，有些人说他们作为日本人感到非常骄傲。当时由于没有冲绳的艺术珍品被展出，从这个意义上讲冲绳不属于日本的艺术史。众所周知，冲绳有一段复杂的历史。从政治上讲，冲绳有段时间是一个独立国家而在其他时间它是日本的一部分。但它有一个独特的土著文化并且常被日本的主流当做外面的国家。

展览似乎加强了它属于日本的感觉。我在上文指出，日本艺术珍宝展是作为日本政府计划的教育援助项目，这当然是为冲绳人第二次成为日本人制定的计划。冲绳人民被鼓励在这样的艺术珍品前培养成为日本人的感觉。

在展览前，一个文化遗产保护人员说："展览必须别致到外国人能喜欢它，因为实际居住在冲绳的外国人很多。"像我们看到的，展览在公开场合举办并且冲绳的媒体是把这次展览的背景定为国内艺术珍宝展，尽管如此，我们应该考虑在国外举行这样的艺术珍宝展。

实际上文化遗产保护当局已经在国外举行了多次日本艺术珍宝展，1965—1966年他们在美国和加拿大举办了展览，几乎所有策划这次展览的工作人员参与了后来的冲绳展览。当时琉球在政治上还不属于日本。因此，我们必须从在国外举办的背景来看待这次冲绳展览。

二战后的首次日本艺术珍宝展是1951年在旧金山举办的，它在旧金山这种场合举办表达了日本希望作为和平、文化国家而崛起。从这个意义上说，1964年东京奥运会举办的展览肯定是一个国内事件，但却敏锐地考虑到了来访的外国人。一位馆长评论道，最重要的是通过这次展览让外国人看到日本人民对艺术的热爱。据他说，尽管日本人在二战的暴行已经被公布于众，但大多数的日本人都热爱和平与文化物品并能敏锐地感觉季节的变化。

四、结　　论

1967年的展览不仅给冲绳人民展出了珍贵的艺术珍品，而且也展现了日本艺术的全部历史轮廓。展览的教育目的需要这样的全面性。尽管如此，陈列在那里的日本艺术史没有包括冲绳艺术工作并传达了一种集中式的、不接受多样性的文化印象。然而，它展现了一个以冲绳人民的意志为向心力的日本。

（作者单位：日本冲绳县立艺术大学　译者单位：湖北文理学院）

公共环境设施的意象审美研究

郭惠尧

人为的力量造就了城市,城市生存环境按人的意愿不断发生着改变。

公共环境及其设施的品质已成为评价现代城市的重要条件。因为它是现代城市社会在组织、生活、运行中调整活动次序、引导健康行为、保证生活品质的物质手段和有效方法。人择境而居,城市的聚居生活方式决定了建筑居所、街道交通、公共设施通常会依据当地的地理地貌、植被气候、文化风俗特点以空间分割布局的方法来构成整体形态。在生活方式的丰富多样性中,公共设施的存在和发展迎合了人类在聚集中进行文化信息交流和物质交流的需求,在对应于环境的过程中,人的审美诉求使得城市风貌和环境内涵不断地发生着变化,其文化和艺术不断地通过物质和信息载体影响着城市生活的每个角落。

城市生活需要在不断地调整中完善发展,这是城市规划、艺术创作、产品设计与环境和人类社会必须协同完成的任务。站在体验角度,把人与公共设施和环境的审美诉求关系作为中心议题来讨论审美问题更具说服力。因为,对公共设施的审美感受更多来自于临场体验,而且从公众的介入与实践中来展开对公共环境设施的审美价值的讨论和思考,才更具广泛的社会意义。

一、意象审美的必要条件

人与环境在感知认识中建立的关系,需要从哲学层面调整、确立人的美学观和审美价值结构。首先我们在研究审美对象时应该清楚环境作为审美对象的存在形式和条件是什么？

在整个城市的框架系统中，我们不难理解公共设施在整体的城市环境中的重要性，以及它在城市生活中所扮演的角色。公共环境设施应具备功能和审美两个基本属性，这是不容争议的，这两种属性构成了公共环境及设施的基本特征。当公共设施具备了很好的功能后又与环境相融构成密切关系时，所产生的审美力的强弱就显得尤为重要。因为，公共设施的审美是以环境和设施为综合载体来引导人对其表达的文化、美的事物的理解和评价的，是对功能性的重要补充。

公共设施的审美，是伴随着人对诸如设施产品的形象语言、雕塑的艺术语言、材料的质感语言与相关环境关系的总体感知过程而产生的，这种感知是整体环境的物质系统作用于人的生理感官和心理照应的必然结果。当进入合理而宜人的公共环境中，人的行为方式在环境和公共设施的物性美感的影响下，其行为心理将会自觉或不自觉地发生改变。这其中包括了对美的事物的敏感和关注，这些都得益于整体的环境意象美对人的辐射和影响，这一影响可以有效地调动人的积极情感，使人在享受公共设施和环境的关照中感受便利和快乐。

个体或群体参与公共环境的目的不尽相同，行为方式各有差异，这就要求公共环境具有相当的包容性，这种包容性应建立在既要为人的各种活动提供有效、便利、安全的服务，又要使人在其中得到精神满足而感受生活乐趣，这其中包括了对文化和环境美的需求，这一点在到处充斥着物质特性的城市环境中显得尤为重要。在公共环境中无论人的行为表现为个体性还是群体性，参与者与环境的关系会成为一个密不可分的有机整体，而成为影响环境系统的积极或消极因素，比如：活动、休息、社交、游览、娱乐、买卖、服务的不同性质和规模决定着对功能空间、人流通道、公共设施、绿地植被、物性地貌、服务项目系数的可变调整。人对应于好的环境，或被优美的景色所感染、或被丰富的人文景观所吸引、或被便利舒适的设施所关照，在这种心理变化的历程中，油然而生的生活乐趣和幸福感就自然转变为对环境美感的敬仰。环境的客观性，使公共环境包容之中的人的感官和意识无法抵御来自环境美感的刺激。

参与者对于整体环境的审美在流动变化的规律中会不断发生转变，

其注意力将随介入——临场——融入的深入感知过程逐渐发生变化，也就是可从整体意象转为对区域意象特征或功能的判断和认识，进而选择与环境中的任何事物发生联系与接触，直到完全融入而成为环境的一个关系要素。从物性角度而论，公共环境与设施是为人服务的必备条件，也是人的审美对象；参与者是被服务的对象，是审美主体，因此，公共环境与设施的存在，因人的参与才有意义。在现代城市环境系统中的公共环境和设施设计，不断倡导着人文主义思想的设计主流，并以人为中心展开设计思考，使得人与环境的关系更为融洽和谐成为可能。

二、公共环境、设施的意象审美

公共设施和环境美的价值成因是多面性的，这就使得设计或艺术创作中必须考虑建筑、街道、植被的影响。当人走入一种具有文化和艺术取向的环境中体验而被其氛围所感动时，绝非某一件雕塑作品、某一个设施产品、某一种环境因素的片面作用所致，而应是设施（包括艺术品、生活设施）和周边环境构成的综合影响所致。凯文·林奇在《城市意象》中指出："城市中移动的元素，尤其是人类及其活动，与静止的物质元素是同等的重要。在场景中我们不仅仅是简单的观察者，与其他的参与者一起，我们也成为场景的组成部分。通常我们对城市的理解并不是固定不变的，而是与其他一些相关事物混杂在一起形成的部分的、片段的印象。在城市中每一个感官都会产生反应，综合之后就成为印象。"[①]这与对公共环境的意象的认知结构具有通理性。首先，公共环境作为城市整体的一部分，对于城市整体环境是依附关系，两者形态结构相连、血脉相通；其次，两者的环境构成元素相同，但功能有别。因此，人在与建筑街道、环境设施、生态植被、地理地貌发生关系时，无论它们是人为所致还是自然属性，都将在环境的连续性中以物性形式作用于人的感觉而产生直接印象。

获得整体意象的审美将产生两种方法：一种是空间方位的规定性；

[①] [美]凯文·林奇：《城市意象》，方益萍、何晓军译，华夏出版社2001年版，第1页。

另一种是连续过程性。人对应于某个公共环境,是空间方位的规定性条件决定了人是否可以感受到它的整体意象美,与进入环境中感受景与景的连续性过程不同,它可以直观地总揽整体环境形态而获得意象审美。如图1、图2所示:我们处在这一生态雕塑的边界处去审视环境,其意象形态是明确的,这种整体意象是建立在对建筑、街道、设施、植被等构成的综合体之上的形态形象的总体特征的认知,这种特征表现了环境的丰富性中的统一与和谐之美。人们在认知中被由此而产生的整体美感所吸引,继而在设计的引导下逐渐走进需要的环境,在融入其中的体验过程中,对建筑、景观(人文和自然景观)、设施、通道的认知是一个

图1 爱丁堡现代美术馆广场的生态雕塑(正视角)

图2 爱丁堡现代美术馆广场的生态雕塑(俯视角)

连续的整体性感知，各要素之间以相互饰以陪衬、穿插、交错的形式发生联系，具有共生、共存的美学特点。凯文·林奇的《城市意象》认为，任何一个城市都存在一个由许多人意象复合而成的公共意象，其中每一个都反映了相当一些市民的意象。如果一个人想成功地适应环境，与他人相处，那么这种群体意象的存在就十分必要。每一个个体的意象都有与众不同之处，其中有的内容很少甚至从未与他人交流过，但他们都接近于公共意象，只是在不同条件下，公共意象多多少少地，要么非常突出，要么与个体意象互相包容。这种分析自身受到客观的、可感知物体的影响。其他对可意象性的影响，比如地区的社会意义、功能、历史甚至它的名称，都将会被掩盖，因为此时的目的是要发掘形式自身的作用。据此而言，公共环境意象美的感染是由构成环境形式各要素间的连带配合而形成的系统功能性和整体美感力所致。在此过程中，片面地割裂艺术品、设施和相关环境的关系来谈审美都将会陷入形而上学的泥潭，也就是说，环境意象的形成不单纯取决于某个环境要素，所以，我们不能用孤立、静止、片面的观点来认识公共环境和设施的意象审美问题。

三、审美认知与价值取向

在公共环境中，活动开始按需要有序地展开时，这标志着人对环境介入后开始建立感觉对应，此时，环境的典型性风格特征和设施的功能指向相对于人的视觉感官开始变得清晰明朗。但环境与环境的区域特点没有显著的边界，而是一个连续性的有机整体，人们可根据地貌特征、植被形象、空间分割的形式来判别环境指向，如图3所示，我们仅凭视觉便可对环境特征建立起明确的认识。每一种场所的空间形态与地貌起伏特征的吻合，道路座椅、平缓水瀑等与人的行为方式的迎合等，明确体现了环境与设施的形态物性特征、功能取向和作用，实现了设计价值取向与审美诉求目标的一致。如同阿诺德·伯林特对环境美学的功能认识观点一样，只有在公众、艺术作品、公共设施与环境的相互交融影响中，才可凸显和实现环境实体的机械功能(以外在的形式实现其效用)、生物体的有机功能(沿着人的感觉路线实现自己的目标)、公共设施的实用功能(以纯粹的形态形式实现其用途)、景观的人文功能(以人性化的状态实现文化环境的审美)。

图 3　爱丁堡城市活动中心广场的抽象雕塑一隅

　　人自身所具有的自然属性和社会属性决定了公共环境和设施必须迎合人的需要而确定设计方向,当人的行为表现为自然属性时,便会对再造的自然环境倾注更多的关注和热情,场所的形式更多地模仿了自然的地理地貌与植被特征,这反映了人的自然属性。当人的行为表现为社会属性时,又需要场所的形式承担相应的物质功能和文化性,这反映了人的社会依附性。正因为人的因素,公共环境与设施的设计同时会兼顾景观的自然特点和设施的物性功能与文化体现的双重效应,但作为整体的环境功能往往会同时兼具更多的功能和丰富的形式,人身在其中,对人的作用既是连续性的同时两者之间又可以相互转化。彭锋先生在他的《环境美学的兴起与自然美的难题》一文中说:"自然在变,因为我们在变。如果我们活动,我们只是在欣赏的对象里面活动,从而必然改变我们与对象之间的关系,最终使对象本身也发生变化。这是作为审美对象的自然物处在无限变化之中的一个最重要的原因"①。因为,现代人类总是因生存、发展、享受的不同需求而生活在丰富多样的城市环境中,公共环境的丰富多样性表现得尤为突出,它为人在其中满足各种活动需

---

①　彭锋:《环境美学的兴起与自然美的难题》,载《哲学动态》2005 年第 6 期。

求提供了相互转化的条件。在惬意中欣赏环境或有目的的交流沟通等都可以轻松地实现，但这些都与环境的视像品质和设施的优良设计密不可分。

在公共环境中的景观和设施设计，其存在最终都可以归结为一种语言形式，如同绘画语言、雕塑语言、音乐语言，它们的形象符号就是一种对人有意义的、可理解的、有统一规则的认知。对于这种作为类语言形式的感受理解和艺术品鉴，是感知、想象、认识、情感等各种心理过程的积极反映，这种反映就体现了以认识为中心的、对艺术景观和公共设施作品所表达的艺术和功能语言的理解与欣赏，是在审美过程中对环境存在的丰富性与总体感觉的认识。与之相反，面对环境的影响，我们会发现没有哪一种感觉会始终占据中心位置，因为，我们始终被变化中的环境所包围，而且环境与环境的实体性的相互穿插渗透，导致了区域边界的模糊。但公共环境和设施是可以通过设计来调控的，通过好设计来调整人和环境的关系，最终满足人的价值利益，其中公共环境的视像品质和设施的物态美感将成为设计的重要目标。

四、公共环境、设施的审美体验

人进入到环境中，活动开始按目的和需求有序地展开，公共艺术环境在连续性中，景物的形式边界发生了模糊，其相互间的作用形式是对应和渗透。在人、艺术作品、环境设施、植被条件的相互关系中的影响都不是独立于环境之外的孤立体，而是相互以融入环境的方式走向共生和共存。但是共生与共存是以和谐之美为本质条件的，所谓和谐之美的产生是构成环境各要素间的相关性之统一。人与景物的动态视距、静观视角都是不断改变的，这就决定了艺术作品、公共设施、室内外环境（建筑街道、生态植被、地理地貌）的形象因素将随视觉的改变而改变，这是设计规划和艺术创作中必须把握的重要尺度。比如：人的远、中、近视距的改变所产生的对景观体量感受的变化；人的不同视角的改变所产生的对环境特征和艺术设施形态、形象感受的变化；设施功能与艺术性的互换性改变等。人身临其境所产生的直觉——感应——联想之后的感动证明了环境各因素辐射于人的感官将产生生理和心理上的双重效应，这是艺术存在形式和物性环境存在形式共同作用的结果。

在这一论述中我们要强调的是：城市公共环境的审美更多的是以设计约束为条件展开的，设计中往往采用入口引导、道路延伸、活动和休息区域视角定位、设施随景观功能安置的方法将参与者带入合理的境遇，通过设计约束的引导，可有序地展开参与者的活动。这就是在设计约束条件下参与者在环境中反观环境所产生的确定性美感，这一认识可避免我们对环境审美产生盲目性。人的审美体验莫衷一是，其感受总是因环境的变化、人与环境的生理关系的转变而变化。阿诺德·伯林特认为："景观，一种环境，甚至是具体化的体验。同样的，它是我们的肉体、我们的世界、我们自己，这种环境是我们的场所，它实现的程度越大，它就越是完全意义上的我们自己。"[1]他进一步认为："美学欣赏和所有的体验一样是一种身体的参与，一种试图去扩展并认识感知和意义可能性的身体审美。在美学上实现的环境是我们能在其中获得这些可能性的环境"[2]。如图2所示的体验和感受，在他看来，环境与人的关系是一个密不可分的有机整体，人的身体应被看成是环境的一部分，如同我在前文的观点一样，环境的存在因人的参与而有意义。所以，一种利于人健康的优美环境可积极有效地刺激和调动人所有的生理器官和感受系统，一种疏朗的环境、一个宜人的设施都可使人赏心悦目、使人快乐幸福、使人怡然轻松。所有诸如此类的感受和差异是在人与环境动态关系变化中产生的，如图4所示的雕塑作品可在视觉与触觉的体验中，达到相互的反观与转化，既从形态表达的主题审美（对苏格兰丘陵地貌的表现）转化为形态特征表达功能指向（坐、躺的功能）的体验，在此过程中产生心理愉悦、审美崇敬、功能实现，从而使感官对形态的多种指向产生正确反映。

设计师与艺术家有责任和义务对公共环境和设施在整体利益上进行规划设计和创作，通过合理的设计和艺术形式起到对公众的审美引导，

---

[1] ［美］阿诺德·伯林特：《生活在景观中》，陈盼译，湖南科学技术出版社2006年版，第84页。

[2] ［美］阿诺德·伯林特：《生活在景观中》，陈盼译，湖南科学技术出版社2006年版，第86页。

图 4　城市活动中心广场的抽象雕塑

在普遍参与条件下来提高公共环境和设施的视觉品质，调动积极情感。人生活在到处是鸟语花香、繁花似锦、充满美感的环境中，将会使伊甸园的梦境转为现实，公众的幸福感便具有现实的价值和社会意义。

参考文献：

[1][美]凯文·林奇. 城市意象[M]. 北京：华夏出版社，2006.
[2][美]阿诺德·伯林特. 生活在景观中[M]. 陈盼译，长沙：湖南科学技术出版社，2006.
[3]彭锋. 环境美学的兴起与自然美的难题[J]. 哲学动态，2005(6).

(作者单位：郑州轻工学院)

城市、气氛与自然
——论格尔诺特·伯梅的环境美学

［日本］立野良介　著　杨芳庆　译

一、城市气息与气氛：伯梅"新美学"的基础

格尔诺特·伯梅在一篇论文中说，"城市气氛"始于对古老的巴黎气息的描述。"在昔日的巴黎，地铁蕴含着特别的气息。倘若在去巴黎的地铁上，恰逢我闭目小憩，我不用看，就能从这气息里猜出到哪儿了。"①巴黎曾经充斥着乌烟瘴气，留下了那些气息。后来，那些气息消逝了，但是城市里还是有着其他形形色色的气息，只是它们在不停地变化着。

我们很少用美学的观点探讨城市气息，然而，换个角度感受一下城市的魅力，气息就不可忽视了。根据休伯特·特伦巴赫（Hubert Tellenbach, 1914—1994）的观点，气息"在空间、家庭及家园中构造一种亲密感"②。气息让人联想到亲爱的家乡，这是司空见惯的，"或许是对气息的忽视和排外，让我们的城市变得冷漠。没有气息的城市犹如行尸走肉"③。

---

① Gernot Böhme, *Anmutungen*: *Über Das Atmosphärische*. Ostfildern: Edition Tertium, 2008, p. 49.
② Gernot Böhme, *Anmutungen*: *Über Das Atmosphärische*. Ostfildern: Edition Tertium, 2008, p. 50.
③ Gernot Böhme, *Anmutungen*: *Über Das Atmosphärische*. Ostfildern: Edition Tertium, 2008, p. 51.

伯梅将气息定义为"气氛的一种必要元素"①。"正是环境的特性，我们能够通过身体状态最深刻地感觉到自己置身何处。"②"气氛"是伯梅"新美学"的基础概念。要理解他的城市美学，必须理解他的新美学观点以及气氛概念。

伯梅称从康德到阿多诺的美学是"传统美学"，而称自己的美学是"新美学"。伯梅认为，传统美学实质上就是判断美学，用于艺术评价、艺术批评。而新美学是生态学促成的，对它来说，重要的是明了人在其周围环境中有何体验。因此，美学所囊括的范围进一步扩大，除了艺术品，还包括自然、设计、广告等。为解释这一点，伯梅将美学设定为"总体感知理论"。伯梅还考虑到人类的状态——包括身体和情感状态——与环境性质的关系。

"气氛"这个词经常被谈到，如谈论雷云的恐怖气氛、峡谷的愉悦气氛、花园的舒适气氛、人的赏识气氛等③。当然，肯定有人质疑这种种气氛所表达的不过是那些难以描述的感觉，而气氛这个词并不适合学术研究。对此，我们可以指明，必然存在有自身特性的气氛，并且我们会承认，节日有喜庆的气氛，雷云有恐怖的气氛。因此，伯梅说："意思的表达不要模棱两可。"④这样，我们就能理解气息与气氛的基本关系及其对城市环境美学的意义。

二、气氛的感知及其特点

伯梅重视气氛的感知问题。他认为，"我看着一棵树"这句话并不适合用来理解我们的感知。因为，这个例子中的主体与客体之间有一段

---

① Gernot Böhme, *Anmutungen: Über Das Atmosphärische*. Ostfildern: Edition Tertium, 2008, p. 50.

② Gernot Böhme, *Anmutungen: Über Das Atmosphärische*. Ostfildern: Edition Tertium, 2008, p. 50.

③ Gernot Böhme, *Anmutungen: Über Das Atmosphärische*. Ostfildern: Edition Tertium, 1998, pp. 21-22.

④ Gernot Böhme, *Atmosphäre: Essays znr neuen Ästhetik*. Frankfurt: Suhrkamp, 1995, p. 28.

距离，而且，感知差异是以我们的感官为基础的，这样，就必须以眼睛为前提。"每种感知都与更基本的体验交织着，感知气氛也是如此。"①伯梅说，"在旅馆黑黑的房子里有只蚊子在嗡嗡作响"更适合用来理解我们的感知。当然，这是听的体验，但同时也是整体感知到的，包括不安、紧张以及防卫反应。我们首先察觉到的不是一只蚊子，而是某种"危险信号"。一旦确定这种信号是声音———一只蚊子的声音——我们已经与之保持距离。这个例子说明"气氛感的在场是感知的根本现象"②。它带一些感情色彩（比如威胁），是我们的感官分辨出来的。然后，主客两极对立中的"我"和感知对象分离开来。因此，在感知伊始，主客体还没有分开。

伯梅认为，对现象的感知在根本上并不是对对象的感知，而是"对在场的感觉"，即意识到某物在场，也意识到"我"是感知主体。由于主、客体的不同，这种在场的感觉变成了对"我"的在场的感觉，这种感觉如同我自身状态的感觉而被体验到。拿"天气冷"这个例子来说，形容词"冷"既是外界的状态，同时也是"我"的状态。"我"感到冷如同感到"我"的感觉。冬夜的阴郁气氛、会面的紧张气氛、春日里莺歌燕舞的美好气氛，都被体验成"我"的感觉和"我"的身体状态。所有这些气氛都如情感波动被体验到。与这种波动保持距离，我们就能用言语将之表达出来。

在此基础上，伯梅进一步分析了气氛感知的主观性与客观性问题。

在伯梅看来，当某人感知气氛时，会觉得那就是他自己的状态，因此，气氛感知具有主观性。这里需要对"主观性"概念做一下解释，因为伯梅起初是在赫尔曼·施密茨（Hermann Schmitz，1928—）的新现象学影响下理解这个概念。施密茨和伯梅注重只有人自己才能明白的主观性的细微差别。当某人伤心时，只有他自己明白那是什么样的悲伤，其他人只知道他在伤心这个事实。当然，别人可以说"A 在伤心"，但是从"A 在伤心"这句话中，我们不能清楚了解他有什么样的伤心。施密茨和伯梅认为，只有在当事人才能体会的这种不可代替的感觉中，才能

---

① Gernot Böhme, *Atmosphäre*. Kallista：Tokyo art University，1996，pp. 128-142.
② Gernot Böhme, *Atmosphäre*. Kallista：Tokyo art University，1996，pp. 128-142.

看出主观性①。

不过,我们可以理解气氛感知中的相反特性,即客观性。所有经历过节日的人都体会得到节日的愉快气氛,这让我们容易认识到气氛的客观性特征。通过分析人们怎样体验气氛,伯梅探讨了客观性产生的原因②。根据他的观点,气氛可以通过两种方式感知到:"内移(Ingression)"和"相异(Discrepancy)"。举例来说,当我们踏入一个洋溢着节日喜庆气氛的大厅时,所体验到的气氛就是内移。这种节日气氛本来是与我无关的东西,进入大厅后,我被这气氛感染了,并享受到了,但是,我并不总是这样被气氛所感染。当我为悲伤的事情郁郁寡欢时,即使我能感受到春日晨景的快乐气氛,我却无心消受。伯梅称这种体验为"相异"。在这种情况下,快乐的气氛被我感受到了,也感染了我,但由于我正沮丧,一种紧张感油然而生,以致我的主观状态与客观的快乐气氛存在差异。

在这两种情况中,气氛最初被感知为"与我相分离的东西",是对我产生影响的情绪。不然,我就既感受不到"内移",也感受不到"相异"。"相异"的体验清楚表明,气氛就像飘浮在空中的感觉,既不是我的也不是别人的。从这个事实中,我们也可以明白气氛的准客观性。气氛不同于我的感觉,也没有任何人的感觉飘浮在半空中,这些我们彼此都知道。当这种感觉被体验到像是我自己的感觉时,它就成了主观感觉。

由于这种准客观性,气氛是可以营造的。从日常生活中我们就能明白这一点。比如,换换窗帘,用花朵装饰一下房间,我们就能改变房间里的气氛;超市里播放那种能激发顾客购物欲的音乐;舞台上,不同的布景、灯光及音乐会制造出各种各样的气氛。

总之,气氛可以从主观上感受到,但它具有准客观性,是可以营造的,我们可以随处感受到它。当然,气氛对城市美学来说也是重要的。

---

① 施密茨认为过去的哲学家不懂这种主观性,比如在超越自我中没有这种主观性的细微差别。参见 Hermann Schmitz, *Subjektivität*. Bonn: H. Bouvier, 1968。

② Gernot Böhme, *Aisthetik: Vorlesungen Über Ästhetik als allgemeine Wahrnehmungslehre*. München: Fink, 2001, p.42.

三、城市气氛的类型与特性

为更好地理解城市气氛,还要谈到气息问题。虽然伯梅指明某些视觉和听觉的东西可以营造城市气氛,但气息并未受到太多关注。在伯梅看来,气息"朦朦胧胧地洋溢在空中,缓缓扩散,包围我们,无处不在"①。气息还影响我们的身体状态,比如鲜花的气息让我们感觉安逸,食物的气息增进我们的食欲。而且,气息也让我们知道自己身在何处。如伯梅所说,气息"让我们最深切地感受到我们所处的感觉状态,让我们可以确认场所,确认一个人所处的位置"②。由此可以看出,气息和气氛一样,在多方面影响我们。

伯梅认为可以根据气氛感染我们的不同特性进行分类。鉴于城市美学,他将气氛划分为两类,即联觉性气氛与社会性气氛③。联觉特性的气氛是"通过身体状态的改变而体会到的"④。既然有令人恶心的气味,就必然有令人恶心的景象。气氛是由整体、而不是某个单一的感官所感知的。因此,我们能听到热情的声音,也能看到暖色调;能听到冰冷的声音,也能看到冷色调;我们还能通过某人的举止看出他的热情或冷漠。社会特性的气氛表明它是被主观感知到的。我们一踏进某人的房子,就感觉到"小资气氛";当我们步入教堂,会感到"朦胧的肃穆"。小资、肃穆、优雅、权威等气氛,都不能只通过身体状态来解释。要感受到这些气氛,还需要文化和社会阅历。这说明,气氛不仅仅影响我们的身体感觉,还影响着我们对社会的感觉。伯梅将"舒适的气氛"包含

---

① Gernot Böhme, *Anmutungen: Über Das Atmosphärische*. Ostfildern: Edition Tertium, 1998, p. 50.

② Gernot Böhme, *Anmutungen: Über Das Atmosphärische*. Ostfildern: Edition Tertium, 1998, p. 50.

③ 在其他著作中,伯梅补充了交际特征、感觉以及动作建议等特征,参见 Gernot Böhme, *Aisthetik: Vorlesungen Über Ästhetik als allgemeine Wahrnehmungslehre*. München: Fink, 2001, chap. 6。

④ Gernot Böhme, *Anmutungen: Über Das Atmosphärische*. Ostfildern: Edition Tertium, 1998, p. 56.

在社会特性里。欧洲人觉得欧式生活舒服,而日本人觉得日式生活舒服。

看来,正如旧日巴黎的气息所显示的,即便那种气息不好,它也可能形成其城市的重要特征。这样的话,从联觉特性看,由这种气息造成的气氛就不是令人愉快的。但从社会特性看,这种气息却形成了城市的独特气氛。这种独特气氛会成为至关重要的东西。总之,体验过气氛的人就能感受到联觉性和社会性这两种特性的气氛。要想对城市气氛有更好的理解,我们就应该考虑"生活在城市的居民和参观城市的游客的生活感受"①。

要注意的是,"城市气氛"这个表述相当普遍,不仅熟悉城市气氛的居民喜爱这个表述,那些发现城市气氛的游人也喜爱这个表述。伯梅认为,城市气氛不同于城市形象,后者是"人们对城市外表的整体预想"②。而城市气氛是"城市居民常见的、明显的东西,是每天生活于城市的人们所营造的东西,但对陌生人来说却是独特的东西"③。为理解城市气氛,我们应理解人们是怎样感觉它的。

伯梅还指明了城市美学看待城市气氛的三个优点④。第一点,城市气氛不受符号学的限制。也就是说,我们没必要非得弄明白城市事物的意义。即便我们不明白它们的意义,城市气氛也能感染我们。第二点,即便不具备审美能力和艺术史知识,我们也能畅谈城市的魅力。这意味着我们要关注主观因素在理解东西方面的重要性。伯梅认为过去的文献并没有忽视主观因素。除了城市空间布局,引起我们注意的城市交通便利和功能划分也多次被提到,如卡米洛·希特(Camilio Sitte, 1843—1903)研究"美的事物",戈登·卡伦(Godon Cullen, 1914—1994)研究

---

① Gernot Böhme, *Anmutungen: Über Das Atmosphärische*. Ostfildern: Edition Tertium, 1998, p. 58.

② Gernot Böhme, *Anmutungen: Über Das Atmosphärische*. Ostfildern: Edition Tertium, 1998, p. 55.

③ Gernot Böhme, *Anmutungen: Über Das Atmosphärische*. Ostfildern: Edition Tertium, 1998, p. 55.

④ Gernot Böhme, *Anmutungen: Über Das Atmosphärische*. Ostfildern: Edition Tertium, 1998, pp. 55-58.

"城市景观",凯文·林奇(Kevin Lynch,1918—1984)研究城市的"可想象性",并分析城市中令人印象最深刻的地方。他们还研究人们怎样感受城市,只是他们的研究方法还局限于视觉领域。第三点,我们能从营造气氛的事物着手来研究城市。气氛不仅仅是主观上体验到的,也是客观上产生的,因此,我们可以从城市规划方面来处理城市气氛。

四、城市气氛的营造

伯梅强调,我们不应局限于视觉领域去理解城市气氛问题,还应当关注人们怎样感受气氛,气氛怎样产生。沿着这个思路走下去,就能理解每个城市的魅力之处,理解如何规划城市,并营造城市气氛。

伯梅对城市气氛营造问题的谈论,也是一个以往文献没有太多非议的问题。以往的文献研究了建筑形式和城市结构,但是,从城市气氛问题看,更重要的是理解它们营造何种气氛、怎样感染人。基于这种需要,林奇讨论"方向感",卡伦探究"身体所处位置",当然我们更需要知道城市中的人如何感觉。"如果人们穿过狭窄的小巷或是走过开阔的露天场所,如果一座城市的特征是蜿蜒向上的马路或是长长的、明显的一排排房屋,如果人们穿梭在高楼林立中突然看到一座小小教堂或是步出街巷而看到宽大的公共广场,这肯定会带来不同的感受。"[1]

伯梅认为,我们在城市里发掘的历史也可以理解为一种气氛[2]。发掘城市的历史会给受过教育的人们带来乐趣,但对普通人来说就不一定了。而且,还有个可能就是历史资料限制了人们的兴趣。历史不只是被发现和解密的,它也被感受、被感知。即便我们不知道一座城市的历史,我们也能感受到城市的历史气氛,即"厚重的历史"。伯梅提到,沙特尔大教堂清洗了彩色玻璃,却导致人们大失所望。因为这座建筑看起来古老,才有着古老的气氛,给我们一种印象,"像一棵树从大地里

---

[1] Gernot Böhme, *Anmutungen*: *Über Das Atmosphärische*. Ostfildern: Edition Tertium, 1998, p.60.

[2] Gernot Böhme, *Anmutungen*: *Über Das Atmosphärische*. Ostfildern: Edition Tertium, 1998, pp.60-61.

生长出来"①。相反的是，那些让我们猜测城市历史的历史符号就不能让我们感受到城市的厚重历史。这种"厚重的历史"看来可以理解成气氛的一种社会特征。这是因为，由于历史的厚重，我们能感受到某些东西，那是城市在历史长河中收获到的，因而古老的城市都有其独特魅力，重要的是探讨如何维护城市的厚重历史。

伯梅还提到了听觉气氛的营造。城市里的声音有各种各样的特性，从而营造出种种气氛。"车辆的汽笛声，小贩的叫卖声，时装店里的音乐声"②，这种种声音营造了城市的气氛。音景项目(The Soundscape Projects)研究了城市的这些声音，研究结果表明每个城市都有自己独特的声音。城市的声音与制造声音的城市居民的生活方式有关。虽然城市规划不能具体规划人们的生活方式，但至少有可能考虑规划后的城市会促成什么样的生活。

为了城市的长远规划，我们应当考虑城市要拥有什么样的气氛，人们怎样感受这些气氛，它带来怎样的生活方式，以及那样的生活方式又会带来怎样的气氛。基于这种考虑，伯梅将城市看成我们可以感受气氛的地方，是"后天形成的自然"③。在过去，城市习惯于被看成是人造物品。在《斐德罗篇》中，柏拉图认为自然是在城墙包围的城市之外的东西，是厌倦城市生活的人治愈身心的地方。直到现代，西方国家还认为自然是他们生活之外的东西。自然是纯真且未开化的，因此它有时得到赞扬，有时又被贬低。

自近代以来，自然在城市之外的这种"外在关系"逐渐得到改善。自然被纳入城市，别墅和公园成了这种变化的媒介。起初，别墅是贵族们在城市之外享受自然的地方，而公园是宫廷文化的产物，它源于城堡花园。19 世纪之后，随着城市的扩张，别墅被囊括到城市之中，并为市民建造公园。到了 20 世纪，自然被有意识地纳入城市。《雅典宪章》

---

① Gernot Böhme, *Anmutungen: Über Das Atmosphärische*. Ostfildern: Edition Tertium, 1998, p. 62.

② Gernot Böhme, *Anmutungen: Über Das Atmosphärische*. Ostfildern: Edition Tertium, 1998, p. 66.

③ Gernot Böhme, *Für eine Ökologische Naturästhetik*. Frankfurt.: Suhrkamp, 1989, p. 71.

(1933)规定,自然要按照再创造的目的纳入城市,城市要与其周围的风景相协调。20世纪70年代,出于对植树造林的功利性计划的批判,引发了自然保护运动①。

尽管如此,伯梅认为,这只不过是将人、城市与自然的"外在关系"变成了"外界关系"而已,因为我们自己就是自然的组成部分的事实并未得到理解。我们所需要的是与自然的"内在联系"。根据伯梅的观点,过去人类被视为理性存在,相反,自然被视为非理性存在,是外在的存在。"我们把自己看成理性的存在,却驱逐了自己的自然本性。"②不过,由于环境问题日益加剧,我们开始懂得,我们作为身体的存在,就是自然的组成部分。没有空气、水和土地(食物),我们无法生存。况且我们需要气氛,需要那种感受。

城市不仅是人作为理性存在而生活的地方,也是人作为自然存在而生活的地方。如果我们把人类为自己耕种的土地理解为自然,那么,人类所居住的城市也能被理解为自然。过去,像自然一样与人类毫无关联的地方已被开垦。但是,对人类至关重要的自然就是环绕着我们的这片自然:"为我们而存在的自然。"城市就应被看成是为我们而存在的自然。伯梅说过:"城市是人类生活其中并与自然共处的确定方式。"③

因此,通过理解我们和作为自然环绕我们周围的事物,伯梅尝试去建立人、城市与自然的内在联系。他认为,传统美学没有足够关注自然气氛④,其原因之一就是将自然置于局外的传统观点。

---

① 这个运动的代表人物是 Louis le Roy(1924—)。

② Gernot Böhme, *Für eine Ökologische Naturästhetik*. Frankfurt: Suhrkamp, 1989, p. 72.

③ Gernot Böhme, *Für eine Ökologische Naturästhetik*. Frankfurt: Suhrkamp, 1989, p. 71.

④ 伯梅认为阿多诺更贴近于自然的气氛现象,但他所感兴趣的自然是社会的对立面,而且他没有研究气氛。最近,Martin Seel(1954—)想到气氛了(参见 M. Seel, *Eine Ästhetik der Natur*, Frankfurt: Suhrkamp, 1991)。但是伯梅声明,他没有放弃易于接受的美学途径,认为气氛只有"通讯性质"(参见 Gernot Böhme, *Atmosphäre: Essays zur neuen Ästhetik*. Frankfurt: Suhrkamp, 1995, pp. 82-83)。伯梅认为,气氛是某种使我们与自然存在内在联系的东西。

五、结　束　语

总而言之,"气氛"概念让我们有可能去思考"环境特性与人类境况的关系"。"城市气氛是对城市现实的主观体验,城市中的人们彼此分享。"①此外,我们可以分析一下影响气氛产生和城市规划的因素。城市是我们的自然,城市规划必须考虑我们这个自然应该是何种面貌。

伯梅提出的"厚重的历史"概念似乎让我们有可能思考城市传统的重要性。城市气氛是在历史中形成的,每个城市都独具特性:巴黎、罗马、东京、北京……所有的城市都有其气氛。我们能在城市的大部分地方发现气氛。因此,对将来的城市规划来说,重要的不仅仅是保护旅游景点和名胜古迹。为了不失去城市气氛,我们得理解城市居民被什么所吸引,并对其加以保护。

在我居住的京都,被称为"町屋"的木制房屋逐年减少。京都气氛是在其他城市感受不到的,但京都气氛似乎也在逐年消逝。有鉴于此,我们需要理解每个城市都有其气氛,应该去保护它,去创造舒适而迷人的城市。

(作者单位:日本大阪大学　译者单位:湖北文理学院)

---

① Gernot Böhme, *Anmutungen: Über Das Atmosphärische*. Ostfildern: Edition Tertium, 1998, p. 71.

环境美学与他者的创造性对话

[英国]格拉德·奇普里阿尼 著 郭楠 译

本文旨在强调"对话"在文化形态形成的方式中所起的关键作用,即在这些方式中对话变得显而易见并最终能够得以识别。在这里,文化形态是人类成就的特殊表现形式,它不仅在艺术、语言、表达方式(不论是非宗教的还是宗教的)以及各种风俗习惯中有所体现,而且也反映在一些掌握专业技术的实践中,如建筑、设计和城市的发展。

本文所说的"对话"是文化形态及其相关地域之间的一种特殊关系,除相关地域之外,也与一个地域的自然环境、地理位置、过往历史、传统、外来文化的影响、当代趋势、社区以及受到其文化形态影响的个人等有着特殊联系。环境只是文化形态所相关的地域中的特例。因此,有可能出现需要环境美学与他者的创造性对话。

我在这里所强调的这种特殊环境是自然环境,事实上,如果我们没有意识到人为产生的文化形态必须与自然进行对话,我们就将有毁灭自然以及人类自身的风险。无须多言,这一进程在世界的某些地方已经开始了。但是,为什么同自然的对话是如此重要呢?为什么自然最终不能简明地视为马丁·海德格尔所说的"持存物"(Standing Reserve)①,并

---

① 马丁·海德格尔在1954年的《技术的问题》一文中对现代技术进行了批判,简而言之,即运用"持存物"(Standing Reserve)的概念来引出我们与大自然之间的联系,例如:为我们自身的利益而改变能源供应形式。我们聚集事物包括取用于自然的订造方式被海德格尔称之为"座架(Enframing;Gestell)"。这也正是我们如何使这些事物展现在我们面前的方式。对海德格尔而言,"座架"正是现代技术的本质(参见Martin Heidegger, Bauen, Wohnen, Denken, in *Vorträge und Aufsätze*. Pfullingen: Verlag Günter Neske, 1954, pp. 13-70)。有待上手的事物和现成在手的事物的相关概念分别引出被用为毋庸置疑的工具的事物以及我们注意到一种工具在当下的存在。海德格尔以锤子为例,如果我们不能很好地使用锤子,或者是出于某些原因发觉这个锤子不太寻常,我们就会对该锤子进行关注,这时它就成了现成在手的事物(参见Martin Heidegger, *Sein Und Zeit*. Tübingen: Max Niemeyer Verlag, 2006, p. 1.)。

就便满足生命的需要，进而满足人类生存需要？

诸如上海、墨西哥、高雄等城市的设计，为什么不能将自然改造纳入优先事务，通过促成经济运行、创造就业机会来保障人的生存，为更多的人提供食物、住宿、教育和文化？既然西方自我批评主义和不良意识告诉我们，审美乐趣只是少数能够负担得起的个人浪漫主义者或中产阶级的特权，那我们为什么要在自然所给予的审美乐趣上花费心思呢①？这些并不是诉诸学术研究目的或启发理性、或纯粹理论思考的问题，而是要诉诸道德理性和实践领域的具体问题。

最引人注目的是，本文所提出的伦理问题如果一直以来都是许多人眼中的常识，并且这种观点将继续持续，那我们就会在历史进程中定期发现在世界任何地方都存在否认和忽视这些问题或者并未付诸实施的事例，并无一例外地关注我们每一个人，尽管不可否认其程度不同。事情的真相是，这些道德问题在理论上是公认的，但在实践中却很少能够得到解决。本文的重点不是要助长丝毫的罪恶感，而是帮助我们意识到为什么从现代技术的出现至今，我们都没能与大自然健康地共存。

那些缺乏远见的观点是为了使所有打着人类物种旗号而达到人类的最高存在的目的的手段正当化。这些包括证明大规模发展城市及不顾导致自然环境的损坏的项目的行为是合理的观点，其根本是在这个不断扩张的社区里，以优先保证人类基本生活水平为基础。在这种情况下，显然在人类社会与自然环境中间没有任何"对话"的可能。这种初衷旨在人类的康乐，但事实上却在摧毁在一定程度上是单向的人类的关系。世界上有太多地区已经忘记了人类的生存有赖于其他东西的保存而不只是人的保存，换句话说，我们得承认，人类的生存有赖于我们不能永远掌控的东西。

与之相应，一个致命的错误便是相信人类与自然关系的弊病源于西

---

① 一个好的例证就是皮埃尔·布迪厄(Pierre Bourdieu)的《差异：审美判断的社会危机》(巴黎：午夜出版社，1979)，这本书探讨了社会各阶层与审美趣味或审美判断之间的决定性关系。另一个例证是奥古斯丁·伯克(Augustin Berque)的《野性与人为：自然面前的日本人》(巴黎：加利马尔出版社，1986)，该书探讨了审美判断的相对性，不过这次是从文化展望与特别的景观概念应用角度进行的探讨。

方传统所认为的人与世界相对立的事实，或源于一些生物种类①。反人本主义者要求人类例外，就如法国哲学家让玛丽·谢费尔(Jean-Marie Schaeffer)所说的②，由此结束一切。如果这样做，就没能理解人类研究事实上是唯一能够塑造并连接自然环境，其余物种，人类文化或自我假定的美好世界，并凭此建立不同物种和谐相处的团体。另言之，考虑到其他事物，人类例外恰好存在于他能够放弃其特殊性，抱着信任去学习，怀着责任去适应。无可否认，整个世界人类历史的道德观点和事实并不是直线演变，它会提供适当建议但不会拒绝人类例外观，合理的目标可能会有错误的人类例外形式，就如上文提过的利己人本主义。人类是特殊的，或许说人类可能是特殊的。既然它有合乎道德的能力去做出选择并能通过自己的意象采取措施阻止独裁力量摧毁他物。照这种做法，它也能摧毁自己。

让我们来看看蚂蚁是如何建造巢穴的，它们井然有序、各司其职，每只蚂蚁都在为建成这个工程复杂的蚁穴而努力，同时，它们也遵循了非常复杂的生物学模式。从这一层面上来看，它们与人类无异，只不过它们的这些行为都完全出于自身生存的需要。正如这些蚁穴会导致大量破坏，当有强敌侵占时，这些巢穴也会在瞬间消失殆尽。当然，自然界中普遍存在征服及由于破坏而进行的创建之间的转变。这样看来，那些

---

① 可以说，是18世纪的法国哲学家让·雅克·卢梭率先在西方世界通过明确地解救人类的自然状态来尝试含蓄地克服自然与人的二元论观念，他相信人类的自然状态在根本上就很好。这可以参见《论科学与艺术》(1750)以及《论人类不平等的起源和基础》(1755)。对卢梭而言，这种自然的美德只能通过详细制定并实施一份相关的社会契约而保存下来，这一论题在他的《社会契约论》(1762)中得到了发展，认为个人自由应与"普遍意志"(英文：general will；法文：volonté générale)这种观念联系在一起。当普遍意志落入坏人之手，它看来就可能成为极权主义变革的温床(参见 H. 阿伦特《论革命》，纽约：维京出版社，1963)。

② 参见让玛丽·谢费尔(Jean-Marie Schaeffer)的《人类例外的终结》(巴黎：加利马尔出版社，2007)。谢费尔挑战了最初的人类例外的理论概念。人类本质就好像其他的本质一样，会根据自然法则发生变化并不受其自身控制。在谢费尔看来，这不断地被进化生物学和病原学之类的认知科学所证明，并且甚至应用到了文化社会领域。如此看来，人类本质并非例外的东西，甚至连现象学似乎都不接受它克服身心二元论或自然意识二元论的企图。

无视自然环境的城市发展和工业发展同生物体的生存发展都遵循着类似的法则。我们甚至可以说,那些山川及海洋的形成过程中所产生的矿藏,也都是在破坏原有物质的基础上发展而成的。至于文化形成,以城市规划为例,它忽略了诸如自然环境之类的其他要素,实质上并未体现出任何的人文主义。事实上,那些反人文主义者才是真正的罪魁祸首,正是他们道德的缺失直接导致了这些不负责任的行为和政策并带来了破坏。而有趣的是,那些看起来自私自利的人文主义者,从另一角度看来又成了反人文主义者。但无论从哪方面看,他们的所作所为都带来了破坏。

人类例外观就基于"对话性觉醒",这是唯一不破坏创造力独特性的方式。更确切地说,这是唯一基于与独特性的可靠关系上并从根本上理解创造力的方式。但在与独特性的对话中文化形态究竟是什么意思呢?它在人类居住环境的形成与自然环境的对话中又是什么意思呢?我们通常所认为的对话是两人之间或者是两位哲学家之间的交流。事实上许多哲学思想就诞生于对话之中。譬如说,柏拉图和瑟诺芬就把他们的导师苏格拉底与学生在雅典的对话以书面形式记录了下来①。对苏格拉底来说,对话就是一种特殊的思考方式,即辩证法。从古希腊传统语源学的角度来说,δια-λέγειν 是由前缀 δια 和 λέγειν 构成,前缀 δια 表示"通过……的方式"并由此产生了关系,而 λέγειν 表示"说",因此,λόγος 这个词就代表"对话",在这个例子中指的是"原则"而不是"理由"或"命令"②。对苏格拉底来说,这一联系就是老师与学生之间的对话,在这样的对话过程中,老师能够挑战有新发现的学生,相应的,通过这样的挑战老师也能够将这些问题解决并提升到一个新的高度。因此,在西方文化史的起源处,对话就是理解我们设想现实的基础,以及这样一个概念是怎样依靠我们与人类同胞之间的关系的。也就是说,对

---

① 例如,柏拉图在《欧蒂弗罗》(公元前 339 年)中记录了苏格拉底与欧蒂弗罗讨论"虔诚"问题的对话;瑟诺芬在《回忆录》(公元前 371 年)中写下了《苏格拉底的辩护》,用了苏格拉底的部分对话。

② 参见里德尔·H.G. 和司考特·R.《希英字典》,牛津大学出版社 1996 年版。

话不仅合乎伦理又关乎哲学，对话既是我们通过相互挑战而了解对方思想的方式，也是体现相互体谅的一种方式。

对话从一开始就被定义在关系与伦理的范畴。但它在西方观点发展的历史进程中也有了不同的形成。事实上，如果神秘主义者同样试图揭示"思考"相关的本质，或者更确切地说是"灵魂"，它不是上文中苏格拉底那样的人与人之间的对话，而被认为是灵魂与上帝之间的对话。犹太诗人、政治家、哲学家阿布拉瓦内的《爱的对话》（原版为1535年出版的意大利语版 Dialoghi di amore）就是一个典型的例子①。神秘主义者并没有真正超出宗教的考虑范围，直到20世纪，关于"对话"的全涵盖哲学才得到发展，这些哲学试图了解人类个人经历的各种方面，毋庸置疑的是，在20世纪的西方世界，关于"对话"的最有影响力的哲学家就是马丁·布伯，他最重要的作品就是《我和你》（1923），德语称之为"Ich und Du"，这本书篇幅不长，却是一本典型的诗体著作，其深刻、精练与睿智是现在大量技术世界的速成思维、削减哲理的特点所不可比拟的。

我们首先来概括或者是回想布伯对于对话的理解，这样，关于自然环境与他者的创造性对话的观点就会更加清晰。根据布伯的思想，由对话的实践和经验中所产生的人类存在作为基础价值的具体性和问题本质。并且从我们的情况来看，了解非破坏性文化形式形成的最重要的一点就是要具有一种意识，例如城市设计应该是以该城市与其自然环境的密切关联为出发点的。

简言之，布伯在《我与你》中区分了人类生存的两种方式，一种称之为"我—它"，另一种为"我—你"。重要的是，这种区别的依据并不是与人类相关的实体类型，而是他们与之相遇的方式。比如，在"我—它"关系中，"它"并非总是指某个东西或动物，"它"也可以是人类。同样，在"我—你"关系中，"你"也并非总为人类，它可以指自然界、艺

---

① 犹大·阿布拉瓦内（1465—1521）的 Dialoghi di amore（意大利语，字面含义为"爱的对话"，1535年首次出版）由 F. Friedeberg-Seeley 和 J. H. 巴恩斯翻译为《爱的哲学》（伦敦：宋西诺出版社，1937）。该书阐明了新柏拉图式的自然基本概念和"永恒之爱"作为普遍的创造性驱动力的作用。

术品或任何其他的实体。尤为重要的一点是，布伯所指的"我—你"关系涉及一个无等级的相互作用和相互开放，而且他认为正是通过种种这些关系，最终那个"永恒的你"，即上帝，才得以体现。因此，不管那实体是什么，我们在与之对话的具体体验中，得以与上帝相遇。布伯最初受哈西德主义的影响，根据哈西德主义的思想，人与上帝的神遇能够在日常生活中发生。换句话说，这像极了那种传遍各家各户的精神体验。借此，布伯认为，最真实的精神体验源自具体并合乎道德的生存本性，即源自"我—你"对话的体验。相反，"我—它"关系是一种主宾关系，即，"我"关涉实体以便支配他们，或以它们为手段实现认知目的。例如，对科学知识的探索促成一种"我—它"关系的生成。当然，布伯并不主张全盘否定"我—它"关系，相反，只要它和"我—你"关系互换，它也是一种必要且丰富的关系类型。当"我—它"关系开始主导我们的理解形式和生存方式时，当它变成掌控其他实体的类型时，无论对人类、对无机物、还是对自然或物质，都会产生危险。

我们这样设想，"我—你"的对话显然是双方的且是平等的。它不是利己主义也不是反人类主义。因为在城市发展和自然环境的对话中，为了人类的自我生存，既不能把自然作为一种永久的唾手可得的储蓄，也不能忽视了作为人类的道德意识。任何通过他者标榜个性或证明自己的人都不会经历"我—你"关系，这种关系只会在对话中产生并且教会我们如何去面对其他的实体包括自然环境。然而，与他者的创造性对话不应导向维持差异，因为让我们自身依照他者得到更新，也意味着我们有一部分人懂得放弃。创造性对话承认相互联系中另一方的独特性，但仅局限在我们与他者的差异因我们与他者不可避免的重要关系而放弃更新的范围内。

当然，不用说，在严格意义上，一段对话不会在自然环境，任何生物或矿物实体中发生，我们不会期待由自然环境来告诉我们。然而，如果我们为了计算出建造房子所需多少石砖，或者筹划为了社区的幸福感，哪种类型的城市聚集才会产生最大的经济效益而拒绝和自然联系在一起，如果我们公然地让自然的独特性同我们对话后才开始注意它，如果我们让自然同我们对话并使我们有机会清醒地认识到重视它的重要性，这样我们才是在建立一种"I-Thou"的关系。这样，这种我们可能与自然建立的"I-Thou"关系可以以创造性对话的方式被理解，尽管从对话中浮现的精神上的觉悟只是有关人类、社区、民族和文化的。

关于我们与自然环境的对话，除了通过对风景①的审美体验，还有什么更好的方式来认识如此重要的道德问题？这些风景，无论是以精神的、还是理想化的形式存在，也无论16—17世纪荷兰画家是否将其具象化，或存在于自唐代开始的、有着超过1000年历史的中国传统山水画里，事实上，根据知觉主体的角度和审美乐趣的标准想物化或拥有自然环境的这种观念不是将风景当做一种概念。这种表现形式，无论是纯精神的或纯艺术的，都可能隐藏着一个更深刻的伦理层面，一种通过创造性对话能告诉我们如何与他物关联的公正无私。

参考文献：

[1] Hannah Arendt. On revolution[M]. New York: Viking, 1963.
[2] Augustin Berque. Le Sauvage et l'artifice: Les japonais devant la nature [M]. Paris: Gallimard, 1986.
[3] Pierre Bourdieu. La distinction: Critique sociale du jugement[M]. Paris: Éditions de Minuit, 1979.
[4] Martin Buber. Ich und Du[M]. New York: Simon & Schuster, 1996.
[5] Martin Heidegger. Basic Writings[M]. New York: Harper Collins Publishers, 1993.
[6] Martin Heidegger. Sein und Zeit [M]. Tübingen: Max Niemeyer Verlag, 2006.
[7] Jean-Luc Marion. Étant donné[M]. Paris: PUF, 1997.
[8] Jean-Luc Marion. De surcroît[M]. Paris: PUF, 2001.
[9] Jean-Marie Schaeffer. La fin de l'exception humaine[M]. Paris: Gallimard, 2007.

---

① 西方的风景(Landscape)一词源自于荷兰语，16世纪后期开始使用，意思是一幅展现内陆自然景色的图片或是描述这类景色的艺术或一个地区地貌的总和或是从某个地方一次性看到的那部分地域等。参见《大英百科全书》(2009)"风景"词条。

[10] H. G. Liddell, R. Scott. A Greek-English lexicon[M]. Oxford: Clarendon Press, 1996.
[11] Y. b. I. Abravanel. The philosophy of love[M]. trans. by F. Friedeberg-Seeley, J. H. Barnes, London: The Soncino Press, 1937.

(作者单位：芬兰赫尔辛基大学　译者单位：湖北文理学院)

浅谈三国文化在襄樊城市景观建设中的意义

施 俊

人类所创造的世界是一个带有文化气韵的设计世界。不同民族、不同时期、不同地区有着不同的文化色彩,古老的城市要反映其历史的演变,现代城市要体现经济发展的状况,这一切的一切都是在遵循自然界的基础上进行人为的塑造,从而挖掘城市中的景观潜力,体现城市所应有的形象。城市是人类经济、政治、文化等社会活动的产物。城市景观建设不仅是环境问题,同时也是哲学问题,而且更是文明问题。每个时代都会在城市发展史上留下自己的痕迹和烙印。城市蕴藏着时代文化特征和时代信息,记录着那个年代的历史文化的真实性和有证可考的事件以及时代的更迭与演变。

一、襄樊市的城市形成及地理位置

襄樊,是襄阳、樊城的合称,于1950年4月组建。襄阳和樊城隔江水而立。要谈襄樊的形成,就要追溯其历史。

襄樊是我国最早有人类活动的主要地区之一。从考古角度讲,既有旧石器时代的遗址,又有新石器时代遗址("痕迹")。出土的石核、石斧、尖状器、利削器、砍砸器表明,这里的古人类活动与北京人所处时期大体相当,与蓝田人、丁村文化相接近。这证明远在60万年前,已有人类在这块沃土上繁衍生息。

从宏观上,从大致方位上来看,襄樊市是鄂西北、豫湘南物资集散地,距武汉市357公里(公路)。它地处中华腹地,上通秦陇,下控汉沔,东瞰吴越,西遥川西,历为"下马襄阳郭,移舟汉阴驿"的"南川北马"交接之地,东经110°45′~113°47′,北纬31°13′~32°38′。市境东西长238公里,南北宽154公里,面积为26726平方公里,占全省面积的14.38%,占全国的0.28%。其中市区面积为3269平方公里。自古以来,襄樊乃天下重地,为兵家所必争。《读史方舆纪要》上说:"襄阳上流门户,北通汝洛,西带秦蜀,南遮湖广,东瞰吴越;欲退守江左,襄阳不如建业;欲进图中原,则建业不如襄阳;欲御强寇,则建业、襄阳乃左右辟也。"

二、城市景观建设与文化的关联

"中国魅力城市襄樊,中华腹地的山水名城。古老的城墙仍然完好,凭山之峻,据江之险,没有帝王之都的沉重,但借得一江春水,赢得十里风光,外揽山水之秀,内得人文之胜,自古就是商贾汇聚之地。今天,这里已经成为内陆重要的交通和物流枢纽,汲取山水之精华——襄樊,这才是一座真正的城!"这是"2004年度中国魅力城市"评委会给予湖北省襄樊市的评价。

城市的建设只靠表面上的"抚摸"是站不住脚的,它只能是摇摇欲坠。要使城市深厚的内涵蕴藏其中,必须依托其历史文化背景。从某一角度上讲,它是城市发展的"脊梁",是支撑城市景观建设的主力。襄樊城市景观建设与三国文化也有着同样的渊源。襄樊的发展在于其历史文化的传播,在自然景观的基础之上,借助三国时期的文化背景来对襄樊这样的历史名城进行相关的景观建设,从而进一步地对人文景观有所"重用"。例如:在通往全国二级旅游景区隆中的檀溪路上,结合刘玄德当年的危机情形与其情态,采用艺术(雕塑)的手法,再现当时的那一幕,体现出马跃檀溪的佳音;再如就是在黄家湾处(今天通向隆中的高速公路处),可以借用诸葛亮与其夫人的故事,借助其历史文化背景与现代艺术的结合,既能展现历史又可成为这一区域中的标志物,作为交通的路标,起到引导作用,这也可以成为城市形象的亮点之一。

俗话说,一方水土养一方人,每一个地方都有着其独特的历史文化,对应着不同地区的背景、气质,构成传统文化的多样性。城市中的历史文化越悠久,时间延续得越长,其模式越稳定,个性越突出,这种文化的渗透对于襄樊这样的文化名城来讲是不可或缺的,它拥有着与城市接轨的实用性,作为地域文化的独创无可替代。当今社会无不重视历史文化对城市的重要性,又以此深入探索人类价值与精神表现的人文情怀。由此可见,文化的产生是在适应环境的情况下应运而生的,不同的民族和区域会形成不同的地域性特殊文化。从而可以借助区域性文化对城市进行景观规划。襄樊作为历史名城,可以在自然景观基础上,借助三国的历史文化、历史建筑、历史典故等来建造一个带有三国文化气韵的襄樊城市景观。

三、三国文化在襄樊城市景观建设中的意义

历史文化名城是人类祖先劳动创造的物质和精神的珍贵产物,是人类历史发展的结晶,是人类智慧的积淀。没有历史的国家,其民族在现代生活中必将显得苍白、肤浅以及缺乏深层的历史背景。在现代文明社会和不断发生变化的社会实际中,正是因为从历史的长河中吸取营养,才显得绚丽多彩,城市景观建设的重要性也越来越明显。

襄阳古城池的内、外,方、圆,刚、柔,质、理的相辅相成,共生与和谐,不但合于形式美的法则,更具有意蕴无穷的审美理趣。从这个意义上说,她就不仅仅是一座政治军事的堡垒和历代兵家必争的城池,更是具有和谐美的建筑群落。襄樊城市景观建设不仅可以促进精神文明建设,而且也将会带动所在地区的旅游、经济、社会、环境效益的发展以及城市形象的建设,以更好地打造城市"名片"。那么三国文化在襄樊城市景观建设中有什么内在联系和意义?历史文化名城是在有大量的文物古迹和历史文化遗产的基础上构成上述价值,也只有在城市景观建设中认识和强调历史文化的重大意义,才能够在城市景观规划中采取行之有效的办法来切实进行相应的建设。

1. 再现历史,增强团结

三国文化的发展史及其创造的无比辉煌的文明,是襄樊人民的聪明与智慧结晶的一部分,它直接或间接反映了生产力和科技发展的水平。这不能不使得我们作为襄樊儿女的一分子,对于祖先创造的灿烂文化而

感到骄傲和自豪。城市景观的建设要借助历史文化的这一优势来激发人们对襄樊城市建设的自信心。当不朽的城市历经千百年而岿然屹立的时候，它使本区域的人民充满信心，借助历史文化来建设城市景观，能够产生巨大的吸引力和凝聚力，对于发展建设家乡、增进与民族区域的团结，有着突出的作用和非同凡响的意义。

2. 有利于带动经济增长

随着国人的生活水平提高，也逐步地注重精神消费与自身素质的提高。襄樊城市与三国文化的结合，可以根据历史典故建立人文景观，依托名胜古迹来提高城市的知名度，打造属于自己的城市名片；依托名胜古迹来发展旅游业，甚至可以把旅游业发展成为襄樊经济增长的支柱产业。这样一来，不仅可以通过直观的视觉形象（城市雕塑、人文景观等）来传播文化、反映历史，而且相关历史文化的音像制品、城市历史演变图书的出版等"文化工业"会有迅猛的发展，为游客提供各种服务的第三产业，增加社会就业。从而也就相应地增加了政府的税收，各行各业从中受益，社会效应和经济效益较为显著。同时，借助名胜古迹来创建城市公共空间，为人们的业余休闲活动提供场所，成为市民及游客学习历史和接受爱国主义教育的基地。利用历史文化名城及其历史文化遗产资源进行城市景观建设，有利于开创襄樊地区旅游业市场的新局面，吸引更多的海内外游客前来旅游观光。从而带动襄樊城市经济快速发展，加快城市化进程。抓住机遇、宣传名城、建设景观、利用名城、发展区域、充分发挥历史名城的潜力和作用，进一步推动襄樊经济和旅游业的发展，让襄樊古城的三国文化大放异彩，同时也可以以名城为中心积极发展周边区域的经济和旅游事业。

城市景观是集体意志的决定，是社会心态的反映，是国民经济水平、文化品位和自我形象追求的综合成果。

因此，对于襄樊城市景观的建设，应尊重客观现实，站在唯物主义的角度上看问题，借助于历史文化、历史典故作为载体。这样一来，它不仅能反映出城市的历史悠久、文明灿烂，而且对后人的教育、城市经济的增长有着举足轻重的作用。

三国文化的再现，正是襄樊城市景观建设的发展之道。

世界著名科学家爱因斯坦说："轻视传统是愚蠢的。"在这里，我们说没有区域文化，同样也是愚昧的。中华民族是聪慧的民族，因此，历史文化将会在今后的城市景观建设中融为一体，与之相辅相成，使襄樊有着属于自己的城市名片，构成文化构架，铸成民族气魄。

参考文献：

[1]吕文强.城市形象设计[M].南京：东南大学出版社，2002.

[2]邢天华，晋宏忠，卢流德.襄樊兵事春秋[M].北京：中华工商联合出版社，1996.

[3]丁剑卿.襄樊文化艺术志[M].北京：人民中国出版社，1990.

[4]李翼鹏.襄樊著述志[M].襄樊：新华书店，1987.

[5]湖北省襄阳县地方志编纂委员会.襄阳县志[M].武汉：湖北人民出版社，1989.

[6]何奇松，刘子奎.城市规划管理[M].上海：华东理工大学出版社，2005.

[7]黄建培.民族传统文化应是当代中国雕塑的脊梁[J].雕塑，2005(1).

[8]沈建国.景观设计与文化[J].装饰，2005(11).

（作者单位：湖北文理学院）

环境艺术设计与环境艺术设计教育的改革

王汉洲

设计古时有之，从人类诞生的第一天起，人们就根据可能的条件按照自己的意愿和审美设计建设自己的生活环境，而具有现代意义的环境艺术设计却形成于工业革命之后，在西方已有百余年的历史。大生产、新材料、普及化使环境艺术设计成为社会的需要，由此产生了环境艺术设计教育。作为成熟的设计教育体系的确立，从包豪斯算起，在西方已有近90年的历史。受工业化进程和体制的约束，我国现代环境艺术设计只是改革开放以后近30年的事。有民族特色的现代环境艺术教育体系，目前还处在完善起步之中。与20世纪初西方国家相同的是，现在学艺术设计的学生大大超过了学纯美术的学生，环境艺术设计更是成为热门。然而，近十年来的高等艺术教育大规模发展，也暴露了紊乱和盲目的现象。

现代中国的环境艺术设计教育起始于美术院校，原名室内设计，受西方设计教育思想影响，以及便于与世界"接轨"，故统一为"环境艺术设计"。环境艺术设计与理工科的建筑设计有着千丝万缕的联系，具有许多相同的设计特征，是技术与艺术的结合，包含着自然科学、人文科学和社会科学的知识。环境艺术设计是一个创意、计划、美感的思维过程，也是一个利用材料采用一定工艺塑造形体的过程，是在同时考虑施工者和使用者利益及需要的前提下，确立人居生活环境美，并将三者均衡地统一在一个整体中。环境艺术设计是把创意、工艺、市场结合的文化现象，在公共艺术中占有主体的地位。环境艺术与人们的生活环境密切相关，与市场营销相关，与生产技术相关，与材料、资源、生态相关，与文化娱乐相关，因此，环境艺术学科要求比其他学科有更广博的知识和更广泛的修养。

环境艺术关系到人们生活质量的提高，它包括审美、技术、功能三个方面的要素。其中，技术是基础，是现代环境艺术区别于传统环境艺术的标志。现代环境艺术设计的技术要素包括三个方面：一是设计师对设计手段的掌握，如专业知识、绘制技巧和设计工具等；二是对设计对象的技术认识程度；三是施工过程中的技术手段。设计的技术因素是推动审美和功能发展的原动力。审美是环境艺术实现的必要条件，是设计的灵魂。与单纯的绘画艺术不同，艺术设计的审美语言相对简单、直观，强调的是形式美和第一感觉。功能是设计的目的。环境艺术设计是在满足人们生活环境物质的前提下，也满足设计带来的精神需求，使人们的生活环境朝着可持续、和谐方向发展。环境艺术设计的审美、功能因素对技术因素发展也有促进作用。环境艺术设计的三要素因设计对象不同，侧重点是不同的。设计的目的是人，是对人的生存观念、状态、方式的设计，而不能仅仅理解为室内外装饰的表面设计。

现代环境艺术设计的基本特征是设计手段的电脑化，并形成了以电脑为主要工具的设计模式。电脑设计的训练，就像手绘一样是现代环境艺术设计学习的必修课。电脑设计极大地提高了设计的效率，很大程度上解放了设计者的双手。电脑的广泛应用使环境艺术设计从"象牙塔"走向普通人群。手绘技巧的精深也不再是环境艺术设计必须要越过的门槛。现代环境艺术设计的核心是在审美基础上对相关知识和手段的创造性运用。环境艺术设计教学的审美训练、思维训练、表现方法训练都是围绕着激活、培养学生的创造力展开的。创造力不仅是发现问题的能力，更重要的是市场条件下解决问题的能力。

环境艺术设计是形象思维与逻辑思维的结合，需要多方面的知识支撑。高校美术专业长期成为文化课上不去的高中生"出路"的现象需要改变。综合文化素质低下的人是无法承担高层次的环境艺术设计，缺乏文化素养的从业者，只适应从事单纯的熟练工作或简单的装修，而这不是高校培养的方向。

环境艺术的社会化、生活化、科学化的发展，使环境艺术设计教育具有实践性、知识性、艺术性并重的面貌，而现阶段高校环艺教育相当程度地脱离了实践，存在明显的"纸上谈兵"倾向，学生得到的知识老化,实际能力不足,与社会接轨困难。在知识相互融合,而又高速发展的今天,继续沿用这种"象牙塔"式教育来培养环艺系的学生,显然是不妥的。高校环艺教育,要从纯理论的圈子走出来,引进先进的设计教育理念,实行文理交叉,发展边缘学科,改变环艺学科目前重文轻理的现象,夯实学生的基础知识和持续发展能力。

高等院校必须充当我国高层次环境艺术设计人才培养的基地,必须为环境艺术输送合格的设计人才。教学的观念要适应现代的市场经济和科学技术发展,大力地和实际相结合,实现教育与社会现实的真正接轨,强化学生的设计施工实践,培养学生解决实际问题的能力和经营运作能力,缩短就业的中间环节,使毕业的学生能很快地进入角色。

环境艺术设计在我国是一门迅速壮大、跨专业的学科,环境艺术设计学科的任教教师具有两种身份:一是设计师,二是教师。设计师是专业能力的体现,教师是职业的责任。如果没有专业的能力,教师的责任是无法完成的。由于我国高校固有的病症,相当多任教的老师缺乏社会实践,实际能力不足。要提高我国高校环境艺术设计的教学水平,不仅是观念、机制要转变,而且要改变现有的师资结构,多学科地引进人才,改变目前仅以学历为标准,单纯从高校录聘人才的局面。大力从企业和社会上引进富有实践经验的设计师、工程师充实师资队伍,使师资队伍的构成多元化。我国高校盛行的以论文、著作为主要衡量学术标准的做法,并不适用于艺术学科,而且已经带来了很大的负面影响。艺术学科应该以实际的创作成果作为主要的学术衡量标准。只有这样,高校的环艺学科才能引领社会,完成教书育人的责任。

环境艺术是一个国家文明、现代化的体现,它涉及众多的产业,与人们的生活息息相关。环境艺术教育应该成为全民族素质教育的一部分,特别是掌握行政资源的各级领导干部尤其要学习、了解环艺的相关知识。只有提高整个社会对环境艺术的认识水平,环境艺术的发展才有坚实的基础,才有可能少出现"形象垃圾"。因而高校还应担负促进全社会环艺认识水平提高的责任。

我国有悠久的环境艺术设计传统,创造了许多具有东方韵味的经典,但由于长期的农业文明,我们没有从手工业经工业革命到现代意义的设计演进过程,而是在20世纪80年代后直接与国际接轨,现代环境艺术设计先天不足，设计和设计教学盲目模仿的现象严重，有的还形成新的破坏。现代环境艺术设计说到底是科学技术进步的结果，而先进的西方设计概念和方法，除了有现代设计要共同遵循的原则外，还存有西方文化的背景。不加选择地模仿有西方文化背景的环艺设计，既不利于发挥本民族的优秀文化，也会造成千篇一律的雷同现象。我们要在学习世界先进设计理念和方法的同时，注意结合自身的文化特点，把本民族优秀的环境艺术遗产发扬光大。创造既是现代的，又是民族的新面貌。设计的民族化、区域化、个性化是21世纪中国环境艺术和环艺教育的主要课题。用现代的审美、方法、观念、技术挖掘、提高、创新具有民族风格的现代环境艺术设计体系，是我们要为之奋斗的方向。

（作者单位：湖北文理学院）

试论城市空间的内涵

杨 联

古代人类逐水草、动物而居，被动地采集生活资源。后来，动荡生活变为安定的生活，变为畜牧、耕种、囤积的主动生产的新生活模式。稳定生活带来新的生活状态，经验指引人们在风水宝地聚族而居，人类有了自己的家园。人与物的增长滋生出新的需求，如交易、服务、娱乐等，就形成了满足居民衣食住行多方面需要的社会环境——城市。优质丰富的水源，富庶肥沃的土壤，宜人的气候等，这些构成城市环境的基本条件。经过代代先民的居住开垦，城市具备越来越完善的功能，也形成各自不同的形态和精神。

中国与西方不同的是，欧洲各国初期以草原游牧、海上渔猎为生，奔袭动荡，形成对抗自然、战胜自然的精神，城市环境中巨石构成的坚固城堡符合这一精神愿望。中国古人四季有常的田园生活，形成安土重迁、稳定平和的心态，以木建筑、古城墙维护自己的一方生息之地，中国城市的构建，显然有着与自然和谐共处的愿望。当居住安定、物质富庶时，城市便产生出更多的功能需求。一方面与自然和谐相处，祈求丰收，一方面在生活安定、衣食无忧之后，歌舞升平，诗情画意，整个中国文化始终带着一种现实的、遣兴怡情、安闲自处的情调。城市空间中的山水、园林、庭院、街道，显著地表现出这一情调，以及与自然和谐共处的诗情画意。

中国文化天人合一的自然观，形成顺应自然的行为法制，认为与自然相悖会招致灾难，与自然和谐则会得到上天的荫庇。所以，因地制宜，将自然山水之利、自然山水之乐渗透到居住环境中来，构成中国城市空间的特点。比如水乡周庄，小镇布局依水而成，桥梁将陆地串联起来，不大的陆地中，亭台楼阁，树木假山，水榭回廊，使居住空间内外延伸、相互渗透，处处体现水的韵味。古黟宏村将水引入和利用，水完全按照人的设计穿行在小镇中，满足功能和美化的要求，水穿堂入室，门前屋后，前庭后院，绕行到镇中每一家，最后汇入河流。水汇聚在镇中心，成为著名的月沼，镇中之景映入水中，水中之境又映入人们心中，成为人们生活起居的必需，诗情画意的寄托、乡村自然的景致和新兴城镇的结合，是人与大自然的融合。城市布局依地势构架，与自然形态相配合，借自然之利，解自然之弊，蕴含着与自然的亲近之感。

中国天圆地方的宇宙观，形成以"我"为宇宙之中心的构建模式。城市布局讲究中正，东南西北正方位的布局，中心端正，北为水，南为火，西为金，东为木，中为土，在城市布局和家庭营建中奉行阴阳五行之说。东南西北城墙之中心位置必开城门，城墙角上设有角楼，中轴线上的十字街道必然有钟鼓楼，城市布局大致依循这种格局，但凡有特殊地形地势则顺势而为，出现布局特殊的特色面貌。中国古代城市都是在城墙的围合之中。城市有墙，国家有城，家庭有院，中国城市的布局由城墙而来，城墙是一个大的格局。长城用来卫国，城郭用以护民，院墙用以保家。家是人的生活中心，长城和城墙将家层层包围起来，国家的大局在层层墙桓之下，维护了每个臣民。有山，则依靠山来抵挡；有水，则借用水来阻隔；城外青山城内流水，处处皆成护卫。中国文化中家国同构，中国人的家园，既是家又是国，都在墙内。

家国一体的社会宗法观念，决定中国建筑中的家庭也如城市的布局，体现出中正平和的思想和以我为中心的宇宙观。古代营造建筑有严格的等级规定，普通百姓就在规矩之下展开个人的创造。建筑的设计一方面是来自五行学说的风水之说，一方面满足建筑的功能和精神要求。家庭院落多为四方院落，基本格局也是以中轴线向两边分列扩展，层层递进的房屋显得中规中矩。庭院坐南朝北，取依山临水之地，可以防御夏季炎热和冬季的寒冷，建筑以南北长轴为主，层层建筑物围合起来，足以抵挡季节性的天气变化。南风凉爽，北风寒冷，所以大门开在正面东南角，既可以纳凉又可以避寒。进院有照壁，照壁的应用在建筑中起到引导和含蓄的作用，使得看似刻板的布局平添趣味。照壁既是一个装饰也是家庭的气派的展示，相当于现在的客厅的玄关，是一个过渡性的空间，转过照壁就进入家庭的私人空间。第一进为庭，前庭后设前厅；第二进为院，院后设堂；第三进后庭，后庭后设房；第四进为后花园。每一进的左右两边各设偏厅，东西厢房，前庭和后院之间设有回廊相连接，此外有特殊地形则设为别院斋堂等，不尽相同。北方的四合院，一般有一进式、二进式、三进式、四进式。四合院的进式和规模依照主人的身份、地位、经济状况而定，四合院的门脸和进式相匹配，一看门脸就可以知道院子的大小。四合院冬暖夏凉，院内中央格局的庭院，每个角落都可以关照，显示家族聚居和自我防卫的功能，家就像一个小的城池，有一道道门、院，空间可以切断也可以相通，容许独立小空间的安静，又统摄在大家庭的管制之下，伦常有序，安定稳固。庭院的外墙划分出内外公私的空间，成为整个家庭的庇护。城市由众多的庭院组成，各个院落坐落在城市正南正北的十字格局中，秩序井然。这样的家居格局和城市格局，构建出纲常伦理的秩序，组成整个古代中国社会安宁祥和的社会氛围，以及家国同构的思想，实实在在地成为人们生活安定的保障。

中国的南方，水多而地少，气候温和，湿润多雨。江南的园林，不同于北方建筑中规中矩的格局，它借地势、借风水之利，充分展示了江南文人的精神意蕴、奇思妙想、自由浪漫、雅致闲情，显示出文化的想象力。江南园林是家庭院落的奢华享受，它不再是衣食起居的场所，它是舒放身心的境界。园林建造处处表现出别致秀丽，凿石引泉，编竹为篱，坐享隐居之乐。借势而建，临水筑阁，登高筑塔，水分两岸水榭，山聚一处亭台，山环水绕，自然成韵。借景造境，圆门花窗，深邃曲折，步移景换，处处佳境。奇花异草，奇山怪石，尽纳园中。可见荷塘月色、雨打芭蕉、红梅雪映、画船春柳、松风竹影，可做执蟹邀酒、曲水流觞、当风吟和、对月展轴。园林生活是世俗之外的放逸，是功利之外的寄托，中国文人无不精心造园，它也成为满足道家隐逸思想，亲近自然、融合自然的所在。比较之下，皇家园林体现皇权的威严崇高，寺院园林则是体现宗教出世精神的神圣超然，都不如江南私家园林更加符合人性的自由精神。

观中国城市，得知中国传统文化家国一体、家国同构的道统思想。一切都合乎既定之归，方寸之间、万里之外，无处不是国家大局的印证。农耕文明理想的家园，生活安定，风调雨顺，五谷丰登，人丁兴旺，家家有盈余，如此长治久安，生生不息，代代薪火相传。所以理解中国人与自然的情感，要亲近自然、敬畏自然，将与自然和谐共处视为生命的最高境界。城市的建造上，取正南正北为中轴，东南西北四个城门各司其职，东南西北四条大道贯穿城市，布局方正，信息畅通，管理有效。家是社会的细胞，家庭的营建也是层层递进，中规中矩，俨然一个微型的国家，尊卑主次，丝毫不乱。正是家庭的稳定，才有国家的稳定，而国家的稳定，保证了家庭的稳定。现在常说爱国即是爱家，爱家即是爱国，这其实是由家国一体的思想而来。

中国的园林，则是中国人文精神的抒发，儒家、道家、释家都在这里显示精神的风采，满足文人士大夫的思古、归隐、出世之风雅情怀，完成其人格的完整寄托。江南园林是一种精神的标志，它寄托着人们的幽思和梦想，填补人们内心的空缺，它让人的人格得到完善，让人的精神得以回归。中国传统的造园艺术，以诗情画意的境界，显示了中国文化的魅力和精彩。

城市空间满足了人的需要，是安邦定国的庇护之所，是寄托感情的私人空间。它与自然和谐相处，给人们以便利，同时，它是人们精神的慰藉和归属，是精神和肉体的统一、生命与自然的合一。让我们继承传统文化的精神，维护城市空间的文化内涵，满足城市空间的功能要求，让中国文化传统在现代城市空间的营造中获得新的生机。

参考文献：

[1] 汝信，徐怡涛. 全彩中国建筑艺术史[M]. 银川：宁夏人民出版社，2002.
[2] 赵广超. 不只中国木建筑[M]. 北京：生活·读书·新知三联书店，2006.

(作者单位：湖北文理学院)

让"雕塑"与"城市"携手
——浅谈城市雕塑在公共艺术中的作用

刘 浩

随着这几年城市不断的建设与发展，城市雕塑不断涌现，城雕艺术的创作实践在不断拓展，人们对于城雕独特的艺术规律也有了新的理解。作为公共艺术的城雕的设计、建造，是依附于城市环境众景观之中的天空、绿地、街景、建筑为背景的。所以，各种独特优美的环境是城雕创作的依据，而美的城市雕塑造型又会使特定的环境场所增添异彩。因而，在城雕的设计、创作中，必须把它的公共性与周围环境的交互、它的艺术与文化性等因素考虑在内。

一、城雕与环境的交互性

城市雕塑作为一种公共艺术形态，其重要特征在于公共性以及它与城市空间的联系与共生。黑格尔在《美学》中指出："艺术家不应先把雕塑作品完全雕好，然后，再考虑把它摆在何处，而是在构思时就要联系到外在世界和它的空间形式及地方部位。"因此，城雕的创作必须结合城市空间。如果没有整体空间环境的审美性，城雕是无法存在的，只有和城市周围空间产生充分的互动性，城市雕塑才能体现应有的价值。

构成一个城市的环境有很多因素，城雕是其中之一，这就要求创作者必须与建筑师、规划师、园林家进行通力合作，在环境艺术学的层面上考察城雕与环境的关系问题。雕塑家不应该把眼光局限于雕塑范围内的表达，应该看到城雕一旦坐落下来，势必会形成许多新的环境关系，这之中有硬性关系，也有所谓的软性关系，只有在对特定环境有了充分了解和领会后，城雕创作才能做到有的放矢，获得画龙点睛的艺术效果，雕塑家一味在雕塑语言的范围内东拼西凑，只能导致才思枯竭。而在中国传统文化中，关于环境艺术的认识水平，比如风水学，讲究的是气氛，追求的是人的情感方面的东西，其实这也包含了对现代环境艺术的认识，因而不能简单地批判为封建迷信，应加以批评地继承。

二、城雕的艺术性和形式美

城市雕塑并非是室内雕塑的简单放大，即使是经典性的架上雕塑，放到室外也未必合适，这里既涉及环境氛围的改变，也会带来视点、角度上的变化，透视关系、体量、体态以及材质等都必须重新考虑后才能协调，比如罗丹的《加莱义民》，放大后，那位沉思者变成注视观众的姿态，原有的置生死于度外的英雄气概也就消失殆尽。所以，城雕要注意影像形式的处理，远处要看大效果，近看则要有意思，表面的处理不能太粗糙，总的要求是达到简练和概括。同时，城雕也应讲求独特性和个性，现代意义上的城雕在我国发展的时间并不长，主要观念体系来自前苏联和法国，雕塑家韩美林称之为"苏法模式"，这一模式在推动城雕的发展上是功不可没的。然而，城雕的艺术形式应是丰富多彩的，中国有着悠久的文化，雕塑也不例外，其中，重要的一点就是写意性，"外师造化，中得心源"。艺术家与平常人不同，除了要感受生活之外，还有一个表达的问题，重要的是要能把这种感受和体验加以概括、提炼与升华，这就是我们中国人所谓的"意"，雕塑的写意就是要抓住这种意而写之。雕塑家韩美林的雕塑就体现了一个艺术家对城市雕塑的独特视野，他的作品中带有浓郁的剪纸味，将传统雕塑的写意性发挥和表达了出来，同时，在形式感和艺术性上都给人以耳目一新之感。

三、城雕的文化内蕴与人文性

在城市雕塑的设计和创作过程中，除了要注意与环境的交互性以外，也要关注其精神价值的体现，即城雕的人文内涵。现阶段，城雕除了继续发挥传统的纪念作用外，它的装饰功能也得到了长足的发展，城雕可以美化和装饰环境，但更应该强调城雕的文化内涵，反映所在城市的精神与文化特征，并能够有机地融合在城市的文化氛围之中。城雕只有在拥有了丰富的文化内涵之后，它的装饰作用才能超越表面性游离状态，而真正成为城市精神风貌中不可分割的部分。雕塑创作者不应该忽视城雕的直接观众是千千万万的普通市民，讲求城雕的文化性，其中很重要的一条就是强调城雕对都市生活的介入，城雕作者应努力寻求适当的雕塑语言去触及都市普通人的心灵与情感世界。现在都市生活正在变得更加五彩斑斓和纷繁复杂，都市感受的丰富性也是前所未有的，这就更需要雕塑创作者拥有对都市生活更加深入的人文关怀，城市雕塑如果是以它对现实生活的鲜活感受而抓住行色匆匆的都市人的视线，那么它才真正获得了成功。英国杰出的城市历史学家与人文学者刘易斯认为，城市最初是神灵家园，后来变成了改造人类的主要场所，人性在这里可以充分地发挥，城市的主要功能是化力为形，化能量为文化，化死物为活生生的文化形象。纵观中外，不可否认的是，优秀的城市雕塑作品中都具有能反映这一特性的元素，正是这种在人类心灵中不分国界的艺术让举世闻名的自由女神带给人们追求自由的号角声，其与这种人文内涵的结合使得自由女神在世界雕塑史上具有了不朽的艺术魅力。而在世界的另一角，屹立于维也纳市中心的施特劳斯雕像，不仅因为其金色调的精雕细刻成为国际瑰宝，更是因为它很好地反映了这个城市独特的音乐艺术文化而吸引着每一个游客。

四、结束语

城市雕塑是一个城市的灵魂，不同的城雕塑造了不同的城市面孔，城市雕塑应该运用自己特殊的语言表达出一个城市特有的风格，让公众在欣赏雕塑的同时感受到它内在的文化魅力。

（作者单位：湖北文理学院）

城市环境审美的视觉表现艺术
——论城市雕塑在培植城市美中的意义与作用研究

马 力

当今时代，随着科学技术和社会文明的不断进步、经济的快速增长和人们物质生活的满足，以及社会工业化所带来的人文建设和环境问题也引起了人们的普遍关注，城市人口的不断增长及其建设的飞速发展，都市风貌的急剧变化，已造成现代人迷茫与困惑的环境审美观。传统意义上自然、宁静的城市格局消亡于高耸的现代楼群之中，铺天盖地的商业信息充斥着人们的生活，驻足楼宇之间的现代人，由于精神文化生活的匮乏，导致人们产生孤独、恐慌与失落的情感。因此，探讨、研究城市雕塑文化的建设，已成为现代城市发展的重要课题。

一、城市雕塑在现代化都市中的现状分析

城市雕塑作为一种培植城市美的艺术表现形式，是一座城市经济、文化、历史等方面的高度升华。"美学正在走向日常生活和应用实践。"①当代的城市雕塑理念，正以新的环境美学和艺术形式、审美观念进行探讨和研究，城市雕塑的概念也不仅仅是以往"环境和环境中的雕塑"的概念。现今，城市雕塑艺术和环境艺术越来越有机地结合在一起，新的手法和新的媒介语言的作品逐渐涌现出来，城市环境艺术的整体性日渐加强，城市雕塑愈发成为培植城市环境美的一个主要有机组成部分，而且还成为沟通、联系环境和人之间的重要媒介。

---

① 陈望衡：《环境美学》，湖南科学技术出版社 2006 年版，第 3 页。

纵观全球，越来越多的城市策划者、建筑设计师开始重视城市雕塑对城市环境、景观的再次塑造作用。近20年来，随着对城市环境问题的重视程度的提高、环境意识的加强，世界各国为改善和提高城市环境美的努力得到进一步加强。如纽约、芝加哥、巴黎、首尔等大城市，先后颁布法令，明文规定，在城市建设中专门拨出一定比例的经费，用于城市雕塑的创作与设置，从而在财力上保证了城市雕塑艺术的发展与繁荣。

回看国内的情况，香港、北京、上海、广州等大城市也都十分重视城市雕塑对城市的重塑作用。如北京重点打造的中关村和王府井步行街中的市井生活铜质、石质雕塑，注重了人性的关怀，使人的活动和环境、雕塑融为一体，满足人们的审美欲望，并且清晰地界定了该空间场所特有的文化氛围和属性特征，这些成功的范例所带来的启示和经验给其他城市的雕塑确定了榜样和信心。

从城市雕塑的发展现状分析，在近年，"中国国际雕塑年鉴展城市再造专题学术会议上"①，很多雕塑家、人文学者、美学家等，就城市雕塑在培植城市美的学术问题上，作了论述。如于华云说："现在城市雕塑发展到了一个转型阶段，一个要从学术方面研究，一个要从实践方面探讨。"肖溪的论述是："我们寻求城市的特色之美、历史之美、生态之美和人性之美是我们现阶段我国的城市景观环境建设不能忽视的重要课题。"张夫也的论述是："城市问题说到底是一个国家问题，应该纳入到国家的文化战略里去考虑。一个国家的文化等方面都浓缩在城市里，城市的魅力在于它的文化魅力。"以上各专家、学者的论述表明，关于城市雕塑在培植城市美中的地位与作用正处在一个转型的探索性研究阶段。

在欧美的城市雕塑发展现状中，更多的是从城市环境来考虑。如美国雕塑家 Martin Puryear 的作品《守护石》，"似有东方禅宗的意境，使雕塑与环境产生了互动，体现了东西方文化的共生"②。在理论研究方面，重新理解"平等与交流"的概念，使雕塑的理念、交流、平等的意

---

① 彭越：《中国动力》，载《雕塑》2009年第3期。
② 张威：《艺术与都市的交汇》，载《雕塑》2008年第4期。

识成为城市雕塑的主流，其目的在于还都市以平静与和谐。

在中国城市进程的快速发展中，从城市雕塑和环境美学上说，近20年来，随着对城市环境问题的重视程度提高，带来了各领域的变化，包括文化艺术领域的变化。在当今城市雕塑以美化城市为目的的大背景下，也给雕塑者提供了较为宽阔的创作空间。但是，在创作理念上，对城市的整体环境意识还比较薄弱，使雕塑和周围环境形成反差。在潘昌候的《艺术与环境》论文中，他认为："城市雕塑和城市环境的关系不是'任意的环境小艺术'，就美化城市而言，城市雕塑与城市环境应该是一个'有机整体的关系'。"[①]在城市环境美学上，城市雕塑应能使建筑、环境、城市融为一体，从而彰显城市精神，美化城市环境。由此可以认为，城市雕塑是城市美化之魂，如何升华城市之美是当代雕塑者及城市规划与建设不可忽视的探索研究命题。

二、城市雕塑在培植城市美中的主导作用和意义

城市雕塑以唯美形式诉说城市的历史与文化，并能够真实地反映城市的社会发展和历史文脉。它的气质和特点不在于这个城市有多少高楼大厦，而在于这个城市具有多大的对内凝聚力、对外树立形象的双重导向作用和现实意义。城市雕塑印刻着古老岁月的过往，弘扬着时代的主旋律，展示着时代人的风采，描绘着一种直面时代的到来，憧憬着未来的崭新面貌。

城市雕塑可以提升城市形象，体现一个城市的艺术氛围，引导城市公众的审美品位。尤其是代表了一个城市特点和精神的雕塑，使城市形象更具情感与文化内涵，在人们审美的潜移默化中，起到陶冶情操、净化心灵的主导作用。通过城市雕塑就能很快读懂一座城市，读懂它丰富的内涵与内在风韵，感受到城市最鲜明的时代特征与历史文化传承。如广东珠海的大型雕塑"东方明珠"，从任何视角都能带给人美的倾诉。它是珠海市的象征，也是珠海人的美的象征。再如北京的"百件奥运雕塑"，作为北京市政府一项重要的文化创举活动，集中了来自24个国

---

① 潘昌候：《艺术环境》，载《美术》1995年第8期。

家的 100 位雕塑艺术家的 100 件作品，其中 46 件为国外雕塑家作品，54 件为国内雕塑家作品。这 100 件作品，为世界人民奉上了具有高水准的雕塑盛宴，同时也提升、美化了北京市的城市形象，也为北京市民奉上了一次丰盛的精神文化大餐，这些作品长期装点着北京的城市环境空间，陪伴着广大市民的文化生活。北京奥运城市雕塑，向世界展示了一个历史悠久的文化之国，一个科技发达的现代之国，一个活跃开放的先进之国，提高了中国和北京在国际上的知名度和美誉度，树立了北京奥运会的良好形象。这对国家综合素质与文化实力的考验，使城市文化成为了其中一个极为重要的砝码。然而在新的时代打造北京的国际新形象，找寻北京的历史新定位，仅靠建筑、市政设施改造、园林绿化已显得不足。文明的传输、魅力的彰显更需要一个具有表现力的媒介，这就是北京奥运城市雕塑。它凭借自身的多维优势和传播功能，创造了人性化的城市雕塑，体现了城市美的人文关怀，塑造了新型的奥运城市形象。可以说，北京奥运城市雕塑不仅是一个饱含着强烈人文色彩的视觉标识符号，也是一个蕴涵着深层情感意义的文化符号。从以上的城市雕塑作品中，我们可以体会到城市雕塑与城市建筑艺术走向公众，在培植城市美中能够得以重建，共同构筑城市的文化审美特征，真正体现城市雕塑的审美作用、文化宣传作用、教育感化作用、激励进取精神的作用，并具有象征性、亲和性和文化性的作用，对于满足人们精神文化生活及审美需求，具有极为重要的意义。

三、致力于城市雕塑在培植城市美中的深化研究

现今，城市雕塑已成为衡量一个城市文化与艺术水平的标志，成为城市民众审美素养的反映。因此，城市雕塑必须以人为本，注重人的需求及人性的关怀，提倡民众的参与，提高城市的凝聚力。同时城市雕塑要具有一定的前瞻性、前卫性，注重时代潮流、文化取向，并具有广阔的全球化视野。在培植城市环境美中，提炼、探索和发展城市雕塑，能使人的活动和环境、雕塑融为一体，满足人们的审美欲望，提高人们在审美过程中的潜移默化、陶冶情操、净化心灵的作用，也使城市雕塑的文化品位实践得到提升。为此，应从两个方面加以深化研究。

首先，从理论创新程度上，"在学术上进行一种构建"①。着重论证城市雕塑面对都市、面对大众、面对生活的需求，认真反思、分析存在的人的问题、艺术问题、环境和社会问题。重新审视现代化建筑日渐增多的城市环境结构，在不同的地域、文化、政治、经济关系语境中，具有探讨城市雕塑研究与发展的学术价值与欣赏价值；重新评价城市雕塑在现代城市环境中存在的美的意义和作用；重新思考城市雕塑在城市环境中的环境美学诉求方式和价值取向；重新思考在当下多元化背景下城市雕塑的功能、地位问题，运用科学系统的研究方法从环境性、社会性、审美性三个方面进行解析，充分考虑城市发展趋势，使城市雕塑能够成为一座城市精神与文化的主要载体。

其次，就是在实际应用价值上，应具有人文价值的城建元素，成为普及大众审美、加强文化宣传、营造城市美的氛围的有效手段。使之在城市发展及规划中，起到推进城市文化建设的作用，能够以城市雕塑与环境相结合的方式，反映、体现一座城市经济、文化、社会、历史等方面的内涵与韵致。在城市精神与美的培植和升华中，能够使城市雕塑审美设计提升到更高的层面，能够与城市建筑相映成辉，促进城市人文环境建设的发展，在美化城市环境、提升城市文化魅力上有着无可比拟的功效。从文化知识层面上，能够体现城市雕塑在城市环境中的审美作用，给人以精神上的享受与审美的愉悦。

四、小　　结

城市雕塑艺术是以城市环境为背景的空间设计，人们对城市环境的日益重视，提高了对城市雕塑审美的认识水平。当今社会，正以新的艺术形式和审美观念对城市雕塑进行探讨、研究和实践，使城市雕塑艺术与建筑艺术走向公众，在社会审美性中得以重建。探索、研究和发展城市雕塑，使之在培植城市环境美中，能将人的活动和环境、雕塑融为一体，满足人们的审美意念，并在人们的审美过程中起到潜移默化、陶冶情操、净化心灵的作用。在城市环境与雕塑美的培植和升华中，弘扬时

---

① 王林：《与艺术对话》，湖南美术出版社2001年版，第219页。

代的主旋律，展示时代人的风采，使城市雕塑在实践中与城市环境融为一体，共同构筑美好的城市景象。

参考文献：

[1] 陈望衡. 环境美学[M]. 长沙：湖南科学技术出版社，2006.

[2] 彭越. 中国动力[J]. 雕塑，2009(3).

[3] 张威. 艺术与都市的交汇[J]. 雕塑，2008(4).

[4] 潘昌候. 艺术环境[J]. 美术，1995(8).

[5] 王林. 与艺术对话[M]. 长沙：湖南美术出版社，2001.

（作者单位：湖北文理学院）

以城市为载体的色彩研究
——以"都市襄阳"城市色彩规划为例

王雅君

色彩是人眼视觉细胞接受光刺激后产生的一种感觉，因此，有关色彩的研究一定是与人的"视觉感知"相关联的，同时，表现色彩的物质载体也是其中的重要媒介①。城市，既是人类社会形成的标志，也是人类文明的载体，城市的面貌是一个地区的特征、民族特性和文化传统最直接的反映，城市所表现出来的色彩无疑是其中最重要的信息之一②。一个地区中表现色彩的"物质载体"，或说"色彩感知的承载物"便是城市——人类创造并生活于其中的物质环境。

一、城市色彩形成的特殊制约

一个国家、一个地区或者一座城市的色彩是由自然地理因素和人文地理因素共同构成的。自然地理因素是由其所处的地理位置、气候环境等客观物质条件所形成；人文地理因素则是由诸如经济技术的发展、人们思想意识、传统习俗以及宗教信仰等因素构成。正如朗克洛所说："每一个国家，每一座城市或乡村都有自己的色彩，而这些色彩对一个国家和文化本体的建立做出了强有力的贡献。"③

---

① 尹思谨:《城市色彩景观规划设计》，东南大学出版社2004年版，第9页。
② 尹思谨:《城市色彩景观规划设计》，东南大学出版社2004年版，第5页。
③ 尹思谨:《城市色彩景观规划设计》，东南大学出版社2004年版，第99页。

1. 地理气候条件

地理气候条件不但决定了城市的自然景观色彩，也是决定其建筑形式和材料的重要因素。从色彩的视觉意义上说，一方面，由于地理气候条件的不同，各地呈现出不同的自然色彩景观，带给人们不同的心理感受；另一方面，由于地域气候环境的差异所形成的城市自然景观色彩，对城市人工色彩的形成也有一定的影响作用。例如，襄阳属北亚热带季风型大陆气候过渡区，具有四季分明、气候温和、光照充足、热量丰富、降雨适中、雨热同季等特点，大自然通过四季更迭馈赠给襄阳的色彩变化，不仅使襄阳古城在自然色彩上呈现出丰富多彩的色彩表情，更重要的是它令襄阳古城的建设充满了无限生机和活力。

2. 人文历史因素

一座城市的面貌是该地区文明发展历史和路程的最为鲜明的反映。社会历史文化背景是城市文化内涵的核心所在，历史发展和人文特色也是影响和制约城市色彩的重要因素。历史证明，一个城市文化脉络的形成绝非一朝一夕之事，而是这个城市经过成百上千年的不断磨砺才获取与积淀而成的，因此一旦形成，就会成为城市文化的重要载体和形象符号。北京拥有2000多年的建筑史，故宫的红墙黄瓦和普通百姓民宅的青砖青瓦历来就是老北京特有的色彩标识，这也是经过长期历史文化积淀形成的，也就成为北京文化的重要载体。

这种人文历史因素对城市环境色彩的影响性使得一座城市或地区逐渐诞生了自己的特色，进而形成了自己的城市色彩文化。

二、"都市襄阳"城市色彩建设规划建议

近年来，襄阳市提出了建设200万人、200平方公里城市规模的"都市襄阳"战略目标，对于襄阳这座有着2800多年悠久历史文化的古城，我们除了从建筑特色、文化特色等方面去挖掘襄阳的特色魅力外，襄阳古城色彩特色也是"都市襄阳"建设中值得研究的重要视觉元素之一。因此，对于"都市襄阳"城市色彩建设规划，笔者提出以下几点建议：

1. 遵循整体性原则

在城市色彩环境整体规划与设计当中，其整体性主要是通过城市构成要素之间的相互联系与彼此作用反映出来的。这就涉及了我们常言所说的"总体与局部"、"局部与局部"之间的关系。由于襄阳古城是个老城区，其城市色彩环境在之前的规划建设中缺乏统一的规划与管理，致使其各个构成要素诸如建筑、道路以及绿化要素之间没有很好的呼应与协调。中央美术学院建筑系韩光煦教授曾经在一篇关于建筑色彩的论文中提出："环境色彩是综合的，其中，建筑色彩仅是基调，是背景而不是全部。"①眼下，襄阳正在推动"两改"工程，樊城区以建设区域性现代服务业中心为目标，改造旧城区，复兴老樊城。我们在进行旧城区改造建设时，建筑色彩以及形式不仅要体现老樊城的历史文化特色，还要充分地考虑到建筑色彩与周边环境以及与人的色彩协调关系，从而完成老樊城的华丽转身。

2. 崇尚功能性原则

实践证明，通过特定的城市色彩规划与设计能够有助于其实现某些特定的城市性质、职能等定位。古往今来，不同的城市因历史、地理等因素的影响，会形成特有的城市定位。目前，襄阳正在启动四座新城，即庞公生态新城、东津新城、尹集教育新城、襄阳三国文化新城的建设，同时也在加大樊城"九街十八巷"老城区改造的项目，新的都市规划建设项目将襄阳城市各区域功能细化，因此我们在新城建设的色彩风格定位上也应该泾渭分明。庞公生态新城色彩应以淡雅偏暖的复合色为主色调，很好地将绿色贯穿于整个庞公新城的建设当中，体现宜居、生态、文化的新城面貌。东津新城建成后将成为襄阳市新的政务中心、金融服务中心、文化中心、高端制造业和服务业中心，是承载现代化区域中心城市的功能区。建筑上应尽量采用金属、玻璃幕墙等冷色系材料作为建筑外墙的主要装饰材料，整个新城的色彩要尽量呈现出明朗、冷峻、恢弘的色调，以此来体现其庄重、严谨、精密的区域功能特征。尹集教育新城城市区域建设色彩的选取方面则可以多元化，可以用明快、

---

① 崔唯：《城市环境色彩规划与设计》，中国建筑工业出版社2006年版，第39页。

纯度高、色彩对比强烈的色调来体现教育的多元化以及学习氛围的轻松与愉悦。襄阳三国文化新城可以由"黑白灰"营造的色彩氛围来体现历史的沧桑以及深厚凝重的文化气息。白墙、青砖、黑瓦，再配以碧水、绿树、青石桥，这种简约与素雅的意境是任何华丽色彩所无法取代的。

3. 追求美学性原则

早在古希腊时期，西方先哲们就提出"美在和谐"的论断，人类长期的审美创造与欣赏经验表明，色彩的和谐之美一方面要求色彩的组合关系要互相契合统一，即"调和"，另一方面还要求它们之间相互独立，即"对比"。所以对比与调和才是构筑色彩和谐之美的金科玉律，调和与对比也同样是构筑城市环境色彩美的基本法则①。

"都市襄阳"的城市色彩建设应该遵循"整体和谐，多样统一"的城市色彩美的基本方针，所谓"整体和谐"即整体色彩规划协调，体现绿色襄阳、宜居襄阳的特色。"多样统一"即各新城建设以及旧城改造区域色彩可以独立多样，彰显特色。中国美术家协会主席靳尚谊曾经就城市色彩建设问题说过，色彩之美应在统一中求变化。因此我们在"都市襄阳"城市色彩建设时应多采用的是调和原则，即统一为主、变化为辅的规划与设计原则。例如：樊城区正在全力推进的新襄阳客厅、南国城市广场、武商摩尔城、襄阳新天地、苏宁广场等城市的商业、娱乐中心或区域的色彩表达可以尽量表现得斑斓、对比鲜明一些；而在"九街十八巷"的老棚户区、还建小区的建设色彩则要单纯、统一、柔和一些。

（作者单位：湖北文理学院）

---

① 崔唯：《城市环境色彩规划与设计》，中国建筑工业出版社2006年版，第130页。

城市雕塑与公共环境设计的同构

曹启良

　　雕塑,是人类艺术文化不可缺少的部分,在人类文化生活中占有重要地位。它是一个独特的艺术种类,所谓独特,是因为它虽然和其他美术门类一样,都是直观的视觉艺术,但它又不同于平面的绘画艺术,而是用立体的造型来体现空间艺术,给人以更直观、更真切的感受。人们置身其中,其赋予人以人文内涵与艺术熏陶,因此,对其的研究就具有了深远的人文意义。而在这其中,城市雕塑是一个必不可缺的重要构成要素。无论是纪念碑雕塑或建筑群中的雕塑和广场、公园、绿地以及街道间、建筑物前的城市雕塑都已成为现代城市中公共环境设计的重要组成部分,是一座城市文化水平的象征。由于城市雕塑的存在,城市充满了活泼美丽与生机,因此有人把城市雕塑称为城市的精灵。

　　城市公共环境艺术是一个综合的整体,它包括了建筑、绿地、水体、小品、街灯、壁画、雕塑等方面,由于城市雕塑总是处于一定的环境的包容之中,所以,我们所看到的城市雕塑,不单是一件雕塑作品本身,而是这件雕塑作品与其周围环境所共同形成的整体的艺术效果。因此,重视雕塑与公共环境的关系,是判断一件城市雕塑作品成败的关键。城市雕塑与城市公共环境之间是一个相互联系的整体。我们要从城市公共环境中的自然环境和人文环境两方面来探讨它们与城市雕塑的关系。

一

　　人与自然环境是亲和的,而并非是主客体分开的。城市雕塑是公共环境艺术的组成部分，正如人和自然环境的关系一样，是融入环境并与环境协调。城市雕塑处在一个开放的自然空间环境之中，与人们接触，供人们观赏，使它具有了公共性、开放性和参与性。城市雕塑的公共性是指城市雕塑多置立于室外环境的特点决定了它是由人们共同享有的艺术。当一件城市雕塑作品诞生时，它不仅给这座城市带来无限生机，是这座城市不可缺少的一部分，同时还给这座城市的每一个人以精神的享受和满足。所以城市雕塑无论是具象的、抽象的、表现的或是装饰纪念等等，从它的审美形式上都应符合一个地域、一个民族的人们的公共的审美需求，应为大众所接纳。城市雕塑往往都是在一个开放的空间中矗立的，在城市广场中，在街道绿地上，在公园里、街心花园中，或是公共建筑、桥梁、水面上，都可以看到各式各样的城市雕塑。开放的空间也决定了这些雕塑所具有的开放性，我们也可以称其为开放的雕塑。在这些开放空间里，人们以不同的方式来与这些开放的雕塑取得交流。城市雕塑的参与性除了指普通意义上的人们的参观欣赏之外，主要还指一些具有特殊功能的城市雕塑。如沈阳九一八纪念馆，从外观看是一本打开的日历，是一件极具有震撼力的城市雕塑，同时它的内部又是一个纪念馆，人们在观赏其外部形象的同时，又可步入其中，受其教育。雕塑作品把人们和它从里到外、紧密地结合在一起。还有大连的苏维埃红军纪念碑的底部也同样是一座纪念馆。在一些儿童游乐场所，一些设施既是雕塑，同时又是儿童游戏的道具，既活跃了气氛，又使孩子们在尽情参与游戏的过程中得到了审美的享受。

每座城市都有自己的历史文化特点，有的城市是文化名城，可以突出其历史文化的特点，多建立历史人物等纪念性雕塑；有的是现代化工业城市，其中的城市雕塑可以是现代感、形式感很强的作品；有的城市是海滨城市，一些城市雕塑的作品题材或许可以根据大海的故事展开。同样，在不同的时期，艺术家给人们留下的城市雕塑作品中都有几件非常著名的、代表着当时时代特征的作品，通过作品使后人能够从中感受到前人的生活以及社会的变迁。

二

　　城市雕塑从属于城市公共环境，更要与城市的精神文明发展水平相匹配。我们有的城市雕塑建得真的不错，但是就像一条漂亮的领带，配的是的确良西装，穿了一双解放鞋，整体看不是那么回事，所以感觉不到它的好。有的城市热衷于城市形象工程，这些城市的确也做了不少雕塑，但是，用突击的方式发展城市雕塑，超越城市发展的实际水平进行拔苗助长式的城市雕塑建设，最后还是会受到惩罚。如果说，城市雕塑的建设是一个物质形体塑造过程的话，那么，它同时又是城市精神文明的塑造过程，因为它不光是要创作出作品，还要同时创造出能够理解和欣赏城市雕塑的城市公众。城市雕塑在这个方面要体现民意，尊重老百姓的接受程度。在城市雕塑建设中要处理好雕塑家和公众的关系，他们是相互关系的整体，标志着一个城市在城市雕塑方面的水准，也体现了城市精神文明所达到的程度。

　　我们经常可以碰到这样的情况，一件城市雕塑不为公众接受，老百姓看不懂，但是这件城市雕塑常常还是被硬塞在城市的公共空间内。通常的解释是，公众审美水平与艺术家的水平是有差距的，如果他们的趣味发生冲突，让步的应该是公众，他们需要启蒙，需要受教育。这种说法是有问题的。的确，公众和艺术家之间是有差距，但是，如果雕塑家的作品完全不被市民接受，而艺术家还在那里得意洋洋，我觉得这件城市雕塑就不能说是一件好作品。因为这个作品还没有与整个城市的精神状态相适应，没有得到城市居民的认可。在城市雕塑的历史上，一个时代有一个时代的风格，这种时代风格应该具有普遍的概括性，有广泛的代表性。由此可见，设立城市雕塑，应当充分考虑人文环境这一因素，要对特定的人文环境进行研究。随着城市雕塑建设的深入发展，人文环境的因素愈来愈多地受到关注。在城市的主要区域设置的雕塑，应该能够达到控制这一区域，成为该区域主要景观的目的，优秀者还能够体现出该城市的精神面貌，甚至成为标志性的雕塑；而在一些休闲的、生活区域的环境里，设置的雕塑内容可以中性一些，多讲究些趣味性。

三

　　城市雕塑与自然环境、人文环境之间虽然存在着不同的关系，但是三者又是互相联系、密不可分的。城市雕塑首先应在尊重自然、保护自然的前提下，为人类创造一个最适于生态的环境空间，这环境空间在满足视觉与环境的基础上应考虑人的精神性与环境的文化性。所以城市雕塑的设计应遵循三个原则：一是现实的整体性——力求与环境统一和谐，它是一种宽容和谦逊胜过自我表现的虚荣；二是时空的连续性——力求与环境的历史和未来联结，深入到与我们水乳交融的文化中，追寻隐匿于环境造物中的本来面目；三是意识的民众性——力求与环境的最广大的所有者沟通，并为之服务。比如：在全国城市雕塑的一个成就展览中，深圳有几件作品获了奖，其中一件立在东门老街的作品叫《杆秤》。这件作品采用了波普艺术的手法，把一件日常生活的物品以超常规的尺度加以放大，使人们产生既熟悉又陌生的感觉。《杆秤》放在东门步行街获了奖，放在华侨城能不能获奖呢？恐怕不能。为什么？因为环境和空间的特点不一样，二者找不出什么关联。东门街市有几百年的历史，步行街的改造强调尊重传统，保留岭南商业风貌，在这里放一杆老式的杆秤，尽管尺度非常夸张，但是和环境的整体气氛是吻合的。

　　华侨城也有一件作品获了奖，它是《地门》。这件作品在手法上与《杆秤》有相似之处，它是一扇放大了的铁门和一把大锁；这件作品放在华侨城的大片绿地上，与其他艺术家的作品相对集中在一起，形成了比较浓郁的艺术氛围，它放在东门步行街就不行，东门步行街很窄，《杆秤》是直立向上的，不占地方，如果让《地门》躺在那里，简直不可想象。这两件作品的对比告诉我们，脱离了空间，脱离了环境，而简单地说这两件作品好不好，那是没有办法说的，环境对它们的价值起了至关重要的作用。一件成功的雕塑作品必须是自然环境和人文环境综合考虑下的产物。

　　现在有些城市在建城市雕塑的时候，忽略了空间、地域和环境，孤立地拿美不美作为判断的标准。有时候，还会简单地将一个城市的雕塑和另一个城市的雕塑进行类比，别的城市创作了一件成功的城市雕塑作品，也要求自己的城市仿效它。这种思想方法是不正确的。城市雕塑是不是成功，能不能成为一件精品，要看它与城市公共环境空间的相互关系，城市公共空间里面包含了什么？包含了城市的特殊性，也就是它的地域性。这种地域性主要包含了城市的自然环境和人文环境两方面，例如城市的独特区位、城市事件、城市历史、城市心理、城市习俗、城市建筑、城市景观等，这些东西都是装在城市空间里的。城市雕塑是可以模仿、可以复制的，但是城市的地域特点、城市的独特面貌和环境是不可模仿和复制的。

四

建设城市雕塑不能一哄而上，搞大跃进，而要在条件成熟的情况下，审慎地推进，宁可少些，但要好些。如果条件不成熟，宁可放一放，等一等。况且，城市雕塑不能让我们这一代人都做完，城市的空间不能让我们这一代人都填满。所以，"可持续发展"应该是城市雕塑建设的原则，也是它的科学发展观。我们的城市空间就这么大，空地就这么多，我们还要为后人留下发展空间，不能目光短浅，像进行填空竞赛一样，把城市空间都塞满。

在处理城市雕塑与城市环境的关系中，城市雕塑应该强调可持续发展。我认为城市雕塑的社会价值比艺术价值更重要，共性比个性更重要，公众的普遍认同比雕塑家个人的喜好更重要。城市雕塑面对的是广泛的社会人群，它好不好，人们喜不喜欢，不完全是雕塑家所能够决定的，最后还要看它与这个城市的机缘，看时间的孕育。在城市雕塑的实践中，"有意栽花花不开，无心插柳柳成荫"的现象并不少见，这一切都要靠时间的检验，个人的意志和一厢情愿往往是不能奏效的，所以城市雕塑应该强调可持续发展。

当然，城市环境也不是一成不变的，城市雕塑需要随城市环境的改变而改变，所以，城市雕塑是雕塑家塑造出来的，也是时间塑造出来的，城市雕塑的意义也是被时间不断赋予的。城市雕塑本身就具有社会记忆的功能，如果我们把这些感人的城市人物和故事用城市雕塑的方式记录下来，这种本土化的记忆活动通过不断地叠加和积累，就形成了具有特色的城市雕塑，就形成了具有地域特点的城市文化。时间是城市雕塑最后的评判者，城市是一个有生命的机体，它是生长的，而生长是时间性的。城市雕塑在一个城市的优劣成败最终也是由时间来决定的。所以我们说，时间是城市雕塑最后的评判者，时间是参与塑造城市雕塑的一个非常重要的因素。

在越来越讲究城市形象设计的今天，城市雕塑作为城市环境艺术的重要组成部分，越来越受到人们的重视。城市雕塑成为反映城市文化和城市文明的重要标志。好的城市雕塑往往富有深刻的人文内涵，反映一座城市的历史底蕴；而庸俗不堪的城市雕塑往往令人对一座城市形成难以言说的成见。所以，城市雕塑作为一种环境现象，它是一个综合性的东西，只有把它放在城市环境的框架中进行整体的考察，才能真正解释城市雕塑的许多问题，才能达到城市雕塑所追求的成功与恒久。

参考文献：
[1]刘森林.公共艺术设计[M].上海：上海大学出版社，2002.
[2]赵连元.审美艺术学[M].北京：首都师范大学出版社，2002.
[3]何新.艺术分析与美学思辨[M].北京：时事出版社，2001.
[4]郑宏.世界城市雕塑景观发展趋势[J].装饰，2003(11).
[5]杨春时.美学[M].北京：高等教育出版社，2004.
[6]朱光潜.西方美学史[M].北京：人民文学出版社，1963.
[7]叶朗.现代美学体系[M].北京：北京大学出版社，1999.

（作者单位：湖北文理学院）

历史文化与当代襄阳人文景观设计

李觉辉

襄樊市地处鄂西北，是湖北省域副中心城市。"一江春水穿城过"，水量充沛、碧波荡漾的汉江把襄樊一分为二——襄阳和樊城。江南的襄阳历史悠久，它南依岘山，凭山之峻，可谓"十里青山半入城"；北临汉水，据江之险，可见"汉江一带碧长流"①。江北的樊城是展现襄樊经济建设成就的繁华都市，近十年来在城市改造、景观建设上取得了令人瞩目的成就。投资巨大的诸葛亮广场宏大开阔，功能齐全，成为市民休闲、娱乐、健身的好去处，是襄樊的标志性广场。汉江大道景观也是体现襄樊现代化风貌的窗口。整个改造工程投资 4.6 亿元，总规划面积 52 万平方米，搬迁居民 5600 户。东起汉江一桥头，西至汉江二桥头，长达 1000 多米的一期工程已竣工，使樊城沿江一带呈现出一幅现代化都市景观图。这里集商业、金融、休闲旅游于一体，与隔江相望的襄阳古城形成强烈的对比，使襄樊"南城北市"的格局更加名副其实，颇有"襄樊外滩"之誉。民发商业广场、开放广场、城市印象、世纪新城等商业建筑群的成功开发，使襄樊日益具有现代化大都市的风范。招商引资 40 亿元、正在开工建设的"万达商业广场"，更是为襄樊的现代化建设涂抹上浓墨重彩的一笔。这一切无疑令襄樊人感到振奋和自豪！但高兴之余，又有一种难以名状的失落感。难道经济快速发展、商业不断繁荣和楼房日渐增高就是我们这座城市的全部吗？这是发人深思的。

从襄樊"南城北市"的传统格局来看，发展明显不平衡。代表经济

---

① 魏平柱：《唐代襄阳诗歌评注》，香港国际学术文化资讯公司 2004 年版，第 288 页。

繁荣、现代化水平的樊城——"北市"的发展成就卓越，日新月异，而体现襄樊悠久历史文化、深厚人文底蕴的"南城"——襄阳却发展相对缓慢。尽管几届政府在修复古城墙、疏通护城河、扩建北街、重建荆州路北街、重现昭明台雄姿等方面也投入了巨大的财力、人力，使它们成为襄樊的"名片"。但相对于襄阳丰富、厚重的历史人文资源来说，现有的开发仍缺乏应有的深度和广度，从长远来看，不利于襄樊城市精神的重塑和文化品位的提升。作为历史文化名城、中国优秀旅游城市、国家十佳园林城市和"中国魅力城市"，襄樊的独特之处在于"外揽山水之幽，内得的人文之胜"①与都市繁荣的完美结合。在发展经济、推动都市繁荣上各届政府都有大手笔，但在山水风光与人文胜迹的结合上力度还不够，水准还不高。在城市超常规发展的今天，完整的城市历史文化物质遗存已相当有限，遴选适当的历史文化题材，在襄樊发展更新的进程中以人文景观的方式保存部分城市文化历史记忆②，这不仅是必需的，而且是紧迫的。本文从当代襄阳人文景观设计中对历史文化信息的再认识、景观设计的布局和景观的表达方式等层面展开论述。

一、对襄樊历史文化信息的再认识

当代襄阳人文景观设计理应浓缩襄樊人文历史的精华，因为襄阳无论是从传统格局，还是当代定位来看都是人文荟萃之地。襄阳人文景观设计就是在拥有2800多年城市文明发展史的背景下进行的，除了要考虑地理、生态环境之外，襄樊的历史文化更是不可缺少的重要因素。因为城市的历史文化就像一条串起珍珠的丝线，贯穿着城市文明的发展史，它是城市文化积淀的体现，是城市历史的见证，更是无法再生、弥足宝贵的人文资源。重新理清、认识城市历史发展中的文化脉络③，对

---

① 摘自CCTV"2004年中国魅力城市"颁奖词。
② 张建华、许珂：《当代城市景观中的历史文化信息表达》，载《山东建筑大学学报》2006年第4期。
③ 陆娟：《论当代中国城市景观设计的现状与出路》，载《艺术百家》2007年第1期。

当代襄阳人文景观设计尤其重要。

悠久的历史、清幽的山川，孕育出灿烂而独特的襄樊地域文化，吸引历史上众多的仁人先贤、文人墨客在这片古老而神奇的土地上建功立业、流连歌咏。尊重历史，传承文化，缅怀先贤，不仅是文明和智慧的表现，而且也是襄樊现在、未来城市发展用之不竭的力量源泉。用人文景观的形式记忆那些湮没在历史长河中的人文胜迹和代表襄樊文化精神的人物、诗篇，既是一件幸事、雅事，也是功在当代、利在千秋的大事。如遍布人文胜迹、名满天下的岘山上就曾有标识"风景这边独好"的岘山亭、凤凰亭、濯汉亭和汉皋亭等；有缅怀为国建功立业、勤政爱民的羊公（祜）祠和张公（柬之）祠；有曾以环境幽美、香火旺盛著称的甘泉寺、卧佛寺、延庆寺和岘石寺，俗称"一里四寺"①；有以神话传说、醉人诗篇而闻名的老龙堤；还有表彰唐代平定安史之乱名将来瑱的"来将军去思碑"，铭刻南宋抗金英雄赵淳解放襄阳事迹的"庆元己未"摩崖和南宋时从蒙古人手中收复襄阳的民族英雄李曾伯相关的"襄樊铭"摩崖②。同时，从唐代至今，包括李白、杜甫、孟浩然、王维、白居易等著名诗人和韩愈、柳宗元、欧阳修、苏轼、曾巩等唐宋八大家都有歌咏、赞美襄阳山川风貌、人文物产的著名诗文；更有不畏强权、身残志坚、执着献玉的卞和，风流儒雅、辞赋与屈原并称的宋玉及现代著名诗人，以《黄河大合唱》词作鼓舞中华儿女奋起抗战的光未然（张光年）等。这一切奠定了襄樊在中国文化史和文学史上的不凡地位。襄樊是名副其实的历史文化名城。

然而，襄樊虽有如此令人艳羡的文化遗产，但或飘零在历史苍茫的记忆中，或沉睡于襄樊文史学者整理、研究的文字中，"养在深闺人未识"。缺乏历史积淀的城市是无奈的，具有辉煌历史和灿烂文化的城市，而缺乏应有的传承、展示则是可悲的。历史是久远的，文化是无声的，但它的价值是不容低估的。这就导致今天大部分襄樊人对自己城市的历史文化、人文胜迹知之甚少。当城市的历史文脉和文明结晶以大众

---

① 刘鸣冈：《名城旧事》，湖北人民出版社1998年版，第216页。
② 中共襄樊市委宣传部、外宣办：《名城襄樊》，鄂襄市内字第020号，第101页。

化的人文景观形式展示出来时，就会吸引人们驻足欣赏、思考，就会唤醒人们内心的自豪感，滋养自信心，增强使命感，进而使其义无反顾地投入到热爱家乡、建设家乡的实践中。这样不仅可以激发襄樊人，甚至可以激发愈来愈多的来樊客人去了解襄樊历史，游览襄樊山水，向往襄樊独具魅力的地方文化的热情。

二、襄阳人文景观设计的布局

由于历史久远，经过漫长的朝代更替和发展演变，襄阳原有的人文古迹所依存的空间形态，大多被自然的力量损毁或人类的行为改变，有些地域空间甚至沧海桑田，迹象全无。因此，襄阳人文景观设计的布局，就应该遵循基于历史环境原址或尽可能靠近原址的适当地点加以再现的原则。只有这样才有利于还原历史风貌，易于人们直观地感受世代先民的智慧、成就和情怀，启发当代人对过往时光的追溯和遐想，达到满足人们文化认同和扩大精神空间的目的。同时，在景观设计的布局上，还需要结合现在的城市功能，通过选择具有重要历史文化价值、能体现襄阳历史文化风貌的景观空间节点进行恢复，创造出既体现历史文脉，又适应现代生活的人文景观环境①。

基于以上原则和襄阳历史上人文胜迹的分布状况，襄阳人文景观设计的布局应以襄阳古城为中心，分三个景观带展开分布。

1. 襄阳滨江人文景观带

其中包括两部分，一是从襄阳汉江一桥头至汉江二桥头的沿江区域，即滨江路。滨江路景观设计在确保防洪安全的前提下，兼有通行、休闲、观光的功能。无论是从小广场、休息长廊的分布、象征性旧码头符号的竖立，还是从张拉膜的运用、装饰性椰树的点缀和人造刨光大理石的铺装来看，滨江路景观设计都极具现代风格，这与厚重、沧桑的襄阳古城形成强烈的反差。作为与古城唇齿相依的景观设计，滨江路景观还仅仅停留在追求景观空间视觉愉悦效果的一般美学意义上，缺乏与古

---

① 张建华、许珂：《当代城市景观中的历史文化信息表达》，载《山东建筑大学学报》2006年第4期。

城相呼应的人文艺术景观，给人貌合神离的感觉。尽管在夫人城旁，护城河一侧有襄樊学院美术学院教师设计的大型《故垒惊涛》浮雕，但相对于现代特征明显的整个景观带来说，则显得微不足道。

二是从汉江二桥头至即将兴建的汉江三桥（万山）沿江区域。这一带就是古老而著名的襄阳老龙堤，古称大堤。老龙堤不仅阻挡着汹涌澎湃的汉水，护卫着襄阳的安全，见证了昔日繁忙的襄樊水运，而且在历史上也是闻名遐迩的游览胜地。大堤内外绮丽的风光和有关老龙堤、"郑交甫遇仙女"（即游女解佩）的神话传说，吸引了历史上众多文人墨客前来观光，写下了许多令人心醉的诗篇。这些古老传说和优美诗篇不仅提升了老龙堤的文化形象，而且也是创建老龙堤人文景观带所倚重的珍贵文化遗产。

2. 护城河、南渠人文景观带

襄阳城北临汉江天堑，东南西三面为人工开掘的护城河。护城河平均宽180多米，最宽处250多米，被誉为世界上最宽的护城河。虽然它早已失去了昔日的防御功能，但经过近年来的整治疏通，已俨然成为环绕古城的翡翠玉带，沿岸绿草如茵的景致仿佛又为古城披上了一件迷人披风，把古城衬托得更加雄伟刚健。这里现已成古城人民休闲、健身、观光的洞天福地。护城河风光带已尽显碧波荡漾与绿草花木、亭台楼阁珠联璧合的生态景观，如能在其中增加一些历代名人赞美襄阳的诗文华章，布置一些古城历史上仁人志士的雕像等人文景观，还可使人们在游玩之余获得精神享受。遗憾的是城南一段的护城河至今仍未贯通，破坏了护城河风光带的整体性。

另外，南渠古称襄水，襄渠。襄樊知名文史学者刘鸣冈先生在其《名城旧事》一书的"释襄"篇中，早已考证了襄阳之名的由来与这条不起眼的襄水的关系。即"城在襄水之阳"而得名襄阳（古人称山之南，水之北为阳）[1]，可见襄水（南渠）对襄阳城的重要性。令人惋惜的是襄水现已成为藏污纳垢的臭水沟，这与历史文化名、中国魅力城市的象征——襄阳古城的形象极不协调。作为襄阳城的标志性河流，在治理还清的同时，非常有必要选恰当地址为襄水"树碑立传"，以示纪念，唤

---

[1] 刘鸣冈：《名城旧事》，湖北人民出版社1998年版，第8~9页。

起人们保护襄水、热爱古城的意识。

3. 环岘山人文景观带

从中国文化极力崇尚的审美角度看,襄阳城依山傍水,山清水秀,实属风水宝地,是自然山水与城市文明的绝佳搭配。汉水像一条玉带,岘山像一道苍翠幽美的屏风,使古城襄阳顿生诗情画意。岘山的美,美在自然。早在两晋时期就令人们流连忘返、乐不思归,唐宋时期更是名噪天下,吸引文人墨客、英雄豪杰必登之而后快。宋代连庠这样赞美道:"四时美景千百状,登临可以抒襟灵……贤达胜士共爱此,谓此山水魁南荆。"岘山之美,美在人文。历代许多杰出的人物都曾在这里寻幽访古、缅怀先贤,抒发生命的价值和渴望建功立业的情怀,留下不朽的诗文,使岘山真正成为一座名扬华夏的文化名山。岘山之美,美在自然与人文的绝妙结合,这是造化和历史留给襄樊人民的无法替代的、独有的精神文化遗产。然而,曾经遍布岘山的人文胜迹绝大多数已消失在历史的云烟中,对今天的襄樊人来说,就像一首诗中描述的:"襄阳城里没人知,襄阳城外江山好",真可谓"身在福中不知福"。此情此景着实令人汗颜!在襄樊飞速发展、经济实力日益壮大的今天,重新设计、再现岘山人文景观带,以襄樊的经济实力应不成问题,问题是决策者是否具有珍惜文化遗产、为襄樊人民建构精神家园的意识和追慕先贤、造福一方的勇气和魄力。

三、襄阳人文景观设计的表达方式

城市是人类文明发展的结晶,广大市民才是城市的真正主人。人们对城市生活的热情和向往,是追求文明的表现,城市理应成为人们物质生活和精神生活的理想栖息地。日本杰出景观设计学教育家佐佐木告诫我们:"当前,景观设计学正站在紧要的十字路口,一条通向致力于改善人类生存环境的重要领域,而另一条路则通向肤浅装饰的雕虫小技。"[①]对中国当代景观设计作出杰出贡献的哈佛大学设计学博士、北京

---

① 俞孔坚:《城市正在失去作为生存艺术的景观设计》,http://www.chinaacsc.com/ccp/001/article.asp?id=74,2014-01-10。

大学景观设计学研究院院长俞孔坚教授也指出:"为了能够建造一个平民的、乡土的城市景观,当代景观设计学必须调整自身的定位和价值观。我们是谁,我们从何而来,决定着我们的未来。我们的价值观,我们珍视什么又将决定我们应该在什么地方,保护和创建什么样的景观"①。可以得出这样的结论:景观设计不是装潢门面,不是哗众取宠,不是满足少数人的虚荣心,而是保护城市生态环境,保证城市可持续发展和改善城市市民居住条件和生活环境的文明之举。

襄阳人文景观设计的表达方式就是在体现特定历史文化信息的同时,以传统、形象、简明的形式,既传达相应的文化内涵,使人观景生情,又符合生态化节俭设计的原则,达到延续历史文脉,"简约而不简单"的目的。其表达方式有:

1. 再现

在历史环境的原址上,以部分复原的形式重现历史景观的表达方法,以表现该地点的历史感,营造追寻历史境遇的文化氛围,设计出既古老又崭新的人文景观,满足人们凭吊先贤、欣赏美景的文化愿望。岘山人文景观带主要包括羊公祠(含堕泪碑)、张公祠、习家池(已动工扩建,这里不提)、孟浩然故居和岘山亭、凤凰亭等,其中羊公祠和岘山亭应是这一景观带的灵魂。岘山因羊祜的功业和恩泽襄阳而闻名于世,重建羊公祠,再树"堕泪碑",不仅是对优秀传统政治文化的弘扬,而且是对"官爱民,民拥官"、创立和谐干群关系的呼唤,在一定意义上岘山本身就是羊祜勤政爱民精神的丰碑,因此,重建羊公祠是首要工程。张柬之、孟浩然是襄阳本土人,他们各自在治理国家、建设家乡、关情乡梓和田园诗歌创作上的成就至今令襄樊人津津乐道,重建张公祠,恢复孟浩然故居也是刻不容缓的。重现岘山风景节点上的标志性亭台如岘山亭、凤凰亭、濯汉亭和汉皋亭等名胜并配以诗文,特别是重刻欧阳修的《岘山亭记》碑记更是重中之重,使诗文与风景相得益彰,唤起人们登临胜景、怡情悦性的美好愿望。

---

① 俞孔坚:《城市正在失去作为生存艺术的景观设计》,http://www.chinaacsc.com/ccp/001/article.asp? id=74,2014-01-10。

2. 重构

由于时间久远，一些神话传说和诗歌歌咏的情境早已时过境迁，难以再现，那么就要结合现实的城市功能，以全新的人文景观形式重构、创建适合当代人审美、具有历史文化凝重感的大型石刻、雕塑景观区，从美学意义上昭示历史文化氛围，给人们创设广阔、自由的畅想空间，回味襄阳文化的沧桑美感。从襄樊城市规划、功能的角度看，这一景观区适宜设置在襄阳二桥头至万山沿江的老龙堤一线，因为这里是神话传说的发生之地和历代诗人抒怀歌咏之地。经过周密的策划，可以设计创作出老龙堤的传说、"郑交甫遇仙女"大型浮雕或圆雕，雕刻唐宋两代具有重要影响的诗人如李白、杜甫、孟浩然、白居易、王维、刘禹锡、李贺、欧阳修、苏轼、曾巩等诗人的雕像并配以赞美汉江、老龙堤的诗歌，镌刻其他诗人的篇章或图案于大石之上，使其分布在绿草花丛之中，形成一道在蓝天白云之下，汉水碧波岸边，独具历史文化魅力的襄阳人文景观带，使人们在休闲、玩耍之余漫步在神话传说与诗歌交织的文化长廊中，得到难以比拟的精神享受。另外在襄阳古城周围和滨江路景观中增设一些襄樊文化名人的雕像并配以其代表作，如卞和像、宋玉像及《风赋》、光未然（张光年）雕像及《黄河大合唱》歌词片段等。这一景观区的人物雕像、诗文石刻材质宜选用采自保康、南漳或谷城山区的花岗岩或其他石材，雕像还可用青铜、玻璃钢等材质，以体现襄阳质朴、坚韧和厚重的历史文化美感。

3. 标识

对于襄阳一些在历史上曾经代表佛教文化繁荣的建筑、名人墓冢和古街巷里等名胜，重建起来很可能会遇到资金、环境等问题，可以本着现在搁置、寄望将来，既保存历史记忆，又简易经济的原则加以标识。如沿岘山一带的"一里四寺"——甘泉寺、卧佛寺、延庆寺和岘石寺（岘山寺），王叔和墓，杜甫衣冠冢，击毙孙坚的凤林关，迎新送旧的桃林馆及与梁武帝渊源颇深的襄阳古巷"铜鞮巷"等，可在原址立一石碑，说明"某某遗址"加以标识，并铭刻相关咏怀诗文，以便当代人抒发思古之幽情，这也是别有风味的。

四、结　语

　　人文特色是人文景观的灵魂，自然资源与人文特色"天人合一"般的结合，可以说在襄阳体现得淋漓尽致。襄樊作为历史文化名城，名胜古迹众多，文化沉积深厚，在经济建设繁荣昌盛的同时，以人文景观这种公共艺术形式凸显襄阳悠久而独特的历史文化，不仅有助于重塑襄樊城市精神、展示襄樊文化魅力、构建和谐襄樊、丰富旅游资源、拉动旅游经济，而且对当代襄樊人认识家乡、热爱家乡，认识自我、发展自我、重建心灵家园都有深远的历史意义和现实意义。

（作者单位：湖北文理学院）

文学生态表达与公共文化建构
——以迟子建小说为例

李会君

在人们探讨公共艺术与公共审美话题时，建筑与雕塑占有非常显著的位置。这当然与建筑、雕塑具有鲜明的场所性和公共性有关。其实，无论是针对公共审美需求，还是针对公共文化建设与发展需要，文学都是不可忽视的内容。特别是当代文学生态写作就可以看成是促进人类社会重建公共环境与公共文化的艺术手段。这从迟子建的小说中就可以看出。

迟子建是中国当代优秀作家之一。她出生在中国最北端的北极村。从 20 世纪 80 年代以来，迟子建带着童年的梦幻、古老的民间传说和大自然的清新活跃在文坛，其作品一直保持一种自然、健康、朴素的生命底色。她的一些作品被译成英、法、日、意等语言在海外传布，曾荣获鲁迅文学奖、冰心散文奖、澳大利亚"悬念句子文学奖"，其长篇小说《额尔古纳河右岸》在 2008 年获第七届茅盾文学奖。在长期的文学写作中，迟子建保持了自觉的公共文化诉求。受东北土地的滋养，迟子建长期眷恋公共性的生态环境与事物，对公共环境与自然事物有一种源于自然本真的敏感性。她曾经说："一个好作家对有灵性的万事万物有一种关爱怜悯之情。"①多年来迟子建秉承这样的文学信仰，在写作中形成了"温情的美学观"②。而涵养迟子建文学信仰与温情品质的，正是"自

---

① 迟子建、闫秋红：《我只想写自己的东西》，载《小说评论》2002 年第 2 期。
② 李会君：《论迟子建文学写作的温情美学观》，载《文学教育》2008 年第 10 期。

然",是迟子建成长、生活的那片土地的赐予。她说:"童年围绕着我的,除了那些可爱的植物,还有人和动物。"①而她对人与自然关系的理解直通文化的公共境域,这就是她所向往的"'天人合一'的生活方式,因为那才是真正的文明之境"②。在《假如鱼也生有翅膀》这篇散文里,她坚信"动物与植物之间也有语言的交流",认为人类"应该更多地与自然亲近,与它对话和交流"③。她经常把自然与人类相提并论,提倡对自然的感恩意识。在她看来,"没有大自然的滋养,没有我的故乡,就没有我的一切。"④因此,迟子建在执着于人性温暖的同时,也将这种"关爱怜悯"之情施于"有灵性的万事万物",用一种生态责任感与写作伦理来完成文学写作,或呈现人与自然的和谐境况,或揭示人与自然的对立与紧张关系,借以传递人与自然应该和谐共存的公共意识、公共精神,这也使得迟子建的小说具有独特的生态美学价值和公共文化价值。这里通过其小说中的江河意象、鱼类意象、森林意象作概要分析与阐述。

一、江河意象表达与生态和谐诉求

公共文化建构涉及许多领域,当然也包括和谐的生态文化创造。但在人类社会的现代化进程中,生态环境却面临很多困境。在和谐生态意识面前,这些生态困境又强化了人们对现有生态境况的梦想。迟子建小说对江河意象的表达,就传递了和谐生态的文化诉求。

在迟子建的小说中,江河是故园这块黑土地上各民族的生命线。人类自古逐水草丰美之地而居,江河是人类与大自然融合之地,人类在江河取水饮用、捕鱼捞虾、交通航运、嬉戏玩耍、欣赏风景。迟子建的很

---

① 迟子建:《寒冷的高纬度——我的梦开始的地方》,载《小说评论》2002年第2期。
② 迟子建、胡殷红:《人类文明进程的尴尬、悲哀与无奈——与迟子建谈长篇新作〈额尔古纳河右岸〉》,载《艺术广角》2006年第2期。
③ 迟子建:《假如鱼也生有翅膀》,载《山花》2001年第1期。
④ 迟子建、胡殷红:《人类文明进程的尴尬、悲哀与无奈——与迟子建谈长篇新作〈额尔古纳河右岸〉》,载《艺术广角》2006年第2期。

多小说都离不开江河，形成了独特的江河意象。其早期的小说《沉睡的大固其固》中，奶奶和老校长都讲过一个同样的故事，"大固其固"就是鄂伦春语"产大马哈鱼的地方"，那条大马哈鱼产卵的河就叫呼玛河。漠那小镇的人们一到冬天总是爱谈到一条江，"他们说这条江几十年前是用麻绳捕鱼的。他们说这话的时候，眼睛里闪烁着陶醉的光辉"（《鱼骨》），人们热切盼望这条江开怀，一块鱼骨激起了人们守江的热情。《逝川》中的逝川是一条平静美丽的河，河里产一种独特的泪鱼，河边有着美丽的传说。"棒打狍子瓢舀鱼"诉说着黑龙江地域曾经的富饶繁庶，黑龙江是《原始风景》中美丽的风景，是《白银那》中展示人性与自然光辉的舞台。

　　江河与人类的公共生活、公共文化息息相关，承载这种内涵的文学作品也是源远流长。"黄河之水天上来"（李白《将进酒》）、"黄河远上白云间"（王之涣《凉州词》）中的江河雄浑壮美；"问君能有几多愁，恰似一江春水向东流"（李煜《虞美人》）、"水流无限似侬愁"则以浩渺的江水隐喻满腹愁绪；"阁中帝子今何在？槛外长江空自流"（王勃《滕王阁序》）、"唯有长江水，无语东流"（柳永《八声甘州》）表达了流水无情、韶光不再的感叹。可以说，江河亘古流淌，一直就是诗人们表达对祖国大好河山的热爱、化解绵绵愁绪、哀叹时光无情、寄托各种情感的重要媒介。而迟子建给江河赋予了更复杂的情感与更深刻的内涵。江河与人为邻，江河是故事的发生地，是人物活动的场所，是小说必备的要素。江水流过大固其固，流过漠那小镇，流过白银那，江边不断上演着一幕幕悲喜剧。江河是美丽的风景，迟子建总是充满深情地描述它们。逝川是平静的，"逝川的源头在哪里渔民们是不知道的，只知道它从极北的地方来。它的河道并不宽阔，水平如镜，即使盛夏的暴雨时节也不呈现波涛汹涌的气象，只不过袅袅的水雾不绝于缕地从河面向两岸的林带蔓延"（《逝川》）。逝川是古老神秘的，在它身边发生的故事充满温情与关爱。黑龙江是粗犷丰饶的，"黑龙江解冻时就像出鞘的剑一样泛出雪亮的光芒和清脆的声响。阳光和春风使得封冻半年之久的冰面出现条条裂缝，巨大的冰块终于有一天承受不住暖流的诱惑而訇然解体，大奇形怪状的冰排就从上游呼啸而下"（《白银那》）。黑龙江喧闹奔腾，景象壮观，富于生命活力，它带给人们很多乐趣。它又是美丽富饶的，曾带给渔民们丰收的喜悦和希望。

人与江河的律动是合拍的，渔汛是人与江河的对话。迟子建常常写到渔汛，一年四季，春夏秋冬有不同的渔汛，春回大地带来江的解冻，冰排之后江开了，来到的是春天的渔汛。人们蛰伏了整整一个冬天，从沉寂中焕发精神，开始了一年的生产活动。冬天到来时的渔汛更是壮观无比的，男女老少都会冒着寒冷去守江。它带给人们物质上的富足和精神上的享受，人们享受着大自然的厚爱与馈赠。守江的时候风景是壮观的，"能在那种气氛中活过一次真正称得上是人生的一大收获"（《原始风景》）。这时，人与自然美妙地融合在一起。人们捕泪鱼的时候，"逝川旁的篝火渐渐亮起来，河水开始发出一种隐约的呜咽声，渔民们连忙占据着各个水段将银白的网一张一张撒下去"（《逝川》）。在《额尔古纳河右岸》里，鄂温克牧民们与河流更是融洽合一的。额尔古纳河支流众多，牧民们为它们取了美丽的名字，还有许多小支流不曾命名。他们虽常常要辗转迁徙，但从未脱离额尔古纳河的怀抱。在他们遭遇雪灾的时候，可以在它的冰面下叉鱼，在岸边烤鱼、戏耍。"我们是离不开这条河流的，我们一直以它为中心，在它众多的支流旁生活。如果说这条河是掌心的话，那么它的支流就是展开的五指，它们伸向不同的方向，像一道又一道闪电照亮我们的生活。"的确，牧民离不开河流，有了河流，才会生长牧草、森林和万物，但鄂温克牧民从不过分地索取，他们常常是只取温饱所需。

正如有人提出了"河流的文化生命"①，迟子建笔下的江河也是有生命的文化场所。江河为依江河而居的人们提供了良好的生存环境，也是人们的审美对象，江河边的人们仍然活在江河曾经的"神话"中。这一幅幅人与江河之间奇妙默契、和谐相依的图景，正是针对人与自然和谐共生的艺术化表达方式。

二、鱼类意象表达与生态失衡忧思

在文学作品中建构生态意象可以有多元化的方式，如颂歌式、批判

---

① 乔清举：《论河流的文化生命》，载《文史哲》2008 年第 2 期。

式、反思式,借以表达不同的生态文化关怀。迟子建的小说对生态文化的诉求,并没有演绎成一厢情愿的幻觉或幻想,而是对人类公共生存境况的冷静面对与思考。迟子建小说频繁描述了一系列的鱼类意象,并借此冷静地揭露人类生存环境的不和谐之处。

鱼是人与自然联系的最直接的方式,先民依水而居,捕鱼是最重要的谋生方式。因此鱼也很早地进入文学视野,成为代表公共文化的重要艺术元素与符号。我国最早的诗集《诗经》便开启了描述鱼意象的先声,其中除了写实的"鱼"外,更多地赋予了"鱼"富足、吉祥、喜庆以及对年年有"余"的美好期盼。这些丰富的意象形式与精神内涵让鱼成了古代公共文化的重要形式。而在迟子建的小说中,与河流密切相关的也是鱼和渔汛,大凡写到河流意象就会出现鱼意象。"瓢舀鱼"、"用麻绳捕鱼"与其说表达了人们对自然富庶的过去的怀念,不如说表达了人们内心深处的某种期待与梦想。这一切虽然曾经存在过,但早已成为历史记忆或回忆。这意味着鱼意象实际上成了映照人心、审视人性、表达生态忧患的一面文化镜子。

在迟子建的小说里,鱼不仅是人类的美食,还是美丽的小生灵。狗鱼是"穿花裙子的","狗鱼的脊背是深褐色的,上面有着斑斑点点的黑色花纹,它的肚皮却是浅黄的,看上去十分好看"(《原始风景》)。鱼是通人性的,泪鱼"被捕上来时双眼总是流出一串串的珠玉般的泪珠,暗红的尾轻轻摆动,蓝幽幽的鳞片泛出马兰花色的光泽,柔软的鳃风箱一样呼嗒呼嗒地翕动"(《逝川》)。可是当人们安慰它们后,它们就心安理得不再流泪了,人们最后还是要将泪鱼放回逝川去的。这是一种神圣的仪式。泪鱼有着丰厚的象征意蕴,而仪式可以说传达的是一种神话,一份期待与敬畏。《沉睡的大固其固》里大马哈鱼则有着顽强的生命力。

在小说中,迟子建每每谈到江河与渔汛的时候,既有些许兴奋,更多是带着凭吊。不管是"逝川"还是《鱼骨》中的"这条江",不管是《原始风景》里的黑龙江还是《白银那》的黑龙江,麻绳结网、瓢舀鱼的神话时代也早已远去了。"这条江开了怀了"只是人们热切而又虚幻的想象与期待,人们全体出动,兴奋不已,守了几夜江,最终却一无所获。《原始风景》中的"我"只是"赶上了这个时代的尾部"。迟子建不无担忧地写道:"人们都喜欢它们的身体,却很少为它们的命运操心,人们都知道闪闪发光的鳞片可以把一个很穷的家庭照耀得明朗一些，给一个富裕的家庭再增添一缕歌声。所以，无论是江中的鱼还是海中的鱼，它们的数量不是与日俱增，而是日趋减少，所以那种用瓢舀鱼，用麻绳捕鱼的动人故事只能成为历史，成为后辈者的童话了。"自古以来，鱼类就是人类的朋友，它容易获取，也不会像猛兽那样伤害人类。它也是美丽无比的，种类花色繁多，鳞光莹莹，也是人类的朋友，所以它才会激起人们美好的遐想与希望。可是，人类的无知、贪婪与短视却造成鱼类的灾难，同时也将成为人类自身的灾难。《白银那》就通过鱼类意象描述了这样的后果："因为黑龙江的鱼在最近十几年来一直非常稀少，不知是江水越来越寒冷呢，还是捕捞频繁而使鱼苗濒临死绝的缘故。人们守着江却没有鱼吃已经不是什么危言耸听的事了，而一条江没有了鱼也就没有了神话，守着这样一条寡淡的江就如同守空房一样让人顿生惆怅。白银那的渔民经常提着空网站在萧瑟的江岸上摇头叹息。"

一场回光返照的鱼汛便让所有的人心得以昭示。当冰排过后，一场意外的鱼汛到来，村子里能够行动的人都出动了，学校里也没人上课，人们将所有精力投入到鱼汛中，恨不能网尽所有的鱼。与村民有宿怨的商人抬高盐价、封锁信息。最后捕上来的鱼都发臭了，村长妻子因上山取冰遭遇熊害。鱼汛不但让人受尽劳累，还带来了太多麻烦。面对这样的场景，人类应该反省自己了。迟子建就是通过这种鱼汛场面揭示了人与自然、人与人之间的关系，引发了更多有关自然与人性问题的思考。作者似乎想警醒人类，如果过分捕捞鱼类，最后就必将守着江也不会有鱼吃，更谈不上年年有余了；而过于贪婪也会导致人与人之间情感的荒漠。人与自然、人与人本该是和谐相处的。"这里迟子建不再囿于河流、鱼群与人类的物质利益关系，而是通过对三者关系的揭示将其上升到终极关怀的层面。"①人类必须遵守一定的自然法则，否则，人类将无所谓公共法则、公共生态、公共文化。正因为如此，《逝川》中的泪鱼以及阿甲渔民捕了泪鱼又放归江河的"神话"便显得更加意味深长了。人们放弃了唯我独尊的立场，俯身下去安慰这自然的精灵，倾听来自它

---

① 李莉：《论小说意象蕴含的"气味"——兼谈迟子建小说》，载《文艺评论》2004年第3期。

的哀哭，而不是将它作为猎物占有，去祈求一年的好运。在这里放泪鱼不仅是一种仪式，更是一种摒弃功利和人类中心主义观念的选择，表达人类与自然的和解。在迟子建的笔下，它具有更深层的隐喻和象征，它从更深层次寄寓了人与自然关系模式的一种理想意念。这种人与自然的理想关系显然不是征服和被征服的关系，而是人对自然要有一种敬畏感，因为人与自然之间命运相连，人类的确该有所敬畏、有所取舍、心怀仁慈，才会得到自然的好的回报，人与人也会更加互相关爱、更加融洽，这个世界也因此会有更多的温暖。因此，迟子建小说中的鱼汛不再，鱼所寓意的富庶与江水空自流淌形成的对比，表达了作者对公共生态境况的深切忧虑，具有现实的警示意义。

三、森林意象表达与生态家园理想

通过生态意象来表达人类理想的生存家园，是文学史自古以来就有的传统。晋唐山水田园诗人曾经通过山水田园诗来塑造田园生活和山水栖居的环境理想。但对现代艺术家来说，重复晋唐诗人们的文学模式，很难代表当代公共文化，容易形成自怜式的个人化叙事方式。要跳出古代的生态意象叙述模式，必然要在文学生态叙事中贯穿现代社会与公共文化的因子。迟子建的小说就立足于现代社会生活境遇，大量描述森林意象，指涉人类的诗意栖居，表达对人类公共家园与归宿意识的深切关注。

人类的祖先最初就是生活在森林里的，他们靠采集野果、捕捉鸟兽为食，用树叶、兽皮做衣，在树枝上架巢做屋。森林是人类的老家，是人类共有的公共家园，人类就是从这里发展和壮大起来的。即使是科技高度发达的现代社会，森林仍然为我们提供着生产和生活所必需的各种资料，保护着我们的家园。同时还有很多地区，人类依然居住其中，直接从中获取生活来源，寻找精神依靠。森林是林木、伴生植物、动物及环境的综合体，它本身就是一个相对完整的生态系统。森林也是迟子建小说中经常出现的场景①。

---

① 李会君：《迟子建小说中的文学生态意象》，载《美学艺术学》2010年第5期。

鄂温克人天生就是以森林为家的。迟子建在《额尔古纳河右岸》里就为我们描绘了这样一片森林，描绘了一个以森林为家、与河流、青草、鸟兽为伴的民族，又展示了这一切慢慢消失的过程。在额尔古纳河右岸的山林里，鄂温克人驯养着性情温顺、富有耐力的驯鹿，"它们总是自己寻找食物，森林就是它们的粮仓"。它们吃苔藓青草，吃树叶，吃林间蘑菇。"它们吃东西很爱惜，它们从草地走过，是一边行走一边啃着青草的，所以那草地总是毫发未损的样子，该绿还是绿的。它们吃桦树和柳树的叶子，也是啃几口就离开，那树依然枝叶茂盛。"作者以无限爱怜与赞赏的态度描述着驯鹿与森林的相依相存。鄂温克人用驯鹿负载搬迁物品，骑乘在它身上，用它浑身的宝换取生活用品。他们用树干、桦皮和兽皮盖像伞一样的房屋，喝桦树汁，做桦皮篓和桦皮船。他们在林间盖"靠老宝"贮存东西，人死了以后也会风葬在树林中。他们对这片森林充满感恩之情，他们热爱驯鹿，认为驯鹿是神赐予的，尽管驯鹿时常会带走他们的亲人，但他们还是那么爱它。他们崇敬"白查那"山神，认为山神主宰着他们所要猎取的野兽，他们在食用各类野兽时总会先祭奠，而不是心安理得地享用。森林是驯鹿的粮仓，森林又何尝不是人类的粮仓。驯鹿爱惜树草，鄂温克人也爱惜这些树草和兽类，人们也会善待这些动物和树草，他们像朋友一样相处，人们从动植物身上获取生存所需，但人们又总是小心翼翼地保护它们。他们从不过分地猎获野兽、砍伐林木，总是随着季节变换不辞辛苦地搬迁，寻找最适宜的生存所在。也许就是这样的生存与生活方式催生了他们特有的森林文化、生态文化、公共文化。

迟子建在这里当然不是要描绘世外桃源，但它的确是人类向往的、曾经有过的人间胜景，是人类栖居的理想家园。在《额尔古纳河右岸》中，森林被赋予了生命意识，"丛林中的山水草木、丛林上空的日月星辰都是灵动的、轻盈的，都具有一种生命的质感"①。这种生命意识同时也是一种生态意识，表明人与森林紧密相依，和谐相处。人和这里的花树鸟兽一样，都是这个林子的一部分，没有谁比谁更重要，这里是一

---

① 周景雷：《挽歌从历史密林中升起——读迟子建的〈额尔古纳河右岸〉》，载《当代作家评论》2006年第4期。

个和谐完整的生态系统。这里也免不了有灾难、有死亡、有痛苦，但美好和谐的自然景象也能抚慰人的内心苦痛，正如迟子建所感叹的，森林、河流、月光，曾经以特有的医术拯救过人类①。而现代化进程所造成的生态失衡与苦难，并不只是鄂温克这个丛林民族与其他民族相互遭遇的后果，更是丛林民族与缺失生态意识的现代化进程相互遭遇的后果。"伐木声从此响起来了，一到落雪时节，就可以听见斧声和锯声。那些粗壮的松树一棵连着一棵地倒下，一条又一条的运材路被开辟出来了。"于是这个天然的森林粮仓开始闹饥荒了：松树被砍，松子减少，爱吃松子的小灰鼠翘着蓬松的大尾巴逃跑了，驯鹿吃的苔藓也越来越少了。山林中的动物日渐稀少，鄂温克山民只好更加频繁地搬迁。山林中的大部分游猎者后来赶着驯鹿到了政府专门建造的定居点，然而他们并不习惯定居生活，驯鹿也一天天瘦下去，有些人便带上驯鹿又返回森林。再后来，这片被砍伐的森林遭遇了一场人为的大火。迟子建在小说中缓缓叙述了这一切，没有声嘶力竭的控诉，却道出了这个特殊地域的公共文化境遇，呈现了传统公共文化与现代公共文化相互冲突的状态，展示了人类文明进程中所遇到的尴尬、悲哀和无奈。

迟子建非常理智而清醒地认识到，"开发是没有过错的"，问题在于，"我们寻求的是和谐生存，而不是攫取式的破坏性生存"，"我们对大自然索取得太多了"②。她将伐木工人进山开发前后鄂温克山民的生活状态与感受置于鲜明的对比中，让读者切身体验到公共生存环境遭到破坏后带来的生存危机和精神危机。她在流露出强烈的生态批判意识的同时，传递了生态和谐意识基础上的故园之梦，表达了作者强烈的家园理想。

（本文是湖北省教育厅人文社会科学研究项目成果）
（作者单位：湖北文理学院文学院）

---

① 迟子建：《北极村的月光》，载《广东第二课堂》2004年第Z1期。
② 迟子建：《心在千山外——在渤海大学的讲演》，载《当代作家评论》2006年第4期。

论襄阳古城池动与静的关系及作用

李鸣钟

3000年的襄阳古城池，集智慧与功效于一体，显科学与艺术之完美，是江汉平原乃至国内建筑中一颗独特的、璀璨的明珠。她特殊的地理位置、科学的构造原理及完美的环境艺术，让几千年的古城池动静自如，独领风骚。考究古城的沉稳、城河的飘逸，展现出的是动与静的珠联璧合。

一、襄阳古城池动与静构成的关联作用

从地缘文化背景分析，古代襄阳荆楚之间，形势险要。《图经》曰："襄阳居楚蜀上游，其险足固，其土足实，东瞰吴越，西控川陕，南跨汉沔，北接京洛，水陆冲辏，转输无滞，与江陵势同唇齿。往者常筑樊城以为守襄计。夫襄阳与樊城，南北对峙，一水横之，固掎角之势。樊城固则襄阳自坚；襄城坚则州邑皆安。然则襄阳者，天下之咽喉，而樊城者，又襄阳之屏蔽也。"土沃田良，方城险峻，水陆流通，晚唐朝廷中曾有迁都于此之议。古时称襄阳为天下之腰膂，自古为兵家必争之地，以攻为动，以守为静，攻守兼备，成就了襄阳古城池。动与静、攻与守相互制约，襄阳古城犹如一块位于激流中的巨石，它的态势是对动荡的顽强抗拒。

1. 襄阳古城的亦动亦静

襄阳古城池战略位置的重要，使历代郡首、刺使、知府皆注重环境设计及修筑襄阳城池。春秋时代为"楚之北津"筑有"垒城"，所谓"垒城"就是垒土为城。唐朝或唐朝以前的襄阳城已是青砖砌筑了。随着在

此发生的100多场战争的交替，不论是攻城者、守城者，都在战争中摸索突破和固守城池的"秘诀"——以静制动，以守为攻。城池由矮变高，由单薄变雄壮，城门也由单一直出直进式改成了屯兵式的瓮城门，攻可进，退可守，攻守自如。同时，为了加强城防，城河也随着朝代的更替，不断加宽、加深。到宋元时，城河的平均宽度已达180米，最宽处超过250米，最窄处也有130米。这是我国最宽的城河，周长近十公里，称为"华夏第一城池"。一江擦身而过，古城背山面水，雄踞天关，城河宽阔，河面碧波万顷，滚流不断……在城池的设计理念和动与静的把持上，无论是故宫还是古城西安，都无法与之相媲美。

2. 襄阳古城池总体布局联动关系

襄阳城(见图1)西南有山峰十余座，组成了襄阳城的外围天然屏障，而城的北面、东面则是涛涛的汉水环绕，在步行、骑马、木舟横渡的时代，这些天然的地理条件所形成的屏障是难以逾越的。加上宽阔的护城河及城门外各处的"子城"，成就了"铁打的襄阳"之说。经过多个朝代统治者与人民不断总结、探索和艰苦努力，襄阳古城池布局越来越严密，结构越来越紧凑，功能越来越健全，作用日趋明显。城墙高大、严密、坚固，城池宽阔，构成多样。除此之外，在东、西、南三面，城门外还建有"子城"，子城四周环水，并与护城河水连成一体。子城有二桥，(西门有三道桥)一桥处于主城门与子城门之间，上置吊桥，可起可放。子城外的吊桥，是进出子城和襄阳城的"咽喉"。在子城之侧（或在子城内）筑高土台两座，是用来观察敌情、报告军情的。除此之外，在夫人城西300米左右处的汉江与城河的交接要塞上，增筑土围城一座，与夫人城构成掎角之势，大大加强了城西北角的防御能力。明洪武十五年，又在城东北角加筑一部分城墙(即今新城湾)，使城北与汉水紧连，从而使东北城角的防御能力得到加强。

襄阳城原有六座城门，每座城门上皆有城楼，为重兵把守之处。小北门为历代入侵者攻城之点，因此尤其重要，曾屡遭战火摧毁。小北门上的城楼，追溯有文字记载的历史，可以上溯到盛唐。韩朝宗任襄州刺史时，小北门上便有了城楼。到唐德宗贞元年间，曹王李皋任襄州刺史时，对城楼又进行了修整。襄阳北楼宋代亦曾多次进行维修或重修。明代弘治年间(1496年左右)，副使毛宪重建了包括小北门在内的五门

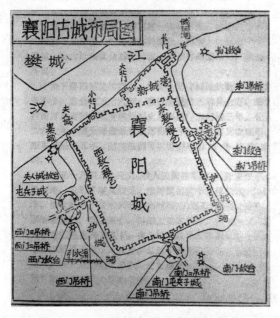

图1

城楼。崇祯十四年(1641年),张献忠攻占襄阳,城楼毁于战火。其后都御史王永祚又予以重建。除固若金汤的城楼之外,城河水的作用也被利用发挥到极致。为了调节城河的水位,开渠引檀溪水注入护城河,并且在渠首设节制闸。在城的东北又建泄水闸一座,城河水大或遇大暴雨时,开闸放水泄入汉江。通过二闸的启闭,控制城河水位,使它与古城的关系相对稳定,动与静相互作用、相互依存,对立且统一。在设计原理上,达到满足使用功能的同时,制造矛盾,解决矛盾,运用自如,充分体现古人的设计智慧和建造能力。因此,襄阳古城周围的护城河成了难以逾越的第一道屏障。

二、襄阳古城池动与静构成形式

从襄阳古城池的设计布局分析,古人把城的静态与池的动态功效发挥到了最高境界(见图2)。在静的设计要素上,始终以古城为中心,方城威严耸立，牢不可破；在动的方面，构成形式变化无穷。首先是城墙上的城垛连绵不断，明暗结合，上下错落，城楼与城墙结合，蕴藏无限张力，表现强烈节奏。其次是通向城外的六座城门，如六支待发的利箭，把城内的内在力量向外扩张。再者是紧紧环抱古城的江河之水，它汹涌奔腾，终日不息。令人称奇的是护城河中几座吊桥的设置，使动静结合的态势更趋完臻。依护城河而立的不同方位的几个瞭望敌台，使古城池内外形成无形的联动，与其说是由几个狙击手组成的严密的防护网，不如说是立在窥视古城池之人眼前的几杆游离不定的长矛，警示其非分的欲念。

1. 襄阳古城池动与静构成的形式美

襄阳古城池的规划建筑并不是哪一个朝代、哪一位圣人独立完成的作品，它是集古今参与策划、设计、施工的众多管理者和劳动者的智慧的结晶，是经过历史锤炼形成的完美的形式法则，它包含了形式美的所有属性。

2. 襄阳古城池动与静的设计理念与视觉心理

古人一贯钟情于城与池或城与壕的建设，它们都从属于环境设计的双重效能。一方面，根据阿恩海姆的看法，一个视觉对象其实就是一种刺激———一种作用于机体的活动，这种机体活动是精神层面的。仙人居深山而修炼，与云为伴，常人依城镇而生活，与水为缘，因而，古城以水环绕，是视觉心理的必需。另一方面，动与静的对立性，是事物的必然规律。方城是相对静止的，在人们的概念中，静止不变的东西简单且易于被人击破，选择池水作为防卫方城的载体，是因为他们认为水可以制造复杂的事物。分析其设计初衷，从三个方面凸显出来：第一，能活动的物体比不能活动的物体复杂；第二，由内在的变化所驱动的动作比那些呆板的物体的纯粹位移，其复杂性水平更高；第三，一个运用自己内在的力量使自己活动起来并能够随时掌握自己的运动路线的物体，要比一个受外力的推动并在外力的操纵下活动起来的物体更为复杂。综上所述，古人一般把从视觉到心灵感受复杂的、不易击破的池水作为防御的第一道屏障，其次才是城墙，这就是古人对动与静物体的理解和应用。在动感的追求上，除城门引发的张力和池水自身的动力外，古人还通过瞭望敌台的位置设置大做文章。一方面，利用有限的资源，发挥其

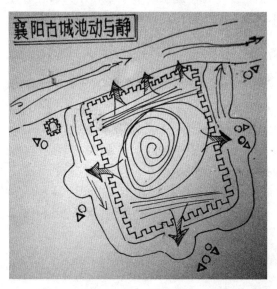

图 2

瞭望敌情的重要作用。另一方面，通过体块的化整为零、叠加、倾斜等手法来突破建筑设计的常规的界面法则，从而体现出梦幻般的动态效果。在这个布局中，敌台由单个点为基本形自由散布于池水边，一点平面逐渐向三度空间转化，形成多心式发射构成格式，使人陷入眩目空间之中。同时，敌台一、二、四、五分别位于城池东西两侧。而敌台三则位于城池之南，其在布局位置上的特殊，打破了对称的排列秩序，使多个敌台贯穿的这条主线产生节奏和韵律感，变得灵动起来，在常规事物中有出其不意的效果。

三、结　　语

襄阳古城池只是世界公共艺术的一小抹亮色。其点、线、面的构成原理多样，分析其构成形态，是以江河为主线，周围敌台、屯兵子城为多点，以襄阳城区为大面，形成点、线、面的有机结合，严密而通透，坚实而多姿，整体而大气，均衡而丰富，变化而统一，完美而独特。各种设计元素融为一体，每个施工环节紧紧相扣，加之对古城池动与静的完善追求，不失为科学、合理的环境艺术佳作。

参考文献：

[1] 陈家驹. 襄樊风采录[M]. 襄樊：襄樊市城市建设局、文学艺术界联合会，1983.

[2] 李鸣钟. 大视野[M]. 长沙：大视野杂志社，2008.

[3] [德]鲁道夫·阿恩海姆. 艺术与视觉[M]. 北京：中国社会科学出版社，1984.

（作者单位：湖北文理学院）

现代城市园林审美取向问题研究

李 纯

从 21 世纪初开始，我国许多城市提出了建设山水园林城市的口号，这似乎是一个具有中国特色的城市建设思路。城市是现代人类主要的生活场所，随着我国城市化进程的加快发展，原有的城市急剧扩张，新的城市不断涌现，随之而来的城市问题也日益尖锐。城市的经济效益、信息优势、城市基础设施的便捷高效等确实不是乡村集镇所能比拟的，但城市化带来的诸如交通、治安、环境污染等问题也始终困扰着城市的主人们。除了这些物理环境上的弊端，制约城市发展的更主要的是环境心理或情感因素。欧美发达国家依靠强大的经济实力和技术手段，在改善城市物理环境方面已经取得极大的成效，但人们依然愿意居住在郊外，从 20 世纪 70 年代后出现的所谓城市"空心化"问题至今也没有根本解决。现代技术手段无法满足人类与生俱来的对大自然的向往和依赖。自然山水是中国传统艺术的核心主题，园林建筑是中国建筑史上的一朵奇葩，随着经济发展，改善城市环境逐渐得到许多大小城市的重视，大家不仅对城市环境提出了物质上的要求，也有了更高的精神要求，城市生活不仅要"好吃"也要"好看"。在这个大背景下，建设"山水园林城市"这一设想由中国人提出来，并得到如此广泛的响应，也是情理之中的事情。

但响应之热烈广泛远远超过想象，提出这一目标的城市居然有 200 多个。中国地域广阔，环境条件差异极大，南方城市说要建成山水园林城市，北方的城市要建成"北国江南"，西北的城市也要建成"塞上江南"。如果是三五个城市提出来建设山水园林城市，那么做番尝试还无所谓，现在全国有将近一半、遍布大江南北的城市提出这一目标，就应该慎重考虑一番了。改善城市居住环境,打造山水园林城市,初衷是好的,但方式要慎重。从20世纪90年代兴起的广场热到现在,十多年过去了。许多大小城市先是兴建草坪、广场,遭到非议后又开始打造中式园林,叠假山、挖池塘、种植古树名木。钱花了不少,城市面貌没见太大改观,农村环境倒是被破坏得不轻(因为挖了太多古树)。两千年来,在营造山水园林景观方面,古人给我们留下了丰厚的遗产。但是,中国传统造园理论是否适用于现代都市,多种几棵树木、挖几个池塘、摆几块怪石是否就算山水园林城市,西方造园理论是否适合中国国情?笔者以为,打造宜居的城市是个长远的事情,在搞清楚上述问题之前,不妨先停下来冷静地思考一下,打造现代山水园林城市究竟应该走哪条路。

很自然地,谈到山水园林多数人就会联想到江南私家园林或北京的皇家园林,谈到传统造园理论人们就会联想到《园冶》和计成①,就联想到江南水乡。但现代城市所面临的问题是古人所无法想象的,中国传统的园林景观营造手法也不是针对大都市而设立,在现代都市中出现一片小桥流水式的江南园林让人觉得很不自然。于是有一种观点认为,中国传统山水文化、传统造园理论等是农业文明时代的产物,与现代城市生活格格不入,早已过时,而欧洲大陆的传统造园手法强调理性,运用几何构图,更适合现代都市。于是,又产生了西方手法和中国传统手法该用哪个的争论。实际上,早年的广场、草坪热就是对欧洲的模仿,并没有博得市民的好感,单纯从形式上模仿传统造园手法(无论西方的还是东方的),必然导致现代城市园林建设项目为人诟病。那么,到底山水园林城市应该如何建设?到底应该用中国传统手法还是西方的?事实上,盲目运用传统造园的具体手法或是全面否定它,都是出于对传统文化的片面或表面化的理解。当我们从传统造园理论的本源出发,从更深的层面去探讨这些问题时会觉得眼前豁然开朗。

谈到中国传统山水文化和造园理论,人们马上会联想到"天人合一"、"道法自然"等中国传统文化的基本命题。但恰恰是对这些基本命题理解上的偏差导致了一系列的困惑。看来我们有必要对这些传统命题

---

① 计成(1582—1642),字无否,号否道人,明代造园家。著有《园冶》三卷,是世界上最早的造园理论专著。

做些澄清。首先,"天人合一"并不是人类单方面向自然妥协,而是自然和人类的相互妥协,人类要适应自然,也要改造自然,如果单纯强调适应自然,人类和野生动物就没有了区别,所以中国人也讲"人定胜天"。其次,"天人合一"并不是中国传统文化的专利,所有的文明都相信这一点,只是表达方式不同,否则,欧洲人就不会相信在人类之上还有造物主。即使在"道法自然"这个层面上,人类各个文明也没有根本的分歧,也不可能有。在建立文明社会的初期,人类的师法对象只有大自然,别无选择。仅读万卷书是不够的,还要行万里路,这不仅是中国文人也是希腊哲人的信条。欧洲人也热爱自然,不然他们为什么要造园?所以,在追求人与自然的和谐关系上,甚至在许多基本的园林空间处理手法上中国和欧洲人并没有根本的区别。

区别主要存在于技术层面上。如何师法自然,怎样才是"天人合一",在处理这个问题的方式上不仅中国人和欧洲人有区别,中国传统的儒、道两家也有不同方式。同样师法自然得出的结论却有差异,但根本差异并不完全体现在形式上。多数人认为中国人热爱自然所以园林是自由式、自然式的,而西方强调人为所以园林也是几何式的。事实上我们并不能从是否运用几何图形来区别中国和欧洲的传统文化,尽管从表面上看似乎是这样。运用几何图形是人类从自然界学到的最基本的形象处理手段,并不是欧洲传统文化的专利。世界上最早的按规划实施的方格网状城市出现在中国,如北魏洛阳、唐长安城等(见图1)。相反,同一时期的欧洲城市倒是杂乱无章的"自然"形态。我们不能因为欧洲园林的几何形态,就得出欧洲传统文化否定自然的结论,同样,我们更不能因为中国传统城市的几何形态就得出中国人不热爱自然的结论,这似乎违背了更基本的常识。欧洲人并没有否定自然,英国园林就是自然式的;中国人也不排斥几何形,仔细观察就会发现,在中国的城市、建筑、园林中并不缺少几何符号。

如此看来,中国和欧洲的传统造园理论,其出发点是一致的,都是追求人与自然的和谐关系;其思想源泉也是相似的,无外乎"道法自然"。中国与欧洲传统造园理论在很多方面是"英雄所见略同",特别是中国造园理论,本来就是一个开放体系,从来不介意引入外来元素,比如圆明园中就引入了喷泉。但这绝不是说中国传统园林和欧洲的没有区别，事实上区别还非常明显。这些区别源于三个方面，我们可以用法国园林和中国园林做个比较。

图1 明显陵后明塘

一是双方师法的这个"自然"不同。比如，中国地形地貌复杂多变，到处有峻岭奇石，而欧洲的自然山川风光较为单一。因而中国古典园林讲究用石，还要"瘦、透、皱、漏"，既可特置孤赏，亦可与水体、植物配合组景，以得到某种意境，欧洲人对此则无法理解。法国古典园林的理水，主要表现为以跌瀑、喷泉为主的动态美。法国古典园林中的水剧场、水风琴、水晶栅栏、链式瀑布等，各式喷泉构思巧妙。但中国传统园林中根本没有喷泉，这也是因为中原地区的自然环境中没有这个东西。

二是中国与欧洲古典园林的功用不尽相同。中国古代城市公共空间不发达，园林多为皇家或私家所有，供少数人赏玩。而欧洲造园手法多源自城市广场、神庙、教堂前的公共活动场所，供大众观赏，二者具有不同的观赏要求。比如法国古典园林的组景，基本上是平面图案式的，它运用轴线控制的手法，将园林作为一个整体来进行构图，一切都要服从比例与秩序。园景一般沿轴线铺展，主次、起止、过渡、衔接都做了精心的处理。由于其巨大的规模与尺度，创造出一系列气势辉煌、广袤深远的园景，故又有"伟大风格"之称，适于全景式远观，效果震撼。

而中国古典园林特别是私家园林的组景方式，多为分区设景，园中有园，景中有景，步移景异。组景讲究起景、入胜、造极、余韵的序列，注重层次、抑扬、因借、虚实的安排。单是基本的组景手法，就达十余种之多，如：借景、对景、漏景、障景、限景、夹景、分景、接景、返景、点景等，不一而足，其内涵丰富，适于深入体验。这一差异是造成很多人认为欧洲园林更适合现代城市的原因，至少在尺度上它与现代都市更加合适。

三是两者的地位不同。中国传统园林是人们心目中理想的生活环境，包含居住、交流、游览等多重功能，是一个独立完整的空间系统，其实质就是理想世界的缩影。而法国园林更多地表现为建筑环境与自然环境之间的过渡空间，是建筑物的附属品，通常不能独立存在。因而在中国园林中，是用建筑去适应园林环境，建筑尺度、风格随园林的尺度、风格变化。法国园林则不得不适应建筑的尺度和风格，因而选择轴线对称和几何形态也就显得理所当然。

从上述分析来看，中国和西方传统造园理论是在不同的地域、时代和文化背景下产生的，其中各自有值得今天借鉴的手法，但又有各自的局限，都不足以解决今天我们所面临的城市环境问题。当传统造园理论发展到15—16世纪后，都达到"特化"阶段，其手法具有非常强的针对性。欧洲的园林多半尺度宏大，但只是用作建筑与自然空间之间的过渡，是用大尺度解决"小问题"。中国园林试图在有限的空间内诠释自然的多样性和秩序性，试图表达的是整个自然界，其思路是用小尺度解决"大问题"，也就是所谓的小中见大。但今天的城市尺度巨大，同时可以被看成是一个独立的空间体系，欧洲传统造园理论拥有处理大空间的手法，但缺乏解决一个完整的空间体系所面临问题的手段。中国传统造园理论（现在为人熟知的主要是明清江南私园的相关理论和手法）适合处理一个完整独立的空间体系，但其具体手法尺度太小，在现代都市的庞大尺度面前显得力不从心。显然，无论欧洲的还是中国的，传统造园具体手法都无法满足建设现代山水园林城市的要求。我们近年来在城市园林建设上所做的尝试，多是对中国传统具体手法或是欧洲传统具体手法的尝试，甚至直接抄袭西方现代城市园林环境，结果好像怎么做都不对，原因就在于此。

无论对于中国还是西方国家，解决现代城市与自然环境的关系问题，大家所面临的问题有类似之处，都面临着传统手法与现代城市的矛盾。建设山水园林城市是百年大计甚至是千秋大业，急功近利是不行的，有些事情还得从头做起。我们必须找到建设现代山水园林城市的新方法，在基本理论和具体手法上都要做一定的更新，对传统理论、手法还需要有继承、有发展。传统的东西无论中外，合适的都可以汲取，但系统的理论还需在中国传统文化的基础上重新构建。原因在于，中国传统造园理论发展潜力较大，在今天看来有以下几个优势：

第一，中国传统造园理论达到了自由与秩序的统一。虽然师法自然是各民族从野蛮到文明的必由之路，但中国有五千年文明史，对自然的理解更深刻、更全面。展现在人类面前的自然包含了自由和秩序两个方面的内涵。自然允许多样性，但自然也是有秩序的、统一的。这也是人类从自然学习到的关键内容，无论在中国还是在欧洲传统文化中，多样性的统一都是一切艺术的根本法则。同样是师法自然，由于侧重点的不同也可以导致不同艺术风格的产生。中国传统文化的核心是儒、道两家学说，儒家强调秩序而道家强调自由。而儒道合流意味着中国的先贤们试图将两者统一起来。这种统一不仅体现在中国各种传统艺术门类中，也体现在社会生活的方方面面，其中在环境景观建设手法上体现得尤为直观。在城市环境建设方面，中国传统城市规划宫殿、官衙、住宅建筑等，表面上看更侧重体现秩序的一面，但其中也强调空间形态的丰富变化，也强调与自然环境的交流与过渡。中国传统园林表面上看起来是自由的，但其中也有轴线、几何形的运用，其空间也有强烈的秩序感，所以能给人自由而不凌乱的感觉。中国传统文化有着很强的包容性，只要合适，任何手法都可以考虑。在中国传统造园活动中，手法只有该不该用而没有能不能用的问题。通常人们认为，在中国传统园林景观设计中，不用几何形式，事实并非如此。当需要体现宏伟、庄严、神圣的主题时，中国人也会用几何形水面。比如湖北钟祥明显陵的后明塘①（见图1）就采用了一个正圆形的池塘；而在宋画《金明争标图》中，金明池也是呈几何形的（见图2）。

---

① 皇家陵寝建筑群中的水面，"明"与"冥"谐音。

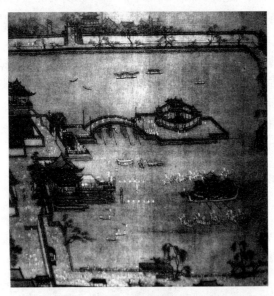

图 2 《金明争标图》

第二，中国传统造园理论达到了"大"与"小"的统一。两千多年前，庄子就曾提出："计四海之在天地之间也，不似礨空之在大泽乎？计中国之在海内，不似稊米之在大仓乎！"①这个"至大至小"论认为宇宙是从极小到极大的多层次结构。中国古代造园理论受此影响，历经两千多年的发展，其手段既可处理小至百余平方米的半亩园，也可处理大至数十平方公里的秦汉苑囿；既能兴造依附于宅院一隅的私家园林，也可以建造统帅整个城市空间的皇家上林苑。其至微处精美如珠玉，至大处恢宏似宇宙。我们的眼光不能只放在明清江南私家园林上。中国有两千多年的造园史，也产生了许多处理大空间、几何图形的手法，不能一谈到中国园林就只想到小桥流水，我们也有过平沙落雁、大漠孤烟。

第三，中国传统造园理论具有广泛适应性。中国自然环境丰富多样，有世界上最为复杂的地域特征和气候条件。中国古代园林产生于西

---

① 王先谦：《庄子集解·秋水》，上海书店 1986 年版，第 103 页。

北，发展于中原，成熟于江南，对不同地域环境均能妥善处置，对不同微观环境亦有相应处理手段。计成在《园冶》中将园林用地归纳为"山林地、城市地、村庄地、郊野地、傍宅地、江湖地"①六类，几乎涵盖了当时人们生活中所有用地类型，并针对不同用地类型提出了不同的造园设想。中国古代园林类型之丰富，适应范围之广，甚至超过今天我们许多人的想象，不仅有皇家苑囿、私家园林以及各式院落天井，在唐代，长安城甚至因地制宜地在城市西南角建造了城市公园——芙蓉园（见图3，右下角为芙蓉园）。

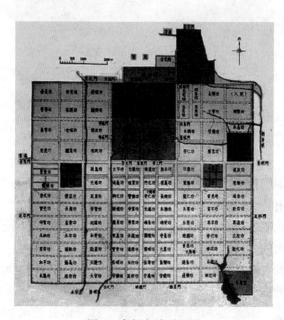

图3 唐长安城平面图

由上述分析我们可以认为，中国传统造园理论具有处理不同类型复杂空间的能力，具有处理不同尺度空间的能力，同时还具有广泛的地域、地形和类型适应性。

---

① 计成：《园冶·相地篇》，陈植注释，中国建筑工业出版社1981年版，第49页。

（1）全面地理解和继承传统手法。

（2）因地制宜。中国传统造园理论中的思想方法在今天仍然是适用的，"巧于因借，精在体宜。"①这一论述没有错，问题在于现代城市该如何"因借"，怎样才是"体宜"。中国地域特征差异极大，对不同城市所处的地域特征要有充分的研究分析，充分利用其气候、地貌等环境因素，园林的尺度、形态要适合城市的内部和外部环境。

（3）"道法自然"。向自然学习，这个原则放在古今中外都适用。今天人们对于自然的认识比前人更深刻、更丰富，认识自然的手段也更科学，效法自然必定能得到更多收获。新的设计手法要建立在对自然环境分析研究的基础上，不能想当然。

（4）有分析地借鉴外来经验。中国文化是开放式的，从来不拒绝外来因素。但学习外来经验不能只学表皮，形式上的模仿不可能适用于中国的具体情况。我们应该是"法其所以为法"。

（5）继承加创新，不为传统的具体手法所局限。无论是中国的小桥流水还是西方的草坪柱廊都可以借鉴，更重要的是针对现代城市的特点采用独创的手法。在适宜的前提下，任何手法都可用，这才体现了中国传统造园思想的精髓，中国传统艺术理论从来主张"无法乃为至法"。

（6）从大处着眼，小处着手。城市是一个独立完整的空间体系，同时与周边环境有千丝万缕的联系。城市又是由千万个具体要素组成，让大自然的神韵自然地渗透到城市的每个角落，在这方面，中国传统造园理论有许多可借鉴处。

参考文献：

[1] 计成. 园冶[M]. 陈植注释，北京：中国建筑工业出版社，1981.

[2] 沈福煦，刘杰. 中国古代建筑环境生态观[M]. 武汉：湖北教育出版社，2002.

[3] 陈志华. 外国建筑史（19世纪末叶以前）[M]. 北京：中国建筑工业出版社，2006.

---

① 计成：《园冶·兴造论》，陈植注释，中国建筑工业出版社1981年版，第47页。

[4] 罗小末. 外国近现代建筑史[M]. 北京：中国建筑工业出版社，2004.

[5] 王铎. 中国古代苑园与文化[M]. 武汉：湖北教育出版社，2003.

（作者单位：华中科技大学）

现代城市公共艺术中美及美学的位置

刘成纪

近年来,环境美学的勃兴使城市公共艺术成为学界讨论的新热点。这一讨论,似乎为弥漫中西的艺术终结论提供了反证,并已开始引发研究者关于艺术将借此复兴的种种冲动。但是,就公共艺术作为一个理论考察的对象而言,许多基本问题并没有得到有效澄清,所谓的艺术复兴也因理论的模糊而无法得到有效证明。比如,"城市公共艺术"所涉及的"公共性"及"艺术"等概念,目前都是无法有效确立边界的概念,这为如何定位城市公共艺术带来了巨大困难。与此一致,现代城市,它的规划和设计无一不是在按照美的规律造型,它本身就可以被视为完整的艺术品。这种城市与艺术的同质关系,使置身其中的公共艺术根本无法与其环境形成有效的张力,并因此显得多余。另外,西方自19世纪以来,审美判断一直被视为单称判断,艺术创作强调个体性,但公共艺术所要求的公众分享,却与这种个体性相矛盾。据此,公共艺术如何在美学领域获得存在的合法性,如何协调个体创造与群体欣赏的关系,在何种程度上仍然可以被称为艺术,都是必须认真面对的问题。下面将分而论之。

一、公共性与城市之美

在后现代反本质主义的语境中,似乎任何概念的确定性都经不起理论的检验和审查。像"现代城市公共艺术"这一命题中的"公共",它在与"私密"的对峙中展示其对于某种特定空间场所和时间持续过程的描述能力,但这种空间和时间的公共性却是从来无法得到确定的。比如,与城市公共空间相比,家是私密的、个体的。在家庭内部,客厅是公共的,每个房间则包含有家庭成员的隐私内容。但进而言之,房间的私密性又令人质疑,因为房间依然处于由亲缘关系形成的特定环境中,家庭成员之间的互动存在于房间的每一个区域。这样一来,所谓的私密,最后可能就成了一个上了锁的抽屉或者被反复隐藏的日记,而公共性则似乎成了一个可无限扩张的领域。

公共性的无限扩大是现代城市生活的显著特征。它立足于现代生产方式所必需的信息交互性,以及公民社会对权力、财富实行有效分享的民主诉求。一般而言,愈是人群密集,愈易导致对他人权利的侵占,并愈易于隐藏,所谓"万人如海一身藏",在此似乎可以说明阴谋、罪恶等非阳光的东西与城市的共生关系。但反而言之,媒体及现代通信,作为将每个孤立的单体联结在一起的传播手段,它却是与这种私密性形成对峙的有效力量。从某种意义上讲,现代意义上的公共生活,是由媒体建构的。它的扩张,一方面对人守护隐私的本能形成威胁,另一方面也在遮蔽与揭蔽的斗争中,为一种更趋阳光、也更适宜于现代生产方式的社会形态提供了可能性。与此一致,所谓公共空间的存在,无论是物理的、社会的,还是象征的,都具有作为意识形态隐喻的属性,都可视为反遮蔽的公众欲求与私密的阴谋性对峙的感性表征。像城市广场、公园、集市等,其直接的效能就是克服个体对他者的神秘感、陌生感和恐惧感,使人在交往中获得心理的安全和精神世界的开放。但同时必须阐明的是,从来没有绝对的公共性。相反的情况往往是,社会公共空间愈是开放,人捍卫私密空间的欲望便愈顽强。或者说,总有某种本己的东西成为绝对的盲点,使他者的公共欲求无法洞穿。从这个意义上讲,私密永远是本己的、本质的,公共永远是外在的、形式的。即便在媒体、测谎仪、私人侦探、狗仔队、街头电子眼无处不在的情况下,公共性给人提供的仍然是社会的表象形式,仍然是一种权力分享的幻景。具体到城市艺术来讲,它的景观本质与廉价特性,抹平社会等级差异的象征意义与仅仅涂抹于社会表层的装饰感,无一不显现出所谓艺术分享的非本质性。也就是说,所谓基于分享城市文化资源的公共艺术之所以被称为景观艺术,其前提就是它仅是一种幻象形式;所谓现代社会公共性的无限扩大,也仅仅是一种漂浮于事物表层的光晕,一种不涉及事情本身的媒介神话。

一般而言，现代城市公共生活空间的形成，大致分为三个层面：一是政治资源的公共性。它以现代民主政治为基础，强调市民对社会公平、正义等一系列普世原则的整体认同，及对城市一系列重大决策的表决权与参与权。二是信息资源的公共性。它以现代传媒为基础，无限分享与市民生活密切相关的诸种信息资源，借以克服对所居城市的陌生感，并形成公共话语。三是艺术资源的公共性。从美与艺术的历史看，虽然基于民粹主义观点，我们一直强调劳动人民是艺术的创造者和欣赏者，但事实上，无论是知识精英阶层，还是权贵阶层，无一不是将对艺术的垄断作为自身高贵的证明。也就是说，艺术理论上的公共性与事实上的私人化从来是尖锐对立的。在此背景下，让艺术从画家的画室、权贵的收藏室，甚至画廊、博物馆走向公共空间，就不仅是艺术的共享问题，而且是民主政治所应实现的基本人权问题。但如上文所言，在公共理想与个人私欲，艺术传达的普遍有效与艺术创造、欣赏的个体性的永恒矛盾中，任何资源（政治、信息、艺术）的分享可能都是形式性的，可能最终只是一种公共权利的装饰性完成。这也正是当代文化领域政治批判、媒介批判和艺术批判具有永恒价值的原因所在。但是，即便这种共享只是粉饰的、表象的，它仍然具有不可否认的正面意义，即：它形成了对社会资源进行深度分享的召唤机制，让人在自我质疑和自我批判中为社会权利的公正分享开出新境。

可以认为，城市作为人高度聚集的生活群落，它的出现是人群体性欲求的现实反映。建立在这种欲求基础上的公共性代表了城市精神的本质特征。同时，城市作为人对自然进行实践再造和形式重构的生成品，它显现着人的本质力量，是人类按照美的规律造型的伟大杰作。从这两点不难看出，如果公共性代表着城市的精神本质，那么美就是这种公共精神的感性表征。或者说，城市之美，本质是一种公共生活的美。从人的群体欲求到城市的公共性，再到以美赋予这种公共性以有机结构和表象形式，代表着人类精神合乎逻辑的发展及可达的高级形式。一般所谓的"自然向人生成"，在此表现为人的群体欲求向公共生活的生成，并进而向美生成。美与公共性的统一及两者在现代城市中的共生关系，使公共性成为城市之美的本质，也使美成为对城市公共生活的基本规定。

这中间，公众对包括政治权利、文化信息、艺术等诸种公共资源的分享，均涉及城市共同体的内在和谐及人的宜居、乐居问题，也因此是美的具体实现和表现形态。这种美的全方位性意味着，美在现代城市中，不仅涉及景观营造和公共艺术，而且也渗透到现实政治文化生活的方方面面。

二、城市作为艺术与城市公共艺术

按照《说文》的讲法："城，以盛人也"，"市，买卖所指也"。这说明早期城市以人群的自然聚集为特征，聚集的目的是集体安全和商业贸易。为了实现这种目的，早期城市往往用城墙与外部世界隔离，形成相对独立的单体，城内则依据功能划出行政、商业、居住等不同区域。值得注意的是，早期城市营建虽然渗透着人的设计观念和审美诉求，但因商业贸易而形成的自然聚集，因满足人的需要而形成的功能划分，依然是主导性的。审美问题从来不是一个自觉的主导性问题。也就是说，城市生成的自然性，存在的功能性，将美的问题排斥为一个边缘性问题。

但是，现代以来，这种城市自然性、功能性压倒审美性的状况，有了一个根本的改观。其标志就是审美的重要性日益凸显。这种变化的出现，是因为传统上制约城市发展的安全、技术、资金等问题不再成为问题，人可以自由地运用现成的材料和成熟的技术将建筑、街区制作成艺术品，进而使城市成为景观。现代所谓的景观城市，正是以美作为其基本形式特征的城市。

了解艺术与美在现代城市建构中的主导作用，能对现代美学和艺术发展史的回溯提供一个有益的线索。现代艺术观念诞生于18世纪西方启蒙运动时期，此前，艺术活动长期被视为一种技艺性活动。至启蒙运动时期，由于艺术创造与人的觉醒和解放紧密关联，它开始被赋予神圣价值，并摆脱物性，成为纯粹精神性存在。布隆代尔或狄德罗关于"Fine Art"（即音乐、舞蹈、绘画、建筑、雕塑）的界定，正是试图强化艺术作为纯粹形式和纯粹精神的特性。此后，黑格尔将美学从一般感性学发展为艺术哲学，也是将艺术的精神价值视为最重要的价值。但是，自19世纪中期以后，工业革命浪潮极大地提高了人改造现实的能力，人不仅可以通过艺术创造自由而虚幻的精神世界，而且可以通过劳动实践再造整个自然界，并使其成为人的本质力量的表象形式。马克思在《1844年经济学—哲学手稿》中提出"人也按照美的规律来建造"的命题，正是要将美的原则从精神性的艺术，进一步贯彻到整个自然界。在此，人按照美的规律建造的"作品"也就具有了两种形式：一是精神性的作品，即艺术；二是物质性的作品，即作为泛艺术存在的工业品。传统上仅对艺术有效的美的原则，其实已经位移为对所有人工制品均有效的原则。后世所谓的"艺术的生活化"，正是描述了这种艺术和美的法则向现实生活领域无限扩张的状况。所谓传统美学在美与生活之间设定的等级性隔离，在此也逐步失去了意义。以此为背景，王尔德在19世纪末提出了一个与传统截然相反的判断，即生活模仿艺术，远胜艺术模仿生活。这句话的意义在于，随着人的生产能力的无限膨胀，传统只对艺术有效的美的原则，已开始成为对人实践所及的一切领域有效的普遍原则。所谓生活对艺术的模仿，导致的必然结果就是日常生活的艺术化或审美化。这种现象在现代城市中的重要反映，就是城市建设已摆脱原初的自然性，成为一种被审美观念或美学原则重构的艺术品。美与艺术因此也不再是纯粹的精神产品，而成了日常生活中触目皆见的物态化现实。

值得注意的是，当美成为城市的物态现实，当城市成为按照美的规律造型的艺术品，包括公共艺术在内的诸种艺术品，它在现代城市中存在的价值就是殊堪质疑的。就艺术与现实的关系而论，艺术的存在在古典时代之所以有意义，原因在于它与现实之间存在着难以弥合的距离。比如，18世纪西方人之所以将艺术界定为"美的艺术"，是因为现实被认为是丑陋的；艺术的本质之所以被界定为自由，则是因为现实的专制性以及自然与社会的异己性。艺术正是在与现实的对峙中成为生存理想的昭示，成为值得舍身追求的目标。但如上所言，在现代社会，当生活本身成了艺术，当城市本身成为人的作品，所谓美与反美、本己与异己、彼岸与此岸、理想与现实这些靠二分法所划定艺术的独立区域和独立价值，其边界将变得前所未有的模糊，并最终融为一体。或者说，当艺术成了生活，则生活也成了艺术；当艺术品成了城市，则城市也成了艺术品。所谓的艺术必然要在自己的全面实现中走向终结。具体到城市公共艺术而言，传统城市雕塑或建筑存在的价值在于，它以其完美的造型与非美的周边环境形成张力，城市花园的意义就在于它与肮脏无序的市民居住区形成强烈反差。但可以想见的是，当城市的每座建筑都在造型上体现出形式的完美性，当每个生活社区都变成了景观式花园，所谓的城市公共艺术必将因与城市现实的同质化而变得多余。

从以上分析来看，随着现代城市空间形态本身的艺术化和审美化，公共艺术的存在价值确实是令人质疑的。但就城市发展的现状看，这种质疑依然停留在理论的层面。尤其在中国这一正处于城市化起步阶段的国家，所谓景观城市依然是一个悬于未来的目标。同时，就城市公共艺术的定位而言，它既可以在与环境的对峙中自我凸显，也可以在与环境的和解中求得和谐。因此也许可以说，作为城市的理想形态虽然必然意味着公共艺术的终结，但就城市的现实而言，也许它所开启的正是城市公共艺术发展的繁荣和多元化。那么，在这个传统与现代交叠的时代，公共艺术创作又有哪些可能的选择呢？

首先，用反艺术挑战传统。从现代城市规划和建筑设计的审美取向看，普遍遵循的法则还是古典的形式美法则，如对称均衡、单纯齐一、调和对比、比例等。这些法则造就了现代城市的整体几何构成，但当这种反自然的规则成为生活的常态时，它必然会因其制式化而显得沉闷、单调、呆板。在此背景下，通过与城市现实样态对峙来彰显个性的公共艺术，采取的重要策略就是与古典形式原则的对峙，即用反古典形式来挑战人类固有的经验模式，并因此使人的审美经验得到拓展。像北京市新落成的央视新大楼，从任何一个层面看，它都是反形式的，但也正是它的反形式，使其在一个几乎被既定形式彻底禁锢的城市显得高度引人注目。本雅明认为，现代艺术已从审美的问题位移为震惊的问题，或者说现代艺术设计之所以将丑的要素大量运用到公共艺术作品中，正是要以挑战传统的方式保持艺术的超越品格。在此，如果美的形式已经成为传统，那么城市公共艺术就只有用反美保持超现实的先锋性。可以认为，央视新大楼之所以饱受非议，问题并不在于它自身，而是固化的审美经验削弱了人的审美承受力。若干年后，这些非议将会因新的审美经验的形成而沉寂，它也必然会由造成人视觉震惊的对象转化为常规性的审美对象。

其次，用放弃艺术与艺术化的现实保持张力。与先锋性艺术用挑战传统强化自己的震惊效果不同，城市公共艺术的另一个重要的设计取向是让艺术回复到过去，甚至回复到无艺术的自然原生状态。现代城市崇尚速度，崇尚效率，往往一种传统尚未消失，另一种空间艺术已经进入传统。在这种时间的无限促迫中，过去的一极不仅意味着一种精神的回归和休憩，而且也代表着某种恒久价值的沉淀和积聚。正是因此我们可以看到，一个具有自身历史的城市，它的建筑及器具，原本只不过是往昔时代的生活资料和日常用具，但随着时间的推移，它自然就成为了城市的公共艺术品。像北京的胡同、四合院，上海的弄堂，甚至老爷车、蒸汽机车、有轨电车等，都因其实用价值的弱化或消失而成为审美对象，成为挑动人审美记忆的艺术品。这种器物随时间的流逝而向审美自行滑动的现象，使历史成为城市公共艺术的重要表现领域，它通过对时间过去一极的复现与常态化的现实形成了张力，并因此成为艺术。当然，就与充分人工化的现代城市形成历史张力而言，最极端的方式还是自然的原生态复现。从这个意义上讲，城市中任何一片不经修饰的自然植被均可以被视为艺术品，任何一个废弃的工厂或衰朽的建筑都可以因其对文明的"否定"而具有审美价值。当然，作为艺术，其对历史和自然的复现也必然是经过人工制作的。这种制作使历史和自然并不作为其自身存在，而仅仅只是一种引人产生类似联想的映像形式。

最后，在与现实的和解或妥协中实现公共艺术与环境的和谐。按照西方自启蒙运动以来给予艺术和美的定位，艺术从来不是生活的组成部分，而是与现实分离并因此形成反向观照的批判性力量。所谓现代公共艺术是用反艺术挑战传统、用历史批判现实，其理论基础便是美与现实的二元分立。但必须指出的是，美从来不仅仅在与现实的争执中体现价值，其价值同样体现在对现实的有效参与中。现代美学所提倡的参与式审美及艺术与现实双向融入的观念，正是要在两者和解的基础上共造一种生活的美学。根据这一判断，在现代城市环境普遍审美化的背景下，艺术以其震惊感和历史感固然可以凸显自己的存在，融入本已审美化的环境也同样有助于城市品位和居民生活品质的提升。就目前国内外公共艺术的存在形态看，这类与环境同质的城市公共艺术品，最易作为城市休闲空间的点缀，也最普遍。它们虽然较少引人注目，但也从来不会让人产生厌恶感和多余感。

三、美的悖论与公共艺术的审美质量

在《判断力批判》中，康德给后人留下一系列悖反性的美学命题，其中之一就是美的个体差异与普遍有效之间的关系问题。康德认为，审美判断是一种单称判断，具有无可置疑的主观性，但这种基于个体趣味的审美判断又是普遍有效的。这是因为，人有共同的感觉力或共同人性，可以在个体与群体之间进行有效沟通。对于认识城市公共艺术存在的合法性来讲，康德用"共同感觉力"在两者之间架起的桥梁，是极其重要的。因为如果没有关于人类共同感觉力或共同人性的设定，艺术将永远只能被封闭在纯个体的鉴赏判断中。在创造者与欣赏者、欣赏者与欣赏者之间，不会有共识也不会有标准。这样，公共艺术必然会失去最根本的特点，即"公共性"。

但必须指出的是，康德借共同感觉力达成的审美公共性概念，明显是过于乐观的。它与其说在申述一个审美的事实，倒不如说它反映了那个时代关于人类审美共同体的乐观畅想。在现实的审美活动中，我们往往看到的是相反的状况：不同个体有不同的审美取向，不同的年龄、性别、种族、阶级等也会表现出审美趣味的巨大差异。这样一来，要在无限差异的个体及种群之间找到所谓的共同美，必然意味着美将丧失它最值得珍视的个别性，成为一种无深度、无内涵的廉价物。这就像麦当劳快餐一样，它因适应人类味觉的普遍性而成为公共食品，但也正是因为这种普适的公共性，使其作为食品的价值无限减损。另外，公共艺术的成立还涉及艺术传达问题。它要求艺术家将他的创作意图直观地传达给欣赏者，也要求艺术批评家对公众做出有效的解释，但是，按照现代艺术接受的悲观性看法，艺术传达的过程往往是其意义被无限误读的过程。这种误读一方面使艺术品摆脱了艺术家的意义控制，另一方面，其原初的意义却将在无限异己性的意义诠释中隐匿不见。如此一来，所谓建立在共同感觉力基础上的审美公共性，就必然是一种游离于艺术之外的虚假公共性。而且，公共艺术在某种程度上是艺术家对社会妥协的产物。就艺术作为私人化表达而言，艺术家可以在他的工作室里自由创造，但如果要将其放置在公共空间，则必然要接受政治意识形态、公众道德诉求等诸多的检验。也就是说，他必须考虑政治权力阶层、知识精英阶层、一般市民阶层的可承受性，避免和任一阶层所珍视的价值发生冲突。按照这种个体屈从于整体、艺术家屈从于受众的妥协逻辑，最后呈现给公众的艺术品是公共性的，但这种公共性也必然磨平了艺术的一切棱角，失去了对人的视角和心灵的震撼。

从以上分析不难看出，艺术获得其公共性的过程，必然是其意义、价值无限磨损的过程。先贤所谓的"损之又损，以至于无为"，在此似乎可解释为：艺术家无限放弃其个人立场才能与民众达成共识。从历史看，人类共识最根本的底线从来不是作为生存奢侈品的美和艺术，而是生存本身。据此，寄托于民众共识的公共艺术，其最终的选择就是对艺术的否定，而不是肯定。实用主义者所谓的"食必常饱，然后求美"之论，最直接地阐明了艺术对于一般公共生活的多余性。在这种背景下，处于艺术至上主义与艺术取消主义两极之间的艺术家和公众，他们妥协的最终结果，也许只可能是一方艺术理想的下降和另一方生活理想的适当上升。由此形成的中间地带，正是所谓公共艺术活跃的地带。在这个区域，公共艺术与其说是艺术的组成部分，倒不如说是大众文化的组成部分更为恰当。在当代，所谓的"艺术生活化"和"生活艺术化"的双向互动，生成的就是这种既非纯粹艺术又非纯粹生活的杂合形态。这种"艺术+生活"的杂合，我们把它称为文化，城市公共艺术就属于这种文化。

城市公共艺术处于艺术向生活渗透的边缘地带，用充分自律的艺术，即传统室内或架上艺术的标准来对它做出价值评判，也许是不适宜的。与传统相比，由于艺术受众、媒材、艺术展示的空间环境都发生了变化，也许它需要新的评价标准：首先，就公共艺术必须为一般公众喜闻乐见的特性看，它不适于艺术意义的深度承载和表现，而是要强调一目了然的直观性。它需要以灿烂的感性形式与公众建立直接的视觉关联，而不是对其意义进行纵深猜度和沉潜。也就是说，传统艺术表现的深度模式在此要让位于平面模式，传统艺术的费解性在此要让位于直白性。其次，就公共艺术鉴赏与环境的关系看，传统鉴赏建立在对艺术对象进行审美孤立的基础上，艺术品被置于画室、画廊、博物馆的中心位置，它因与周围事物的相异而强化自身的存在感，并使自己的主体地位得到凸显。与此相反的是，公共艺术往往被视为环境的有机组成部分，不是强调其分离性，而是强调其融合性。由此，能否与周围环境共构一个和谐的景观，就成了对其艺术价值做出评价的重要尺度。最后，就艺术作品的自身构成而言，自从20世纪初杜尚将一只马桶搬进美国军械库展览，艺术与非艺术的界限已变得前所未有的模糊。像后来的波普艺术、装置艺术、大地艺术，一方面改变了艺术材料及呈现方式，另一方面则使艺术在向生活的无限蔓延中成为一种大众文化。这种艺术自身的变化是与城市公共艺术的文化属性类同的。基于此，当代公共艺术与市民生活如果说仍然存在距离的话，那么这种距离并不在于其超越生活之上的艺术性，而是在于通过对生活进行改写所呈现的视觉奇观。当代许多被称为公共艺术的作品，如现成品，往往只不过因空间挪移而被命名为艺术品。它需要的不是时间和精力的大量投入，而可能只是一个奇思、一个创意。正是因此，现代城市公共艺术，与其称之为艺术创造，倒不如称之为文化创意。传统的艺术评判标准，如造型、光色、明暗等，对这类现成品是无效的。它的价值也许仅在于使日常器具摆脱了凡俗性，实现了向精神层面的局部跃升，而很难被作为一个严肃的艺术问题来对待。

  根据以上情况，从传统基于个体的艺术到现代基于大众共识的公共艺术，其审美质量的下降是必然的。如果囿于这种纵向比较，公共艺术将永远得不到它应该获得的肯定和赞美。因此，艺术评价标准的重新设定将变得重要，即：对于公共艺术，传统严苛的审美评价标准应位移为更趋包容的文化评价标准。

（作者单位：北京师范大学）

大地艺术:从道家自然鉴赏的角度看

刘悦笛

在全球化的时代,"自然美学"(the Aesthetics of Nature)和"环境美学"(the Environmental Aesthetics)已成为欧美和中国美学界共同关注的热点。当今欧美的美学试图由此来超越以艺术为探讨中心的"分析美学"主流传统,在中国,美学也在努力发掘本土传统中的审美要素,来共建以"自然"为核心的新美学体系,这似乎都暗示出全球美学(Global Aesthetics)研究重心的某种转向①。

实际上,在美学理论聚焦于自然之前,作为"环境艺术"(Environmental Art)的延伸,"大地艺术"(Land Art, i. e. Earth Art or Earthworks)②早就在"审美之维"积极推动了这种思考。大地艺术是当代欧美艺术中的重要流派之一,它的独特之处,就在于以地表、岩石、土壤等作为艺术创作的原始材料。该艺术运动起源于 20 世纪 60 年代末,其艺术观念发源地来自于 1968 年纽约德万博物馆所办的展览和 1969 年康奈尔大学的 Earth Art 展。主要代表人物有罗伯特·史密逊

---

① Aleš Erjavec, Aesthetics and / as Globalization, in *International Yearbook of Aesthetics*, Vol. 8, 2004. 正如大地艺术与道家美学是相关的,观念艺术也是与禅宗观念相联的,参见 Curtis L. Carter, Conceptual Art: A Base for Global Art or the End of Art? in *International Yearbook of Aesthetics*, Vol. 8, 2004, p. 16, 以及刘悦笛《艺术终结之后:艺术绵延的美学之思》,南京出版社 2006 年版,第十章《观念艺术:艺术化成观念与观念变成艺术》的相关内容。

② Land Art、Earth Art 和 Earthworks 这三个术语并没有清晰的界分(通译为"大地艺术"),参见 Ian Chilvers, *Oxford Dictionary of 20th Century Art*. London: Oxford University Press, 1999, p. 133. 如果一定要在语言上做出区分,那么,三者也可以分别译为"地景艺术"、"大地作品"和"大地艺术"。

(Robert Smithson)、米歇尔·海泽(Michael Heizer)、理查德·朗(Richard Long)、克里斯托(Christo)和珍妮-克劳德(Jeanne-Claude)夫妇、沃尔特·德·玛利亚(Walter de Maria)和丹尼斯·奥本海姆(Dennis Oppenheim)等。其中,罗伯特·史密逊还以其观念上的独创性,堪称大地艺术最重要的宣言发布者和美学理论家。

简言之,以"回归于自然"为主旨,大地艺术参与了"同大地相联的、同污染危机和消费主义过剩相关的生态论争",从而形成了一种"反工业和反都市的美学潮流"①。但遗憾的是,大地艺术对自然美学的深入推进,却被中西美学探索共同忽视。或许这是因为,大地艺术毕竟是从艺术角度来探索自然审美的一种艺术样式,而自然美学恰恰要摆脱艺术所占据的传统霸权地位。但无论怎样,大地艺术的实践可以引发自然美学的诸多深层思考。这种自然美学的思路,居然与道家美学的"道法自然"的观念是内在相通的,就像观念艺术与中国的禅宗思想和实践具有内在关联一样②。

一、"大地艺术"特质:在中西文化之间

1. "回到天地之际"与"天地有大美"

这是大地艺术首当其冲的美学取向。大地艺术,首先悖反的,就是艺术与自然的对峙关系,亦即毕加索所谓"艺术就是自然所没有的"传统观念③,从而将艺术创作和欣赏都置于广袤的天地之间。

天地自然,在欧洲古典艺术中出现得较晚,在 17 世纪的荷兰才出现纯粹意义上的"风景画"。这是由于,欧洲"在近代生态学受注视之

---

① Jane Turner, *From Expressionism to Post-Modernism: Styles and Movement in 20th Century Western Art*. London: Oxford University Press, 2000, pp. 231-232.

② Curtis L. Carter, Conceptual Art: A Base for Global Art or the End of Art?, Aleš Erjavec, Aesthetics and / as Globalization, in *International Yearbook of Aesthetics*, Vol. 8, 2004, p. 16. 柯提斯·卡特指出来自西方的观念艺术与来自中国的禅宗思想之间具有某种关联,笔者也在这个方面提出了自己的观念,参见刘悦笛《艺术终结之后:艺术绵延的美学之思》,南京出版社 2006 年版。

③ April Kingsley, Critique and Foresee, *Art News*, No. 3, 1971, p. 52.

前，人们并不把自然看作资本主义活动的目标……整个大自然(Nature As a Whole)，却是不容占有的"①。因而，在主体性美学占据主导的时代，欧洲古典油画中的风景开始只是作为人的背景而出现的，即使后来成为绝对的前景，实际上也始终预设了一位看风景的"观照者"潜存在那里。相反，大地艺术具有一种"反主体性"，它要求艺术活动脱离主体而走向室外(而非仅仅从室内来看室外)，即从单纯的"室内装饰者"真正走向广袤的"天地之际"。而传统的欧洲油画中的自然，则是将风景吸纳进艺术家的颜料涂抹之中，鉴赏者还是要到美术馆和博物馆来看"画中的自然"。然而，大地艺术却倡导：不仅艺术家要到广袤的天地之间去构造艺术，而且，观赏者要看到这种壮观景象，也要亲自到沙漠、荒原、湖泊去实地观看，这个巨大的奇特"美术馆"的边界就是无限延伸的天地自然。

进而言之，大地艺术更是一种以自然作为直接材料的艺术形式。在这种艺术形式里，"材料的异质性已经变成一种可能性"②，不仅(包括森林、山峰、河流、沙漠、峡谷、平原的)大地材料可以用之，还可以辅之以石柱、墙、建筑物、遗迹等人造物。最著名的大地艺术品——史密逊在美国大盐湖中创作的"螺旋状防波堤"，便是由黑色玄武岩、盐结晶体、泥土、海藻筑成的1500×15英尺的巨大的螺旋形。又如，玛利亚的作品"闪电原野"，是以美国闪电频发的平原地带为地基，用400根长达6米多的不锈钢杆，按照每杆相距67.05米的距离摆成16根×25根的矩阵。这样的"大手笔"并不在于这些不锈钢杆本身，而是通过不锈钢杆矗立在天地之间，从而将整个天地自然吸纳在大地艺术之内(天地都成为艺术创作的素材)。在雷雨季节，这些犹如电极的钢杆能接引雷电，尽显"沟通"天与地的中介形象。

所以说，大地艺术的首要诉求，就是回到"天地有大美"的天地之际。

2."天、地、神、人游戏"与"人与天地参"

大地艺术，重新思考了天、地、人的"三位一体"的关系。人在其

---

① [英]约翰·伯杰：《视觉艺术鉴赏》，商务印书馆1996年版，第125页。

② Robert Smithson, *Note on Sculpture* 4: *Beyond Object*. New York: Artforum, 1969, pp. 50-54.

中绝不是"顶天立地"的,而是顺应自然规律的,"与天地参"的,从而由此才能发展出一种所谓"新型的人"和"新型的价值"。

在欧洲艺术中,人在艺术中的地位在文艺复兴后被越抬越高。而在大地艺术里,人不再具有以往那种"主体性"的地位,人绝不是要改造自然的"我"(作为个体自我的 ego),而是要在整体上与自然保持和谐,甚至被大地艺术品所倾倒。这是由于,一方面,自然成为艺术品常常要非常巨大,而并不重视艺术品的任何细节;另一方面,正因为大地艺术品如此巨大,所以人们只能"远观"而不能"近看"。罗伯特·史密逊的"螺旋状防波堤",其巨大程度已到了站在地面上难以观其全貌的程度,只能在飞机上来俯瞰全景。

按照欧洲美学传统,往往是人重于自然,自然中渗透着人的力量,强调人是艺术的创造主体。但是大地艺术则不然,天、地、人皆处于和谐的关系当中,人不再是天地的主宰,甚至只是这种艺术的部分创造者,天、地与人共同参与了艺术的创造。对大地艺术的欣赏也是如此,人们在大地艺术中所见的并非只是人造物,而是将天地自然尽吸纳其间。同时,大地艺术总是尽可能将更多的人纳入其中,参与到艺术的欣赏当中,正因为大地艺术品的巨大,所以这种参与(漫步于大地艺术品中间)也要经历一个较长的过程。

大地艺术所见的这种人"与天地参"的新型关系,其实并不是新的理念。早在老子那里,就曾说道:"故道大、天大、地大、人(或王)亦大。域中有四大,而人(或王)居其一焉"(《老子》二十五章)。人只是作为"四域"之一的存在,天地与人都具有平等的地位,"大道"亦运行于其间。这同海德格尔在 1941 到 1949 年的多篇论文中,开始阐发的"四重体"(Geviert/foursome)观念极为接近,"这四个世界地带就是天、地、神、人——世界游戏(Weltspiel)。"①但是,欧洲传统艺术观念思想中的确存在"神的维度",而中国艺术则缺失了这一层面,却更注重天地自然按照"道"的规律"自然而然"地运作。

应该说,天、地、人这"三方世界"的关系,构成了大地艺术的基

---

① [德]海德格尔:《海德格尔选集》,孙周兴译,上海三联书店 1996 年版,第 1118 页。

本结构。这里"人与天地参"的"参",绝不是破坏,而是协同——人与天、人与地、天与地之间的协同。

3. "无中心的自然"与"游观"

按照大地艺术的美学原则,自然乃是无限的球体。其内在性质是,中心位于每个地方,所以四周不在任何地方。

按照大地艺术的理解,没有中心与边缘的区分,或者说二者的边界被销蚀了,因为中心是无所不在的,所以边缘亦无所不在。这种空间观念,是对文艺复兴以来欧洲"焦点透视"观念的反驳,那种以人为中心的透视所得到的"锥形空间",在大地艺术的"去中心化"取向当中被消解了。而所谓自然之"中心",恰恰是由于主体性的力量在起决定性的作用。

庄子则认为:"万物皆种也,以不同形相禅。始卒若环,莫得其伦,是谓天钧。"(《庄子·寓言》)这意味着,自然中的每个物都是"自然链"中的一环而已,"运运迁流而更相代谢"①,它们都具有相互平等的关系,因而都不可能成为中心。理查德·朗的大地艺术充分体现出这种"非中心化"的特质。他常常通过行走来完成他的大地艺术创作,如1980年初展示的"走"的纪录作品,充分体现出游走的性质。用他自己的话说:"我做了'行走'这个简单的动作,把它仪式化,使它成为艺术。"可见,与欧洲传统艺术强调"静观"迥然有别,大地艺术注重的是"游观"。中国传统绘画中也注重类似的"散点透视",长卷从右至左徐徐展开,视点也随之慢慢地游弋。这种观照方式之所以如此游移,乃是由于自然不是以单一性主体为中心展开的,这也就是大地艺术所具有的"以大观小"的时空特质。

4. "保持自然原生态"与"原天地之美"

大地艺术强调,只有自然才是一切事物(包括一切人造物)的原初源泉,所以,要保存自然的"原生态",反对未经深思熟虑来人为重建"第二自然"。

这也是海泽所反复强调的:"大地是最有潜力的材料,因为她是所有材料的源泉。"②他的部分作品就是这一理念的独特阐释,例如《孤立

---

① 郭庆藩:《庄子集释》,《诸子集成》本,卷三,上海书店1990年版,第409页。
② Michael Heizer, *Interview*, *Julia Brown and Michael Heizer*. Munich: Heiner Friedrich Galerie, 1970, p. 14.

的块/抑扬符号》这个作品就是在美国马萨科湖挖出 36.6 米、环孔状的长长的沟渠，这些沟壑被遗留在那片荒原上，静静地等待着风化乃至完全消失。用艺术家本人的话说，"我用凹洞、体积、量和空间来表达我对物体物理性的担忧。……如果遇上自然主义者，他会说我这是在亵渎自然……但事实是，我相信，我的作品不是摆放在那里的，它应该是这片土地中的一部分。"这种艺术创作取向，就是要在艺术创造后，尽量保持自然的原生态，任由自然按照自身的规律变化和生灭，让自然"自然而然"的"在"，这也就与庄子所说的"原天地之美"是内在相通的。在这个意义上，大地艺术就是"原天地之美"的艺术。

5. "极度写实主义"与"无法之法"

从艺术手法上，大地艺术主张对自然的界定和摄取，不能如浪漫派风景画那般从主体出发任意取舍，而是要采取"极度写实主义"的手法，重新定义"艺术语境"和"艺术术语"。这种艺术方法，并非如传统艺术那般面对天地来加以再现、表现和抽象，而是采取了一种超越传统艺术语言的新途径——"极度的写实化"与"写实的极度化"。这指的便是一种顺应"自然性"规律的艺术之法。也就是说，人所创作的只是大地艺术中的一小部分，而更大的创作，则是由自然天地按照"自然而然"(Naturalness)的规律来完成的。从中国古典美学视野看，对待自然天地，大地艺术采取的其实是一种"无法"(No-rule)，而这种"无法"才是"至法"(Ultimate Rule)。所谓"无法之法，乃为至法"，"以无法生有法，以有法贯众法"(石涛：《苦瓜和尚画语录·了法》)，正是此意。

总而言之，大地艺术所呈现出来的这种"自然美学观"，与中国传统美学的确有一定的互通之处，这是重建一种具有中西"共通规律"的自然美学的基础。

二、大地艺术与"自然审美"的三种范式

大地艺术究竟是在"呈现"自然，还是"改造"自然？就创作而言，大地艺术家们最反对的，莫过于用艺术把自然加以粗暴改观，而只是要求对自然稍加施工或润饰，在不失自然原貌的基础上，使欣赏者对所处的周遭环境重新予以评价。

这种对自然的"略加修改",并不是要使自然得以彻底改观,而是要让人们重新注意那司空见惯的大自然,并获得"陌生化"的审美效果。反之,当那些传统艺术品在"艺术展中被要求划定界定"之时,所谓"文化拘禁"(Cultural Confinement)现象也就发生了①。艺术家自己虽并没有拘禁自己,但是他们的作品却被"艺术体制"拘禁起来。这样,"当艺术品被置于展览馆当中,它就失去了价值,逐渐成为表面脱离了外部世界的便携对象",似乎只有在展览馆的四面白墙内,艺术品才能获得一种"审美上的逐渐康复"(Esthetic Convalescence)②。大地艺术正是与这种传统艺术体制相抗衡的,因为它所寻求的,是一种外在于"文化拘禁"的世界。换言之,让艺术远离大城市艺术中心的"污染",远离画廊、美术馆和博物馆,由此,便可以摆脱艺术体制和艺术市场对艺术的重塑。尽管如此,大地艺术这种激进的反思,仍带有一种乌托邦式的空想性质,因为它毕竟还是在艺术体制内得以认同的。

更重要的是,对大地艺术的观照,与"自然审美鉴赏"(the Aesthetic Appreciation of Nature)的方式是息息相关的。艾伦·卡尔松(Allen Carlson)在《鉴赏与自然环境》一文中,曾提出了欣赏自然的三种不同的重要范式:

(1)"对象范式"(the Object Paradigm),就是把"自然的延展"视为类似于一件艺术品。"在艺术界里面,非再现的雕塑最适合于这种鉴赏模式"③。具体来解释,就是按照"艺术形式化"的要求观照自然,比如将自然看作一座雕塑,欣赏这座"雕塑"的感官属性、突出式样乃至表

---

① Robert Smithson, *The Writings of Robert Smithson*. New York: New York University Press, 1979, p. 132.

② Robert Smithson, *The Writings of Robert Smithson*. New York: New York University Press, 1979, p. 132.

③ Allen Carlson, Appreciation and Natural Environment, in *the Journal of Aesthetics and Art Criticism*, Vol. 37, No. 3, 1979, p. 268。然而,艾伦·卡尔松又用科学作为"环境范式"的知识来源(如自然史累积的自然知识,或者常识和民俗传统提供的自然知识),这显然难逃欧美中心主义的思维藩篱,其实这第三种自然审美范式未必一定借助于自然知识,自然情感本身亦占据了重要方面。在这个意义上,中国传统的"自然审美范式"倒可以成为"环境范式"中的另一种范例。

现性等。如果说，艺术创造需要"剪裁"的话，那么，这种观照也是对自然的一种接受意义上的"剪裁"。

（2）"风景或景色模式"（the Landscape or Scenery Model）则退了一步，它将自然直接当做"风景画"来加以观照。这种观照的范式，就好似拿一个事前定好的"画框"置于眼睛与自然之间，将画框里面被吸纳进来的部分看成是一种"风景"。正如艺术社会学所证明的，17世纪以来的风景画遗产已深刻地影响了欧洲人的审美观。所以，当许多欣赏者在观照三维自然的时候，头脑里常常闪现出的却是二维的风景画面。在中文里，"风景如画"这样的赞语亦很常见，与拉丁词pictor有渊源关系的pittoresco（意大利文）、picturesque（英文）、pittoresque（法文）也都意指"如画的"这个审美概念。其实，风景与风景"画"的差异就在于：风景画要求保持"审美距离"，人与被再现的自然之间总是隔着一层画布，而真正置身于风景则不然，自然本身的色、香、味可谓俱足，在其中全方位的真实感受同站在美术馆里的感受能相同吗？

（3）"环境范式"（the Environmental Pardigm），按照诺埃尔·卡罗尔的解释："这个模式的关键就在于把自然当成自然（Regards Nature As Nature）。它把自然的延展及其组成部分同更广阔环境语境之间的有机关联当成根本性的"①，从而克服了上述两种范式的局限性。比较而言，范式（1）只将自然当成艺术，范式（2）虽然把风景当做图画，但毕竟还是看作风景画，同样也阻碍了对真实自然的"全面注意"。范式（3）则不然，它关注到了"自然力"（Natural Forces）本身的交互作用，比如风化现象作用于岩石给人的美感，就呈现出"风"与"石"之间自然力的有机互动。

这三种范式内的"自然"，我认为可以简单地概括为：作为"艺术属性"的自然；作为"风景画"的自然；作为"自然"的自然。

首先，大地艺术极力反对第一种范式，大地艺术虽力图打破艺术与自然的边界，但大地艺术的重心在"大地"而非"艺术"。"对象范式"的基本取向，则是将自然"视为"艺术，这里的"视为"实际上就是一种替

---

① Noël Carroll, *Beyond Aesthetics*: *Philosophical Essays*. Cambridge: Cambridge University Press, 2011, p. 372.

换或摄取,或者说自然为艺术所"榨干"。在第一种自然审美范式中,人的"主体性"最强,不仅可以将自然属性直接看作艺术形式,而且,还能在自然中看到非形式的情感、本能、表现等。如此这般所见的自然,是被主体性的"移情"所浸渍的自然,就本质而言,人们在其中要观照的自然并不在场,而只能观照到主体性自身。

其次,大地艺术与第二种范式也彼此迥异,后者恰恰成为前者要从艺术链条上所摆脱的对象。大地艺术,就是要回到大地自然本身的艺术,这里的自然并不是被画、被雕、被摄的自然,而是真正的自然本身。但在"风景或景色模式"里,作为自然摹本的风景画,却成为了柏拉图意义上的"模仿的模仿"或"影子的影子"①。这里的关键是,这种范式的真正缺陷,在于其"限制性过强从而无法容纳自然的所有方面,而这些方面都可能成为审美关注的真正对象"②。由此可见,第二种范式的主体性也相当强,看似人在风景画面中并不存在,或者只是风景的"背景",但究其实质,人的框定力量在其中却是占支配性的。

再次,大地艺术可以成为第三种自然审美范式的典范。因为,大地艺术才是真正地"让自然成为自然"的艺术样式。自然既不是装饰,也不是风景;既不是艺术属性的对象化,也不是风景画的聚焦点。如果说,前两种范式都折射出"我"在那里,那么,大地艺术则是要让自然在那里!大地艺术对自然的轻微改动,目的在于使人去观照:所观照的不是艺术,而是自然本身;所观照的不是被改的,而是未被改动的(或者说那些按自然规律而变的)。

同时,还有至关重要的一点,那就是大地艺术和环境范式皆注重"互动"。第三种自然审美范式关注的是"自然力的整体",而不是由视觉上的凸显而摄取的自然片断。如果说,"景色范式提出自然是个静态的序列",那么"自然环境的方法则承认自然的动态性"③。同样,大地

---

① [古希腊]柏拉图:《理想国》,侯健译,联经出版事业公司1980年版,第460~462页。

② Noël Carroll, *Beyond Aesthetics: Philosophical Essays*. Cambridge: Cambridge University Press, 2001, p. 372.

③ Noël Carroll, *Beyond Aesthetics: Philosophical Essays*. Cambridge: Cambridge University Press, 2001, p. 372.

艺术认定"话语和岩石都包含一种语言",它凸显了自然力本身之间的动态交互作用。如许多大地作品在完成后,都伫立在原地,等待时间的流逝和考验,时间会慢慢地来继续塑造大地艺术品。自然本身是动态的,大地艺术也随之而动。在此意义上,大地艺术强调"艺术的发展将是对话的,而非形而上学的"①。换言之,人与自然的平等对话和交往,在大地艺术创作中是居于核心地位的,而不像欧洲传统艺术或者前两种自然审美范式那样,将人的某种理念强加于自然之上。

这种自然美学的思路,居然同中国原始道家的"道法自然"——The way models (fa) itself to that which is so on its own——的思想内在相通!该美学取向,其实是同原始道家美学的"天地有大美"的观念是相通的。庄子曰:"天地有大美而不言,四时有明法而不议,万物有成理而不说。"(《庄子·知北游》)这里充满了对大自然的敬畏!但这种敬畏又不是一种疏远的关系,而是在顺应自然的基本前提下,让天地自然与人保持本有的亲和关联。在大地艺术里,正如在道家美学视野中一样,自然万物本身的力量,既是潜在的,又是无穷的,自然化育的规律,生生而不息。难怪孔子亦称颂道,"天何言哉,四时行焉,百物生焉,天何言哉!"(《论语·阳货》)大地艺术因而具有了某种"东方意味":在艺术里保持了艺术(人)与自然的亲密关联,敬畏自然天地的造化之功。无论怎样,在大地艺术的创作者和欣赏者心目中,都是对"天地之大美"极为认同的,认同这种"天下莫能与之争美"的"大美"的存在。

三、大地艺术之后的"自然美学"

实质上,大地艺术提出了一种独特的"自然美学观"。大地艺术所引发出的深层思考不可回避:艺术与自然究竟是何种关系?艺术品与自然物的边界又在哪里?20世纪90年代之后,由于种种原因,大地艺术只能在规划图上得以实现,这是否偏离了大地艺术的初衷?大地艺术能引发"艺术的终结"吗?未来的艺术真能终结在自然之中吗?这些问题

---

① Robert Smithson, *The Writings of Robert Smithson*. New York: New York University Press, 1979, p. 133.

都有待于进一步探索与反思。

就整体而言,大地艺术家们普遍相信:艺术与生活、艺术与自然之间没有严格的界线。这预示着,在人类的生活时空(还有自然时空)里,处处应存在着艺术。这一观念倾向,可以称之为"艺术的自然化"与"自然的艺术化"。或者说,大地艺术家希望,在自然与艺术相融与同构的"另一类时空"里,人们能够幸福地存在。正因如此,大地艺术家们才要"寻求与自然的对话,与自然力中固有的物质矛盾彼此互动——就像自然有时阳光四射,有时暴风骤雨一样。"①

诚如史密逊那段著名的大地艺术宣言所述:"路和大部分的景观都是人造的,但是我们仍不能称之为艺术品。另一方面,对我而言这(大地艺术)做了艺术中从来没有做的事情。……其影响却使我从以前的艺术的许多观点中解放出来。……我自己思考着,这对艺术的终结而言是相当清晰的,大多数的绘画看似只是相当好看的图片,你没有途径能去构造它,而只能去表现之"②。在此,所谓的"艺术的终结"的艺术,指的是有确定边缘的艺术,其中,艺术与非艺术的界限是明确和稳定的③。而大地艺术这种艺术样式所寻求的,恰恰是一种艺术不确定的外围边缘。在某种意义上,大地艺术好似一种"半成品"或"准艺术品"(Quasi-artwork),欣赏者在其中能够借助自然的伟力来"合成"为整个艺术。自然不能被改造,只能被呈现。这样一来,艺术品与人造物、自然物的关系,又得以重新被考量。同时,大地艺术亦不能容忍公园这类改造自然的人造景观方式,因为"公园只是自然的理想化,而自然实际上并不是理念的一种条件。自然没有沿着一条直线行进,而是曲折发展的。自然永远没有终点。"④

基于这样一种"自然观",在大地艺术家的视野里,"对结束的艺术

---

① Robert Smithson, *The Writings of Robert Smithson*. New York: New York University Press, 1979, p. 133.

② Samuel Wagstaffjr, Talking to Robert Smithson, *Artforum*, 1966, Vol. 2.

③ Andrew Causey, *Sculpture Since 1945*. Oxford: Oxford University Press, 1998, p. 170.

④ Robert Smithson, *The Writings of Robert Smithson*. New York: New York University Press, 1979, p. 133.

而言，公园就是结束的景观"①。由是观之，大地艺术寻找的正是一个"新起点"。一方面，悖反传统的欧洲艺术观念，从画架、画框、基座等传统载体走向广袤的天地自然，在人与自然的对话之间，来寻求"艺术的终结"②；另一方面，反对从主体性角度对自然"过度阐释"，在自然本身之内来探索"景观的终结"。就此而言，大地艺术仍有许多潜力可以继续挖掘，它恰恰可能成为未来艺术的重要发展方向之一，同时，也必将成为推动自然美学发展的积极动力。

(作者单位：中国社会科学院)

---

① Robert Smithson, *The Writings of Robert Smithson*. New York：New York University Press, 1979, p. 133.

② 这里的"艺术终结"是就20世纪70年代之后当代欧美艺术的发展状态而言的，理论成果就是阿瑟·丹托(在黑格尔提出艺术终结论之后)所标举的艺术"二次终结论"，参见刘悦笛《生活美学：现代性批判与重构审美精神》，安徽教育出版社2005年版，第90~97页，《病树前头万木春：评"艺术终结论"和"艺术史终结论"》，载《美术》2002年第10期，《哲学如何剥夺艺术：当代"艺术终结论"的哲学反思》，载《哲学研究》2006年第2期。在我看来，在当代艺术里，存在着三条走向终结的道路：其一，通过"观念艺术"之途，艺术终结在观念里(这与禅宗思想相关)；其二，通过"行为艺术"及"身体美学"之途，艺术回归到身体；其三，通过"大地艺术"之途，艺术回复到自然(这与道家思想相关)。

景观设计与城市发展

尚慧琳

众所周知,优美的景观设计既能提供和改善城市环境,令人心旷神怡,舒展身心,又能体现人们对未来生活世界的向往和对历史生活场景的回顾。现在城市的快速发展造成了城市人口和城市生态环境的矛盾,景观设计是缓和这个矛盾的很好的选择。景观设计适合于现代大都市的需求,超越了一般公园的功能,把城市与环境有机结合在一起,不仅是城市居民身心健康的"充电器",而且促进城市的可持续性发展,对保护城市的生态环境具有重要的意义。

景观(Landscape),无论在西方还是在中国,都是一个美丽而难以说清的概念。地理学家把景观作为一个科学名词,定义为一种地表景象,如城市景观、草原景观、森林景观等;艺术家把景观作为表现与再现的对象;风景建筑师把景观作为建筑物的配景或背景;生态学家把景观定义为生态系统或生态系统的系统;旅游学家把景观当做旅游资源;而更常见的是,城市美化运动者和开发商把景观作为街景立面、霓虹灯、房地产中的园林绿化和小品、喷泉叠水。然而一个更文学和广泛的定义则是:"能用一个画面来展示,能在某一视点上可以全览的景象,尤其是自然景象"。但哪怕是同一景象,不同的人也会有很不同的理解,正如 Meinig 所说"同一景象的十个版本"(Ten Versions of the Same Scene, 1976):景观是人所向往的自然,景观是人类的栖居地,景观是人造的工艺品,景观是需要科学分析方能被理解的物质系统,景观是有待解决的问题,景观是可以带来财富的资源,景观是反映社会伦理、道德和价值观念的意识形态,景观是历史,景观是美。

综上所述,景观设计是指在某一区域内创造一个由形态、形式因素构成的较为独立的，具有一定社会文化内涵及审美价值的景物。它必须具有两个属性：一是自然属性，它必须作为一个有光、形、色、体的可感因素，一定的空间形态较为独立的并易从区域形态背景中分离出来的客体。二是社会属性，它必须具有一定的社会文化内涵，有观赏功能、改善环境及使用功能，可以通过其内涵，引发人的情感、意趣、联想、移情等心理反应，即所谓的景观效应。

如果我们把景观设计理解为一个对任何有关于人类使用户外空间及土地的问题，提出解决问题的方法以及监理这一解决方法的实施过程。景观设计的宗旨就是为了给人们创造休闲、活动的空间，创造舒适、宜人的环境。而景观设计师的职责就是帮助人类，使人、建筑物、社区、城市以及人类的生活同地球和谐相处。

在西方，景观设计这一概念经历了漫长的发展和演变历程，逐步形成符合自己的风格和形式，但在中国的发展却只是初具规模。改革开放后，特别是近十年，中国城市高速发展，而就城市发展而言，人们的观念和认识已远远落后于变化和发展。长期以来，我国城市建设遵循着"实用、经济、在可能条件下讲究美观"的原则，这个原则是在新中国成立初期，根据我国当时的实际情况，快速改善城市面貌的思路下制定的。然而城市在发展，社会在进步，人们对城市生活的要求，不仅在于空间使用功能的满足以及工程本身的美观，更主要是在于城市整体环境的质量。因此在景观设计中难免会出现一些问题。例如现在有的单位或个人，为谋求眼前的利益，太过于强调人工环境的营造，而曲解了景观艺术的真正含义，忽视了对城市生态景观方面的影响，导致城市生态链的破坏，使得城市的发展与园林景观设计艺术的初衷背道而驰，这是我们所不愿意看到的。

再如，目前我国盛行的"城市美化"运动，很多城市不顾自身自然条件、历史文化背景以及市民所最需要的，一样的通衢大道，一样的市民广场，一样的观赏草坪，一样的罗马柱式，一样的繁复装饰……只给市长争面子，不给百姓办实事。这种抹杀自然本性、不顾人类最根本需求、不顾自身的文化背景和人们的喜好，一味追求新奇的做法，尽管形式各异，但它们的设计观念却可以概括为以下几点：

（1）"法国规整式"。这类设计观念使用频率最高，可以在许多居住小区中看到。整齐的绿化成为建筑的花边，其作用仅是为居住区"涂脂抹粉"。我们没看到小区的整体空间形态，看到的只是贴贴补补的片段。因为在高密度的居住区中，景观设计没有被首先完整地提出，却成了楼与楼的夹缝间的环境美化。

（2）"英国风景式"。这类设计为许多国外的景观公司所引进，大多出现在面积较大的"别墅度假村"、"高尔夫社区"等。其强调了自然生态的重要性，但自然却变得陌生了起来。建筑与人仿佛是这个"自然保护区"或"生态圈"的入侵者。我们无法融入其中，因为它们不需要我们。

（3）"中国传统园林"。这类设计在许多城市公园中出现。我们必须清楚中国古典园林是为少数个人服务的，它与现代景观建筑是有本质区别的，这限制了它的发展。这类设计做博物馆比做居住环境或公园更为恰当。我们需要的是一个开放的、没有"围墙"的系统，因为只有这样它才会生机勃勃。

最后，也是最重要的一点，我们的设计人员在设计作品时，能有几人是亲自到现场去仔细勘察地形，去了解当地文化风俗呢？又有几人是主动深入到当地的群众中与不同的人群交流，去倾听他们的需求和他们的看法呢？恐怕没有多少吧。有的也只是设计人员在那儿转上几圈，然后装模作样地拍几张照片，然后扬长离去，在电脑桌前查书、翻资料，最后做出了漂亮的平面图和效果图，然而，这种设计出来的作品未必会受到当地人的喜欢。因为，他们不是当地市民，他们也不会很清楚地了解当地人的需求。那种把主要精力放在翻书、查资料，而把"市民"这一最大、最有效的资源库丢在一边不理不问，这是一种不太好的设计，这是一种不太成功的设计模式，因为他们缺少了一个好的设计必不可少的环节——公众参与！

景观设计作为一种思潮在全国范围内兴起，虽然只有十年左右的历史，但是，诚如北京大学景观设计学研究院院长俞孔坚教授所言，目前国内大大小小城市正在进行的所谓的景观设计，实际上是在步西方"化妆思潮"的后尘，远离了自然和生命，不乏"景观垃圾"。这对城市的发展无疑是一种阻碍。

成功的景观设计是与城市的发展紧密联系的，是人、自然、城市三者的有机统一，他们为城市发展带来的作用是不可估量的：

（1）景观设计有利于更好地宣扬城市的文化，使得城市更加具有地方特色，更能充分体现城市的个性；

（2）景观设计有利于提高、改善城市人们生活水平和生活环境，有利于城市的可持续性发展，对保护城市的生态环境具有重要的意义；

（3）促进城市生态景观多样化，改善城市气候，利于市民身心健康；

（4）发展城市旅游业，带动城市经济发展；

（5）景观设计是建设生态城市的必由之路。

我们在东西方文化的交汇点上，站在21世纪的今天，对当代城市景观设计进行更深的遥望：一座城市的景观设计必将是体现着设计者融入人类文明、科技文明之后确立的可持续发展的规划体系。预测未来城市的需要，使城市在可持续发展中推动人类的进步与文明，这就是现代景观设计的实质所在。

因此，当代的城市景观设计必须重视对人居环境的体验，在塑造一座城市文明的同时，要以前瞻的思维站在未来的远方，对城市的景观进行深层次的遥望：让那冷漠简洁的现代建筑，以文化作为背景，用流动的、有生命的绿色景观带给城市人的生活更多享受与便利。

国际景观设计师联盟主席法加多女士曾经说过："现在是景观设计的伟大时代。地方精神充满活力，虽然在人们的心中，景观设计师是属于未来的职业，但是，当我们将自己置于向全球化发展的巨大转变带来的机会和有利位置时，未来就是属于我们的。这就要求我们的服务对象更好地理解我们的工作对于人类精神、艺术的重要价值。"[1]景观是人们针对土地的一个权力；景观还是人们和土地的一个约定；景观是生活在一个时代的人们，他们要说的话，投射在大地的影像中。

什么样的景观设计才算成功？首先，景观设计应坚持地域性原则。真正的现代景观设计是人与自然、人与文化的和谐统一。景观作品，尤其是规模较大的，一定要融合当地文化和历史，以及运用园林文学，借

---

[1] 《IFLA 主席 Fajardo 中国行》，http://www.landscape.cn/special/ifla/china，2014-3-8。

鉴诗文，创造园林意境；引用传说，加深文化内涵；题名题联，赋予诗情画意。充分利用当地的自然资源和本色，达到与当地风土人情、文化氛围相融合的境界。其次，景观设计应坚持以人为本原则。开发商和设计师在对环境景观整体把握上，要有可持续性发展的眼光，要有对低耗、节能、高效的把握，对环境景观服务的终极目标——健康与舒适性的把握，如果脱离了这些，任何豪华与艺术的设计就是多余的、奢侈的。此外，景观设计要顺应自然。我国幅员辽阔，各地风光不尽相同。既然造物主给我们每个地区的环境、气候、人文、历史不同，我们就有义务让人们享受这些东西。总而言之，住宅区景观设计一定要坚持一个中心（以人为本）、两个基本点（因地制宜、顺应自然），才能有长久的生命力和竞争力。

现代景观设计是人类发展、社会进步和自然演化过程中一种协调人与自然关系的工作。其工作的领域是如此广阔，前景是如此美好，但是，我们也必须认识到所肩负的责任。如果不能很好地理解人类自身，理解人类社会的发展规律，理解自然的演化过程，那么景观规划设计就只能是用来装点门面而已。为了人类自身的生存和发展，为了使我们共同的、唯一的家园——地球有一个美好的未来，我们每个人都应该作出自己的贡献。

参考文献：

[1] 尹定邦. 设计学概论[M]. 长沙：湖南科学技术出版社，2002.

[2] 王受之. 世界现代设计史[M]. 北京：中国青年出版社，2002.

[3] 王建国. 城市设计[M]. 南京：东南大学出版社，1999.

[4] 吕正华，马青. 街道景观环境设计[M]. 沈阳：辽宁科学技术出版社，2000.

[5] 刘卫东. 城市形象工程之我见[J]. 城市规划，2003(4).

（作者单位：湖北文理学院）

城市公共雕塑与公共审美文化的塑造
——以襄樊为例

李秋实

城市公共雕塑属于城市公共艺术的范畴，多为室外雕塑，不仅具有雕塑通常所具有的形象性、生动性、审美性、教育性、多样性等特点，还因其对城市空间的介入，而具有公共艺术所特有的公共性、开放性等特点。

本文认为，城市公共雕塑还应力图从历史共有、文化共有、生活共有、文化创生等角度提炼和塑造城市公共审美文化的内涵，展现城市独特的风貌、魅力、品位和精神。本文以襄樊为例，结合襄樊城市公共雕塑的现状，以及襄樊城市的历史文化、当今市民生活状态等方面，就此主题探讨如下：

一、襄樊城市公共雕塑的现状

2009年8月，据襄樊学院美术学院丁长河教授调查，襄樊市区现有城市公共雕塑作品230余件。现对这些雕塑从不同角度进行划分：①按表现形式划分，圆雕占较大比例，另有浅浮雕、高浮雕，还有部分蜡塑；②按题材划分，有纪念性雕塑（如反映历史人物诸葛亮、米芾、孟浩然、王仲宣等，反映历史故事如三顾茅庐等，反映战争如夫人城、解放战争攻城史）、建筑装饰性雕塑（如某些商场、酒店等周边场所）、城市园林雕塑（如阳春门公园的人物及动物小品雕塑，街道如南街、北街、长虹路小品雕塑，以及公共绿地等场所）、宗教雕塑（寺庙如广德寺、道观如真武山泥塑）、祠堂雕塑（如隆中风景区泥塑）、标志性雕塑

(城市地标如诸葛亮广场的大型诸葛亮铜雕,一些企业如二汽、轴承厂等标志性雕塑)、民俗性雕塑(如反映福禄寿喜的雕塑)、观念性雕塑(如永安广场)、陈设性雕塑(如博物馆一些陈设雕塑复制品);③按空间尺度划分,大型雕塑1处(如诸葛亮广场的大型诸葛亮铜雕),中型雕塑少许(如《卧龙出山》),其余多为小型雕塑;④按技法划分,多为写实性雕塑,而抽象雕塑较少(10余件),传统意象性雕塑极少(如襄阳公园路边);⑤按材质分类,有大理石、铜、白水泥、玻璃钢、不锈钢、蜡、黄泥等,少数抽象雕塑还涂以鲜艳色彩。另外,襄樊城市中还有一些现成品(如水厂淘汰下的设备零件)或现成品组合(如二汽的巨型轮胎与时间组合),其陈列与展示在一定程度上具有雕塑的空间实体性质和功能。

二、襄樊城市公共雕塑面临的问题

在襄樊城市公共雕塑中,不乏精品,这集中反映在纪念性写实雕塑上,如树立在襄樊学院图书馆门前的《卧龙出山》圆雕,襄樊五中新校区建筑外墙上的9位中外历史文化名人浮雕(其中包括2名外国人),二汽标识性不锈钢现代雕塑,襄樊学院新老校区过渡带的《三顾茅庐》等三国系列雕塑。这些雕塑之所以取得成功,在于其具备雕塑本身应有的形象性、生动性、审美性、教育性、多样性等特点,并与雕塑所处的城市节点及周边环境相适应,较为恰当地传达出了一定的历史文化内涵。

但总体而言,襄樊城市公共雕塑现状不容乐观,与襄樊这座有2800多年建城史的历史文化名城①还有诸多不相称之处。

就作品年代而言,襄樊城市现阶段所拥有的公共雕塑作品,相对于

---

① 襄樊市1987年被国务院公布为全国历史文化名城。市域内现已查明各时期的文化遗址200多处,有些文物古迹堪称世界之最。1990年至1992年在枣阳市雕龙碑发掘一处新石器时代原始氏族公社聚落遗址,距今约6000年,内涵丰富,独具特色,属于一种新的文化类型。秦汉以前,襄樊市为艰、卢、邔、罗、鄢、谷、厉、随、唐等诸侯国之城,随后为楚境,秦汉以后又是三国文化的中心区域和历朝历代的重镇。

历史的长河，可以说都是新近的，几乎没有超过50年的作品，而且我们能够预计的这些公共雕塑作品的继续存在时间，因其材质、作品价值等原因，也极少有几件能再留存50年。由此，我们不得不惊讶地严肃思考，襄樊城市公共雕塑作品是否真的将归属于快餐文化？我们是否已经考虑制定公共雕塑永久留存的计划清单？公共雕塑作品如此短暂的寿命何以体现出历史文化共有？

就作品数量而言，230余件作品似乎很多，但纵观这些作品，历史题材的作品仅60余件（其中含数件表现近代解放战争题材的作品），且多集中表现三国时期历史中的人和事，虽然也有对伍子胥、宋玉、杜甫、孟浩然、米芾等人的浮雕表现，但相对于襄樊古今2800多年建城史中辈出的英才①而言，也不免让人有窥一斑而未见全豹之叹！假设每尊历史文化名人雕塑都是一面折射历史的镜子，襄樊这座城市又拥有几面镜子呢？难道我们只能在博物馆的历史名人线刻画中，或图书馆的故纸堆中去探寻如此厚重的历史文化吗？

---

① 据不完全统计与考证，襄樊籍古今历史文化名人有40余人，如：卞和（荆山脚下献玉人）、伍子胥（一夜急白了头的名将）、宋玉（著名辞赋家）、刘玄（更始帝）、刘秀（东汉开国皇帝）、王逸、王延寿父子（东汉文学家）、庞德公（襄阳大名士）、蒯越（足智多谋之士）、蔡瑁（襄阳大族）、庞统（与诸葛亮齐名的"凤雏"）、马良（蜀汉名臣）、马谡（智计之士）、杨仪（有才干、性狷狭的将军）、廖化（以果烈著称的大将）、向朗（家庭藏书之最的长史）、向宠（都亭侯）、向充（向后主刘禅建议立诸葛庙的尚书）、习郁（襄阳侯）、习凿齿（东晋史学家）、杜审言（五言律诗的奠基人）、韦睿（有光武、周瑜之风的名将）、张柬之（恢复大唐社稷的宰相）、孟浩然（山水田园诗人）、杜甫（诗圣，祖籍襄阳）、张继（《枫桥夜泊》诗作者）、皮日休（诗人、思想家）、魏玩（与李清照并称的襄阳女词人）、米芾（北宋著名书法家）、任亨泰（明朝状元）、王聪儿（白莲教八路兵马总指挥）、单懋谦（文渊阁大学士）、杨洪胜（辛亥革命义士）、刘公（共进会第三任总理）、程克绳（中共鄂北第一个党小组的创建人）、谢远定（第一任襄阳党团特支书记）、吴德峰（最高人民法院副院长）、黄火青（最高人民检察院检察长）、陈荒煤（文化部副部长）、张光年（《黄河大合唱》词作者）等。

在襄樊的历史文化名人中，外籍人士有20余人，如：刘表、司马徽、王粲、诸葛亮、羊祜、杜预、刘弘、王叔和（晋代名医）、山简、释道安、朱序、萧统、欧阳修、岳飞、李曾伯、李自成、张献忠、萧楚女（马克思主义在襄阳的最早传播者）、张自忠（抗日爱国将领）等。

就作品与环境关系而言，现有公共雕塑作品，无论是表现历史的，还是表现现代都市或企业精神的，大多能够与所处的公共环境有一定的意义指向上的联系，实属难能可贵。但我们面对的却不是单薄的历史，我们脚下的每一条街道、每一个地名甚至每一片沃土，都与历史名人、动人的历史故事、传说发生着平常人早已不觉察的深远联系，我们还远远没有真正唤起市民对这座历史文化名城应有的尊重和自豪感！城市公共雕塑对襄樊这座城市的述说还远远不够，我们怎有理由过多地感到骄傲？襄樊城市公共雕塑除了与诸葛亮对应的隆中风景区有较好注脚外，对众多历史节点还没有给予应有的关注，如檀溪路（与"马跃檀溪"的历史故事联系）、庞公区（与庞德公联系）、荆州街（与刘表联系）、陈老巷（与会馆、银楼联系）、邓城大道（与邓国联系），还有如老龙庙、万山、岘山、鹿门寺……人们难以看到它们与市民今天的生活之间有什么视觉联系！由此可见，襄樊现有公共雕塑作品还远不能承载公共审美文化的历史共有、文化共有、生活共有的重任，襄樊市民呼唤更多的公共雕塑作品的问世！

30年前，襄樊曾是全国科技人才和国家重点项目的洼地，襄棉曾是全国的学习模范，襄轴曾是全国第4大轴承厂，一大批军工企业落户襄樊；而今，其中不少企业仍是襄樊现代工业的骨干、高科技工业的标志！汽车产业将扮演襄樊新经济龙头角色，新材料、航天、光机电一体化将形成庞大的高新产业集群。襄樊近代工业走向现代工业之路的艰辛与辉煌、经验与教训、希望和憧憬，与襄樊当代及近几辈人的生活及命运息息相关，蕴含其中的创业精神、科学精神、开放精神等已经融入襄樊近现代工业文明的精神血脉中，是值得城市公共雕塑艺术家关注、反思和表现的。

襄樊城市公共雕塑在体现文化创生方面还存在太多的空白，缺乏能体现出襄樊市民数十载艰苦卓绝的工业创生、城市文明创生、公共审美文化创生的精神内涵的作品，甚至无意间回避了一个重要人物——曹野，这位现代襄樊工业城市发展的重要推动者、襄樊城市意识的启蒙者、襄樊城市命运、襄樊城市文明甚至襄樊城市精神的奠基人。正是在他身上，集中体现出了襄樊市民的创业精神、科学精神、开放精神。襄樊公共审美文化是伴随襄樊城市意识的觉醒而逐渐发展起来的，即便就此而论，"曹野时代"的城市卫生及城市环境建设在唤起人们公共审美意识方面曾经发挥的启蒙作用，时至今日仍在继续发生影响，让人向往和回味！

三、对襄樊城市公共雕塑未来的建言

城市公共雕塑的建设并非只是雕塑家个人的事情，也是城市管理部门、历史工作者、教育工作者、普通公众应当共同关注和参与的事情。襄樊城市公共雕塑维系着襄樊城市的前天、昨天、今天和明天，应当久经历史文化浸润，应当体现出今日的市民性格、城市精神！

正是在此意义上，本文提出对襄樊城市公共雕塑未来的建言。

(1) 加强城市公共雕塑管理制度建设。可以借鉴欧美等国家、以及中国台州等城市有关城市公共雕塑的管理经验，以立法或制度等形式，设置专门部门保障城市公共雕塑管理工作的正常进行，协调好城市公共雕塑的规划、方案征集、评审、施工、维护等工作，这是城市公共雕塑事业健康发展的制度保证。

(2) 要有精品意识。管理部门在组织、规划时首先要有精品意识，宁缺毋滥。的确，出更多公共雕塑精品是每个城市都盼望的，但要克服急功近利、追求短期效应的思想，宁可步子慢一点，多研究、多酝酿、多论证。我们已经见证了国内外及视野范围内太多城市公共雕塑的重复建设，如某市建设委员会近日还出台文件，规定在不到 3 个月的期限内面向全国征集 49 件城市公共雕塑作品，这种做法，着实让人匪夷所思！管理部门应明白"精品不是快餐，快餐绝不是城市精神"的硬道理，但愿这种闹剧不再继续上演！

公共雕塑艺术家也要有精品意识，这应是雕塑家的职业操守。雕塑家更不能一味迎合快餐式"求政绩"口味，唯领导马首是瞻！雕塑家要尊重艺术创作客观规律，对待艺术不妨也持科学、严谨、认真的工作态度，有一定的艺术追求，坚持一定的道德底线，不甘做快餐匠人。或许有人说襄樊公共雕塑艺术家们在表现方式、表现技法和美感的传达能力上还不够成熟，还需不断探索，竭力争取进步，但毕竟精品的锻造不是一蹴而就的，需要经历漫长的经验摸索阶段，短时间内的失败和挫折在所难免，或许有人会说，公众在较长时期内还要牺牲一定的审美作为代价。即便如此，目前襄樊城市公共雕塑中还掺杂着一些国内外雕塑复制品(多集中在抽象雕塑)，也在时时刺激着每一位有历史文化责任感的襄樊公共雕塑艺术家的视觉神经！这似乎都提醒着我们，公共雕塑精品之路还长！

(3)城市公共雕塑应体现历史共有、文化共有。近代工业发展见证了襄樊60年的建设史，古老的城墙见证了襄樊2800多年的建城史，新石器时代考古发现见证了襄樊六千年文明史，这是襄樊市民共有的、不间断的悠久历史。先不说历史的画卷多么精妙，单是这漫长的历史已经值得雕塑家着力颂扬了，我们热切盼望历史的长卷，以公共雕塑的视觉形式生动展现在我们眼前的那一天！

襄樊，人杰地灵之地！历史上有多少即便在中国史上也是赫赫有名的人物或生于斯、长于斯，或结缘于斯！卞和、宋玉、刘秀、孟浩然、杜甫、皮日休、米芾、刘表、王粲、诸葛亮、欧阳修、岳飞、李自成、张自忠……光耳熟能详的就有60余人，这是襄樊市民共有的文化，无人不为之自豪！这正是襄樊城市公共雕塑取之不尽的文化宝库，是最能触动每一位普通市民心弦的文化情结！我们从诸葛亮铜像揭幕庆典上观者如堵的宏大场景中可见一斑。

可以引为襄樊城市公共雕塑创作题材的真可谓俯拾皆是！除了历史文化名人外，单是战争题材就不胜枚举，大小战役难以数计。例如，著名的战例就有白起水灌鄢城之战、关羽水淹七军之战、朱序抗拒苻丕之战、岳飞收复襄阳之战、李自成进占襄阳之战、张自忠枣阳抗日会战以及解放战争中的襄樊战役等。这些战役不仅记载了胜败、荣辱，也记载了先民的艰辛、苦难、智慧、壮志和精神！这是当今市民珍贵的精神遗产！

除此之外，我们可以从第一部诗歌集《诗经》对汉水流域的吟唱(如"小雅·江汉"、"国风·周南"等)，从历代文学作品对襄樊的人和事的描绘，从以米芾为代表的石文化，从林立江边的曾经"南船北马"的汇集地——码头和会馆遗迹，从民俗、历史故事、民间传说等，找到城市公共雕塑的创作灵感。

以雕塑的形式不断提醒普通市民那不能忘却的历史共有、文化共有，是襄樊城市公共雕塑家的应有职责，也是新时期襄樊公共审美文化构建的必然要求。

目前，在襄樊城市公共雕塑题材中，表现历史文化名人的雕塑不多，战争题材也仅有朱序抗拒苻丕之战、解放战争中的襄樊战役。襄樊历史文化给襄樊城市公共雕塑带来相当多的创作和表现空间，值得数辈襄樊公共雕塑家共同着力表达，襄樊城市公共雕塑发展之路可谓任重道远！

(4)城市公共雕塑应体现生活共有。脱离了传统历史文化的城市是无根的城市，同样的道理，偏离市民当代生活的城市也只能是老态的城市、夕阳的城市。无论是城市公共雕塑自身，还是公共审美文化塑造，都不能脱离市民的现实生活状态，否则城市就不是年轻的城市、有活力的城市。城市公共雕塑应力图体现出市民生活共有，这也是构建襄樊公共审美文化的重要内容。"生活的艺术化"或"艺术的生活化"的提出正反映了艺术应关注民众生活，艺术不只是贵族艺术，也不只是博物馆艺术，整个城市可以说是一个没有围墙的艺术馆。关注和表达普通民众的生活经验，也是后现代主义雕塑发展的方向之一。

襄樊城市公共雕塑可以用于表现的当今市民生活题材非常丰富。我们知道，武汉江汉路的《热干面》曾让多少游子潸然泪下，并合影留念。而我们也经常看见这样感人的瞬间：无数在外漂泊的襄樊人回到襄樊的第一件事就是喝一碗襄樊的黄酒，吃一碗襄樊的牛油面，这样生动的场景，在襄樊城市雕塑中我们却难得一见！

让襄樊游子想念的绝非仅此一物，还有豆腐面、包面、清汤、油茶……不仅如此，连地方方言中的俚语也都成了多少襄樊人的回味！旋磨风(旋转风)、麻风雨(毛毛雨)、瓢泼桶倒(大暴雨)、下罩子(雾)、天道(天气)、紧里头(最里边)、挨根儿……这些都可能作为襄樊城市公共雕塑的生活题材，甚至直接拿来作为作品名称。

在襄樊，我们经常能看到感人的生活场景。只要稍加留意，即便乘公交车你也能从人们习惯性的让座中感受到浓浓的人间温情。城市公共雕塑家应看到，公众不是仅仅只会被动地对城市公共雕塑进行审美体验，增进感性经验及理性知识，其实艺术与生活的界限早已变得模糊，或许生活中的一切(包括日常生活行为)在襄樊人眼中都早已成为艺术，成为欣赏的对象,或许襄樊人早已将生活共有内化为审美意义上的生活哲学。这就要求襄樊公共雕塑家不断推敲、提升城市公共雕塑的品质,不断思考城市公共雕塑的审美价值和现实价值,包括能否实现,如何实现,怎样更好实现。

(5)城市公共雕塑应体现文化创生。城市公共雕塑即使再忠实地反映市民生活状态,也只能说是体现出了生活共有的内涵。一个城市的现代精神,还体现为文化创新。

襄樊,这座城市不仅是历史的、文化的城市,也是创新的城市。这里曾是受文革冲击最小的中等城市;这里曾是国内高科技人才荟萃之地(在襄樊掀起了中国最早的人才流动大潮);襄樊的工业曾经10年保持全国领先的地位;襄樊曾经在技术改革领域创造出了领先全国的80多个"第一"……从近现代襄樊城市百折不挠的工业化发展道路,从业已发展壮大的高新企业艰苦创业的历史背后,从每一位积极进取的普通市民身上,人们都能深切感受到那些遗传自先民的"精神DNA"(智慧、奋进、坚韧、激情、浪漫、理想……)!或许正是这些内容,才有资格真正建构襄樊公共审美文化的内在核心,才有资格构成城市的精神。

即便对于襄樊日常饮食文化,襄樊的城市公共雕塑家们,在科学发展、共建和谐社会的时代背景下,在"和平与发展"成为世界主题的国际背景下,也有必要重新审视和发掘其中蕴藏的视觉文化价值及现实价值。

四、结束语

怀古论今,展望襄樊城市公共雕塑艺术发展的未来,我们完全有理由相信,襄樊人一定能把握城市公共雕塑发展的时代脉搏,并塑造出无愧于时代的公共审美文化。

同时,在艺术逐渐走向新的"政治化、社会化、生活化"的今天,我们不难看出城市公共雕塑与公共审美文化塑造的内在联系。城市公共雕塑从历史共有、文化共有、生活共有、文化创生等角度能更好地提炼和塑造出公共审美文化的内涵,展现出城市独特的风貌、魅力、品位和精神。

参考文献：

[1] 张军利. 论公共艺术的价值取向——从其公共性和艺术性谈起[J]. 时代文学(下半月), 2009(07).
[2] 王伟举. 世纪沧桑[M]. 北京：中国文联出版社, 2007.

（作者单位：湖北文理学院）

论公共艺术的城市化审美

李洪琴

"公共艺术"(Public Art)兴起于20世纪60年代的美国,指的是能轻易地为社区所制作和拥有的艺术。公共艺术是存在于公共空间,并能够在当代文化的意义上与社会公众发生关系的一种思想方式的艺术,体现公共空间与民主、开放、交流、共享的人文主义精神。21世纪的今天,我们生活在一个科技与经济、资讯与交通空前发展的时代,经历过国际主义风格洗礼的现代人已不仅仅满足于衣食住行的单纯的实用功能,公共艺术的作用就是通过艺术品的有机整合,通过艺术与文化在规划、建筑、园林中所起的作用,提高整体环境尤其是城市环境的艺术与文化层次,营造内蕴历史文脉的艺术与文化氛围,使环境更好地为人服务,满足现代人对精神享受的更高的需求。而公共艺术总体策划的作用则是制定公共艺术品的总的主题,围绕其组织关于装饰内容、装饰艺术形式的公共艺术品系统,使之与管理、规划、建筑、园林系统结为一个整体,使公共艺术品的设置有的放矢。

公共艺术城市化审美体现在以下几个方面:

1. 公共艺术的百分比制度

现今世界上不少国家在发展公共艺术上采取了"百分比制度"的有效做法,它的基本含义是:用艺术来从事环境建设,使艺术与周围环境融合,因而形成一种新型的公共艺术。它的做法是,从中央政府到各地政府以有效的立法形式,规定在公共工程总经费中提出若干百分比作为艺术基金,它仅限于公共艺术品建设与创作的开支。公共艺术作为城市环境的美化载体,所形成的形态必然有着城市化的审美烙印。公共艺术是整体社会完整系统的一部分,在社会系统规划中担当着重要角色,担负着具体的社会实用功能，公共艺术活动也是一种社会活动。因此，公共艺术的运作机制必须服从经济规律、市场规律。

2. 公共艺术多元化的表现形式

公共艺术是介乎纯艺术与纯设计之间的一门综合的边缘的新学科。在信息时代，纯艺术与纯设计越来越体现出一种融合的趋势，即设计艺术化——许多有着实用功能的设计作品能引起类似于人们观看艺术作品时产生的诗意的想象，艺术设计化——艺术家越来越多地应用新的媒介、混合媒介表达自我，学科交叉所形成的中国公共艺术的发展正是这种趋势的集中体现。加之现代公共艺术的目的与功能是复杂的，为政治宣传、为纪念活动、为商业需要等，因而形式多样。由此，设计不仅仅是一种具体的技术手段，而且是一种文化——设计文化；艺术再也不是高高在上、远离人群，而是与社会互动——源于社会，将美与真普及社会；公共艺术家更积极地担负起自己的社会责任，参与到创造人类大环境的伟大事业中来。

由于社会的需求，现代城市公共艺术策划正越来越成为一门新兴而富有生命力的学科。从世界范围来看，几乎所有的发达国家都注重城市文化艺术环境建设。它直接影响到一个国家的形象，当我们来到巴黎、汉堡、纽约，都为它们那既有传统文脉又有现代美感的市容所感动。城市公共艺术空间的成功营造在其中起了重要作用，城市公共艺术所达到的高度已成为社会文明程度、社会发达程度的标志之一，它是一个城市递与世人的一张艺术名片。在国际上，户外大型公共艺术通常为景观艺术，如大地艺术、纪念性大型构筑等，许多优秀的景观公共艺术作品成为该地区或国家的标志之一。城市文化环境是给予人第一印象最直观的风景线。让我们共同关注公共艺术这门古老而新兴的学科，让我们共同关注城市文化环境建设，做好这张城市艺术文化名片，营造既饱含中国传统意蕴、富于城市地域个性，同时又符合现代实用功能的诗意的城市公共艺术新空间。

3. 公共艺术的"在地性"

这是一种时间和空间的概念：公共艺术的创作是互相聆听、互相分享，其中蕴含了"因地制宜"（Site-specific）的核心价值，使每一件作品的设置都成为独立且特殊的创作过程，作品与所在基地都具有密切对话的不可替代性。艺术家在创作的时候必须了解公众的文化层次，面对公众共同的价值观。作品不仅再现空间的象征意义，也在建立当下民众与环境的一种新的关系，激发不同的情感回应，营造可供民众自由、轻松交流的公共空间。由于公共艺术不仅仅是把艺术设计展现于公共艺术空间，因此，它还要求艺术设计具有与社会大众进行对话的可能。一方面，公共艺术要能够产生与大众沟通的艺术语言及展示形态。另一方面，公共艺术不一定都要求具有观念上的前卫性，它同样可以表达人类恒常的理性与普通情怀。在多层次与多元化的文化时代，公共艺术具有较为独特和明显的文化价值，恰恰是它与所在的文化背景一道，被社会公众引申出更广泛的话题，并载入公共文化生活的视觉记忆的核心中，体现出公共艺术的"公共性"及"公共参与性"，体现出公共艺术与社会所产生的双向互动性。从另一角度来看，公共艺术在一定程度上是以艺术表达方式去传达公共社会领域的各种意向、价值观念及审美态度等。公共艺术所要强调的公共精神的基本态度，是力求在具有社会理性与道德理想的公众之间，恪守必不可少的"大众认同"。这种"大众认同"是公共艺术精神的内涵所决定的，也是公共艺术赖以生存与发展的社会基础条件。

4. 公共艺术也体现了人文精神

随着时代的发展，人们必将对改善生活环境提出更高的要求，公共艺术作为城市中文化艺术的传播媒介，它不仅是高度物质文明的体现，而且还是人们寻觅的一个未来精神生活的空间。一件好的公共艺术作品，不但要求艺术家在改造时空的活动中发现新的造型和空间元素，而且要求观赏者所有的感官同时参与和感应。公共艺术又是一种纯粹赋予物体以形式和结构的载体，或者说是形式的创造活动和美学活动。作为一种试图赋予物质观察和文化现实秩序的创新行为，它始终关联着社会历史进程中的意识形态因素。它为社会的物质秩序和文化秩序创造富有美感的形式和结构，满足人们的物质和文化以及审美的需求。公共艺术与空间环境的关系是第一性的。在强调公共艺术作品的空间感的同时，拓展其时间感和流动感。它是将生活世界的各种因素，反映在空间形态、界面、构件等感觉体上。人们在置身这个空间环境时，由于形式与内容的结构相似而使公共艺术形态具有一定的适应性，产生了方向感，由方向感产生了认同感,使得公共艺术确立了与环境的关系,体现了与社会文化的关联,从而产生了归属感。

参考文献:

[1] 林蓝. 艺术地生活——论现代城市环境文化建设中的公共艺术[J]. 装饰, 2002(3).

[2] 邹文. 美术社会观——当代美术与文化[M]. 北京: 中国人民大学出版社, 1997.

[3] 陈连富. 城市雕塑环境艺术[M]. 哈尔滨: 黑龙江出版社, 1997.

[4] 翁剑青. 城市公共艺术——一种与公众社会互动的艺术及其文化的阐释[M]. 南京: 东南大学出版社, 2004.

[5] [德]哈贝马斯. 公共领域的结构转型[M]. 曹卫东等译, 上海: 学林出版社, 1999.

[6] 郑也夫. 城市社会学[M]. 北京: 中国城市出版社, 2002.

(作者单位: 湖北文理学院)

城市环境构成的丰富性及其审美特征

於贤德

从宏观层面考察城市环境的构成，基本上可以把它分成自然环境、技术产品和艺术作品这样几个层次。

城市环境最根本的基础就是特定的自然条件。尽管作为人类社会生活的场所，城市的地形地貌已经不再是最初的原貌了，而是经过人的加工改造，已经成为一个地地道道的"人造世界"。但是，不管怎么说，任何城市总是在某一块土地上生长起来的，而最初在某一区域定居的人们，总是从最基本的生存要求出发，选择那些生态条件较为优越的地方，好山好水、沃野连片的地方肯定能吸引更多的人前来定居，也会有利于人口的繁衍生长。这种优越的地理环境和气候条件使得居民点不断扩大，逐步从村庄发展为城镇，再由城镇扩展为城市。虽然城市里的自然环境已经成为"人化的自然"，而且跟乡村相比，城市的地形地貌确实发生了巨大的变化，但这种变化主要表现在组成自然环境的各种要素的外在形态和数量上的改变，它们在物质属性上仍然保持着原来的品质，阳光、空气、淡水、土地、岩石、微生物和各种矿物质，仍然是人的生命不可或缺的生存条件，不管发生了多大变化，它们仍是环境构成的基础。这些自然要素的实用功能和精神意蕴也就直接成为城市环境的构成要素，同时也成为人们审美观照的对象。因为只有生活在那些适合生存的环境之中，人才有可能进入创造生活、享受生活的美好境界，只有那些能够满足人的生存和发展需求的物质条件，才能成为人们精神愉悦和心理满足的对象，并由此使人对生活产生肯定性情感态度。也就是说，人们在城市生活中仍然享受着大自然的恩惠，只不过这些对象已经带上人的色彩，它们的外在形式经过人的改造之后，不再是原来的模样了，但形式上的变化不会妨碍它们在城市环境中的基础地位。

城市环境的第二层次就是人的创造物。从环境类型学的角度来看，那些能够直接呈现在公共空间的人造物品，虽然用途不同，外在表现形式差异又很大，但只要能够对人的感官产生刺激作用，对人的物质生活与精神生活产生影响，它们就是城市环境的组成因素。所谓直接呈现在公共空间的事物，是指那些能够对公众产生普遍影响而不是对个别人起作用的事物。例如，建筑物的外观造型、形体组合的方式属于城市环境的要素，但是它的内部空间的组合方式、虚实转换和室内装饰就属于室内环境美而不是城市环境美的表现了。其次，无论是建筑物还是市政设施、植物配置，它们在城市环境中的实用功能就是存在的基本价值。但是，随着人类建造力的不断提高，要求它们在满足人的实用需要的同时，还要进一步发挥审美的作用。环境艺术设计正是在这种社会需求的背景下应运而生，并且在激烈的市场竞争中得到迅速发展，这就使得硬质景观的实用价值与审美价值的关系正在发生革命性的变化，类似环境艺术这种实用与审美统一的人工创造物，在城市环境中的地位越来越重要，这正是人类审美创造活动不断向实用领域拓展的结果。

城市环境中人的创造物呈现出丰富多样的特征：不同类型的城市建筑既有功能上的区别，又有形态的差异——工业建筑与住宅建筑当然会有不同的用途，摩天大楼与卖报亭相比，给人以天壤之别的感觉；这些建筑物在审美情趣上也各不相同——五星级酒店的富丽豪华、行政中心的端庄肃穆、宗教场所的庄严神秘与普通民居的舒适质朴，充分显示了建筑美的多姿多彩。硬质景观中的道路、桥梁、隧道、堤坝、阶梯、栏杆、灯柱、挡土墙、指示牌及花坛、水池、凉亭、座椅等，这些构筑物除了能够为人们提供各种实用功能的服务之外，还起着组合空间、指示方向、确定位置等景观的组织与引导作用，它们以生动的形象丰富了环境的空间形式，活跃着人的心灵世界。这些创造物依据功能的要求和空间的形式特征，组合成道路、边沿、区域、节点和标志①等具体的形

---

① ［美］凯文·林奇：《城市的印象》，中国建筑工业出版社1990年版，第41~76页。书中把城市空间的表现形式概括为道路、边沿、区域、节点和标志这五种类型，并把它们称为"构成城市印象内容的物质形式"。

式，形成了各种不同的环境形态，既为人们各种社会活动提供适用的场所，又使人类精神生活自由活泼的展开有了具体的观照对象。

城市环境另一层次的构成要素就是艺术作品，这不仅仅是指人们通常说的环境艺术，同时也包括一般意义上的纯艺术。随着人类在各种实践活动中审美创造的自觉性的不断增长，城市建设就必然要跟艺术创作发生越来越深刻的联系。这种联系不仅表现在自觉地按照美的规律指导城市建设，积极吸收一切合适的艺术手法去丰富并提升城市环境的审美品质，而且在城市建设中需要直接使用艺术作品，让艺术美成为城市环境美的有机组成部分，这是城市建设与艺术创造紧密结合的具体表现。这就使城市环境能够为艺术美的展示提供更为广阔的舞台，艺术作品反过来又能以生动的形象、深刻的意蕴，使城市环境的审美价值得到进一步的充实与提高。

这样，人类不同性质的创造活动就在城市环境中相互沟通，而物质生产活动与精神生产活动互相结合、双向互动，就能使人类创造出来的作品，能够更全面、更深刻地显示人的本质力量。另一方面，城市环境直接借助艺术作品的审美感染力，使环境美朝着复义性、多重性的方向发展，尤其是艺术作为人类心智、情感的生动表现，以及想象力自由展开的产物，由于它具有对实用功利积极扬弃的特质，就能为城市环境提供更为自由的精神天地，并且在与万事万物的相互契合中展示其博大深邃的灵性，还能用这种灵性照耀城市物质环境，从而对现代城市在某种程度上存在的物质富余、精神空虚的弊病起到一种拯救作用。因为现代城市已经成为物质高度聚集的人造世界，这种物质相对丰富的现实，有可能对人的精神生活造成一定的压抑，导致思维空间、情感空间和想象空间的缩小，刘易斯·芒福德带着强烈的情绪色彩所痛斥的现象，确实在许多城市中不同程度地存在着。他说：

> 在大都市这个世界里，血和肉还不如纸、墨水和赛璐珞真实。广大群众由于不能获得一个内容更充实的、更满意的生活手段，不是真正地生活着，而是间接地生活着，远离外部的自然界，同样也远离内在的本性，他们愈来愈把生命的功能变作他们发明创造出来

的机器，甚至认为生命本身也是机器，这就不足为奇了①。

尽管芒福德的看法不无偏激之处，但现代城市物欲横流、人文精神受到压抑的情况确实表现得十分突出，而最根本的解决之道就是要加强精神文明建设，就必须在城市生活中扩大艺术美的领域，让艺术用丰富细腻的情感和充满激情的活力、自由的想象和幻想，去抵御物质世界对心灵的重压，让生动活泼、富有魅力的艺术品去改善城市环境过分生硬机械的物质性。只有在艺术的滋润下，被人们称为"石屎森林"的城市景观，才有可能成为亲切友好的人性化场所。这就是城市环境之所以一定要有艺术品参与的根本原因。

城市环境中的艺术因素可以从广义和狭义两个方面去理解。所谓广义的艺术，是指人们在运用现代技术解决环境的功能问题的同时，又把审美追求融入具体的建造活动中去。正是在这个历史背景下，建筑艺术、园林艺术及环境艺术作为城市建设最主要的审美创造形式发挥着最基本的作用，这些通过建造技艺的升华而形成的艺术创造，促使城市朝着更完美的景观形态一步步地前进。F. 吉伯德对这一历史潮流进行过如下的描述和分析："我们说城市应该是美的，这不仅仅意味着应该有一些美好的公园、高级的公共建筑，而是说城市的整个环境乃至最琐碎的细部都应该是美的。我们看到的一切东西如建筑物、灯柱、铺装的地面、广告牌、树，以及其他构成城市风景的所有东西，都必须有适当的功能，每一件东西都应该满足美的要求。"②这就是说，当人类所掌握的建造技艺达到炉火纯青的水平时，就有可能进入自由境界，物质生产由于包含了更多精神内容，也就能够想着艺术创造升华了。

狭义的艺术就是通常所说的纯艺术，为了强化城市环境的精神特性，人们很早就重视使用艺术作品来丰富城市环境的意蕴，那些能够在公共场所的开放空间中持久保存的艺术品也就首先得到了人们的青睐。

---

① ［美］刘易斯·芒福德：《城市发展史》，中国建筑工业出版社1989年版，第403页。

② ［英］F. 吉伯德：《市镇设计》，中国建筑工业出版社1983年版，第1~2页。

如城市雕塑早就成为许多古城历史文脉的具体表现,只不过随着科技水平的提高,露天环境中艺术品的保护变得比过去容易多了。这就使更多的艺术样式能够在城市空间获得一席之地。当然,狭义的艺术品在城市环境中更集中地承担着美的表现这一根本使命,但是,特定的鉴赏环境和接受对象,使城市环境中的艺术作品在审美表现上有了一定的特殊性。这就需要艺术家们正确掌握环境的不同特点及其对艺术作品的影响,按照环境的具体要求创作出在充分地展示艺术品自身美的同时,能够起到烘托与提升特定景观的审美价值的作用,让艺术为城市环境产生锦上添花的积极作用。

城市环境中人的创造物的丰富性是由人的需要的多样性决定的。美国人本主义心理学家马斯洛认为,人的基本需要可以分为高级需要和低级需要两大类,主要有生理需要、安全的需要、爱的需要、尊重的需要和自我实现的需要①。马斯洛认为人的需要的层次性构成及各种需要的满足或匮乏,必然会对人的身心发展产生不同的影响。但是,他没有充分注意到需要的满足与缺失,是跟人的生存环境密切相关的。首先,外在环境是人的需要产生与满足的前提,而人在满足自身需要时,必然会对外在环境产生特定的反作用。城市环境中的建筑就是为了让人有安居的场所,有个遮风避雨的家,正如杜甫在诗歌中所呼唤的:"安得广厦千万间,大庇天下寒士俱欢颜,风雨不动安如山!"住宅就是人的生理需要和安全需要得到满足的基本条件;道路和各种交通工具,为人们提供了外出工作、购物和相互沟通、交往的便利,这既是满足谋生的需要,也是满足爱和交际需要的物质基础;芳草萋萋的绿地,花团锦簇的公园,是恋人们谈情说爱与欣赏美景的最好去处,这种场所正是为了爱和休憩的需要而建造的;城市广场让人们有了集会、交流的场所,归属的需要和尊重的需要就有得到实现的机会;装饰性雕塑的活泼、纪念性雕塑的庄严、变化无穷的喷泉表现着水的精彩,高耸入云的摩天大楼诉说着人的建造力的伟大,欣赏着这些各具特色的景观,审美需要在各种不同的方面得到了满足。所有这一切,正是通过人的建造实践,从各个

---

① [美]A. H. 马斯洛:《人的动机理论》,载林方主编《人的潜能和价值》,华夏出版社1987年版,第162~176页。

方面显示着人类自由自觉的创造活动的自由,也是生命活动的自由。环境的多样生动的美,正是城市具有如此强烈的吸引力的内在依据之一。

如此丰富的城市环境的具体构成充分显示了生活的丰富性和多样性,与人们的日常生活具有如此密切的联系,然而,城市环境成为审美对象会不会导致美的泛化呢?要深入解决这些问题,首先应该对美与生活的关系进行一番梳理,深入考察日常生活是否具有审美价值,才能正确认识这一问题的关键所在。这个问题其实早就引起美学家们的高度重视,俄罗斯革命民主主义者车尔尼雪夫斯基就把生活看成是美的本质的内涵。他说:"美是生活。任何事物,凡是我们在那里面看得见,依照我们的理解应当如此的生活,那就是美的;任何东西,凡是显示出生活或使我们想起生活的,那就是美的。"[1]用这段论述作为美的本质特征确实不够全面,但却很能说明城市环境所显示出来的生活之美,或者可以这样说:城市环境美就是城市的日常生活之美。

以物质的实体性存在为基础的城市环境,通过包含在其中的各种建筑、设施和特定空间的效用功能的发挥,以及由生态系统合理运行所组成的自然环境与人类文化历史积淀所呈现的社会环境的相互作用,形成了在人类诸多生活模式中较为优越的生活方式,因为城市生活具有复杂的内容要素和表现形式,它既具有强烈的物质功能性,又有深邃而又多样的精神内涵,因此,它完全可以成为人类审美活动的重要对象。在城市环境的审美活动中,人类充满生命力的活动和环境形成了合二为一的整体性形象,是人用自己的聪明智慧建设了城市,而城市又反过来为人的活动创造了条件,日新月异的生活显现着人类物质文明和精神文明建设的成就,而城市环境也就成为人们演出轰轰烈烈的历史话剧的壮丽舞台。无论是古希腊雅典城里奴隶主贵族派和民主派的激烈斗争,佛罗伦萨涌现出来的文艺复兴三杰和他们无与伦比的艺术作品对人类文明的推进,还是珍妮纺纱机的问世对纺织业带来的革命性变化,改革开放以来中国城市日新月异的变化……这一切可以说是城市生活中的几片花瓣,但它们的壮丽景象和深刻内涵,足以充分展示城市生活的创造性、丰富

---

[1] [俄]车尔尼雪夫斯基:《艺术与现实的审美关系》,人民文学出版社1979年版,第6页。

性和重要性，已经成为人类历史进程中珍贵的记忆。而这生生不息的生活、绚丽多彩的活动，都是在具体的城市环境中登台亮相，都是和特定的环境一起深刻地显示着城市美的内在特征。

当然，城市环境作为人的创造物，它本身从审美客体的意义上说也是具备十分重要的美学价值的：车水马龙的街市，鳞次栉比的建筑，四通八达的道路，琳琅满目的商品，乃至一块标牌、一处绿地、一幅广告，都显示着人的生活的价值和意义，都和人的生活有着相当深远的历史联系。它们或者是人利用自然条件创造的，或者说是按照自己的愿望重新安排过的。在城市环境的建造中，每一项建设都是生活的进行曲和赞美诗；每一条道路、每一座桥梁，都是通向理想境界的坦途。人们在城市美的创造中展示着生活的真实与温馨，因此，城市环境的物质实体和情调氛围必然打上人的生活的烙印，并且从各种不同的方向表现着人类情感的喜怒哀乐。这就是说，城市环境本身就是生活的重要因素，因此必然会表现出生活底蕴。

正如车尔尼雪夫斯基所说，"应当如此的生活"才是美的，而城市环境的生活之美就具有理想性的特征，它更全面、更系统、更深刻地表现着人类对于美好生活的渴望与追求。这是因为：第一，城市环境跟乡村环境相比较，它更集中地体现了人类对物质文明、政治文明和精神文明不断完美的历史要求。人与周围环境的不确定性关系，使得不断改善生存条件、积极提高生活质量的努力，成为人类社会实践的永恒目标，促使人们不断地唤醒自己的潜能，用在实践中磨炼出来并且不断增长的智慧、情感、想象、技艺等能力，从事新的科学研究和发明创造，在更深入地把握客观世界奥秘的基础上，创造出能够更好地适应向前发展着的生活所需要的各种新事物。城市是人才荟萃之地，它为新的创造发明和大规模的建设活动，提供了实践的场所。因此，城市生活也就更理想、更美。第二，城市生活也有污秽、颓废的一面。但是，这并不影响我们从根本上肯定城市生活的理想性。因为如同任何事物一样，城市生活也不可能绝对的纯，而是表现着先进与落后、正确与谬误、善良与恶毒、美好与丑陋的斗争。人民群众正是在同落后、谬误、恶毒与丑陋的斗争中，推动着先进、正确、善良和美好向更高的层次发展。这就是说，城市生活之美也是在与丑的比较与斗争中闪现出它的理想光彩。

日常生活作为审美对象还必须具备形象性的要求。城市环境美不是一种抽象的概念，也不是虚无缥缈的幻想，而是通过实实在在的事物，生动地呈现在人们的眼前。这些事物由于在建造过程中贯穿着人们的理想，具有合社会目的性的特点。它们是按美的规律来建造的，因此丰富的生活意蕴总是要通过生动的形象特征表现出来，事物的外在形式也就成为深刻的社会生活内容的载体。这样，作为人的建造物的城市环境，既是人的本质力量的对象性存在，又是具有特定的形式指向性的存在。在这里，对象是主体的另一种存在形式，人们在对它的形象进行观照时，就能体验到主体实践的丰富内涵。可见，城市环境以其各自的形象，让人们领悟到生活的真谛。

城市环境的生活美特性还作用于审美主体对这一特殊对象的审美感受的方式。从一般的审美鉴赏活动来说，人主要是通过眼睛和耳朵来进行审美鉴赏的。这是因为视觉作为信息接收的工具，起着根本性的作用。科学研究证明，人对大部分信息作出反应，是在外来刺激经过视觉器官进入大脑之后形成的。在个体生命的早期，视觉就开始被用来探察世界的种种特征和变化。美国心理学家怀特在1975年发表的报告中指出：8个月到3岁的婴幼儿在清醒的时间内，有20%的时间注视在他们眼前的物体上[1]。视觉在人类探索环境中的这种重要作用，贯穿着人的一生。心理学家张耀翔的研究证明"人生活动70%都和视觉有关"[2]，有的心理学家认为"人的知识65%是从视觉中得来的，25%来自于听觉，而通过触觉、味觉和嗅觉获得的信息只占10%"[3]。这些都证明，人绝大部分的印象、知识、经验等是由视觉得来的。听觉是人类仅次于视觉的重要感觉，耳朵将环境中的声音传进内耳的收纳器，使人能够通过音响感受到外在世界的各种变化。尤其是在黑夜或者对于那些丧失视觉的人，音响是把握周围环境最重要的依据。从人的认知活动来说，人们通过听觉得来的知识，约占总量的25%。因此，对于个体生命来说，

---

[1] [美]托马斯·贝纳特：《感觉世界》，旦明译，科学出版社1985年版，第15页。

[2] 张耀翔：《感觉心理》，工人出版社1987年版，第191页。

[3] [日]川胜久：《广告的世界》，钻石出版社1964年版，第78页。

一个无声的世界是不可想象的，而听力的丧失则是一种十分严重的缺陷。心理学家曾经做过剥夺人的听觉的实验，将一些人的耳朵堵住，另一些人则以单调而毫无变化的声音将听觉掩蔽，有的人在这种情况下只能持续几个小时。这类试验的结果表明，处于这种情况下的被试者不但大大减少了输入刺激的数量和种类，而且还产生了另一个特别值得注意的结果：那些在试验开始前利用听觉受限制的那段实验时间来思考某些课程计划的被试者发现，这种思考实际上是完全行不通的，听觉被剥夺，使他们对许多事情不能作明晰的思考，连续性地集中注意和思维都有很大的困难。他们的思维活动好像在"跳来跳去"，并且在实验结束之后，这种影响仍在持续。

视觉和听觉不但对人的信息接收具有至关重要作用，它们在人的审美活动中同样起着决定性的作用，尽管人的五种感觉器官在接收外来的审美信息时对客观事物的不同特性作出着各自的反应。但是，审美活动主要以精神愉悦和心理满足为基本特征，美感是在超越人的感官快感的基础上产生的，所以在众多的感觉中，视觉和听觉就显得格外的重要。黑格尔早就指出，触觉、嗅觉和味觉三种感觉，直接和物质的对象联系在一起，"不让它的对象保持独立自由，而是要对它采取实际行动，要消灭它，吃掉它"①。视觉和听觉则不然，它们是"无欲念的感觉"或者"认识性的感觉"。视觉和"对象的关系是用光作为媒介而产生的一种纯粹认识性的关系，而光仿佛是一种非物质的物质，也让对象保持它的独立自由，光照耀着事物，使事物显现出来"②。因此，无欲念的视觉就能让人观赏事物的美，让人获得美感享受。人的听觉接收信息的方式跟视觉差不多，也是属于"认识性的感觉"，因此，听觉也能让人获得美感。黑格尔说："人耳掌握声音运动的方式和人眼掌握形状或颜色的方式一样，也是认识的。"③正是由于事物给人的美感跟事物的存在之间有一种自由的关系，人类通过眼睛和耳朵就能感受到对象的美。于是，视觉和听觉就成为一般审美活动的感觉器官，正如心理学家托马斯·贝纳

---

① ［德］黑格尔：《美学》第3卷上册，商务印书馆1979年版，第12页。
② ［德］黑格尔：《美学》第3卷上册，商务印书馆1979年版，第13页。
③ ［德］黑格尔：《美学》第3卷上册，商务印书馆1979年版，第14页。

特所指出的:"审美快感也有生理的条件,它们依赖耳目的活动,依赖大脑的记忆及其他的意识活动。"①

然而,对于城市环境美来说,人对它的审美感受,只依赖视觉、听觉这两种感官的活动,显然是不可能获得它全部的美感的。因为城市环境作为生活美的具体存在,它就不仅仅给人以"无欲念的感觉"或"认识性的感觉",作为审美主体的人——无论是本市的居民还是外来的游客,只要他现实地出现在特定的城市环境中,他就必然地会跟环境发生一种实质性的关系,这种关系的最基本特征就是人实实在在地生活在这一环境中间,并且通过视觉、听觉和其他感官器官去感受环境的生物特性、物理特性和化学特性,以及这些特性的相互作用和人类社会生活所创造的政治、经济、文化方面的氛围。这就是说,人对环境的审美不只是依赖它对人视觉和听觉的信息刺激,而是让那些作用于人的其他感官的刺激共同参与美感的生成,只有这些不同的信息刺激能够形成一种有机统一的"场",就会使审美主体对环境这一审美对象产生整体性美感。试想一下,如果一个有着优美的建筑、郁郁葱葱的花木和喷水池的城市广场,却由于基本设施的设计或者管理的问题而充满恶臭,这样的城市广场,人们只能唯恐避之不及,还有可能对它进行审美感欣赏吗?或者在一个花团锦簇的繁华之地,突然刮起沙尘暴,风沙尘土打着人的脸,这样的环境同样不可能是美的。反之,如果环境不但在视觉、听觉上给人以美的感受,同时有着嗅觉上的芬芳、清新,那肯定会提高视觉、听觉所获得的美感效果,让人对环境整体形成更丰富、更深刻的审美享受。

形成这种情况的原因有两个方面。第一,人对环境的感受是建立在人的生活这一基础上的,环境作为审美对象,不是那种单纯的认识或评价的对象,而是人生活在其中的场所,是人安身立命、创造业绩、实现自我的天地。因此,人与环境的关系是全面的、深刻的、多层次的。正是由于人与环境的这种特定的关系,才使人对环境的审美关系表现得比一般个别性的自然事物、社会现象和艺术作品更具普遍性、更具有人的感觉的丰富性。在这种情况下,城市环境美的生活特性就会对传统审美

---

① [美]托马斯·贝纳特:《感觉世界》,科学出版社1985年版,第52页。

方式提出挑战：新的审美对象需要用新的美感方式，以往只依赖视觉、听觉作为审美感官的结论，也就值得进一步探讨了。审美领域的扩大，必然会使美感方式发生变化，而美感方式的变化又会引起美感内涵的拓展。当人类在以艺术品为主要对象进行审美活动时，视觉和听觉就成为审美感受的主要感官，如果说这是审美对人的一般感觉活动的一次否定的话，那么，当人类在生产力不断提升、科学技术水平不断发展的背景下能够面对更丰富的审美对象，需要运用更多的感官时，也就是一次否定之否定。

这样的否定之否定对于人的审美活动来说，还会产生一种有意义的影响：就是更多的感官参与到审美信息接收的活动中来，有助于美感内涵的深化和力度的强化，其前提就是不同感官所获得的信息品质必须是一致的，而不是矛盾的。心理学的实验证实，人"不能有效地反映同时通过两种不同感觉通路传入的相矛盾的信息"，"无论如何，当视觉和其他感觉通路的矛盾信息同时呈现于人类被实验者时，视觉总是占优势的"①。另一种情况是当视觉所获得的信息与其他感官所提供的信息有共同的品质和相统一的内容时，那么这个信息对人的刺激就会显得更加强烈，它对主体产生的力度就比视觉、听觉或其他感觉分别进行时要大得多。根据格式塔心理学的研究，视听协同或者视、听、嗅、触诸种感觉的协同，使信息的接受容易形成好的组合，其刺激力远远大于单个感官的简单相加，会产生几何级数增加的效应。城市环境审美信息就具有多种感觉相互协同的特点，这样就使美感的内涵具有新质，多种信息的相互协调组成了一个新的刺激，它通过张力的作用形成了新的信息场，当不同的感官联合起来获取内容相关品质一致的审美信息时，就会使主体获得特殊的美感效应。

这种美感效应的形成是人的发展水平不断提高的重要标志，是人的感觉丰富性的具体表现，而感觉的对象性、丰富性就是人的本质力量的确证，马克思对此有过深刻的论述：

> 只是由于人的本质的客观地展开的丰富性，主体的、人的感性

---

① ［美］托马斯·贝纳特：《感觉世界》，科学出版社1985年版，第52页。

的丰富性,如有音乐感的耳朵、能感受形式美的眼睛,总之,那些能成为人的享受的感觉,即确证自己是人的本质力量的感觉,才一部分发展起来,一部分产生出来。因为,不仅五官感觉,而且所谓精神感觉、实践感觉(意志、爱等等),一句话,人的感觉,感觉的人性,都只是由于它的对象的存在,由于人化的自然界,才产生出来的。五官感觉的形成是以往全部世界历史的产物。①

这就告诉我们,审美主体精神的无限丰富性,就是建立在现实生活无比丰富性的基础之上的。城市环境作为日常生活的基本场所,它作为客观世界与人造世界的统一,承载了以往全部世界历史的历史性成果,同时也是人的现实生活共时性表现的全面展开,因此完全可以成为人类审美活动的对象。

总的说来,城市环境作为人的重要的生活场所,它在为人类提供实用功能的同时更多地体现出美的价值。这是城市环境建设必须认真考虑的问题,而只有深入了解城市环境不同的构成层次在审美作用上的相互关系,把握它们在建设过程中的审美创造的规律性,保证城市环境审美价值得到不断的提升,这才是城市环境建设必须解决的首要问题。

(作者单位:浙江万里学院)

---

① 《马克思恩格斯全集》(42卷),人民出版社1979年版,第126页。

城市雕塑与城市环境

张 敏

从环境美学的角度来切入，一座美丽的城市不仅需要为居民创造出拥有良好的自然美的景观，还要给市民创造出满足精神需要的健康的社会环境和惬意的心理环境，创造出丰富多彩的环境艺术景观，给人以美的享受。城市雕塑并不是孤立存在的艺术品，也并非一般意义上的环境的装饰和点缀，而是一种将视觉艺术、空间艺术、环境艺术等融为一体的综合艺术形式，是城市景观的重要组成部分。

一

在中国，城市雕塑的概念最早是由刘开渠先生提出来的，在当代，也有许多学者谈到城市雕塑的时候采用公共艺术的提法。显然，公共艺术的外延更广一些，不仅限于城市雕塑，但城市雕塑无疑属于公共艺术，并且是公共艺术中非常重要的一个组成部分，在提升城市环境品质方面发挥重要作用。正如刘开渠先生所讲："一个城市建设的成就，当然首先取决于它的经济建设，但是一个城市的精神风貌、文化状况不仅反映经济建设的成就，同时能够给予经济建设巨大影响。城市雕塑是城市文化的重要组成部分，也是文化水平的象征，它对城市面貌的美化可以起到画龙点睛的作用，具有其他文化艺术形式难以取代的独特的功能。"

现代城市人面临着严重的生理、心理和精神多方面的失衡，城市作为一种远离自然的人工环境，正在对人们的生理、心理产生多方面的负面影响，各种心理疾病大量涌现。这些都迫使人类必须用一种生态观来建构生活。城市雕塑不仅仅指的是雕塑的本体概念,作为置身于城市空间的艺术,它还必须满足当代公共艺术在创造城市文化生态方面的要求,为大众建构一个美好的城市生态空间,使人的精神生态与自然生态同样和谐,引导人去追求一种美的人生境界,获得一种诗意的都市栖居,真正实现城市雕塑艺术对人的终极关怀。

我国的城市雕塑在 20 多年的时间内发展迅猛,但在发展过程中,城市雕塑的水平良莠不齐,大量低劣的作品充斥在城市空间中,人们形象地称之为"视觉污染"。问题集中表现在两个方面:首先,缺乏精品意识。城市雕塑刚刚起步的时候,产生的作品数量虽少,但多是邀请一些大家来创作,创作周期较长,出现了不少优秀的作品。如今经常见到城市规划在做完后,匆忙间布置城市雕塑的任务,留给创作的时间不充裕,而且很多雕塑任务被粗劣的雕塑工厂抢走或者由水平不高的创作人员承担。在一些地方,出现了批量生产城市雕塑的工厂和商店,并大做广告,虽然经济收益颇丰,但忽视了艺术的独特性和创造性,也与具体的环境不协调。其次,缺乏对城市雕塑创作自身规律的理解。城市雕塑不同于架上雕塑,有些城市雕塑是从架上雕塑脱胎而来,完全按比例进行放大,有时由于架上雕塑的尺度小,问题不明显,在不加修改照样放大后,问题就产生了,如雕塑的比例不和谐,结构不合理等。架上雕塑尺度较小,主要用于私人收藏或陈列于专门的场所中,给艺术家自由发挥的空间较大,可以进行各种先锋艺术试验,也可以仅仅传达艺术家本人的情感体验。城市雕塑的尺度通常比较大,面向公众,并置于公共空间之中,城雕的创作不可避免地要考虑公众的态度和审美接受能力,考虑本地的地域文化特征、人文历史、民间传说及自然环境,同时受到长官和投资方的审美趣味和资金短缺的影响。

二

从美学角度来看,自康德以来形成的传统美学观所倡导的"无利害"、"非功利"、"静观"、"距离"的美学原则已经遭到了当代艺术发展的挑战。城市雕塑的发展不受任何传统美学观的束缚,形成了在公共艺术基础上的新的美学观,用阿诺德·伯林特的语言来表达,城市雕塑所倡导的是一种"结合",即与城市的历史、文脉、环境相结合,与城市民众的生活相结合。

第一条美学原则:以洗练的造型,把握城市的精神。城市雕塑从艺术的角度触摸城市的历史和文化,成为体现地域特色和文化品位的一个重要的载体。凡被认为是世界上杰出的城市雕塑,都很好地体现了该城市的文化和精神,并随着时间的推移,逐渐上升为一座城市的标志,乃至国家的标志,如罗马的母狼塑像、哥本哈根的美人鱼、华沙的持盾女神和纽约的自由女神像……这种地位是经过历史的考验和广大群众的认可渐渐形成的。

具体体现在三点:①应具有鲜明的文化体系特征。文化体系是城市雕塑创造的文化背景,以郑州为例,郑州位于黄河下游的中原地区,这一地区是中华民族孕育和成长的摇篮,是华夏民族萌芽和发展的重要区域,同时也是历史上文化积存最丰厚的地区之一,史称"中州"。郑州的城市雕塑应以中原文化为文化根基,以崭新的文化艺术面貌将中华传统文化中的精华和线索展现在人们面前,在中国传统文化的背景上寻求现代文化艺术理念和表现的新方法。从目前已经建成的城市雕塑看,设计者也有意地凸显中原文化的风采。如三角公园以青铜器为主的群雕,显示郑州曾作为商代都城位列八大古都之一;河南博物院广场上的雕塑,以群雕的形式表现少林弟子习武,显示了对少林"禅武"精神的推崇;黄河风景游览区的"黄河母亲"雕塑,形象地展现了黄河像母亲一样哺育了千千万万中华儿女。文化体系赋予城市雕塑创作以丰富的思想源泉。②向地域历史延伸。雕塑家可以充分利用城市的丰厚历史文化资源,牢牢抓住一座城市中具有历史价值的内容,用艺术品形式生动地表达出来,一则可以继承城市历史文脉,体现本土文化特色;二则也能赋予历史以新的内容,体现新时代精神。城市的历史古迹、史实和传说都是城市雕塑存在和发展的重要源泉,城市雕塑用独特的艺术形式承载了一座城市久远的古城记忆,成为城市历史演变的见证人,不仅具有高度的艺术价值,还有高度的历史价值,让后来人或游客也能体会一座城市的沧海桑田。如比利时布鲁塞尔撒尿小男孩铜像,据说源于13世纪的一场战争,敌军企图炸毁市政厅,派人埋下炸弹,在即将引爆时小威廉急中生智撒了一泡尿,淋湿了引火线,从而挽救了布鲁塞尔和百姓的生命。后人为纪念他,特地雕塑了这座铜像。刘易斯·芒福德举出了鹿特丹的青铜纪念碑《被毁灭的鹿特丹市》的例子,他认为它象征着城市内心所蕴含的痛苦和迎接挑战的意志,因而是鹿特丹市最好的象征之一。罗马城的标志性城雕是一匹母狼,并非由于塑造技术的高超才让它闻名,它出名的首要原因是这个雕塑记载了一个古老的传说,它讲述了罗马城的来历。美国的自由女神像不仅是纽约的标志,它进而成为美国的象征,成为自由的象征、摆脱旧世界的专制与压迫的象征,表达了人民对于自由的热爱与向往,道出了人民美好的理想与愿望,当然它的艺术表现形式也是高雅和优美的。

第二条美学原则:城市雕塑必须与城市空间相协调。城市雕塑是城市空间中的艺术,两者是否协调是衡量城雕作品的重要尺度。如果创作者缺乏对空间关系和空间转换的理解,其作品就无法达到理想水平。雕塑的造型在考虑作品的形式和主题之外,还包含了诸多空间要素,需要创作者对环境进行深入的考察,对空间有明确的认识。对此,亨利·摩尔在谈自己关于雕塑创作和空间形态的关系的体会时认为:要在整体空间的完整下想象并运用形式;雕塑家要凭借想象的"从其四周"的空间状态思考这个复杂的形式;最终把自己看成引力的中心,由其质量和重量构成,从而获得确定的体积,成为空间里的现实形状①。可以看出,不了解雕塑的空间意识和空间因素,把雕塑简单化理解为美化环境也许会给我们造就更多的城市垃圾。

一座精美城市雕塑艺术品,放置位置的变化,会带来明显不一样的效果和不一样的审美体验。米开朗基罗的雕像《大卫》有两座复制品,一座放在西民奥里广场上佛基奥宫前原来安放原作的位置,另一座放在以作者名字命名的露台式河畔广场中央,它带给人的审美体验不一样。《大卫》雕像的精彩之处在作品的正面,因而有宫殿的深色墙壁做背景就很有光彩,而位于广场中央便被认为"似乎并非杰作"。创作者在给一处场所设计雕塑时,不能凭空想象,亨利·摩尔曾说,雕塑家必须到现场了解环境,往往一棵树就可能影响到尺度上的变化,光有图纸是绝对感觉不到的。如果原有环境因素不足,也可予以补充。德国美学家黑

---

① 马钦忠:《雕塑·空间·公共艺术》,学林出版社2004年版,第126页。

格尔在看到他的一位雕塑家朋友的作品在工作室内和在室外环境的两种艺术效果时说:"雕像毕竟还是和它的环境有重要的关系。一座雕像或雕像群,特别是一块浮雕,在创作时不能不考虑到它所要摆置的地点。艺术家不应该先把雕刻作品完全雕好,然后再考虑把它摆在什么地方,而是在构思时要联系到一定的外在世界和它的空间形式以及地方部位。在这一点上雕刻仍应经常联系到建筑的空间。"①这就是城市雕塑的作者应该具备的环境意识。

城市雕塑应与周边的环境保持内涵的一致性。杭州西湖边上的城市雕塑"美人凤"曾经作为杭州的城市标志,但雕塑建成后引发的争议声不断,一个主要的原因是"美人凤"虽取自神话,但作为杭州一个主要景观,"美人凤"缺乏足够的和西湖相连的内在心理契机。加之尺寸较大,形式上张牙舞爪,与西湖的优美宁静不和谐。反观武汉东湖周边的雕塑,不论是行吟阁的屈原像,还是楚天台被楚人视为真善美化身的凤凰铜雕,以及和楚文化相关的各种名哲、名君、名相、名人,楚地和楚文化的联系非常自然,同时雕塑的形式与东湖的自然景观也不冲突。

城市环境有各种不同的功能区,如住宅区、商业区、文化娱乐区,抑或学校、医院、图书馆、展览馆、博物馆等,在这些不同的环境设置城市雕塑,都应找到与环境空间的内在联系。譬如,在历史博物馆周边设置的雕塑,应能触发人的思绪,并将其引向悠远的过去。在自然博物馆周边设置的雕塑,雕塑的造型能引发人进行科学研究的浓厚兴趣。在商业区内设置的雕塑,主题不应该很沉重,而应该是轻松的主题,让人有种愉悦的心情,如北京王府井、郑州德化街、武汉汉口商业区等许多城市步行街中设置的雕塑,往往反映了当地的民俗,采用具象的形式,在步行街的环境中,适合行人近距离的欣赏和参与。在行政机构前设置的城市雕塑,应能激发公务人员服务民众、勤勉创新的精神,如深圳市政府前树立的《拓荒牛》,就很好地传达了这种精神。在高楼林立的、富有现代风格的街区,可放置一些从形式手法到材料都具现代风格的雕塑,如考尔德的《火烈鸟》,它的造型打破了周边建筑物大量运用垂直

---

① [德]黑格尔:《美学》,第三卷上,商务印书馆1995年版,第110~111页。

线和水平线造成的疏离感和冰冷感，用独特的形式给周围的环境带来了生机，缓解了周边建筑形式的非人性化。

构筑城市雕塑和城市空间的和谐，包含两个层面：其一指的是城市雕塑与城市大空间的协调，侧重的是城市的精神意蕴；其二指的是城市雕塑与城市单元空间的协调。城市雕塑置于城市空间中，两者形成了多种关系。一座优秀的城市雕塑恰当地置于广场之中，会表现为一种侵占力，成为统摄周围环境的一种无形的力量。有的城市雕塑适于放置在广场一侧，起到导向作用。还有的雕塑适合放置在狭长空间的两侧，起到引申作用。不同的雕塑和空间组成了多种关系，有利于加深空间的层次感，使城市空间更加多样化，更加人性化，更富有特征。具体空间的雕塑风格虽然丰富多样，但都应与城市环境空间总的风格相协调，让人们在进入某一功能的区域时，感觉到进入一个视觉上和谐、心理上产生共振的空间环境。

第三条美学原则：艺术表达的创新性。城市雕塑应不断寻求艺术手法的创新和表现语言的创新。就传统的文化主题的表达方面，在当今的环境艺术作品创作中，即使是一个最古老传统的文化主题也不能仍然以完全传统的表现手法表现，艺术表现的创新性会赋予传统的文化主题以现代文化艺术属性和划时代意义。另一方面，对于当代文化主题的表现，不能一味模仿西方的表达方式，而缺乏民族和地域特色，应该在现代文化主题的环境艺术作品创作中，坚持对中国传统艺术表现方法的探寻、继承和创新发展，也使现代文化主题的艺术作品具有中国文化特征。例如，在对奥运主题的表现方面，有许多不错的范例，清华大学美术学院的《天人合一》雕塑，采用不锈钢材质，穹顶象征天，其中饰有56个民族的代表性图纹。

艺术表现形式应与时代精神合拍。丹纳在《艺术哲学》中说："精神方面也有它的气候，它的变化决定了这种或那种艺术的出现。我们研究自然界的气候，以便了解某种植物的出现……同样，我们应当研究精神的气候，以便了解某种艺术的出现……精神文明的产物同动植物界的产物一样，只能用各自的环境来解释。"[①]时代精神的变化也会体现在艺术

---

① [法]丹纳：《艺术哲学》，安徽文艺出版社1994年版，第48~49页。

表现上，与传统相比有两个方面。其一就是对以往崇高的和严肃的美学观念提出质疑以及表达对寻常物的关注。如奥登伯格的《洗衣夹》、《羽毛球》等大型室外雕塑，弱化创作者的独特性，把普通事物加以放大，表达对于日常平凡事物的重新认识和尊重。使用材料也突破了传统的青铜和大理石，采用日常生活中各种类型的、随处可见的材料，致力于挖掘任何一种材料的丰富的表现力。其二是对形式美关注的弱化和传达雕塑家本人对于社会强烈的关注和积极干预的倾向。现代雕塑和当代艺术的其他艺术样式的发展趋向一样，观念性愈发凸显，以独特的形式表达自己对社会问题和生存问题的思考。如对底层人民孤独、寂寞等精神状况的触及，对当代生态问题的思考等，通过雕塑的表达形式使我们反思自己的价值观。

第四条美学原则：注重公众的感知和体验。城市雕塑所面对的感知者和欣赏者是城市的市民，城市雕塑作为一种公共艺术，不可避免地介入到市民的生活中去，人们无法逃避城市雕塑的存在。另一方面，市民的心理和态度也影响着城市雕塑的创作和评价。城市雕塑不是一个孤立的存在物，而是与人形成一个连续的整体。城市雕塑不仅是一种物质的存在，是一种硬环境，同时还是一种视觉的存在和一种心理的环境，在和市民的互动中，丰富了市民的生活，给人们创造了更好的生活环境。

首先，城市雕塑更注重与公众的互动和公众的参与。城市雕塑呼唤的新的美学原则要使公众从静观沉思的欣赏转变为活跃的、身体的、多感官融入的审美参与。城市雕塑与公众的连续性要求艺术具有新的动态特征，使公共艺术从静态转变为一种富于生命力的、积极的角色。城市雕塑可以创造一个场所，促使人们参与其中，并且由于公众的参与，作品才得以完成，通过互动促使人们扩大社会交往。当代雕塑家在其雕塑作品中对新媒介、新材料应用的尝试使作品不再是静止的和孤立的，有时候在作品中利用自然现象产生的反应，如冷热、水蒸气、声音、液体和天气等，使作品与观众形成互动。

其次，城市雕塑应当满足当代人的审美需求、情感需求和心理需求。时代不同，人们的审美感知方式就不同。城市雕塑作为一种独特的艺术形式，应该是时代精神的凝结。在当代，城市已经不是纯实用、纯居住的功能性城市，人们更追求的是差异、互动、多样、装饰、感性和娱乐。罗伯特·文丘里倡导轻松、丰富、多装饰，强调满足人的心理需求，提倡人性化的环境和服务，倡导人追求舒适和享受。

当代艺术也正以"反美学"的姿态走向观念、走向行为、走向环境，也就是走向"审美日常生活化"。人们对美的事物已经麻木，而艺术为了保持这种与生活的张力，必须走到传统的审美的反面，以审丑甚至审恶的不快感和震惊来维持对欣赏者的冲击。美学为了保持这种张力，对审美者造成感官刺激，势必走向自己的反面，即由美走向震惊。当代城市雕塑艺术只是与传统艺术古典艺术规则的决裂，使之无法在传统艺术的体系内被有效定义和诠释。当扩大了的艺术作为最人性化的生活状态塑造大众、服务大众、实现大众，这就实现了最完全的美学功能。

城市雕塑作为公共艺术，与公众间的顺畅沟通是自身努力的方向。它毫无保留地将自己坦陈于公共环境之中，真正彻底地实现了与民众的亲近，使人人得以从容自若、毫无窘态地亲历审美愉悦、享用文化财富。这种与观赏者直面交流的艺术形式，迥异于传统艺术被局限于特定的展览场所。它直接进入人的视野和生活，满足人类本性深处的渴望——对美的向往。文化底蕴深厚、充满美感的城市雕塑普及生存于边缘层面的平民，是对他们不尽完善的生活状态的一种补偿，是对他们失衡心理的一种抚慰。艺术家的精神理念和审美意识在与公众群体审美意识的交流之中得以升华，相伴而来的是整个社会审美水准的提高。任何类型的社会运转都会因审美资源的全社会共享而受益匪浅。

三

我国未来的城市雕塑应从以下几方面进行实践：

第一，加强对城市雕塑的审查机制。由于缺乏一种对于公共视觉艺术的审查机制，造成城市雕塑的水平良莠不齐，应当成立专门的机构来审查城市雕塑。对于艺术质量不高、制作不精良的城市雕塑，要严格把关，绝不能让低劣的作品充斥我们的城市空间，不合格的作品要坚决淘汰，使城市雕塑真正为城市景观增光添彩，为提高公众的审美品位和艺术修养发挥自己的作用。

第二，加强城市雕塑的整体规划以及城市整体规划的配套和衔接。

城市雕塑与一般艺术品不同的一个突出点是，它与建筑、公共环境的关系非常密切，这就注定它与城市建设规划紧密相关。城市雕塑的整体规划在城市规划中不应是事后的点缀，而应高瞻远瞩，在最初的城市规划蓝图中就考虑城市公共艺术的整体规划，并作为城市整体规划的一个重要组成部分，这样就使城市雕塑与城市环境有机结合，相得益彰。注重城市雕塑的整体规划意味着不仅要考虑单个作品的完善，还要考虑单个作品之间的关系和作品之间的层次性，凸显城市景观的整体和谐。

第三，加强创作。城市雕塑要由专业人员进行设计创作，立足于出精品，真正落实建设部、文化部和中国美协的联合通知规定：从事城市雕塑的人一定要是雕塑专家，并必须经审查领取城市雕塑资格证书。

第四，发展一种环境的批评。阿诺德·伯林特认为："批评对审美过程的主要贡献在于发展和增强欣赏。批评家传达见解和感知，启发并鼓励他人作出更多积极的回应。"①批评家引导他人获得更敏锐的鉴赏力，扩大人们意识的领域，通过增强欣赏的体验进而提高审美的价值。如面对城市雕塑的视觉污染问题，纽约有许多艺术评论家对纽约街头所谓的"现代艺术"作品进行嘲讽，如罗伯特·休斯就曾经称第六大道第50街的时代生活大厦前的一尊雕塑为"人行道上的粪堆"。艺术史学者阿纳森在《西方艺术史》一书中谈到美国的城市雕塑污染时说："在美国的大地上，不是长满了诗歌，而是长满了杂草。"城市也是市民的家，城市雕塑面对的是城市的居民，是普通的大众，它处于公共空间之中，必然要接受公众的评判，反映公众的喜好，受到公众意见的制约。

城市雕塑是一门正在蓬勃兴起的艺术，它作为城市景观建设的一部分，正受到越来越多的重视。城市雕塑以巨大的尺度、耐人寻味的造型、绚丽的色彩、丰富的材质，展示了自己独特的风貌和功能，它与各种类型的城市环境和谐共处、共同生长，在长期不断生长、发展和完善的过程中，协力创造了优雅的城市景观和涵义深远的城市文化。城市雕塑的出现给我们的城市增添了高雅的格调，诗化了我们赖以生活和工作的城市环境，它是现代城市环境中不可缺少的艺术样式。城市雕塑不仅

---

① ［美］阿诺德·伯林特：《环境美学》，湖南科学技术出版社2006年版，第122~123页。

能体现一个城市的人文精神，还在与市民面对面的交流中，对人的道德情操的培养、文化素质的提升、精神文明的建设起着潜移默化的促进作用。

参考文献：

[1] 王枫. 雕塑·环境·艺术[M]. 南京：东南大学出版社，2003.

[2] 温洋. 公共雕塑[M]. 北京：机械工业出版社，2007.

[3] 吴晨荣. 上海国际城市雕塑双年展[M]. 上海：东华大学出版社，2006.

[4] 马钦忠. 雕塑·空间·公共艺术[M]. 上海：学林出版社，2004.

[5] [德]黑格尔. 美学[M]. 第三卷上册，北京：商务印书馆，1995.

[6] [法]丹纳. 艺术哲学[M]. 合肥：安徽文艺出版社，1994.

[7] [美]阿诺德·伯林特. 环境美学[M]. 长沙：湖南科学技术出版社，2006.

[8] [美]阿诺德·伯林特. 生活在景观之中：走向一种环境的美学[M]. 长沙：湖南科学技术出版社，2006.

（作者单位：郑州大学）

变公路为景观

——兼析米歇尔·柯南的《穿越岩石景观》

赵红梅

一、公路与工程

何谓公路？有人认为，公路即公共交通之路，是连接城市、乡村及矿山之间，主要供汽车行驶并具备一定技术标准和设施的道路。很久以来，公路一直属于工程，因为其建设如其他工程一样都需要一定的技术与设备。即使是面对按照"以人为本"的新理念建成的创新之路、环保之路、和谐之路——广州西二环高速公路，人们依然首先将之视为工程。如《景观、绿化和生态要素在高速公路建设中的应用》一文中，作者首先就是从"工程概况"的角度来阐述高速公路的建设情况的："1. 工程概况。同三、京珠国道主干线广州绕城公路小塘至茅山段，起于佛山市南海区小塘镇，终于广州市白云区茅山新村，为广州绕城公路二环高速公路的西段，简称'西二环高速公路'，全线里程为39km，2007年建成通车。"①

确实，公路的设计离不开工程师，公路的建设离不开工程技术人员，并且将公路实践出来本身就是一项工程，这就难怪时至今日，人们往往会把公路视为工程了。

视公路为工程，考虑的是公路的使用价值。事实上，无论是公路创

---

① 周月明：《景观、绿化和生态要素在高速公路建设中的应用》，载《城市道桥与防洪》2009年第1期。

作者还是公路使用者，人们大多是从功用的价值去面对公路的。创作者考虑的是何时竣工、何日投入使用、创造的经济价值是多少；使用者考虑的是如何通过公路尽快地到达目的地，而公路本身则可以忽略不计。在这里，公路是作为手段而存在的。

其实，公路不仅是工程。公路作为建筑的一类，除了追求实用、经济外，还应有美的考虑。如此才能使公路蕴含的丰富价值全面展现出来。

二、公路与景观

在一般人看来，公路是工程，景观是艺术，这二者是难有联系的。表面看来，确实如此，但是，只要我们考虑到公路不仅是工程，公路作为建筑不仅具有经济价值而且还应有审美追求的话，那么，公路还是可以作为景观存在的。环境美学家陈望衡认为："环境美学意义上的环境，作为审美的对象，它类似于艺术，欣赏者所面对的是一种形象，由审美主体与审美客体共同创造的形象，这种形象，在艺术中我们叫它艺术意象，而在环境美学意义下的环境形象，我们叫它景观。"①所以说，公路作为一种环境，也可以作为审美的对象——景观而存在的。

视公路为工程透露出的是对经过公路的车辆的重视，无形中将公路上行驶的车辆作为了公路的主人；视公路为景观透露出的是对旅行者的重视，目的是将车中的人作为公路的主人。公路从工程到景观的变化，透露出的是公路创作者的视角的变化：从物到人。

作为审美存在的环境，或作为景观的公路的存在需要两个条件：一是应有可观之景，二是应有观景之人。如通过景观绿化，利用植物的障景、框景功能，组织公路沿线的自然景观。如"通过在公路的一侧行植高树，将前方远处的山脉等景观集中起来，形成所谓的借景，给人的景观印象比宽阔平淡的欣赏更深刻，增加了风景的进深及深度感。"②同

---

① 陈望衡：《环境美学》，武汉大学出版社2007年版，第16页。
② 李劲松、伍剑奇：《浅谈高速公路绿化景观设计》，载《山西建筑》2009年第3期。

时，作为景观的公路，为把乘车者从麻木状态解救出来提供了一条审美之路。作为景观的公路，可以使人与车辆区分开来，使人在对景观的欣赏中游离于货物之外，在审美状态中还原为人。

三、变公路为景观：以《穿越岩石景观》为例

武汉大学环境美学专业博士生导师陈望衡先生与国际著名环境美学家阿诺德·伯林特先生共同主编的《环境美学》丛书终于面世了。《环境美学》丛书主要译介国外环境美学经典书籍，以期为国内环境美学的建设与研究提供一个参照系。《环境美学》丛书第一辑包括阿诺德·伯林特的《环境美学》、《生活在景观中》、约·瑟帕玛的《环境之美》、艾伦·卡尔松的《自然与景观》与米歇尔·柯南的《穿越岩石景观》。如果说前四本书更多地为环境美学的建构提供理论支持的话，那么，米歇尔·柯南的《穿越岩石景观》一书展示的则是环境美学在实践中的具体运用，表达了一种生态时代公路建设的新理念——变公路为景观。

环境美学关注的是人的居住问题。陈望衡先生认为，"宜居"和"乐居"是环境美学的出发点，环境美学最根本的用途是利用美的规律建造一个美好的环境，使人安顿下来。当然，"宜居"与"乐居"的环境不是蛮荒之地，而是便于"隐藏"又便于"出入"的环境。便于"隐藏"又便于"出入"的环境是离不了便于"隐藏"又便于"出入"的"道路"的，道路就是重要的环境。"路"在构建"宜居"、"乐居"环境中是必不可少的一个因素。米歇尔·柯南的《穿越岩石景观》一书通过公路建设向我们展示了美的环境与"路"之间的关系。

俗话说，要想富，先修路。路在现代人心目中的地位，不言自明。虽说路的形态各异，但与现代人的存在方式最为吻合的要数高速公路。高速公路集速度、技术、进步于一身，是现代文明的典型表达形式。速度是高速公路最为耀眼的标志。不言而喻，高速公路是追求速度的工程，但在生态时代，在环境危机日益受到众人关注的时代，高速公路仅仅是工程吗？高速公路拉近了我们与远方的距离，帮助我们飞快地抵达远方，却使我们与所经之地保持着一种疏离状态？米歇尔·柯南的《穿越岩石景观》一书在一定程度上对上述问题做出了很好的回答。可以

说，《穿越岩石景观》一书关注的焦点不是高速公路的具体建设过程，而是在生态时代怎么修建高速公路的问题。怎样做才能在公路修建中达到设计世界与自然世界、公路世界与乡村世界、现实世界与历史世界的融合，怎样做才能把公路由工程变成景观以满足主体的需求是该书的核心所在。虽然《穿越岩石景观》一书所依据的材料背景仅为3千米长的法国喀桑高速公路路段的景观创造，但是《穿越岩石景观》所表达的"变工程为景观"的理念在一定程度上修正了我们对高速公路的看法，此书的译介不仅会给国内的环境美学研究带来新的信息，而且势必会给中国的高速公路建设带来一场革命性的变革。

首先，《穿越岩石景观》更新了人们对高速公路的认识。人们往往认为，高速公路是为交通提供便利的通道，它属于工程设施。也就是说，人们把高速公路仅视为工具性的存在。《穿越岩石景观》一书表达的观念却是：高速公路不仅是工程，也可以是景观。正是基于对工具论的超越，此书特别关注快速运动状态下人的景观感知体验，并把每小时120公里左右的速度下人的景观感知体验作为高速公路景观创造的出发点。在此，高速公路不再是与我的情感不相关联的陌生世界，而是与我的感知体验密切相关的对象。

其次，它改变了高速公路与所经之地的关系。高速公路往往因为它的高效而"目空一切"地穿越所经之地，对本土世界持漠然态度。《穿越岩石景观》一改高速公路的霸道姿态，通过高速公路与其横越的乡村世界的对话，使高速公路成为所穿越之地的合法行进者，而不是入侵者，也就是文中所说的："我们必须避免做任何表明强行穿越此地的事情，因为我们的观念不是穿透此地和弄伤它，是为了发现而横越。"

那么，怎样做才能达到上述的效果呢？这正是《穿越岩石景观》最为精彩的地方。《穿越岩石景观》与其他的环境美学著作不同的地方，就在于它不仅从理论上改变着人们对于高速公路的观念，而且通过具体的景观创造实践来展示高速公路变为景观的过程。

其一，通过在高速公路沿线建设富有情趣的休息站，使旅行者们突破公路世界的束缚，从速度的世界解放出来进入闲暇空间。通过山中小径将在休息区停留的乘客引向本地特有的历史遗迹——地下采石场。在这里，人们沉入历史，观赏曾为圆形剧场、科隆大教堂、圣彼得大教堂等建筑提供石材的采石场旧址。在此，人们还可以观赏到大片的蕨类植物群，感受到历史长河中自然生命与人工劳作之间的缠绕。

其二，虽然高速公路不得不穿越旧采石场，强加于乡村一种几何图形。但设计者让施工人员小心清理公路两边因开山修路而产生的碎石，弱化路堤的视觉分量，以便让人们感觉到公路是顺着旧采石场自然而然地前行。公路没有改变乡村。同时，通过发掘公路沿线深埋于地下的旧采石场遗迹、在恰当的地方安置人工岩层，经过赋形与命名，凸显公路穿越地的感性特征，使人们在车中产生穿越于岩层景观之中的感觉。这样，公路的穿越带给本地的不是干扰，好像是出于对本地的尊重来拜访它似的。

其三，利用本地文化及其地形，通过创造多样化景观，如"塔岩"、"糖面包山"、"针尖山狂想"、"冰山"、"望孔"、"书档"、"安藤广重"、"葛饰北斋"以及漆黑的岩穴等，来与公路世界所呈现出来的精确、技术、光与速度形成对比。通过异质景观弱化公路作为工程的存在，通过异质性文化来丰富人们的感知体验。这就是本文所倡导的景观创造法：the Inflexus 和 the Hétérodite。公路之所以能从工程变为景观，空间处理上的异质性追求是不可少的。工程是技术的对象，而景观是活的形象、美的形象。与工程不同，景观拒斥单一与贫乏，感性的丰富性是景观的一个重要尺度。喀桑高速公路景观强调功能性与审美性的结合。

如果说上述做法体现了本书将设计世界与自然世界、公路世界与乡村世界、现实世界与历史世界相结合的特色的话，那么，注重人的感知体验，强调参与者的力量，则无疑最为明显地体现了本书的另一特色：功能世界与意义世界的结合。功能的世界立于建造，而意义的世界基于赋予。喀桑高速公路景观创造的出发点是人的感知体验，在具体的创造过程中，设计者无时不把观赏者的感知体验考虑在内。而喀桑高速公路之所以能突破工程而变为景观，是与设计者们对公路环境持开放态度有关的。在《穿越岩石景观》中，公路环境不是一个封闭的世界，而是一个未完成的开放空间。喀桑高速公路景观的创造不是一次性地通过构筑活动完成的，它是长久的、一系列的交流过程。喀桑高速公路景观在完成其功能性使命时，通过与人类想象力之间的对话，不断地被重塑并被赋予新的意义。

可以说，《穿越岩石景观》一书之于中国环境美学建设最大的意义和对中国高速公路建设最大的启示是：其一，突破了"环境"理解上的物质化窠臼，将环境与美学、环境与人的感知体验相连；其二，变公路环境为景观。公路景观不同于公路环境的地方在于，公路景观既体现在具体的景观创造活动中，也体现在个体化的景观欣赏中。

（作者单位：湖北大学）

欣快的公共艺术

[日本]仲间裕子 著 韩慧 译

一

城市总是与艺术存在历史、美学和政治联系，也作为艺术的主旨和宝库而发挥作用。艺术是城市的公共叙事者，更不用说雕像、纪念碑和浮雕了。"公共"本身的定义在20世纪经历了一系列变化。随着城市在这样一个全球传媒的氛围下起了巨大的变化，公共艺术似乎也失去了自己作为一个城市叙事者的角色。不仅艺术的自主性成为当今时代的绝对准则，而且公众对当代艺术的漠视也加速了艺术从城市里逐渐消失的危机。

另一方面，用现代艺术来装饰的城市并不都缺乏公共意义。例如在柏林新商业和旅游中心展出的公共艺术，企业集团特别倾向于选择来自美国的艺术家，如凯斯·哈林和杰夫·昆斯（见图1），他们的作品能够给观众留下艺术创造力的深刻印象，借以强化企业的自身形象和目标。这些所谓的"滴漏雕塑"（Drop Sculptures）仿佛很巧合地坐落其位。诚如迪克尔和弗莱克纳所批评的，建筑、城市风情和经济社会环境之间的相互作用不会在这些作品里体现出来。在柏林最优雅的购物中心所展示的索尔·勒维特的艺术作品（见图2）也是"滴漏雕塑"的一个例子。它们的美学特征并没有在所处环境中得到充分体现①。

面对公共艺术的危机，没有试着去消除市民与现在艺术间的隔阂。

---

① Dickel, H., Fleckner, U. *kunst in der Stadt, Skulpturen in Berlin*. Berlin: Nicolai, 2003, pp. 15-17.

图 1　杰夫·昆斯:《气球花》①(1996—2000,柏林)

图 2　索尔·勒维特:《墙画》②(1994,柏林)

在德国西北部明斯特举办的国际知名公共艺术展——雕塑项目展,就因为重新关注城市风情艺术而获得成功。雕塑项目展从 1977 年开始,每 10 年举行一次。

雕塑项目展展览期间,明斯特市民曾强烈抵制 20 世纪 60 年代亨利·摩尔的抽象雕塑和 20 世纪 70 年代乔治·瑞奇的雕塑,此后"雕塑项目"才在城市得以立足。为了让公民理解现代艺术和公共艺术,展览由该地区的现代艺术专家策划。卡斯帕尔·科尼格就成功举办该项目展览达 30 年。在 20 世纪 70 年代的第一次展览中,受邀代表大多来自大地艺术派和极简艺术派。其中,克莱斯·奥尔登伯格的《巨型台球》和

---

① Photos taken by author on Sept. 11, 2009 in Berlin.
② Photos taken by author on Sept. 11, 2009 in Berlin.

图3　吕克林:《切割的白云石》①
（1977，明斯特）

唐纳德·贾德的混凝土实物都矗立在德国明斯特市的阿湖休闲绿地上。然而，当乌尔里希·吕克林的《切割的白云石》(见图3)树立在教堂前面时，一场对抗爆发了。吕克林的作品受到强烈谴责。约瑟夫·鲍易斯的《乌柏》虽被看成是这座城市的礼物，也遭到抵制。

1977年的雕塑项目展所收获的经验被保留到1987年。对1987年的这次展览，有其"特定场所"成为艺术家们必需的主要条件。极简派艺术家勒维特甚至把《黑色形式》安置在城堡居住区前面，副标题是"献给失踪的犹太人"。丽贝卡·霍恩(Rebecca Horn)为她的弥撒曲《颠倒的音乐会》(见图4)选择了独特的展示地点，一个曾被当做盖世太保监狱的中世纪城堡。这里我们能看到，在后现代主义的影响和对叙事的论断下，城市叙事者的角色再次发挥作用。

通过数十年的"学习阶段"，包括两次展览，由组织者、员工和学生举办的无数次讨论、讲演，以及对小学的参观访问，人们对公共艺术的兴趣提高了，有关公众艺术的交流加强了。雕塑项目展为艺术提供了一个对话的开端，这不仅是为了本来就喜欢艺术的人，而且是为了在每天的生活中特别熟悉城市空间的市民。雕塑项目展成了公共艺术讨论的首选文本。

1997年的雕塑项目展被沃尔特·葛拉斯康评析成"作为公共服务的艺术"②，公共艺术行使着有益于市民的职能。历史上人数最多的一次

---

①　Bußmann, K., König, K. *Skulptur Projekte in Münster*. Köln: DuMont, 1987.
②　Grasskamp, W. kunst und Stadt, in *Skulptur Projekte in Münster 1997*, ed. by Bußmann, K., König, K., Matzner, F. Ostfildern-Ruit: Gerd Hatje, 1997, p.37.

图 4　丽贝卡·合恩:《颠倒的音乐会》①(1987, 明斯特)

有来自 25 个国家的 77 位艺术家参加了展览。日本艺术家川俣正的《乘船旅行》被安置在阿湖之畔。它是艺术家制造的一条木质小船,还有经过美化了的嗜酒之徒,这不仅在功能上取悦了市民,而且成为一种娱乐活动。沃尔夫冈·文茵特和贝托尔德·赫尔伯特的《箱子公寓》为雕塑项目展的观众充当了资讯空间。其中最受欢迎的作品之一是伊利亚·卡巴科夫的《仰望。读词……》(见图 5),它与歌德的诗有着密切联系,被保留在城市。

尽管专家们经常批评 1997 年雕塑项目展的欢庆性和功能性,但是葛拉斯康从"场所特殊性"中看出了反讽意味,他视之为针对城市欣快的怀疑主义②。然而,把公共艺术当做天堂幻相的见解,在艺术与公共艺术的本质应该是什么的问题上,陷入了困顿。

---

①　Buβman, K., König, K., Matzner, F. *Skulptur Projekte in Münster 1997*. Ostfildern-Ruit: Gerd Hatje, 1997.

②　Grasskamp, W. kunst und Stadt, in *Skulptur Projekte in Münster 1997*, ed. by Buβmann, K., König, K., Matzner, F. Ostfildern-Ruit: Gerd Hatje, 1997, p. 39.

图5　伊利亚·卡巴科夫:《仰望。读词……》①(1997，明斯特)

在2007年最近的展览中，雕塑项目展进入到一个新阶段。展览的历史被认为是重要的，因此过去的展览会文件被展示在重要建筑内，用以追溯城市的发展，重审公共艺术的影响力。布鲁斯·瑙曼的《忧郁的广场》(见图6)原本计划于1977年展览，结果，它最后被安排在2007年展出，算是见证了雕塑项目展的一种历史进程。瑙曼的作品表达了城市里失落的情感。包括他的作品在内，明斯特现在共有39件艺术品来源于过去的展览。

作为2007年展览会组织者之一的布里吉特·弗兰森强调，不是特定"场所"，而是特定"位置"和特定"艺术"值得注意②。此外，组织者

---

① Buβman, K., König, K., Matzner, F. *Skulptur Projekte in Münster 1997*. Ostfildern-Ruit: Gerd Hatje, 1997.

② Franzen, B. Vorspann-Foreword, in Skulptur Projekte Münster 07, Vorspann, ed. by Amanshausen, H., Franzen, B. Köln: Walther König, 2007, p. 6.

图 6 布鲁斯·瑙曼:《忧郁的广场》①(2007,明斯特)

会通过电影媒介探求城市在现实和想象上的双重面貌②。据弗兰森所述,在电影、电视和互联网中,私人与公共领域无处不在,导致公众和公共性之间的关系更加矛盾③。

讨论最多的一件艺术品是安德烈·席克曼的《涓涓细流:侵占时代的公共空间》(见图 7)。这是一个具有抗议性的雕塑。它创造了一个球形体,由涤纶制成的城市吉祥物扭曲挤压而成。这些城市吉祥物如柏林熊、苏黎世牛、多伦多麋鹿、礼品包装纸,而它们的海报在城市各处的

---

① Franzen, B., König, K., Plath, C. *Skulptur Projekte Münster*. Köln: Walther König, 2007.

② Kaspar König explains film as one of the standard references in the expanded conception of sculpture, which relates to Joseph Beuys' conception of "Social Sculpture". 卡斯帕尔·柯尼格(Kaspar König)认为,在广泛的雕塑概念上,电影是衡量雕塑的参考标准之一。这一见解与约瑟夫·博伊斯(Joseph Beuys)的"社会雕塑"概念相通。

③ Franzen, B., König, K., Plath, C. Vorspann-Abspann, in *Skulptur Projekte Münster 07, Vorspann*, ed. by Amanshausen, H., Franzen, B. Köln: Walther König, 2007, p. 182.

墙上已不复存在。艺术家激怒了公民们,这些非审美的产品只为商业目的,并且只服从私人化消费。席克曼故意把他的作品安放在18世纪的巴洛克宫殿前,不仅以现在反对过去,而且强调不同社会阶层之间的经济差距①。从特定场所到特定境遇的发展趋势已不可避免,最重要的是,它伴随资本主义经济体系在进行全球化的扩张。

图7　安德烈·席克曼:《涓涓细流:侵占时代的公共空间》②(2007,明斯特)

二

如果我们现在看看日本东京周边的一些城市公共艺术案例,就能了解1994年的首次大型立川公共艺术特展。它囊括了五大洲92位国际知名艺术家的107件作品(见图8)。它的组织者北川弗兰的目标是让城市变成森林,刺激人的感官。如题为"功能虚构"的作品,其功能元素像

---

① Schiff, H. Skulptur Projekte Münster 07, in *Artist/Kunstmagazin*. 2007, p. 53.
② Franzen, B., König, K., Plath, C. *Skulptur Projekte Münster*. Köln: Walther König, 2007.

图 8　克拉斯·奥尔登堡:《轻轻依附的口红 (to M.M.)》①(1994, 立川)

通风设备(见图 9),或是把建筑物护柱转化成为艺术品②。此外,艺术的抽象性和普遍性被反映到公共艺术中,而不是彰显自己的历史和特征。"欢庆和喜悦"是关键,如北川弗兰的评论:"这个地方已变成每个人都享受节日的公共空间……因为这里的高密度发展,缺乏开放空间和公园,我们将尝试通过艺术为广场和集市提供愉悦。"③立川的作品让我们回想到明斯特的雕塑展,只可惜像是缺少讽刺,也缺少公共艺术创造过程中市民与艺术之间的对话。在"功能虚构"中,我们看到一种典型的公共艺术案例,反映了我们最近以来一直信赖的现代主义和全球主义

---

① Kitagawa, F. Art in City: Development of Urban Art after Faret Tachikawa, in *Toshi · Public Art No Shinseiki, Faret Tachikawa Art Project*, ed. by Kitamura, M., Kitagawa, F. Tokyo: Gendai Kikakushitu, 1995.

② Kitagawa, F. Art in City: Development of Urban Art after Faret Tachikawa, in *Toshi · Public Art No Shinseiki, Faret Tachikawa Art Project*, ed. by Kitamura, M., Kitagawa, F. Tokyo: Gendai Kikakushitu, 1995, pp. 52-54.

③ Hunter, S. Faret Tachikawa: City of Art, in *Toshi · Public Art No Shinseiki, Faret Tachikawa Art Project*, ed. by Kitamura, M., Kitagawa, F. Tokyo: Gendai Kikakushitu, 1995, p. 66.

的欣快感。

瀬户内海的直岛艺术展是与立川公共艺术特展同期举行的。直岛艺术展向我们展示了公共艺术的另一种可能性。该展览得到贝思乐集团(一个重视教育和卫生的日本商业集团)的支持,由建筑师安藤忠雄领导,坚持到了1997年。安藤忠雄的重要成就之一是依据自然建筑观念设计地中美术馆①。自1998年以来,"艺术住宅项目"得到发展,传统住宅也恢复成能够永久展示的现代艺术②。建于两个世纪前的角屋被选为第一个"项目"住宅(见图10),它用杉木焦板建造而成。当代艺术家宫岛达男用125个蚀刻计数器在角屋内装置了《98'时间海洋》,以此表达个人生

图9 新宫晋:《参观者》③
(1994,立川)

图10 宫岛达男:《时光之海'98》④
(1998,直岛)

---

① Jodidio, P. *Tadao Ando at Naoshima*: *Art*, *Architecture*, *Nature*. New York: Rizzoli, 2006, pp. 28-43.

② Akimoto, Y. Naoshima Art Projcet Activities, in *Naoshima Meeting V*: *Art*, *Region*, *Locality*, *Between Macro and Micro Perspectives*, ed. by Ehara, K., & Hemmi, Y. Okayama: Benesse Corporation, 2001, pp. 120-131.

③ Kitagawa, F. Art in City: Development of Urban Art after Faret Tachikawa, in *Toshi · Public Art No Shinseiki*, *Faret Tachikawa Art Project*, ed. by Kitamura, M., Kitagawa, F. Tokyo: Gendai Kikakushitu, 1995.

④ Akimoto, Y., Ando, T. *Naoshima Setouchi Aato No Rakuen*. Tokyo: Shinchosha, 2006.

命的速度。5~95岁的常住居民依其个人生活参与调整了蚀刻速度①。在角屋之后,安藤忠雄设计的南寺与詹姆斯·特瑞尔创造的艺术品于1999年在原先的南寺建筑遗址上完成。旧的南寺已不存在,但这个地方的名称仍然留存在人们的记忆中。安藤忠雄的建筑成了适应这里的媒介,唤醒了人们的历史感。另外,特瑞尔设计的《月球背面》企图赋予实物以光明,让空间呈现心灵感②。

日本的当代艺术家们成功地参与了"住宅项目"。杉本博司重建的《通往圣地》(见图11),以其艺术灵感探寻石头中诸如古代万物有灵论的意义。用光学玻璃做成的梯子,通往覆盖神秘石头的地下室,那儿矗立着一座神道神社。杉本博司竭力唤醒人们对神社的记忆,那曾是乡村社会最神圣、最关键的地方。正如标题"适当协调"所显示的,杉本博司试图建造伊势神社的神圣协调,使之成为日本神道神社的代表。因此,与安藤忠雄设计的南寺相比,杉本博司的"项目"有更普遍的特征,因为安藤忠雄的角屋使用杉木焦板,强调了本土性。

除开"艺术住宅项目",直岛举办的艺术展聚焦于历史与个性。绿川洋一展出了他50年前的一张照片,一个门诊大楼前的"冶炼工人"(见图12)。绿川洋一揭示了直岛历史上的黑暗面,即一个炼铜厂对环境的严重破坏。新木用铅笔描画了一位老太太的肖像,名为《101岁老人的孤寂》,描绘了老人的百年沧桑,如同展出肖像作品的那座房子。直岛"项目"是表明公共艺术被定义为"场所特定性"的一个最成功案例。在艺术、建筑和自然的合作下,有目的地讲述这个场所的特定故事。不过,由于此项目缺乏机动性和对话,很有转化成高雅艺术而不是全民公共艺术娱乐园的危险。

哈丽特·萨尼埃认为:"我们今天所需要的公共艺术不是达到共识而是沟通。"③根据这个观点,明斯特案例是一个好的模式,即只有在公

---

① Ehara, K., Hemmi, Y. *Art House Project in Naoshima*, "*Kadoya*". Okayama: Benesse Corporation, 2001, p. 62.

② Jodidio, P. *Tadao Ando at Naoshima: Art, Architecture, Nature*. New York: Rizzoli, 2006, pp. 23-25.

③ Holman, V. Disturbing Sites: The Changing Role of Public Art. *Art History, Journal of Association for Art Historians*, Vol. 16, No. 3, 1993, p. 655.

图11　杉本博司：《通往圣地》①（2002，直岛）　　图12　绿川洋一：《向火挑战，岛上冶炼厂》②（局部，1951）

民参与和协作的情况下，城市才接受公共艺术。因此，争论和问题一直存在，并且激发了讨论。另一方面，如前面谈到的直岛艺术项目，我们很难听到直岛居民的批评声音。这种情形可能是因为共识而非沟通主宰了那里。

毫无疑问，在公共艺术的发展进程或状态中，文化和社会差异是必然的，因此将不会有一个统一的评判标准。我们应等待并看看两者如何发展，因为这些项目仍处于"渐进状态"，要等到今后给予评析。但是有一点很清楚，在"场所特殊性"时期，公共艺术已经在理论上变得更加复杂。特定的空间需要灵活自由，以便将公共艺术引入一个更有效的阶段。

三

米温·夸恩区分了公共空间里的三种艺术发展形态：公共场所里的艺术（如滴露雕塑）；作为公共空间的艺术（这类艺术强调场所的特定

---

① Akimoto, Y., Ando, T. *Naoshima Setouchi Aato No Rakuen*. Tokyo：Shinchosha, 2006.

② Akimoto, Y., Hemmi, Y. The Standard. Okayama：Benesse Corporation, 2002.

性);艺术的公共利益(如新型公共艺术)①。新型公共艺术活跃于1980年代美国公共艺术的发展。其主题基于人们的日常生活,包括性别问题、环境破坏等等,都涉及经济、文化、政治利益。② W.J.T.米切尔反对"铁板一块的、整一的、安抚性的公共领域","我们现在所需要的、当代许多艺术家所希望提供的,是一种批判性的公共艺术,它直面自身境遇中的矛盾和暴力,勇于唤醒公共领域中的抵抗、斗争和对话。③

当今,公共艺术涉及许多方面,如"城市装扮、市场营销、旅游观光和形象塑造"④。尽管如此,对公共艺术仍然要有一个新的认识,因为这不仅是一个艺术"欣快"的问题,也是一个经济和政治领域"欣快"的问题。

参考文献:

[1] Buβmann, K., König, K. Skulptur Projekte in Münster 1987[M]. Köln: DuMont, 1987.

[2] Buβmann K., König, K., Matzner, F. Skulptur Projekte in Münster 1977[M]. Ostjildern-Ruit: Gerd Hatje, 1997.

[3] Franzen, B., König, K., Plath, C. Skulptur Projekte Münster 07[M]. Köln: Walther König, 2007.

[4] Krischenmann, J., Matzner, F. Documenta Kassel, Skulptur Münster [M]. Biennale Venedig, München: Kopäd, 2007.

[5] Franzen, B., König, K., Plath, C. Skulptur Projekte Münster 07 [M]. Köln: Walther König, 2007.

---

① Franzen, B., König, K., Plath, C. *Skulptur Projekte Münster* 07. Köln: Walther König, 2007, p.518.

② Franzen, B., König, K., Plath, C. *Skulptur Projekte Münster* 07. Köln: Walther König, 2007, p.406.

③ Holman, V. Disturbing Sites: The Changing Role of Public Art. *Art History*, *Journal of Association for Art Historians*, Vol.16, No.3, 1993, p.654.

④ Franzen, B., König, K., Plath, C. *Skulptur Projekte Münster* 07. Köln: Walther König, 2007, p.6.

[6] Akimoto, Y., Ado, T. Naoshima Setouchi Aato No Rakuen[M]. Tokyo: Shinchosha, 2006.
[7] Akimoto, Y. The Standard[M]. Okayama: Benesse Corporation, 2002.

(作者单位：日本立会馆大学　译者单位：湖北文理学院)

城市设计与建筑环境景观的对接

尚红燕

城市设计是一门古老而又年轻的科学,说其古老,是因为无论是在中国还是在外国,城市设计实践和历史都很悠久。中西方的城市建设史中从来就不乏城市设计的成功典范。说其年轻,是因为其真正作为一门独立的学科从建筑与规划中分离出来还是近三四十年的事情。

"要从战略角度认识城市设计,城市设计是求得自然、经济、社会、文化可持续发展的重要手段。"在这里,城市设计的重要性和地位被提升到了相当的高度。

一、城市设计与块域设计的统一性

英国著名规划家 Gibberd 在《市镇设计》一书中指出:"在广义上可以认为,城市设计是包括城市中单个物体设计的,如一座建筑物和一个灯柱,在这个意义上,建筑师、工厂设计者也是城市设计者……然而,我们必须强调,城市设计最基本的特征是将不同的物体联合,使之成为一个新的设计;设计者不仅必须考虑物体本身的设计,而且要考虑一个物体与其它物体之间的关系。"①这里很明确地指出了建筑设计和城市设计之间的区别:前者着重于单体,后者偏向于群体,单体是群体的一部分;两者有从属、主次关系。

城市设计是在城市较大的空间范围内进行的功能和美学组织,它为

---

① [英]F. 吉伯德等:《市镇设计》,程里尧译,中国建筑工业出版社1983年版,第32页。

建筑设计提供了指导和框架，但不能代替个体建筑设计。城市设计是从整体出发，将其所设计的对象，作为城市空间体系的一个组成部分来设计。建筑设计则是以其所设计的建筑物本身为中心进行考虑，其周围环境与空间的处理，都是围绕着建筑这个中心而定，常缺乏对于环境的整体观念和对周围环境的研讨，只见树木，不见森林，缺乏对于城市总体空间的认识和把握，因而容易造成雷同以及给城市交通等带来更大困难。

所以建筑师和规划师应协同工作，互相配合。建筑设计当以城市设计为指导，充分认识个体建筑与城市景观总体的关系，形成块域设计的整体构想及建筑物本体与环境规划的三位统一。同时也要充分发挥建筑创作的主动性和积极性，城市设计应为建筑师的创造留有余地。

建筑是构成城市的主体，尤其是城市化水平空前高涨的21世纪，建筑在城市设计中将扮演极其重要的角色。建筑设计实现、完善和丰富城市设计，从某种意义上讲，城市设计只有通过建筑设计才能更好地落实。

二、从城市设计到城市"块域设计"整合

城市建筑有强烈的物质技术性，特别对于现代化的大城市，更需要掌握工程技术，否则你将会一筹莫展，高达百层的摩天大楼，能容纳数百万观众的体育馆，空间和设备都十分复杂的大型厂房、实验楼及其公共建筑都是具备一定的力学结构和施工知识及建筑光学、建筑声学和建筑热工等技术。除此之外，建筑与城市整体规划设计相适应。这也是"块域设计"之中的城市建筑物造型。

"块域设计"可以定义为：由建筑设计的外围扩展，对于同建筑单体式组群及其环境相关的体块与地域所进行的综合设计。这个定义包括多方面的内涵。

首先，"块域设计"的"块域"不等同于城市规划设计中的"区域"、"地段"：①"块域"是由建筑设计任务引起，以设计建筑为核心，兼顾城市整体式局部要求，而"区域"仅从城市整体出发，无核心或只能自设核心(核心可以是"建筑"，但非建筑设计意义的建筑)。②"块域"的

范围是无定的，取决于所依附的建筑设计对象，重要程度或规模；而"区域"范围较为明确，尺度由其自身的性质而划定等级。其次，"块域设计"的"设计"也有别于另外的两种（城市，建筑）设计。

定义中所谓"综合设计"是指：①内容丰富，即设计同时涵盖功能、空间、交通环境、文脉、心理行为等等。另外，就是面、体、线、点大范围结合。②形式独特，主题特别，可以"红线"划界，界内是建筑设计，界外是"块域设计"，究其实际，多数只能是"概念设计"。

"概念"并非虚无空间，其现实的价值在于培养建筑师能够真正地树立从城市角度设计建筑的意识，并表现为实际操作及方案成果，有了这个手头而非口头的成果，才真正做到"替规划部门帮忙，出这个主意"①且为由概念"块域"设计转入实施的城市设计提供前期工作基础。我们相信，"块域"设计理论的建立必将打通从城市群点到建筑本体及室内空间设计的系列作业渠道及整体布局的设计，实现城市规划师、城市设计师、建筑设计师以及室内设计师之间的大联合，形成一个大的体系圈的整合。

三、城市的"块域设计"的内涵与外延

城市"块域设计"是人工环境设计的一部分，或者是对城市体型环境所进行的规划设计，它实际上是城市规划对城市总体、局部和细部进行性质、规模、布局、功能安排的同时，对城市空间体型环境进行分割，对环境景观进行规划的设计。

所谓的"块域设计"，它的理论意义或价值可以延伸到为摆脱城市设计目前的发展窘境提供新的动力和拓展设计思维的构思。其价值为：

其一，它将有助于廓清过于繁杂的城市设计的研究范围。现阶段的城市设计涵盖对象广泛，类别庞杂。这种状况已经妨碍了城市设计在理论建设和实践操作上的统一认识及规范设计，而其名称中"城市"二字予人的过于强烈的印象，更是混淆了公众认识。例如湖北襄樊市体育

---

① 思淑、周文华：《城市设计导论》，中国建筑工业出版社1991年版，第81页。

馆，借体育馆建造的机缘，又重新设计了周边广场、喷泉、道路、景观、及诸葛亮塑像……连同体育馆门前两侧的建筑物，附属设施健身房等等形成一个新的体育健身休闲中心。整个设计已经大大超出了建筑红线，但它的形成与"块域设计"的概念，使之体现了单体建筑与块域设计的联系与外延。因此可以得出，任务概念内涵愈深刻，其外延愈广大。而一个"块域设计"即可囊括上述种种设计现象。

其二，它将有助于优化城市规划与建筑设计之间的衔接。当前，城市设计是纳入城市规划设计体系中的。由于城市设计尚处于发展阶段，以依托城市规划来开展工作的方式无疑是合理的。但也正因为城市设计自身无法相对独立，加上其在建筑设计中的"缺陷"，从而导致其结果偏离初衷——即使城市规划与建筑设计实现联手，演变成对传统的从城市规划到建筑设计的单向设计程序的沿袭，其影响往往也是负面的[1]。这样的实例不乏种种。

如人民剧场就是一个范例。由于剧场、广场、道路没有统一规划，使得剧场建筑只是一个孤体，影响到剧场建成后的环境，以及人流聚散、客货停车和经营、管理等一系列实际技术、经济、效益指标。

因此，根据现状，可在建筑设计中明确引入"块域设计"以对应于城市规划中引入城市设计，避免将建筑与城市隔离开来，树立城市整体"观念"，规划直接与建筑设计衔接切入，让城市设计和块域设计进行直接的"对话"。

此外，根据以上两点，可以进一步加强"块域设计"付诸实行的前提，并非理论建设，重要的是实施授予建筑师或其他设计者相应合理的职责、权利。

四、结　语

在高科技的今天，"建筑设计"、"城市设计"、"规划设计"是构成"块域设计"的中介，它们是相互联系、相互交叉、相互融合的统一体，

---

[1]　[美]埃德蒙·N. 培根：《城市设计》，黄富厢、朱琪译，中国建筑工业出版社1983年版，第101页。

它能促使规划师与建筑师相互协作交流。本文为有利于设计者思考建筑问题时能够从城市角度出发，提出并讨论了"块域设计"的概念，从而将城市规划上升为城市设计。

参考文献：

[1][英]吉伯德. 市镇设计[M]. 北京：中国建筑工业出版社，1983.
[2]思淑，周文华. 城市设计导论[M]. 北京：中国建筑工业出版社，1991.
[3][美]培根. 城市设计. [M]. 黄富厢，朱琪译. 北京：中国建筑工业出版社，1983.

（作者单位：湖北文理学院）

谈公共艺术的社会特质

何 伟

一、公共艺术的公共性

公共艺术强调在公共空间里的公开性、公决性、公产性,即"三公"艺术问题,还有它的开放和互动,反映和当下社会有直接关联的问题或元素。从狭义的角度讲,公共艺术主要指公共雕塑;而从更广的意义上说,很多公共设施也都可以纳入公共艺术。20年前,人们只谈雕塑,又由于雕塑进入城市建设而称其为城市雕塑。到了20世纪90年代初、中期,人们因为对环境的改善和美化的需要,也将城市雕塑纳入其中,衍化合成出环境艺术概念。但这一时期,仍然局限于小品、园林、绿化、美化、城雕等零碎内容。到了20世纪末21世纪初,公共艺术有了相对的独立性,它不再依附于可以量化的建筑概念,也不依附于小品、园林、绿化、美化等内容。中国的公共艺术有了较快的发展,并逐渐与国际公共艺术概念发生融合与同步。20多年的发展历程,是一个渐变的、渐进的过程。由城市雕塑而环境艺术而公共艺术,融入公众,融入公共空间。不再是简单的装饰和放置概念,也不再是简单的、被人看的视觉形态。同时,也不再受制于甲方意志,艺术家的语言和人格的独立性,乃至个人意志,被置于十分重要的地位。它的语言的综合性、辐射性、实验性、观念性大为增强,与其他艺术方式同步,具有越来越明晰的当代性特征[①]。另一个不容忽视的是"三公"中的"公决"问题。

---

① http://www.comment.artron.net/20110919/n190767.html,2014-01-15。

所谓"公决",是指公共艺术具有反映公众情感、公众精神、公众意志的社会义务。而对这种"义务"完成质量的评判权归社会公众,公共艺术作品在当下、在历史中的去留存舍,皆逃不过公众的"公决"裁定。由此而论,在研究公共艺术时,不能不对"公产性"、"公决性"问题认真对待,进而带动相关研究质量的提升。

社会空间存在着可变性,它在公共和私人之间可以相互转换。因此,我们所探讨的公共空间会触及更广泛的能够归结到公共空间当中的艺术,但是从空间的层面上来讲,公共艺术所在的空间可以包括物理公共空间、社会公共空间以及象征性公共空间三种,在信息时代这三种空间共同构成了公共艺术的外部存在方式。

总体来看,公共空间的最大特征是公开性,即公共空间艺术活动场所的开放性以及由此产生的对场所公众的开放性。它对处于此空间当中的所有观众都具有开放性,公众可以与之交流,提出意见和建议。从一定意义上说,公共艺术的开放性在于它所处空间的开放性,要求一旦公众对其提出建议和意见,公共艺术的管理机构和制作机构就能够以此对公共艺术作品加以评估和修正。公共艺术是一种特殊的社会审美,它的标准必须处于被解读与被修正当中。

二、公共艺术的环境性

公共艺术的公共方式所依赖的并不是艺术的风格、样式、流派,而是一种集体或群体的空间精神,它是人类整体改造自身生存环境的外部条件,人类的历史文化决定着公共艺术特质的同时,公共艺术反过来直接或潜移默化地影响和改造人类的文化观念和审美模式。

虽然公共艺术这几年在国内已有了较快的发展,但与国际化要求仍有差距,发展显得有些滞缓。也许正是这种差距和滞缓,是当下的一种公共艺术时代状态。如果把这个话题扩大到展览,那么包括架上艺术、观念艺术以及目前仍备受争议的行为艺术,都可以纳入公共艺术范畴。虽然这些艺术方式不同于雕塑,但它们具有相同的展示特征,都是在公共空间展示或呈现作品,都与公众产生互动。因此从这个层面上讲,公共艺术实际已经囊括了很多艺术内容。目前在中国的一个大的开放环境中，城市化的进程逐步加快，给艺术家一个很大的表演舞台和发挥才智的机会①。而这种工作，本身也需要很多有志者参与。大家共同努力，才会有成效。在本土，过去根本没有公共艺术经验，除了学习一些西方经验，更多的是靠逐步实验来积累壮大自己。

在世界上的各大城市，凡是在公共空间中建设公共艺术的城市，都是我们这个时代的一个巨大的人口磁铁，是我们文化艺术发展的温床。在这里，我们可以看到不同地域、不同种族、不同阶层的人们穿梭不绝，因为这是集中和凝聚他们的体力、智力和创造力的一个公共空间。我们还可以看到在这样一个公共空间中，年龄、种族、文化与活动融为一体。这是促进经济发展的一个契机。所以，在我们的城市经济建设及发展中，必须要创造具有更多公共艺术的更大的公共空间。一座城市如果花大力气在公共空间中建设公共艺术，这不仅是改善城市环境和增加城市亮丽的风景线，也是打造文化工程、培育文化氛围、增强文化底蕴的重要措施。

21世纪是一个国际化的世纪，是一个高度个性化的世纪。所以，我们不再是处于一个全体一致同意的社会。在公共空间中的公共艺术，面对的是不断地与公众对话，一方面是民主，另一方面是对艺术家的尊重，往往两者意见不一。由于艺术家与公众对公共艺术的理解和鉴赏力不一致，因此，艺术家的立场并不是民主的立场。另一方面，公共艺术寻求一种通用语言以及能够被理解、并且可做出普遍解释的象征。肯定要有某些东西可以抓住观众的注意力，它包括外观的审美要求以及内涵的表达，使观众重新思考视觉对象。因此，观众的注意力及审视角度会有所移动。如果每一个艺术家及设计师在公共艺术的创造中能做到这一点，他们的作品将是一个成功的作品，而呈现给观众的将是一个真正既个性化的、又能与公众对话的环境艺术作品。

三、公共艺术的价值

公共艺术是在现代公民社会的基础上，在公共空间体现了民主、互动、共享的价值观，也体现了敢于创造、敢于尝试的艺术价值。

---

① http://www.comment.artron.net/20110919/n190767.html，2014-01-15。

公共艺术就是要把不同领域、不同经验、不同思维方式的人聚合在一起共同介入,形成思想整合爆发,提炼才智结晶的至善结果。做公共艺术,不仅需要胆识和勇气,还需要一种超越个人的"公共观念"。

其创作理念须从当地的社会、历史、文化、自然地理风貌等角度,探索当地居民与环境的特色,才能获得居民认同,进而促进居民对社区的认同感,深入居民记忆中的情感核心。

公共艺术创作充分尊重环境、历史、地域、社区的特征,是一种利用建筑、雕塑、绘画、园林、水体、场景、装置、表演等各种艺术方式加以实现的综合艺术。公共艺术可以分为"显性"和"隐性"两大部分。前者是类似地标性建筑、雕塑、城市规划这种"看得见,摸得着"的东西,后者则是一般的城市宏观规划中容易忽略的、市民身边的空间,比如社区广场当中蕴藏的艺术表现和文化需求。

早期公共艺术的形式比较传统,将雕塑作品直接放置在公共空间,比较偏向实体的、基地的物理角度。而从装置艺术、现场制作的创作方式出现后,国际上艺术介入空间呈现多样化的面貌,影响到公共艺术的创作与建设,有的学者将其归类为"新类型公共艺术"。如 Suzanne Lacy 对新类型公共艺术的定义:"不再是传统陈列在公共空间的雕塑,而是以公共议题为导向,让民众介入、参与、互动,并形塑公共论述的艺术创作。"

无论在创造任何一个公共艺术空间中,运用任何媒材的艺术方案,都取决于至关重要的经济实力。"世界陶瓷文化广场"的创建,就是基于当地政府有着超越常规的思想观念,敢于创造、敢于尝试。这是建造"世界陶瓷文化广场"成功的第一步。中国的公共艺术设计与许多西方国家相比,政府在支持艺术家创作公共艺术作品方面的投资极少。而佛山市禅城区南庄镇政府敢于创造、敢于尝试,我觉得是非常难能可贵的。如果大家都认识到这一点,中国将会成为在公共空间中建造公共环境艺术的大国。

公共艺术做得好坏是一个问题,但公共艺术是什么时代产生的,它与时代发生了什么关系,什么样的艺术才是公共艺术,则是一个更大的、耐人寻味的问题。在中国建筑史中,十大建筑有着很重要的价值,它带有浓厚的意识形态特征,也是一个时代的印记和见证。时代背景是公共艺术的另一种特质。

参考文献：

[1] 胡澎. 论公共艺术品的表现媒介[J]. 艺术教育，2009(8).
[2] 林蓝. 公共艺术的历史观——广东地域公共艺术研究[J]. 装饰，2008(8).
[3] 翁剑青. 城市公共艺术———一种与公众社会互动的艺术及其文化的阐释[M]. 南京：东南大学出版社，2004.
[4] [德]哈贝马斯. 公共领域的结构转型[M]. 曹卫东译. 上海：学林出版社，1999.
[5] 郑也夫. 城市社会学[M]. 北京：中国城市出版社，2002.
[6] 张玉军. 谈"公共性"建构与公共艺术[J]. 装饰，2005(2).

（作者单位：湖北文理学院）

环境艺术设计中的中国元素

丁希勤

中国环境艺术设计专业发展到今天的盛世,是中国加快城市化步伐、大规模建设事业发展的需要。环境艺术设计变得非常重要,它涵盖了我们生存的所有的空间,包括了城市的规划设计、建筑设计、景观设计、园林设计、室内设计、公共空间设计及公共艺术设计等。人们期望着通过环境艺术设计,来改善生存的条件,寻找到符合人性的、关怀生命意识的、共生和谐的理想境界。"人,诗意地栖居于大地"应是环境艺术设计的核心和至境。深入地思考环境艺术设计专业的内涵和意义,结合中国国情,走中国环境及文化可持续发展的设计之路,为国家、民族的兴旺发达作出贡献。推出城市景观设计成果,引进景观设计概念及发表理论研究成果,对提高中国景观水平起到了积极促进作用。

在众多形式和风格殊异的园林设计中,中国的园林以善于表现情景交融的自然景色在世界园林中独辟蹊径。早在公元 6 世纪,我国造园艺术就已经开始传入日本。至今,日本庭院建筑,点景与园名,还常借用古典汉语;我国园林艺术不仅在亚洲影响日本等国家,并且还传播到欧洲。从 17 世纪末期开始,欧洲对中国园林的活泼而自然的处理手法颇感兴趣;到 18 世纪,英国仿东方风景园林达到全盛时期;不久法国又受到影响,出现了中国式景园。中国的园林设计能如此影响世界,并从 17 世纪直至今日,有增无减,这大概是因为欧美之园林,以刚制柔,以建筑物为中心,以园林作为陪衬。布局亦受阿拉伯对称和硬直边的影响,使有机之体略显僵化。其建筑物仍为园林之主,石木次之;日本园林以禅为主干,发展至今,渗入宗教哲学色彩甚浓,园用以助静思,多以静观,少为生活之用;独中国园林可思可用,可观可游,既可脱凡俗，又能使游人置身其中而不损园林之神貌。故能远播海外，为世界各国人士所好。继承"中国园林"并不是生搬硬套。中国传统的园林在古代只是供少数人观赏，为封建帝王、贵族官僚和士大夫们服务的。

它所表现的人生哲理和审美情趣与今天新的时代有着很大的距离，它的一些创作思想和手法是具有鲜明的时代性的，并有其适用的范围。时代不同了，就不应该不分条件，到处套用传统园林的做法。比如叠假山，这是传统园林的主要造园手段，是表现山水这一主旨所必需的。它在私家园林面积有限而又封闭的空间中是自然山峦的典型化，虽然实际的尺度和体量都不大，却仍然能体现其高峻与幽深的境界，宛若自然。可是，现在有一些城市，不分场合，堆叠假山成风，不论公园还是空旷的广场都堆假山，结果是假山的体量很大，仍显不出山峦的气势，像一堆乱石头，花了钱，费了人力，效果并不好。当然，也有处理得好的，那是对传统的假山技术进行改造，以现代化材料代替湖石和黄石等价格昂贵的天然石料，强调整体效果，恰当地处理好与周围环境的关系，如广州流花湖旁的山石景色，尚称自然，是对传统假山的继承与创新。另外，古典造园强调景色入画，往往曲桥无槛、径必羊肠，廊必九回。这些也不能到处搬用。南京金陵饭店的外庭院，以黄石叠成池岸、假山，采用平顶的游廊，与现代化的建筑相协调，是谓借鉴得好。

在西方设计界流传着一个观点："没有中国元素，就没有贵气。"中式风格的魅力可见一斑。中式元素的风格以及设计理念，在世界范围内都是占有一席之地的。我国室内设计方面在唐朝已经蓬勃发展，明代时更是达到了顶峰，这些成果对同时期其他文化领域里的设计都有影响，很多西式的家具、家居在细节和局部上都能看到它们的影子。

多年来，室内设计师们一直喜欢将中式元素运用到设计中来，有时是纯粹的中式风格，有些时候则是将中式元素与传统符号以现代的手法与现代的材料表现出来。中国的传统文化有着几千年的历史，如何运用中式风格，如何更好地继承和发展中国的传统艺术风格是我们多年来一直思考与探讨的重要课题。

作为一种独立的表现手法，中式风格涵盖着深厚的文化内涵，与传统的佛道文化也颇有渊源。西方的工业革命带来了材料和制造工艺上质的飞跃，这对传统的取材和手工技法是巨大的冲击，但从文化的角度来讲，中式风格的设计是我们不变的立场。作为现代室内空间的设计者，我们有必要把中国元素融入室内设计中，随着全球化的东方潮流和新式古典主义的流行，它又重新发掘出我们中国文化的精髓，并延续到现代生活中来，更起到弘扬民族文化的作用，随着对现代室内空间的认识，它会越来越明显地使有灵性的人群受益。

中式风格不再和古老、死板画上等号，取而代之的是亲近自然、朴实、亲切、简单却内藏丰富涵义。注重细节才能突出效果，在住宅的细节装饰方面，具备现代眼光的重视装饰风格非常讲究。尤其是在现代西式结构的住宅中，往往可以达到移步换景的装饰效果。这种装饰手法，给空间带来了丰富的视觉效果。像屏风、帷幔、翘头案等这些家具，被设计师用做局部装饰，展现出了中国传统艺术的永恒美感。一件中式家具就像一首经典的老歌，在每一个流动的音符中都蕴涵着深深的韵味，只有细细品味，才能悟出一些哲理来，它独特的魅力也会吸引很多的视线，不过材质、线条、色彩搭配的不到位，很容易收到相反的效果，为了更符合居住的要求，选择恰当的中国元素，才能让居室散发古雅而清新的魅力。

传统室内设计的装饰手法，是中国人含蓄气质的体现。蝙蝠、鹿、鱼、鹊、梅是较常见的装饰图案。原因是"蝠"与"福"谐音，可寓有福；"鹿"与"禄"谐音，可寓厚禄；"鱼"与"余"谐音，可寓"年年有余"。"梅、兰、竹、菊"、"岁寒三友"等图案则是一种隐喻，借用植物的某些生态特征，赞颂人类崇高的情操和品行。竹有"节"，寓意人应有"气节"，梅、松耐寒，寓意人应不畏强暴、不怕困难。同理，石榴象征多子多孙，鸳鸯象征夫妻恩爱，松鹤表示健康长寿。

中国古人对居住环境的研究和追求，其精雕细琢远远超过我们的想象。他们的一些室内设计理念，和如今最流行的简约主义很有一些不谋而合之处。

以建筑艺术为例，人们常把建筑比喻为"凝固的音乐"。而不同的地域、不同的民族孕育出来的音乐是不同的。既有东方音乐和西方音乐之分，又有中国音乐和外国音乐之别。而即使是中国音乐，神州大地56个民族的音乐也是各具特色的。建筑艺术同样存在着由地域和民族决定的千差万别。说建筑是"凝固的音乐"，但绝不是说建筑艺术本身是凝固的,正如不同时代有不同的音乐,不同时代也有不同的建筑艺术。

再以园林艺术为例,中外园林就有着许多不同的地域、民族特点。中国园林是由建筑、山水、花木、屏联、题刻、雕塑等艺术形式有机组合而成的艺术品。而西方园林中就没有屏联、题刻这类艺术形式。中国园林是一种自然型园林,它特别强调人与自然的亲融协调,既讲究自然意境,认真师法造化,又重视人文意境,充满诗情画意。它追求的是一种"虽由人作、宛自天开"、花前月下、人与自然浑然一体的艺术效果,让人们在享受都市文明的同时,融合于充满自然气息的氛围之中。而西方园林则迥然不同。它表现了一种"人"与自然相对,由"人"去加工自然、静观自然的风格。像欧洲一些著名的皇家园林,把树木修剪成规规矩矩的各种造型,把花草排列成整整齐齐的各种花纹和几何图形,配以精美的雕塑作品,看上去当然也是十分高贵典雅、美丽壮观,但说到结构的精巧和人对自然的融入感、亲近感,恐怕就比中国园林略逊一筹了。

今天,设计师也像艺术家一样希望把自己的才能和想象力更多地展示在自己的作品中;消费者则希望能够把自己的生活空间设计成自己个性的体现;制造商因为有市场的需求并要在市场上确立自己的形象,他们也乐意生产那些具有特点的物品。可以说,个性化设计的出现是设计师、消费者和制造商三者不谋而合的共同愿望。而且,在追求个性、张扬个性的信息时代,就像那些喜欢标新立异的艺术家们常常受到公众的注目一样,富有个性和创造性的设计师在今天也开始变得像艺术家一样具有知名度和号召力,个性化的设计和消费已经成为环境和室内设计的重要特点。

对于环境和室内设计来说,尊重民族文化传统和地域风格的特点是体现设计文化的重要方式。在这样的设计里,传统的文化被蕴涵在新设计中而得以继承和流传。作为一个有社会责任感和有文化修养的设计师,应该把设计能够尊重传统和具有当地文化特色的环境和室内空间作为自己义不容辞的责任,在承接环境设计任务的时候,充分考虑对于历史文化的传承和发展,此外,许多消费者也把消费带有文化含量的环境和室内设计作为自己品位的象征。

在设计中体现本民族的文化已经成为许多设计师的自觉行为,尤其是在强调多元化的今天，对民族文化的维护和保护已经成为全世界讨论的热门话题。许多著名的设计师已经把尊重地域风格、体现传统文化作为自己设计的重要元素，在环境和室内设计中自觉地运用传统文化的符号和精神。随着情感在设计中的参与，对理性功能的强调开始被对感性功能的要求所替代，设计与艺术之间的距离已渐渐模糊，有些环境设计作品甚至很难把它们与艺术作品分开。虽然设计与艺术之间因为其功能特点而存在着某种分界线，但艺术化的设计和艺术化的生存已经被许多设计师所认同，也被许多设计师所实践着。在信息时代，设计已经成为连接技术和人文文化的桥梁，抒情特点和诗意情感的表达成为优秀设计作品的特征。在知识经济时代，设计已不再只是满足某种功能的理性工具，事实上，许多设计已经成为能引起诗意反应的物品。设计正在向艺术靠拢，设计的过程也正在变成艺术创造的过程。

无论是设计师还是消费者，都应该理解时代的变化和新的时代特点对设计产生的影响和提出的新要求，把设计看成是理解我们时代的一部分，也把设计看作是我们生活的重要内容，设计是形成我们生活方式的重要组成部分。我们要关注时代的变化所引起的设计风格的变化，同时，我们更应该看到在这种变化中所包含的文化和经济背景。对于每一个时期出现的设计思潮和设计风格，我们不仅仅只是看到它的表面，不只是肤浅和简单地理解它们的形式，而是要深刻地理解它们所包含的时代和文化信息，理解这些风格和流派产生的深层原因。对于设计师来说，尤其不要盲目地信奉什么主义，简单地复制和模仿一些造型风格，而是要把为大众创造一个更加美好、舒适的生活和工作环境作为自己最大的责任，通过自己的学识和才能设计出品质优良的室内和室外空间。进入21世纪后，对于思潮和主义的讨论已渐渐平息，人们已经开始更为关注我们生活中存在的问题并试图寻求出解决问题的方法。我们能不能生活在一个更美好的环境里呢？这样的问题可能会让哲学家们长久地思索，但对于设计师来说，他们完全可以为美好的生活提供舒适的环境和室内设计。如果每一个设计师都怀着这样的理想和愿望，我们的生活肯定就会变得更加美好。

（作者单位：湖北文理学院）

户外广告设计与城市品位

王运波

大家都知道户外广告一直是受广告主青睐的广告形式之一,从古到今都发挥着不可估量的作用。特别是随着时代的发展,户外广告的繁荣程度从某种意义上来说是一个城市经济繁荣的表现,同时其设计的品位和规范管理也是一个城市文化繁荣的象征,是提高一个城市品位的重要手段之一。

一、城市户外广告的特征

城市户外广告有以下特征:

(1)有一定的视觉冲击力。如一块设立在黄金地段的巨型广告牌是一些品牌公司的必争之物,深受广告商的欢迎,很多知名品牌都不惜重金抢占重要位置,有的甚至成为地方标志。

(2)宣传效果好,到达率高。根据调查研究,户外媒体的宣传效果仅次于电视媒体宣传效果。

(3)发布时段长,是具有持久性的,至少是半年以上。它们每天矗立在那儿,客户什么时候都能看到它,带有长久的广告宣传作用。

(4)价格低廉。户外媒体可能是最物有所值的大众媒体了,与其他媒体相比,价格要优惠得多。

(5)城市覆盖率高。在某个城市结合目标人群,正确地选择发布地点,以及使用正确的户外媒体,使你在理想的范围接触到多个层面的人群,使你的广告与受众生活相协调。

二、城市户外广告的现状分析

随着时代的发展，户外广告的设计品位也有很大的提高，特别是户外广告表现形式更多样化了，电子显示屏、霓虹灯等的大量应用，显示了其时代性，但还是有待于提高和改进，现状分析如下：

（1）在中小型城市，户外广告设计创意有待于提高。户外广告虽然有其独特的、好的广告效益，但其核心还是设计创意，要发挥其最大的视觉冲击效果。特别是一些大型户外广告在设计上更要用好的创意，为提升城市的品位发挥作用。在一些大的城市，比如北京、上海，其户外广告在设计创意上是新颖一些，但在城市稍偏远的一些地段还是欠缺一些，有待于提高。

（2）有些户外广告在和城市环境协调方面的考虑还不够，户外广告发展到一定阶段，必然要与环境协调，与城市的容貌以及历史阶段的价值取向发生更为密切的联系，这是户外广告经营者、政府和社会各界共同面临的问题。对一个城市来讲，户外广告有两个作用：其一，它是品牌与消费者沟通的桥梁，是经济发展的助推器；其二，它是城市景观的一部分，是城市形象不可缺少的加分元素，也是影响市容风貌的决定性因素。可见，发展城市经济需要繁荣户外广告，而户外广告也要与建筑、景观等环境相协调。

户外广告要与环境达到优化程度，除了广告创意人员要具备环境意识外，政府相关职能部门也需要加强管理与提供服务职能。如在城市规划建设中，也要考虑户外广告的规划设计，什么样的位置适合什么样的户外广告。例如，在一些大型广场和公共场所要多预留一些公益广告的位置。在一些商业地带，户外广告要考虑到广告的材料、比例、造型、色彩等。总之，要使户外广告成为城市景观的一个组成部分，尽量避免一些镶嵌式广告，原因是其不能发挥广告宣传目的，且影响城市环境。

（3）户外公益广告比例太少，公益广告属于非商业性广告，是社会公益事业的一个最重要部分，是宣传社会进步和社会文明的重要视觉表现手段。这决定了企业愿意做公益广告的一个因素。公益广告的主题反映有社会性，其主题反映社会的发展具有时代性，在宣传的过程中结合一定的艺术表现手段，取材自一些群众喜闻乐见的题材，达到一定的宣传效果。公益广告的诉求对象又是最广泛的，它是面向全体社会公众的一种信息传播方式。例如提倡戒烟，提倡戒毒，及警告一些其他不良习惯的危害，还有反贪污腐败、珍惜资源等这些带有社会性的问题都是我们公益广告需要宣传的。所以说，公益广告拥有最广泛的广告受众。从内容上来看，大多是反映我们社会的一些社会性题材，对我们社会的进步有一定的推动作用，所以广泛受到大众的共同认可和接受。

（4）有的广告发布的行为不太规范，有的户外广告在制作尺寸、字体等方面不规范，更有的城市在繁华地带大量发布香烟的广告，这对于提高城市的品位及提高城市的形象都有很大影响。

三、城市户外广告的设计展望

1. 要有符合受众审美的广告创意

首先是创新。第一是表现形式的创新，要与周围的建筑风格相互协调。第二是表现内容的创新，创新是创意的本质，也是几乎所有广告人的追求。问题是大多数人在考虑户外广告的创意时，更多看到的是它的局限性。因此我们在广告的诉求上应该有的放矢，有简有繁。有的就突出文字，简洁明了，当然文字的字体和文字内容要有创意，有的突出图形，图文并茂。这就要求我们广告设计者要高瞻远瞩，思想和形式达到高度统一。第三是媒体运用上的创新，不同的户外媒体有不同的表现风格和特点，应该创造性地加以利用，整合各种媒体的优势。第四是为了使城市户外广告更有视觉冲击力，我们可以应用一些现代声光技术或者3D动画技术，在表现形式上求新。

2. 要注意其媒体类型和制作原则

（1）户外广告的媒体类型：并不是只有在室外的媒体才是户外媒体，其形式包括广告招牌、店面广告、交通广告、霓虹广告及展示空间设计。随着人们生活空间的扩展以及生活方式的发展，地铁、超市、医院、商场、机场内……各种形式的媒体无处不在。它们在工程安装、形式种类、效果评估等方面都与传统户外媒体有着高度的一致性。

（2）由于市场上户外广告的种类繁多，要做出一个出色的作品，必须遵循以下原则：①创意——作为户外广告特别是一些大型广告，一定要有创意，有创意才有生命力。②简洁——人们在户外广告前停留的时间往往不会太久，因此，简洁而具有震撼力的形式，才能够吸引消费者的目光；③诙谐幽默——面对无聊的消费者，消遣娱乐的内容具有加深印象的功能；④色彩的运用——通常采用对比色调的组合，达到鲜艳醒目的特点；⑤发布的地理位置——能够利用地利优势，寻找人流量较大的区域，是提升广告效果的诀窍。

3. 要有地方特色

要和当地的民族文化、民俗风情相结合，为地方的文化传播发挥一定的作用。为了做到这些，广告设计师要认真调查研究，了解当地的风土人情，深入群众，收集第一手资料。例如处在南北交汇处的襄阳，在广告设计上就要考虑其三国文化、楚文化及地方民间文化等。

4. 要充分考虑户外广告的设置与规划

随着户外广告的发展，要考虑的因素越来越多，城市户外广告的整体设置规划对广告行业的发展也很重要。户外广告整体设置规划、关系资源的有效利用和发展战略的持续性问题要特别考虑。当总体规划的某些基本原则和框架不能适应城市经济建设和社会发展的需求，需要调整或修改时，对有关的户外广告总体规划内容也要进行相应的调整与修改，因为城市经济建设与社会发展是城市户外广告规划实施的直接影响因素。

城市户外广告详细规划是在总体规划的指导下，对某一区（商业区、居住区、校园）进行详细规划。规划应结合城市规划，充分考虑到区域的属性、特征、重点和元素（建筑、设施、环境及人文因素）的相互联系。根据属性确立要创造的气氛，根据特征创造特色，根据重点确定主体，根据元素之间的关系确定物件来创造整体效果。

总之，户外广告要想更好地融入城市发展就必须遵循市场发展规律，从户外广告的本质出发，对广告创意和制作全面提高，不仅在制作技术上创新，还要在思想文化上创新。此外，还要注意户外广告设计在城市环境中的位置，在遵循市场发展规律的前提下，对其行为进行管理规范，对其进行设计定位，对其进行设置规划。与实际情况相结合，使户外广告更能体现出它的价值。一方面要抓紧完善各项管理法规，厘清管理中存在的一些法律界限。另一方面，切实提高管理部门的专业素养和专业管理水平，根据城市自身特点，因地制宜地编制和实施符合本地区实际的广告规划和管理办法，并提倡广告表现的多样性，为提高城市的品位和城市的经济发展打下基础。

参考文献：
[1]李海峰.从公益广告变成功利广告谈开去[J].当代电视，2010(1).
[2]陈达强.城市户外广告规划设计探议[J].装饰，2004(11).

(作者单位：湖北文理学院)

公共艺术与城市环境视觉体系

陈志权

公共艺术是指从满足公众需求出发，对城市公共环境进行的具有艺术性和文化性的规划和设计，以及在城市公共环境和公共空间中设置具有一定文化性、地域性、形式美的艺术品。包括城市雕塑、壁画、室内外环境艺术设计，还包括信息传达设计，以及带有一定功能的公共设施设计等。公共艺术从一开始就带着一种满足公共需求、反映公共精神的特定意图，"公共性"是其中的核心原则和首要目的。它要求体现作品与环境空间的关系、作品与公众审美情趣的沟通关系、作品现代性与民族性及历史承袭性的关系，也要注重作品本身所传达的意义与意义的载体，即传达意义所需要的手段与形式。

公共艺术最初概念的形成和较大规模的实施，是以 20 世纪 60 年代初美国国家艺术基金会实行"公共艺术计划"，直接赞助公共艺术的实施为标志的，此后，逐渐兴起于欧洲及亚洲一些国家。"公共"不仅指艺术作品设置场所的公开性，更包括艺术品服务于公众、反映公众精神的社会公共性。

公共艺术的内容包括城市雕塑、壁画、室内外环境艺术设计，还包括信息传达系统，以及具有功能性的公共设施。公共艺术往往被要求纳入城市规划的宏观体系中，美国第一个立法实施公共艺术的城市费城，致力于将公共艺术与城市规划完美结合，1982 年举办"形式与作用"展览以后，开展了"新路标运动"，此项活动旨在探索创作雕塑性路标、物体或建筑物的可能性，以用作公众认可的地区标志物[1]，同时他们强

---

[1] 吕洁：《美国雕塑巡逻》，载《世界美术》2000 年第 1 期。

调公共艺术与所在城市的人文历史和具体环境形态进行对话，强调艺术家的艺术创造过程与该地区的社会背景与人文历史环境相适应，这就使公共艺术的创作带有场域性与人文历史的关联性。

公共艺术的实施还要求采取广泛听取公众意见、召集公众代表参与决议的方式，体现公共艺术的公开性、公共性，这是公共艺术的核心之所在。通过公民广泛参与的方式，调动公众参与到自身生活环境的人性化、艺术化的建设中，提高公众的文化参与感。在公众各抒己见的同时，艺术家们能够梳理出一种公共心理，把握到一种饱含公共精神的文化脉络，然后以此作为指导原则。在日本就有一个以公共环境建设与改造著称的"仙台模式"，每年召开一次公共艺术新作开幕典礼，艺术家现身说法，公众提出意见并参与投票表决，充分体现了公开性和公共性，这也成为每年一度的市民期待的盛事。在当前，公众最关注的是有关社会、自然、生命、人性、生态环境等话题，这也成为公共艺术的重要内容，正是因为公共艺术这种反映公共精神的性质，使得社会朝着更加民主、更加良性循环的方向运行着。

城市环境视觉体系，是城市生态环境、经济活力、文化底蕴、精神、品格、价值导向等综合功能的结构性呈现。城市环境视觉形象系统化是一个城市概念的、行为的、视觉的等一切资源的高度概括与提升，它用最为直接的方式整合城市的所有资源，使抽象化的城市资源通过概念、行为、文字、影像、符号等一系列可识别要素以及相应的媒介得以有效的展示和传播。城市环境视觉体系由城市的概念形象、城市的行为形象、城市的视觉形象三部分组成，这三个部分既相互独立又完全统一，这也是视觉形象的整体。

城市的概念形象是基础，是核心，它规定了一个城市本质的气质和特征。如太原的概念形象是"龙城"，西安是"古城"，大连是"浪漫之都"等。城市的概念形象决定了一个城市的品位、素质与内涵。城市概念形象是城市整体的公众形象——她展示的是城市最具特质的地方。城市概念形象是一个城市的精神与风貌——她不应墨守成规，而应随时代发展。

城市的行为形象表现为一个城市自身或对外交流过程中一切行为的总和。它更多地表现为政府行为，因为政府行为对一个城市最具有代表性。城市的行为形象应利用现代媒体、媒介形式进行多样有效地宣传，使得一切"行为"资源得以整合。以人为本，得到人民的赞许，从而提升城市的认知度与形象度。

城市的视觉形象是以视觉的、符号化的要素对城市形象化最直接、最感性的传达。城市视觉形象主要包括视觉识别系统和领导者形象策略。我国现在有许多城市都在进行市徽、市花的设计和评选，目的就是希望建立一个个性鲜明的、可认知的城市视觉识别系统。可是现实常常令我们遗憾，以城市公交站牌为例，全国许多大城市"千篇一律"，如何能体现个性？如何能传达城市形象？这将是我们值得深思的迫切问题！

城市环境公共设计来源于城市，作用于城市，是塑造城市形象的重要手段。城市环境公共设计的范围十分广泛。有人把环境艺术称为"无所不包的艺术"、"管闲事的艺术"，这是不无道理的。城市环境公共设计的行为对象是城市中的人，行为主体则是城市。

从广义上看，城市环境视觉体系的塑造包含着整个城市生活，它涉及城市的物质文明和精神文明两个方面。从狭义上看，城市视觉体系塑造的行为应包括一切涉及公共艺术行为，它涉及城市规划、建筑、环境、艺术、园林、文化、市政和管理等诸多方面。而城市公共艺术设计作品则是一个城市静态的识别符号，是城市形象设计的外在硬件部分，也是城市形象设计最外露的、最直观的表现，它来自城市又作用于城市。可以说，利用城市公共环境艺术设计来提升城市形象将有利于创造城市的发展优势，并有利于城市现代化、国际化。因此，城市形象的塑造离不开城市环境艺术设计的发展。

探索和分析城市的地方精神，应从社会、经济和自然等方面，以历史为轴线，深入探索那些存在于城市空间背后的规律和实质。做到了这些，城市特色的塑造就不会落入俗套，城市才能得以良性发展。

公共艺术的提法虽然是当代才出现的，但公共艺术的历史却可追溯到很久远的古代，如霍去病墓、敦煌莫高窟、云冈石窟、龙门石窟等。并不是为了公众的审美需要，而是为了歌功颂德，但因为时间的冲刷、历史的积淀，引起人们的共鸣，从而具有了公共的性质。从某种意义上说，这些艺术形式确实带有一些公共艺术的特性，它们在某种程度上说属于广义上的公共艺术。

重视和推动公共艺术事业的进展日益与社会发展和精神文明建设紧密相关。艺术家们以前所未有的热忱从事着公共艺术作品的创作与实施，他们逐渐认识到在发展中国当代公共艺术的同时，必须体现中华传统文化的精髓。公共艺术只有在整体环境的综合协调以及与各种艺术形式的有机组合中才能体现自身独特的艺术魅力，因而公共艺术作品要表现出与环境的关系，要与草木为友，与山水相亲。正是在这样一个时机下，公共艺术得以轰轰烈烈地展开。

狭义的城市公共环境艺术设计即城市视觉识别系统，主要处理城市的公共界面，如广场、街道（步行街）、滨湖滨海地带、公园和绿地等城市景观。狭义的城市公共环境视觉设计对城市总体形象营造有战略意义。

广义的城市公共环境设计，不仅包括狭义的内涵，同时也包含该域城市（环境、活动、构成、规模）的各类要素。因此广义的城市公共环境设计对城市总体形象的营造具有战略意义，狭义的城市公共环境设计对下列所述的城市内容在总体形象方面有实践指导意义。

广场在城市中有特殊地位，而城市中心广场又被喻为城市的客厅，是一个城市对外展示的窗口，因而也是城市形象表达的关键。这正是城市公共环境设计的用武之地。

步行街商业繁荣、人流密集，既是城市中的磁性点，也是行为主体和行为对象之间的一个极佳的交互场所，是城市标志性的空间，具有形象的传播意义，而这正是城市公共环境形象设计所涉及的内容及要达到的目标。

滨江、滨湖、滨海这些地段均为城市的重要展示界面。江河湖海为城市提供了一个全景的空间场所。城市音乐化的轮廓、万家灯火的气度、充满神秘幻想的空间在此得到充分的展现。

城市软硬质景观：软质景观为城市植被。中国古代文人墨客历来好以植物作为颂咏的题材，久而久之，使得很多植物均具有人文色彩及人格化意义；植物的芬芳对人的感官有直接作用。所有这些均是城市环境设计的资源。硬质景观是视觉可精细辨别的领域，具有城市公共环境设计中的触媒意义。

城市环境视觉体系的塑造离不开公共环境艺术设计的建设，应该坚持可持续性、系统性和公共性的原则，并处理好以下三个方面的关系。

与时间的关系：历史与发展是相对的，当代的发展是未来发展的基础，因此，当代的发展不能成为未来发展的障碍，要为未来的发展留有余地。这正是城市及城市公共环境艺术的可持续发展之道。我们可以追求经典，但不能塑造经典；我们应当把握时尚，但不应当排斥经典。当代人总是热衷于对持续价值的追求，追求百年有型的经典设计，然而其中大多数在短时间内就会显得过时，其原因就在于以功利的态度去对待创作，一旦功利的因素消失，其价值也就消失了。

与空间的关系：城市环境艺术设计的载体是城市空间，城市公共环境艺术实质上是空间的艺术，严格意义上说是公共空间中的公共艺术，是由构成空间的所有要素共同形成的空间效果。从这个意义上说，城市环境艺术实质上就是城市设计。城市环境艺术的建设首先要处理好整体与局部的关系，处理好整体形象与局部形象的关系。城市是一个整体，应当具有整体形象。城市环境视觉艺术必须遵循从整体到局部的设计原则。

与文化的关系：城市环境视觉艺术是城市文化在城市公共空间中的体现，文化是公共艺术的主体。一方面公共艺术要基于大众文化，服务于大众；另一方面，它又应当适当地超前于大众文化，引导大众文化朝健康、先进的方向发展。现代的城市环境视觉艺术既应当旗帜鲜明地坚持地方精神，因为这是城市特色的灵魂，是主流，又要坚持百花齐放、百家争鸣的创作原则，包容那些非主流的文化，以丰富多彩的形式来塑造城市特色。

公共艺术在当代社会中有着举足轻重的作用，但作为一门新学科的公共艺术在当代中国还存在很多问题，公众也只是通过一些城市雕塑了解到什么是公共艺术，公共艺术百分比政策——这个在国外早已作为强制性执行的、使公共艺术得到保障的措施，在中国还没有开始立法，只是有些小范围的尝试，中国当代公共艺术还没有形成一个整体规范的体系，公共艺术的水平也是良莠不齐。因此，对于公共艺术与城市环境视觉设计工作者来说任重而道远。首先，要了解到公共艺术对社会发展、对文化环境的建设，以及对经济的推动所起的重要作用；同时，尽可能地了解国外公共艺术的最新研究进展，使我国公共艺术的发展能够在良性的轨道上实现理论与实践的结合，更多地展现我们自己的特色与文化底蕴，而不是一味地模仿与复制，真正的公共艺术在于它的独创性；第二，尽可能让公共艺术进入城市规划系统，让其在城市建设的过程中与其他各项环节协调配合；第三，使广大受众更多地了解公共艺术及其重要性，并创造一定机遇让公众参与到公共艺术的决议中，使公众参与到自身环境人性化、艺术化、人文化的建设中；第四，环境是当代社会普遍关注的主题之一，人居环境尤其与人密切相关，公共艺术正是出于对环境的保护与合理的改造，使人与环境更好地协调。

城市环境视觉体系建设的目的是为了塑造城市形象和环境，在城市形象策划的基础上，需要将形象工程落实到空间载体上，这就需要结合城市总体规划对城市视觉体系建设进行统一的、系统的规划。城市视觉体系是一个正在蓬勃发展的新生事物，需要各个方面的参与，需要积极的探索和实践，如此方能推动城市公共环境艺术事业持续、健康的发展。以广大受众群体的审美标准所创作的公共艺术最能反映公共精神，也最具公共性，让这种大众审美精神真正地表达于现代公共艺术品中，方可反映现代城市设计的真正本体。

参考文献：

[1][法]热尔曼. 艺术史[M]. 上海：上海人民出版社，1989.

[2]梁思成. 中国建筑史[M]. 天津：百花文艺出版社，2005.

[3]王受之. 世界现代建筑史[M]. 北京：中国建筑工业出版社，1999.

[4]凌继尧，徐恒醇. 设计艺术学[M]. 北京：中国人民大学出版社，2006.

[5]张斌. 城市设计与环境艺术[M]. 天津：天津大学出版社，2003.

[6]刘森林. 公共艺术设计[M]. 上海：上海大学出版社，2002.

(作者单位：湖北文理学院)

谈居室绿色设计

葛东民

居室是人们生活中不可缺少的场所之一，人的一生约有 2/3 的时间在这里度过。居住环境的质量对人们的身心健康有极大的影响。随着人们生活水平的提高，对居住环境的要求也越来越高。工业的高速发展、经济的迅速提高使社会更加繁荣，人与生存空间的矛盾却日趋突出，于是这种环保、舒适、方便、安全、健康、美化的室内生活居住模式，无疑是现代人向往和崇尚的。

居室绿色设计不仅要满足居住者自下而上的审美需求，还要满足居住者安全、健康的需求。绿色居室的空间尺度、空气质量、照明条件、声音环境、色彩配置、装饰材料等都可以通过设计来满足居住者生理、心理、卫生等方面的要求。居室"绿色设计"已不仅是一种技术层面上的设计，更是一种观念上的变革。居室绿色设计有别于以往形形色色的各种设计思潮，更不同于凌驾于环境之上的传统室内设计理念和模式。其设计原则可遵循以下两点：

（1）提倡适度消费原则。在商品经济中，通过室内装饰而创造的环境是一种消费，而且是人类居住消费中的重要内容。尽管居室"绿色设计"把创造舒适优美的人居环境作为目标，但与以往不同的是，在消费观念上，居室"绿色设计"倡导适度消费的思想，提倡节约型的生活方式，不赞成居室装饰中的豪华和奢侈铺张，要使其维持在资源和环境的承受能力范围之内，这也体现了一种崭新的生态观、文化观和价值观。

（2）注重生态美学原则。生态美学是美学的一个新发展，其在传统审美内容中增加了生态因素。生态美学是一种和谐有机的美。在绿色居室环境设计创造中，它强调自然生态美，欣赏质朴、简洁而不刻意雕琢；它同时强调人类在遵循生态规律和美的法则的前提下，运用科技手段对居室进行加工改造，创造出人工生态美。它欣赏人工创造出的室内绿色环境与居住模式的融合，它要带给人们的不是一时的视觉震惊而是持久的精神愉悦，使居住者能感受到一种意境层次美的享受。

如何实现居室的绿色设计呢？先从空间尺度说起，居室的尺度并非以大为荣，古人早就说过"室雅何须大"，在绿色居室设计中，空间尺度首先要适宜，然后再谋求人性化的设计，使之亲切近人，达到居室"绿色设计"的要求。

空间尺度设计是绿色居室设计的起点，倘若对空间做一些创造性的安排，就可以使宽广的居室空间变得充实，使狭窄的居室空间显得宽敞，从而给家庭的日常生活带来方便，同时给人以美的享受。

居室房间的尺度并不是完全一样的，这就要求在设计绿色居室时，对于面积不大的居室，可以通过对隔断的添加、门的改造来营造室内空间的通透感，消除居室的封闭感；还可通过对吊顶的处理来丰富室内空间的层次，结合室内的摆设与装饰达到绿色居室的性能要求，给人以健康的视觉空间感受。对于不规则室内空间的利用，比如凹进的死角部位，可设储物柜、装饰柜或书架等，既满足了多功能的需要，又避免了死角的压抑感。对于狭小居室空间的设计，如一居室，把起居、会客等功能都集中在一个房间内，可通过布置折叠式家具来设计，至于占地面积较大的家具，如床和沙发等还可以选择低矮的类型，来降低居室空间的拥挤感。通过以上种种方法使居室设计达到合理的绿色设计效果。

形成合理的空间设计，再追求自然形态的"绿色"设计特色，例如：绿色居室的水的利用，可结合水循环体系，配以绿色植物、天然卵石，形成室内景观，填充居室空间，以展现绿色居室独有的魅力，使自然生态思想更贴切地展现于绿色居室设计中。

空气的质量是影响绿色居室的重要因素之一，要达到绿色居室的空气质量要求，首先要在购买住房时，选择外部环境优良的地段，并注重对窗体等通风处的设计，遵循充分利用自然风的"绿色"设计原则，提高对室内空气污染物的排放。其次要注意居室内的空气质量是否符合绿色健康标准。绿色居室要求空气中的氡、甲醛、二氧化碳的浓度，以及氨、苯的释放量要符合国家的《室内空气质量》标准。要达到国家规定的绿色居室"室内空气质量"标准,首先就要在选择装修材料时,选择绿色环保型建材,以降低有害气体的生成。还可以通过在室内配置绿色植物来进一步改善空气。植物是最好的空气净化物,比如一盆吊兰可在24小时内,将火炉、电器、塑料制品散发的一氧化碳、过氧化氮吸收殆尽,还能吸收掉86%的甲醛;盆栽植物及花卉土壤中的微生物也有吸收有害化学物的功能。同时绿色植物还可以美化、点缀室内环境。

居室照明是居室设计的重要组成部分。在人们的生活中,光不仅用来照明,而且还用来表达空间形态、营造环境气氛。绿色居室设计中的自然光或灯光要求在功能上不仅要能满足人们多种活动的需要,而且在空间照明效果上还要达到绿色居室独特的照明特色,即自然光源的充分利用,灯光的环保节能。

生活中有两种光:一种是通过门、窗等位置进入的自然光,另一种是人造光。目前自然光仅达到照明的目的,而"绿色设计"提倡生态消费思想,就要在设计中加强对自然光的运用,增加对自然资源的利用。"阳光书房"的诞生就是充分利用自然光与居室阳台空间的结合来完成的,属于典型的居室"绿色设计"内容。人造光,是指用各种照明工具对居室进行照明的一种方法。由于人工光可以人为地加以调节和选用,所以在应用上比自然光更为灵活,它不仅可以满足人们照明的需要,同时还可以表现和营造室内环境气氛,创造出一种使人感到舒适的、有良好视觉的居室照明效果。

绿色居室照明中人工光的设计要注意光的亮度分布。如室内亮度变化过大,容易引起视觉疲劳,甚至造成眩光,是视觉污染;但过分均匀的亮度分布反而会使被观察物的清晰度降低,导致室内气氛过于呆板。所以在设计时需要用变化光亮度的手法以形成绿色健康的视觉效果:可利用不同的人工照明方式,如吊灯、筒灯、射灯、壁灯、地灯、台灯的结合来改变居室光照亮度的变化,起到美化居室环境、烘托气氛、增强居室空间层次、无光污染的绿色照明效果。

绿色居室的照明理念应是健康、适度的。近年来,科学家通过实验证明,光对人体健康有直接影响,如:光可以影响人体细胞的再生长、激素的产生、腺体的分泌,以及影响人的体温、身体的活动和食物的消耗等生理节奏,所以正确使用灯光照明是一件科学而严肃的事情,不能随心所欲。目前灯光照明有多种形式，服务于室内不同的照明要求。

时下，有的人将自家客厅装饰得像歌舞厅一样，并且使顶棚光线不断闪烁。其实据有关资料表明，歌舞厅式的光源能杀伤细胞，使人的免疫机能下降；同时还会使体内维生素 A 遭到破坏，导致视力下降。更甚者，有的人在客厅中安装极度光源，使房间更为刺眼，以致视力下降，头昏脑涨，很不舒服。另外，大屏幕电视机在开机时所发出来的不断闪烁的光线，也和上述两种光源一样，是有害的。故此，在居室照明上，不宜选用太强烈的光源灯和不断闪烁的光源灯，也不宜选用光线强烈的大屏幕电视机。

不少成功的装修例子证明：适度愉悦的光线能激发和鼓舞人心，而适当柔弱的光线令人轻松而心旷神怡。绿色居室中的照明设计要做到如下几点：

（1）卧室要采用天花板半间接和间接照明。这是一般家庭中卧房经常使用的照明方式。这种装饰在天花板上的照明灯，其背面的上方会有一圈较明亮的地方，愈往下愈暗，这种照明非常柔和，利于休息，也比较省电。

（2）客厅可使用漫射照明。这是一种将光源装设在壁橱或天花板上，使灯光朝上，光照到天花板后，再利用其反射的方法。这种光看起来具有温暖、欢乐、活跃的气氛，同时，亮度适中，也较柔和。

（3）暗射在天花板里面的嵌入式直接照明。照明光源埋设在天花板里，再用透明装饰板盖住。这种光也很柔和，显得非常安静。这种照明方式，适合屋顶高的房屋。

（4）书房可使用带罩台灯。使用带罩的台灯，是为了避免产生眩光。

（5）餐厅可以使用暖色（如红橙色）的悬挂式吊灯。使用暖色（如红橙色）的悬挂式吊灯，再使光线照射在餐桌范围内，可以在划定进餐区域的同时，增强食物的美感，提高进餐者的食欲。

绿色居室的照明艺术不仅直接影响到居室环境气氛，而且能对人们的生理和心理产生影响。居室照明，应根据室内空间环境的使用功能、视觉效果来设计。好的光照质量，不仅能表现空间、调整空间，还能创造空间。因而现代居室的光照环境设计可通过运用光的无穷变幻和颇具魅力的特殊"材料"来创造、表现、强调、烘托。通过照明设计所取得的多层次性效果是其他设计手法所无法替代的。和谐的声音给人以美的听觉感受，在构建绿色居室的声环境中要使声音符合健康的听觉标准，即室内噪声值白天小于50分贝，夜间小于40分贝。首先要在设计中对不可避免的噪音进行降噪处理，可采取以下办法：

（1）安装双层玻璃窗。这样可将外来噪音减低一半，特别是对于临街的家庭，效果比较理想。

（2）安装钢门隔音。钢门对隔音有一定的帮助，如镀锌钢门中层隔有空气的设计，可以使无论室内还是室外的声音都能减弱其穿透性。此外，钢门附有胶边，与门身碰合时并不会发出噪音。

（3）多用布艺装饰。布艺产品的吸音效果是众所周知的，所以用布艺产品来消除噪音也是较为常用的办法，同时，布艺装饰还可美化居室空间。

（4）用木质家具吸收噪音。木质纤维家具具有多孔性，能吸收噪音，是很好的绿色降噪材料。再次，注意防止家用电器的噪声污染，家用电器要选择质量好、噪音小的，尽量不要把家用电器集于一室，尽量避免各种家用电器的同时使用。科学的发展、商品市场的繁荣让我们选用外观具有原始形态的家用陈设与现代化音响技术的结合成为可能，来展示具有原始形态外观的家用陈设和播放模拟自然声音（如风声、雨声、小鸟叫声）的视觉和听觉完美结合的效果，让人们在居室中也能感受自然，充分体现绿色居室的特色。

色彩是视觉领域中重要的元素，给人留下最深印象的通常是居室的色彩，因此色彩搭配是否合理直接关系到绿色居室设计的成败。居室的色彩应满足功能和视觉要求。绿色居室的色彩布置首先要让人们感到视觉舒适，其次在色彩功能方面，还应认真分析每一空间的使用对象，如儿童居室、成年人的居室、老年人的居室对不同色彩感觉的需求。所以不同对象的居室色彩设计就必须有所区别。绿色居室的色彩配置要充分发挥色彩对居室空间美化的作用，对于绿色居室的色彩设计，首先要定好空间色彩的主色调，而色彩的主色调在室内气氛中起主导、润色、陪衬、烘托的作用。形成居室色彩主色调的因素主要有室内色彩的明度、色度、纯度和对比度。其次要处理好统一与变化的关系，有统一而无变化，达不到美的效果，不能称为绿色居室的色彩设计。因此，为了取得统一而又有变化的居室色彩效果，可以在对居室大面积的色块处理时遵循不宜采用过分鲜艳色彩的原则，对小面积的色块则可适当地提高色彩的明度和纯度。绿色居室的色彩要体现稳定感、韵律感和节奏感，可以采用上轻下重的色彩关系，还要注重居室色彩的规律性，切忌杂乱无章。

　　绿色居室的色彩要求，也应有改善居室空间效果的作用：充分利用色彩的物理性能，在一定程度上改变空间的尺度与分隔。例如居室空间过高时，可用近感色，减弱空旷感，提高亲切感；墙面过大时，宜采用收缩色。基于色彩的彩度、明度不同，还能造成不同的空间感，可产生前进、后退、凸出、凹进的效果。明度高的暖色有凸出、前进的感觉，明度低的冷色有凹进、远离的感觉。色彩的空间感在居室布置中的作用是显而易见的。在空间狭小的房间里，用可产生后退感的颜色，使墙面显得遥远，可赋予居室开阔的感觉。

　　色彩心理学家认为，不同颜色对人的情绪和心理的影响也有差别。暖色系列，如红、黄、橙色能使人心情舒畅，产生兴奋感；而青、灰、绿色等冷色系则使人感到清静，甚至有点忧郁；黑色会分散人的注意力，使人产生郁闷、乏味的感觉。长期生活在这样的环境中，人的瞳孔会极度放大，感觉麻木，久而久之，对人的健康、寿命产生不利的影响。白色有素洁感，但白色的对比度太强，易刺激瞳孔收缩，诱发头痛等病症。正确地应用色彩美学原理来设计，是绿色居室色彩设计中必须遵循的色彩设计原理，它有助于改善居室色彩环境对人的视觉、心理及健康的影响。如宽敞的居室采用暖色装修，可以避免房间给人的空旷感；房间小的住户可以采用冷色装修，给人以宽阔感。人口少而感到寂寞的家庭居室，配色宜选暖色，人口多而觉得喧闹的家庭居室宜用冷色。同一家庭，在色彩上也有侧重，卧室装饰色调应暖些，有利于增进夫妻情感的和谐；书房用淡蓝色装饰，使人能够集中精力学习、研究；餐厅里，红棕色的餐桌，有利于增进食欲。对不同的气候条件，运用不同的色彩也可在一定程度上改变环境气氛。在严寒的北方，人们希望温暖，室内墙壁、地板、家具、窗帘选用暖色装饰会给人温暖的感觉；南方气候炎热潮湿，采用青、绿、蓝色等冷色装饰居室，感觉上会比较凉爽些。

　　通过对色彩各方面的设计来使不同对象、不同性能的居室更好地成为一个健康的绿色居住空间，是绿色居室设计中色彩设计的最终目的。

　　环境保护、适度消费也是居室绿色设计提倡的内容，所以在进行装修选材时，要严格按照国家室内装饰装修材料标准，选用环保安全、有助于消费者健康的绿色产品。同时要尽可能地选用那些对资源依赖性小、利用率高的材料，以及选用可再生、低资源消耗的复合型材料，比如玻璃、铁艺、铝扣板、塑料管材、密度板等。在材料的运用设计中可强调自然材质的肌理，让使用者感受原始和自然，所以在对表层进行处理、选材时，可以大胆地、原封不动地表露水泥地面、木材质地、金属等材质，着意显示素材肌理的本来面目，使居住者潜在地回归自然的情愫得到补偿。

　　在装修时还要预防装修污染，就要选用无毒、无害、无污染的施工工艺。同时还要加强对施工现场资源的控制和管理，降低水、电消耗，避免浪费，及时回收一切可以回收的资源，加以再利用。除了严把装修关外，还要注意入住的时间，比如：购买新房、家具和装饰新居后，先找室内环境部门进行检测，听取专家意见，再选择合适的入住时间。

　　通过以上各方面的绿色设计要素，来共同营造绿色居室。注重环保、关注身心健康是居室绿色设计的理念，它已逐渐深入人心并影响深远。居室"绿色设计"在我国是一个正在研究探索中的新课题，它虽然不成熟，更不完善，但是从一定意义上说，它把健康的生态思想引入到居室设计之中，扩展了居室设计内涵，把居室设计推向了更高的层次和境界。所以对居室设计实施绿色设计方案是十分必要的，它可以指导设计师正确、合理、恰如其分地将这一理论上的创新付诸实践，为营造优美、舒适、健康的人类居住环境添砖加瓦。

参考文献：

[1] 陈易. 建筑室内设计[M]. 上海：同济大学出版社，2001.

[2] 来增祥. 室内设计原理[M]. 北京：中国建筑工业出版社，2000.

[3] 许平. 绿色设计[M]. 南京：江苏美术出版社，2001.

[4] 郑曙旸. 环境艺术设计与表现技法[M]. 武汉：湖北美术出版

社，2002.
[5]丁玉兰. 人机工程学[M]. 北京：北京理工大学出版社，2000.
[6]邱晓葵. 室内设计作品赏析[M]. 北京：高等教育出版社，2000.
[7]范文南. 材料与工艺[M]. 沈阳：辽宁美术出版社，2006.
[8]王崇杰，崔艳秋. 建筑设计基础[M]. 北京：中国建筑工业出版社，2002.
[9]丁钰新. 绿色居住空间的创造[J]. 家具与室内装饰，2001(2).

(作者单位：湖北文理学院)

公共环境艺术的欣赏教育

侯文勇

一、公共环境艺术的概述

公共环境艺术(Public Enviromental Art),就是指在城市中的公众与环境发生关系的场所实施的艺术,它以人为本,尊重自然和社会规律,以科学的手段求得三者关系的和谐,包含物质文明与精神文明建设的诸多方面。广义上的公共环境艺术囊括了城市的一切现代文明成果,一切人工与社会的环境;在狭义上看,公共环境艺术主要指人对于物质文明及城市形象的打造,它涉及城市规划、城市公共建筑、公共艺术、城市历史遗存、市政管理等诸多方面,本文所指的公共环境艺术是狭义上的。[1]

由于城市环境的范畴相当广泛,如:公共建筑、广场、博物馆、城市街道、社区、公园、公共绿地、步行街、雕塑、壁画、景观小品甚至是橱窗、指示牌等;同时其影响因素也包括:大众的心理需求、交往欲望、生活方式、消费习性、民族组成、人口构成、文化素质等,因而作为公众活动的载体,城市公共环境不仅体现城市的文明程度和先进水平,也是城市综合实力的象征。[2]

现代环境艺术贯穿在城市化进程的始终,引用环境艺术理论家多伯

---

[1] 钱泽红:《2010 世博会对上海城市文化发展的影响》,载《文化艺术研究》2008 年第 2 期。

[2] 周进:《关注城市环境标识设计——以上海市为个案》,载《艺术生活》2007 年第 1 期。

(Richard P. Dober)的定义:"环境艺术(Enviromental Art)是一种实效的艺术,早已被传统所瞩目的艺术,环境艺术实践与人们影响周围环境的能力、赋予环境视觉次序的能力、提高人类居住环境质量的能力和装饰水平的能力是紧密联系在一起的。"他指明公共环境艺术是以人的生活参与为出发点,构建和谐、优化、艺术美于一体的环境模式,是人与自然的高度统一,不管是以前、现在还是将来。

二、公共环境艺术欣赏教育的现实意义

公共环境艺术氛围的营造和保护,主要有两种值得关注的行为模式:一是政府和公共力量长期身体力行地投入,形成正确的引导;二是社会习俗的改变。社会习俗的改变,是通过教育手段来实现的。公共环境艺术的欣赏教育,不但是人文教育的一环,也是艺术生活教育的重要方式。其中经典的建筑及城市景观、优秀的公共艺术,一方面是生活在城市中的居民的良好社会习俗及文化教育水平的象征;另一方面又是公共环境艺术欣赏教育的生动的活教材,具有教育示范意义,有助美育工作的推行。

有浪漫之都称谓的法国,其校园里有很多让学生在日常活动的空间中可以接触与认识的当代艺术,都是由当代艺术家与建筑师合作而产生的空间创作艺术品,当然其富有艺术教育意义的功能就更显而易见了。

我们现在所能看到的城市景观、经典建筑或优秀设施,它们本身就是人类文明的历史积淀,是经典文化的浓缩。从城市景观、建筑或设施的浏览或介绍中,我们便能快速地融入到历史或文化的学习中。当代艺术的场所和方式已突破传统概念,超越了美术馆和画廊的门墙,介入到各种公共空间中,例如原来不被视为展示艺术的建筑空间如教堂、证券市场、公园、街道等,现在也成为艺术家创作的领域,因此公共环境艺术欣赏,并不只局限在狭义的艺术领域,它可兼顾生活应用、人际沟通、社会参与等需要,成为一本人文教育学习的活教材。它有助于培养人们各方面的均衡发展,使之有一个健全的人格。所以欣赏存在于我们周围的公共环境艺术,可以促成艺术生活教育的全面实施,不受限于学校或特定的时空。

此外，优质的公共环境艺术就如干净的水、空气一样，是构成良好环境质量的一部分。因此，就生态性公共环境艺术审美的观点而言，公共环境艺术欣赏教育的内涵，亦是一种环境保护的教育。其目的就是要求人类在学习环境艺术的同时感受自身生活的自然，从中体悟美的天性，从而更加自觉地、身体力行地投入生态环境的共同创造大军之中。为实践这种环境伦理美学观，公共环境艺术的欣赏教育作为一种城市环境经常讨论的话题，显得极为重要。所以要将其纳入基础艺术教育课程，将公共环境艺术的议题融入环境教育或其他学习领域，以增加其教学的整体效能。

三、公共环境艺术欣赏教育的实质

公共环境艺术欣赏教育的实质，除了加强人们对公共环境艺术的审美、理解及创造能力外，最主要的是它可以使人认识到艺术的学习是如此的贴近生活；美的需求乃是攸关生活质量的大事，故而能启发学生学习艺术的动机。换句话说，公共环境艺术欣赏教育的目标，是使艺术生活化、生活艺术化，让艺术与小区、生活空间、居家质量甚至公共环境艺术的经济价值等相互关联。当人们把艺术美与生活美时刻联系在一起时，人类就会自然而然地融入环境艺术的学习与创作之中。因此，把公共环境艺术欣赏纳入艺术教育的课题中来，以实现艺术教育的社会价值，进而深化艺术教育的效能。当今的教育由不同的领域来切入时，其相互交错及涵盖的情形是不可避免的。所以公共环境艺术也可作为融入其他学习领域的素材，这主要也得益于它的普遍性及易亲近性。此学科可以真实地身处优秀现实环境中进行教学，也可通过经典图片的形式来进行参考学习，使得教学效果大大地提升。尤其公共环境艺术多少代表历史的缩影、文化的大杂烩，其作为户外教学的优越性，便具有无可取代的价值。

四、公共环境艺术与欣赏教育的完美结合

当下在学校要求改革的声浪中，教师们开始着手进行跨学科教学计

划，作为对课程分化的相应对策。许多研究人员认为，跨学科的课程整合，必然冲出旧有的思维模式，以新的有效理论指导学科知识的合理运行，以达到优化新学科的教学效果。也就是说公共环境艺术欣赏，除了本身既可作为艺术教育的主题之一外，也可以是一种城市环境议题，去融入其他艺术学习以深化艺术教育的内涵。

分析公共环境艺术欣赏教育的其他功能，可以参考学者对艺术教育一般功能的说明：①美感教育的功能：借艺术教育来培养人才，以求与义务普及教育的宗旨相符；②情操教育的功能：艺术教育是陶冶情操的良好手段；③创造教育的功能：艺术教育能培养人类的创造性思维，以此来助长人类进化的原动力；④个性教育的价值：艺术教育可使个体的人格、个性得以充分展现并得到自我的价值；⑤社会生活教育的功能：人类追求的最高社会生活的平等、优越、艺术化，正是环境美学所致力的教育议题；⑥社会教育的功能：艺术是人类共同的语言，通过艺术能使人了解彼此的感情和思想。

依照 Maslow(1908—1970)的需求阶层论所述，美的需求层次高于生理的、安全的及其他基本需求，乃自我实现的最末位置。也就是说，美的需求是一种精神满足的实现，在其他的低层的需求满足后，人们才会想到精神层次的需求，以至于很多时候艺术教育一直无法受到重视。

当今的艺术教育已迈入更加自主、开放、弹性的、全方位的以人文素养为内容的艺术学习。只有兼重艺术教育与人文教育相结合的理念，才能真正达到完善自我、实现人类精神追求的最理想化目标。因此在公共环境艺术欣赏教育的实施技巧上，便可依据上述的需求理论，利用随处可见的公共环境艺术，借由公共环境艺术课题的融入来增加艺术教育的生活实用价值，最终方能促使学生产生学习的诱因及迫切性，使艺术学习能够促进、联系与整合其他领域的学习。

五、如何推动公共环境艺术的欣赏教育

若从推动教育工作的对象来看，公共环境艺术欣赏教育可以分为学校普及教育、学校专业教育及社会教育三大部分。按现行的学制，学校普及教育是指针对学校一般学生所实施的义务教育、高中教育课程等。

学校专业教育则是指，针对从事专业技能学习学生所实施的专业教育。至于社会教育方面，则不但科目广泛，学习者更包括儿童、青少年、成人、老人等。

1. 学校普及教育

公共环境艺术欣赏对于学校普及教育阶段，在课程规划方面，主要是在不同学科之间，必须以相互融入及整合为主。例如，艺术课的教学内容中，有必要增加有关城市景观、建筑、设施设计、盆景艺术、小区营造、环境保护、公共环境艺术美质评估等公共环境艺术或环境管理的课题。

2. 学校专业教育

（1）公共环境艺术欣赏的专业人才培养，应加强以下几个方面：①专业人才培养方式的改革；②专业人才参与社会实践教育的推广；③公共环境艺术欣赏理论的研究发展等。这里所指的专业人才，包括以后从事建筑师、景观规划师、艺术家以及其他从事城市景观及公共环境艺术美化事业的人士。他们在此专业领域的接受和投入程度，可以说直接影响学校专业教育成效的高低。因此改进人才的培养方式及推广人才在此专业教育中的社会参与程度成为工作重点，提升公共环境艺术在整个教育过程中的地位，成为公共环境艺术欣赏在学校专业教育工作中的目标。

（2）举办优秀设计作品大赛。为达到公共环境艺术质量的提升与教育的落实，应对优秀环境设计作品（含相关专业的公共环境艺术创作），可予以选拔、奖励并公之于公众，一方面具有加速推动的正面意义和功能，同时也是鼓励学校专业间良性竞争的客观手段。近年来，媒体以及政府机构致力于公共环境艺术的推广，也举办了各种开放形式的优秀作品的选拔活动等，这些工作促进了人们对公共环境艺术的关心，也带动了大众对于公共环境艺术审美的觉醒。

3. 社会教育

目前的社会教育机构，包括博物馆、图书馆、美术馆、科学馆、文化中心、小区以及艺术网站等，是理论上实施社会教育推广的重要据点。然而，其他民间社会团体或组织发起者也是一股不可小觑的力量。学校及政府机关，也是理应处在教育推广的行列。近年来小区意识尤为深入人心，由小区营造环境的观念也极为普遍。综合各方面的成果，推动公共环境艺术的欣赏教育可由以下几方面着手：

（1）小区环境的营造示范活动。公共环境艺术实体的存在，与小区民众的生活质量最为贴近，所以也是正规教育之外的一个极佳教学素材。故应加强小区教育及学生课外活动教育，鼓励开设公共环境艺术欣赏延伸小区教育的效能，同时弥补学校课堂艺术教育之不足。

（2）小区营造及公共环境艺术有关的文艺活动。制订公共场所视觉景观美化计划，通过各种具体措施加速提升生活环境的质量。策划主办环境与艺术研讨会，并推出一系列相关配合活动，包括美化空间评审活动、选拔青少年环境设计师等。这些活动无疑具有更广泛的公共环境艺术欣赏教育的意义。

此外，举办公开展览会等，可以提升公民对于公共环境艺术欣赏的参与程度，同时也提升了公共环境艺术创作水平及开拓了国际交流的视野，也是推动公共环境艺术欣赏教育的另一种方式。

3. 解说对公共环境艺术欣赏教育的推广

解说也是一种社会教育工作，可以结合地理景观资源、人文景观、风景区、国家公园、历史建筑、或公共艺术等。这种综合观光、游憩等解说及导览活动，其实就是一种寓教于乐、乐在学习、效果理想的大众教育方式。应将其扩展至一般城市景观、建筑、设施及公共艺术之解说及导赏等范畴，这将是对大众公共环境艺术欣赏的一种直观的、直接的教育手段。

六、结 束 语

公共环境艺术与艺术欣赏教育两者，是具有相辅相成的作用。最终就是要求人类在学习环境艺术的同时感受自身生活的自然，从中体悟美的天性，从而更加自觉地，身体力行地投入到生态环境的共同创造之中。

人—环境、自然—社会—环境—空间这些关系的核心是人，教育工作乃百年树人的大业，欲使人们养成关心公共环境艺术、重视美化环境的习惯及落实以艺术式的生活方式进行社会生活，取得人们对公共环境艺术欣赏教育的提升功效是不容置疑的。

参考文献：

[1] 钱泽红. 2010世博会对上海城市文化发展的影响[J]. 文化艺术研究, 2008(2).

[2] 周进. 关注城市环境标识设计——以上海市为个案[J]. 艺术·生活, 2007(1).

[3] 林华, 黄艳. 环境艺术设计概论[M]. 北京：清华大学出版社, 2005.

[4] 王信领, 王孔秀, 王希荣. 可持续发展概论[M]. 济南：山东人民出版社, 2000.

[5] [德]阿多诺, 美学理论[M]. 王柯平译. 成都：四川人民出版社, 1998.

[6] 吴良庸. 人居环境科学导论[M]. 北京：中国建筑工业出版社, 2001.

（作者单位：湖北文理学院）

襄樊城市公共艺术的地域文化意韵
——公众视野下城市公共艺术的文化情结

尚晓明

一、引　言

公共艺术(Public Arts)是近年来在中国城市建设的兴起和发展历程中才逐渐被国人所重视的课题,公共艺术的概念确立于西方,虽有其特定的社会、历史文化背景,但它在当代中国的出现和使用也绝非偶然的,它体现的是当代中国社会在公共事物中所呈现的开放性和民主化的进程,以及目前城市化进程加快和城市高速发展过程在城市公共空间中的反映,具体体现在广大人民对城市文化的渴求和对彰显城市地域文化特色的愿望。

作为中国著名历史文化名城的襄樊,2002年被评选为国家园林城市,2004年被CCTV评为中国魅力城市之一,在中国魅力城市评选中,组委会对襄樊的评价是:"这才是一座真正的城,古老的城墙依然完好,凭山之峻,据江之险,没有帝王之都的沉重,但借得一江春水,赢得十里风光,外揽山水之秀,内得人文之胜",在襄樊2000多年历史长河的涤荡中,更是沉淀着数不胜数而耐人寻味的美丽传说和动人故事,襄樊人对襄樊有着说不清道不尽的文化情结。同时,襄樊作为中部地区正在崛起的一座现代化城市,同其他城市一样,城市建设方兴未艾,公共设施日益完善,广大市民享受着城市发展带来的方便和欢乐的同时,对城市文化建设的需求亦日益剧增,城市公共艺术不可避免地进入到公众的视野中来……

二、襄樊的民俗文化情结

在土生土长的襄樊人眼里，襄樊绝对是个好地方，她背依群山，临汉水而居，人们虽说不出文人雅士的那些动人诗句去赞誉她，可从骨子里透出来的是他们对这方热土的真情，但这种情，绝非只来自于襄樊诗意般的山水，更多的或许是来自于对襄樊悠远的民俗文化的追忆和思索吧。

"铁打的襄阳，纸糊的樊城"，如果说襄阳城是呈现贵族式的官府建筑和军事设施的话，那么樊城则是草根阶层的市井商肆、商业繁荣的温床、民间文化的沃土。

一碗牛肉面，再来一杯黄酒，这是多数襄樊人延续至今的早餐习惯，街头巷尾，随处可见的牛肉面馆，那热腾腾、散发着面香的蒸汽，伴随着一代又一代的襄樊人。永安巷就是这样一条有着悠久历史的老巷，如今它仍是老樊城最具特色的传统小吃街。穿过古老而厚重的永定门，巷内的牛肉(杂)面、黄酒、锅盔、豆腐面、胡辣汤等美食，一直令老樊城人引以为豪……2009年6月13日，作为见证襄樊百年沧桑历史的陈老巷，在第四个中国文化遗产日之际迎来了来自四面八方的游客，他们"走进陈老巷，品味老樊城"，开始了他们的"访古问今"之旅。陈老巷可以说是樊城九街十八巷中最具典型的古巷，它位于樊城磁器街和汉江大道之间，呈南北走向，长约180米，宽3米多，房屋多是砖木结构的旧式平房与铺板门面，曾是樊城最繁华的商业街，主要经营小百货和手工业商品，被称作是襄樊的"花楼街"。现在，虽然陈老巷变成了居民住宅区，但街景保存尚好，昔日的繁华景象仍依稀可见。当日的"访古问今"之旅，不少民间艺人也前来现场助兴，具有襄樊特色的民俗民间文化如风筝制作、剪纸、捏面人、泥塑、手工做童鞋、修铝锅等也同时在古老幽深的老巷内得以重现。

无论是盛极一时的会馆，还是幽邃古老的街巷，这些都是历史传承给襄樊的珍贵文化遗产，徜徉在这些古老建筑和街巷，所有盛极一时的喧闹四散开去，留下厚重的历史记忆。看着周边的青砖黑瓦、古墙寒窗，听着别有风味的襄樊方言，早已沉浸在历史厚重的叹息之中。它更像一位经历过岁月沧桑的老者,在娓娓叙述着襄樊古老的传说和动人的故事:"会馆、庙观、河岸曾是我当年读书、看戏、游乐的地方;青砖木屋是我从襁褓、牙牙学语、栖息的安乐窝。自幼小从城东端搬迁六次至中段,处处都是我熟悉爱恋的街巷,每每忆用屋前撩檐水,厅檐掏雀儿窝、街前赶老鸹、路旁跳房子、跨背过关的童年嬉趣;总有兴味未尽之感;那座座会馆的大庑顶;碧水映着沙滩的儿戏,特别是和善熟悉的面孔,乡音生动别有风韵的方言,能让人留恋着古镇的优美、宁静、和谐。耄耋之年我更深深体味到这一切景物所折射出的历史价值和东方悠久的文化。"作为在老城区长大的原住民,对襄樊本土史最具权威研究的邹演存老先生在他的《樊城古镇史话》这样写道,如今,襄樊的这些老巷和古迹已成为襄樊市民寻找城市集体记忆的载体,历史街区保护衍生的民生话题,亦成为城市建设崭新的亮点。

三、古襄阳·新襄樊的公共艺术现状与思考

襄樊,一座有着丰厚历史文化传承的城市,同时也是一座工业文明和商业文明正在崛起的现代化城市,如何在传承和发展中找到自己的定位,体现出公共艺术既为城市功能服务,又能展示城市文化历史和满足公众的文化需求,是现如今襄樊城市公共艺术值得探讨的问题。

襄樊是襄阳与樊城的合称,据文献记载,襄阳城始建于西汉,樊城则晚至东汉,只是到汉末、三国时期才逐渐著称于世,此后便一直成为兵家必争之地、商贾云集之所。如今的襄樊伴随着中华人民共和国发展的脚步而经历着时代的变迁,一栋栋高楼拔地而起,修缮一新的街道广场散发着时代的气息,繁华的商业区车水马龙,"古隆中,新襄樊"或许是对这座古老而又年轻的城市最好的诠释。

然而,繁华背后,古老的城池同样在经受着历史文化遭到遗失和破坏的考验:从回龙寺码头走到东风路,可以闻到张家黄酒馆黄酒散发出诱人的酒香,曾经的张家黄酒馆仿佛一个民间论坛,这里汇聚各色人等,曾经是老襄樊人的世界,他们在氤氲蒸腾的气氛中打发过悠长的日月。但这个地方因为即将被开发成大型商业区而也将同黄酒一样走进醇厚的老街历史了;马头墙、天井院、狭窄的街道无言地诉说着昨天的繁

华；巷道内，老人们在夕阳下沉默、抽烟，老巷也像进入了老年社会一样暮气沉沉，走过中山后街，从炮铺街出来，巨幅的格林威治 CBD 的楼房广告耸立在十字路口的麦当劳店旁边，感觉非常张扬，仅仅一步之遥，一边是湿漉漉的历史，一边是活色生香的现实……这座年轻的城市正以前所未有的激情和脚步迈进新时代，当人们漫步在崭新的滨江大道时，老襄樊好像已经成为遥远的记忆，逐渐从人们的头脑中淡去，就如同旧版的年画，被岁月冲去了色彩。

可无论如何，一个城市的建设和发展始终离不开公众的视线，随着社会的进步和发展，人们物质生活逐渐丰富，开始追求精神层面的满足感，加上社会的开放性日益提高，公众参与城市建设和城市文化保护的意识开始逐步提升。拿最近襄樊易名"襄阳"一事来讲，此事官方目前虽没有发布较为正式的消息，但是在街头巷尾、各大网络论坛和民间媒体却早已沸沸扬扬，成为人们热议的话题了，人们虽各执己见，众说纷纭，但是议论焦点不外乎更名的历史渊源，以及更名对襄樊发展的影响，其中一位支持更名的网友这样说："名不正言不顺，为了重拾这座伟大城池的城市精神，更好地延续和传承城市文化，打造城市品牌，助力城市经济发展，让襄樊这个伟大的城市历史品牌恢复往日的影响力。否则，'襄阳'和'襄樊'的名号走到了'旧不新，新不古'的夹生饭状态时，是我们百万襄樊人共同的耻辱。"而一位反对更名的网友在论坛中的帖子也颇为让人寻味："人们为何钟情于'襄阳'？是因为这里曾有美丽的传说，动人的故事，传奇的人物。我们今人为何不靠我们的双手把'襄樊'也打造成和襄阳一样动听的名城？"一个城市的名字虽区区二字，可其蕴含的文化价值远远超过了一般人的想象，我们从中看到的是公众对城市文化的需求，感受到了公众对我们这座城市文化关注的程度和参与的热度。

"拾穗者"，一个在襄樊文化界逐渐被关注的民间志愿者团队，由一批来自机关、学校、企事业单位的志愿者组成，致力于本土文化、民间文化和汉水文化的记录、研究、保护和传播工作。在这个团体的共同努力下，已经在梳理襄樊历史文化街区、记录本土物质和非物质文化遗产、整理研究汉江文化方面作出了一定成绩。如今，类似"拾穗者"这样的民间团体和个人很多，他们关注着这个城市的发展，同时细心呵护着这个城市宝贵的文化和精神财富，虽然他们没有对这个城市的建设做过什么辉煌的成就，但是这些被记录和珍藏的历史文化资料，对这个城市来说无疑是异常可贵的，对城市发展的决策者们来说也无疑是最好的谏言和启发。

当然，对于城市公共艺术来讲，这些资料又是为这个城市中创作公共艺术的艺术家们提供了极难得的创作素材。

在今天的襄樊，作为城市公共艺术的一种表象——雕塑，正在以一种富有时代精神的形态矗立在街头巷尾或者广场，给这个古城增添了些许的新意和亮色，然而无论是内容还是形式，它们仅仅代表了一个城市建设发展进程的标志或符号，在公众的视线里，这些富有抽象表现力的艺术品却缺失了某种亲和力，为什么我们现在常看到一座历史名城而不见历史的踪影，看到一座高大的抽象雕塑而看不出与这座城市的关联？著名雕塑家钱绍武先生认为："公共艺术或城市雕塑应该是所在城市的标志性建筑，是地域文化的代表，是当代都市的灵魂，是个精品工程。这需要规划师、建筑师、园林师、文学家、雕塑家的通力合作才能够完成，是在对地域文化相当熟悉、了解的基础之上才能产生的集体创作。"听到钱老所言，或许，作为这个城市的建设者们和艺术家们应该反省和思考了。

四、襄樊城市公共艺术与文化生态

"7月6日，襄樊唯一的明代建筑汉圣庵半夜被拆。7月15日凌晨4点，有文物价值的部件被相关部门拉走……"（摘自《新京报》2007年7月19日）汉圣庵位于湖北襄樊市襄阳城南街，与襄阳王府隔街相望，现存的中殿和配殿、阁楼系襄樊市区唯一的早期明代建筑。饱经历史沧桑的汉圣庵曾遭两次劫难：1985年前殿被拆除，1998年大雄宝殿被拆除。2007年7月6日晚11时，残存的汉圣庵遗址再度遭遇毁灭性的破坏，襄樊为数不多的珍贵明代建筑将要从我们的视线中逐渐消失了……真不知道若干年后，随着城市建设的发展，给我们后代留下的关于这个古城的记忆还会有多少。

作为新生代的襄樊人，或许逐渐远离了襄樊那些充满民风气息的老街巷,昔日热闹喧嚣的码头如今虽已冷清,也在原址上建成了充满现代气息的标志性牌楼,但这些却尘封不了古老襄樊的记忆:大井台巷,因有一古井而得名。300多米长的巷子蜿蜒曲折,那口将近2米口径的大井就在这个巷子的中部。随樊城大井台社区工作人员来到"井"前,5米高的灰色围墙圈住了古井早年的繁华与热闹,围墙上露出的六角亭隐隐透着沧桑,原来的水井已看不见踪影。这一带的居民们保持着一份与水井割舍不断的情怀。56岁的葛柏山介绍,他打小在此生活。一说起大井台,居民车明华马上插上了嘴:"我们家四代在这儿住,那井水可好着呐。"

或许,这口井仅仅是个代表,历史的遗存留住的是这个城市的文化,同时也留住了人们的记忆和一切美好的回想。作为一个城市的公共艺术,不仅仅是将历史遗痕和记忆做在墙上,装置在雕塑里,也不仅仅是复制和再创造,呵护我们的生态文化同保护我们的自然环境一样,需要付出努力或者遭受某些利益的损失,不要忘了,一个失去记忆的城市,将会迷失发展的方向,而作为这个城市的公共艺术,如果失去了自身特有的地域性,也将不会在公众的视野里停留太久。

如果说一个城市的建设和发展离不开对文化生态的保护,那么城市公共艺术就是一个最好的体现方式或者表现媒体;如果说公共艺术的首先要素是公共性,那么作为公众视野内存在的一种普遍性艺术形式,自然就离不开其实现自身艺术价值与文化价值的重要特征,公共艺术的广泛性与开放性决定其文化内涵不会仅仅成为某一阶层的文化专利。在当代背景下,信息化时代的发展使公共艺术需要更加致力于融合不同文化背景下的审美理想,以期得到最广泛的、多层次的认同。在创作和实践中,它有别于高层次的艺术水准和远离大众的精英艺术,而是充分尊重普通阶层的审美需求,谋求广大市民的参与,以期达到雅俗共赏的大众化审美需求。

五、结　语

"南船北马,曾经是一座古城的历史性荣耀;2800年的历史写在斑驳的老城墙砖缝里、清澈碧绿的汉江上、童年情怀的小街陋巷里。"这是一座城市挥之不去的文化情愫，但值得珍藏的毕竟是过去，无法替代城市发展的匆匆脚步。城市公共艺术，无疑会成为承载这座城市记忆的载体，成为公众对这个城市文化情感的依托。

　　从其发展趋向看，公共艺术目标不仅只是美化城市公共环境，更重要的是使市民皆能平等享用艺术化的生活环境带来的美，从心理上有所寄托，减少城市现代化带来的负面影响，以能体现地域文化的艺术表现形式来弥补城市工业化、商业化所带给人们的文化缺失，更多地体现当代社会文明蕴涵的民主平等和人文关怀，也只有如此，才能真正体现公共艺术的"公共性"。

（作者单位：湖北文理学院）

从地域文化谈襄樊学院校园景观环境设计

赵 德

地域文化是指文化在一定的地域环境中与环境相融合，打上了地域烙印的一种独特的文化，具有独特性。地域文化的形成是一个长期的过程，地域文化是不断发展、变化的，但在一定阶段具有相对的稳定性。

校园景观渐渐上升为学校综合实力的重要组成部分，同时也成为莘莘学子选择大学的一个重要标准。广义的校园景观既包括人文、自然等静态景观，又包括师生们在校园里演绎的种种动态的生活现象。这一静一动，最大特点就是在学校这个地域范围内存在，并且含有强烈的育人意向性，是教育与空间紧密结合的产物。通过宏观层次的总体规划和空间布局，中间层次的建筑造型和景观形态，以及微观层次的文化设施、形象标识等去物化和表述学校长期形成和积淀下来的人文精神和价值内涵，使其为学生增长知识、陶冶情操、净化心灵、塑造优秀的品格创造更加良好的环境，现已成为学校环境建设的主要目标和评判的重要标准。注重校园环境建设中的文化精神尤其是地域文化精神的嵌入，提升校园环境的文化价值，丰富校园环境的审美功能，以促进大学生现代文化精神的养成，是实施大学生文化素质教育的一个重要理念，是一项有待深入研究的综合性课题。①

一、地域文化影响下的高校景观设计，需要遵从自然环境

要充分利用地理环境、气候和植被水体等自然资源，合理地设计和

---

① 朱捷：《大学校园户外空间设计研究》，载《中国园林》2008 年第 4 期。

利用地理环境，使之成为校园景观的天然背景；依据不同高校所处地域的气候特点，从而在建筑材料、绿化植被、空间布局等景观元素上针对不同的气候情况合理设计；要合理利用校园原有自然资源，体现出不同的地域特点与校园特点。

1. 襄樊学院的地理位置

襄樊学院与古隆中毗邻，地处隆中大旗山，她依托自己得天独厚的地理优势，沐浴着浓厚的历史文化。丰富的天然植被都具备独有的形态和风韵，如春季梢头吐绿，夏季绿树成荫，秋季果实累累，冬季银装素裹。人们在欣赏自然植物美的同时，"比德畅神"，赋予植物丰富的感情和深刻的内涵。栽花植木，以山水花木的品性来比喻人高洁的品格，自古有之。

2. 襄樊学院与隆中风景区

古隆中有群山，襄樊学院也有与之相遥望的绵绵山脉；古隆中有水，襄樊学院也有碧波清池；古隆中景区有古木参天、绿荫丛丛，襄樊学院与之同为一个景区，门与门相对，山与山相连，树与树相拥，气与气相通，一草一木无不互渗灵古之脉韵……这些自然生成的校园景观，是自然和谐的美景，净化了空气，美化了校园，同时也陶冶了性情。

自然与人文景观的有机结合，又将大学的文化氛围推入了新的境界，而这其中最主要的便是校园建筑。这些建筑或是体现地域特征，或是展现民俗风情或是沿袭历史传统，或是尽露前沿锋芒，是优美环境的画龙点睛之笔，是校园文化的经典之作。优秀的校园建筑既实现了建筑功能与环境的统一，使人产生多种美的感受，又用建筑组群形成的和谐韵律以及与道路、树林相融合的空间序列，体现了建筑特有的人文关怀。

二、地域文化影响下的高校景观设计，需要传承地域文脉

地域文化精神与高校文化精神应在景观上得到充分体现，因而要注意地域文化与校园文化的融合及其与校园景观的结合。

1. 打造襄樊地域校园文化

学院在对校园环境的建设中能贴切地贯彻"淡泊明志、宁静致远、躬耕苦读、鞠躬尽瘁"的隆中精神的办学理念，围绕"环境造人"，让广大学生在校学习期间认识、研究三国文化，提炼并学习诸葛精神，使诸葛精神和诸葛文化潜移默化地渗透到每个学子的血液中，成为他们发展事业、报效祖国的不竭动力，这是襄樊学院校园文化建设的重要目标。襄樊学院在校园文化建设的实践中，逐步摸索出了一套行之有效的"三步走"工作方法：大一新生拜谒诸葛，认识诸葛；大二、大三学生研究诸葛，学习诸葛；大四学生评价诸葛，践行诸葛精神。

襄樊学院的学生们在努力学好自身专业知识的同时，时刻感受着诸葛精神的影响，其鞠躬尽瘁、死而后已的奉献精神，自强不息、百折不挠的进取精神，公正廉洁、勤劳敬业的精神品质都让襄樊学子受益匪浅。

2. 将地域文化景观纳入到校园环境建设之中

学院在校园景观规划中，融入浓厚的地域文化，为了体现"淡泊明志，宁静致远，躬耕苦读，鞠躬尽瘁"的隆中精神，在结合古隆中风景区的基础上，发挥高校校园文化优势，突出高品位的休闲、校园文化甚至旅游观光功能，以及"以人为本"、"生态体系的保护"和"可持续发展"的设计理念，创造了以三国文化人物雕像为核心的校园景观体系。保留地域文化固有的风格，与古隆中风景区紧密结合，在不同区域、不同节点等主要视觉焦点进行重点设计，形成多组景观群和景观兴奋点，有效地利用外部空间营造精湛、统一的景观，真正地让襄樊学院成为一个充满活力、具有自身文化特点的高等学府。

三、地域文化影响下的高校景观设计，需要在景观形态上体现地域文化特色

而高校的景观形态主要包括高校大门景观形态、建筑形态、道路景观形态、广场景观形态、绿地景观形态、水景形态、雕塑小品形态等方面，这些具体景观节点的设计中要充分体现地域文化特色，体现校园精神。

1. 襄樊学院建筑风格的选定

由于学校建筑群位于古隆中风景区内，设计应使之融入其自然环境景观中，且需尽量消除周围不利因素对建筑本身的影响。建筑造型应充分体现学校的特征，在布局上形成点、线、面相结合，合理布局。要强调建筑群自身的标识性。我们在追求建筑群建筑风格的同时，应尽量考虑其实用性、功能性与美观性，增强建筑群的生命力。襄樊学院仿汉建筑，可以产生与古隆中相匹配的新景点，扩大古隆中风景区的范围，将一些古隆中景点的典故延伸到襄樊学院的校园内，把学院与古隆中连成一片，襄樊学院校园是古隆中建筑环境的延伸。在学校整体建筑风格以"仿汉"建筑为主的前提下，还应注意以下几点：

（1）最大限度保留现有的建筑。一个地方的老建筑是一个地方标志和城市建筑特征的基石。因此，尽可能地保留和修复是很重要的。

（2）维护地方尺度。维护地方尺度的前提是将新建筑放到现在的地点，却不影响该地区目前的"图景"和"特点"。同时，建筑的高度和它的大小都很重要。襄樊学院建筑物的高度被限制，建筑高度不能超过5层。这一点对于维护地方尺度来说是很有必要的：一来，可以保护古隆中风景区，减少对古隆中风景区的破坏程度；二来，限制高大的建筑物，可以避免与古隆中建筑物的严重差别，防止与古隆中文化氛围严重脱节。例如：襄樊学院新区的学校大门，其造型引入了古隆中的建筑风格，采用相对不显沉重的攒尖顶式样的传统屋顶，使之突出了地方特色。

（3）通过地域文化特征表达建筑风格。譬如武汉大学的建筑风貌：顺应山势，依次抬高，合理的建筑布局、恰当的空间组织，充分利用自然能源，从根本上实现对自然资源的合理利用。通过正确的协调及各种措施可以保证，在不破坏当地文化和风光特色的同时建设襄樊学院。

2. 道路景观形态

校园道路是人们在校园中通行的载体和校园规划中的重要组成部分。道路在校园中不但是疏导交通的通道，构成校园规划的骨架，而且为在校园中行进的师生提供了观赏风景的通道。因此要塑造出高效舒适的校园交通网络，保证各区内舒适的步行环境，创造安静的学习和生活环境。道路的命名理念是：突出地域文化内涵，为学校增添人文色彩，将路名设计成校园里的文化景观,总体上能够反映学校的办学理念、办学方向和目标;考虑与周边环境相呼应等。

3. 绿地景观形态

以湖光山色闻名的武汉大学借校园山林植物配植,将校内各区以集中栽植的树木花卉命名,如:樱园、梅园、枫园、桂园等,从而形成特色鲜明的校园,既蕴涵人文寓意,也烘托了自由、开放、活泼、创新的学术氛围。襄樊学院也可建设地域人文林环境:如"米芾林"、"浩然林"、"三国林"等人文林环境。

4. 广场景观形态

作为校园的核心区域,校园中心广场具有校园标志性的功能,因此景观设计应该具有强烈的特色,代表一定的文化追求,在师生中留下深刻的印象。校园文化和场所精神的塑造有三种方法是可取的:其一是谨慎地对待已有的校园文化,准确地归纳总结校园文化特色,并予以延续和加强;其二是谨慎地新增校园文化表达方式,如果有新方式的表现,也必须同已有的文化表达方式在内容或形式上有某种内在的逻辑联系;其三是从广义的审美意义上讲,将自然要素最大限度地引入校园也是丰富审美客体的重要环节,植物、水体和清新的空气永远是陶冶情操不可或缺的要素。襄樊学院广场场所精神的塑造接近第一种方式,力求使所创造的景观形式与地域文化精神有内在逻辑上的联系。

5. 水景形态

强调地域环境的特点,使校园水景景观因展现不同的环境,而富于个性特色。学院新区有一泓人工池塘,造型独特,呈半月形。池塘四周青草茵茵,是学子休息治学的理想之地。校园水景可以软化环境,融合自然,使学子在紧张学习之余可以休憩身心。水能赋予空间以灵气,池塘清水表现为静,水体反射四周建筑,展现空间融合自然的特点,喷泉水体表现为动,一动一静的结合,对比勾勒出丰富多彩的学习、休憩空间范围。再辅助以"苦读"等具有地域文化主题的校园雕塑或象征意义极强的抽象雕塑,成为校园的名景之一。

6. 雕塑小品形态

校园雕塑是校园文化中的重要组成部分,能够装饰、丰富和美化校园环境空间,丰富师生的精神生活,同时校园雕塑也是一个时代文化状态的集中体现。因此，要理解雕塑在校园文化建设中的意义，首先要对校园文化内涵有一个整体的认识。校园文化包括物质文化（即校园文化的硬件方面）、精神文化（即包括校园历史传统和被全体师生员工认同的共同文化观念、价值观念、生活观念等意识形态，是一个学校本质、个性、精神面貌的集中反映）、制度文化（即校园文化的内在机制包括学校的传统、仪式和规章制度，是维系学校正常秩序必不可少的保障机制）三方面。这三方面的全面、协调发展，将为学校树立起完整的文化现象。雕塑作为校园物质文化的一种表达方式，同时也是精神文化的集中反映。

一件雕塑作品的成功与否，很大程度上取决于这件雕塑作品与它所属环境的融合程度。一件雕塑放在某个环境里，是否提升了该环境的文化氛围，这是很重要的。因为艺术氛围能给人以美的享受。如果一件雕塑作品与所属环境格格不入，那它必然是失败的。其次，雕塑要有艺术语言，应是内容与形式的统一。"一件好的雕塑作品与其所在的环境背景融合之后，本身蕴含着一个故事。"比如清华大学校园内著名的景点"荷塘月色"：曲曲折折的荷塘上面弥望着田田的叶子，荷塘边立蠹着许多嶙峋的怪石和高高低低的树木；而朱自清先生的塑像就掩映在树影之下，让每一个到这里来的人都能身历其境般地感受到《荷塘月色》中所描写的一切，更深切地体验到朱自清先生当时的心境。

就一所大学而言，校园的每一处物质文化景观都蕴含着丰富的信息，并体现着校园精神文化的内涵及价值取向，雕塑是校园物质文化景观的一种表现类型，积淀着历史、文化和传统，集中地反映了一个学校的核心文化价值观念。因此，校园内所有雕塑的布局应该是浑然一体的，这样，身处校园中才能通过富含艺术语言的各种雕塑体会到校园文化的整体合一。此外，每一所学校总是运用自己的雕塑语言，形成自己校园独特的人文景观，因此校园雕塑在校园文化建设中要注重"精"、"唯一"，而不要"滥"。

比如，根据三国时期诸葛亮的历史典故做成雕塑群，摆在与其相协调的绿色环境中，增加学校的历史文化氛围。《诫子书》、《隆中对》等这些经典三国文化韵文是民族智慧的结晶，将其做成景观小品，其所载为常理常道，其价值历久弥新。

地域文化影响下的高校景观设计，需要在景观材料上体现地域文化特色，合理使用地域性材料来表达地域特点，理性地面对新材料。

每个地区都有其盛产的地方材料及其相应的使用方式，没有认真选取当地材料，这既是对当地资源的浪费，又是对地域性的忽视。设计要素在表现手法上要宽广与自由，反映"此时此地"的地域景观设计作品。

综上所述，结合襄樊学院隆中精神和地域文化特色，将地域文化融入校园自身景观建设中，打造具有襄樊地域文化特色的校园景观显得尤为重要。

参考文献：

[1] 朱捷. 大学校园户外空间设计研究[J]. 中国园林，2008(4).
[2] 潘世东. 汉水文化论纲[M]. 武汉：湖北人民出版社，2008.
[3] 易西多. 景观创意与设计[M]. 武汉：武汉理工大学出版社，2005.
[4] 江德华. 中国山水文化与城市规划[M]. 南京：东南大学出版社，2002.
[5] 许浩. 城市景观规划设计理论与技法[M]. 北京：中国建筑工业出版社，2006(2).
[6] 张捷，张静. 书法景观与城市景观[J]. 城乡建设，2004(3).

（作者单位：湖北文理学院）

山水意境与襄阳城市环境建设

朱心鸿

山水意境是中国传统文化的美学旨趣之一，是一种有关山水的意与象的结合，是情与景、虚与实、形与神的不同层面的有机融合。山水意境主要由情景交融、境生象外、形神兼备三个层面的内容构成。襄阳城市环境发展对山水意境的追求主要是在对文化传统的继承保护前提下，依据自然山水条件实现城市环境的自然审美化与生态审美化，打造山水意境的现代城市生存环境。要实现这种追求，就需要从改善意境追求的物质基础、深化山水意境理念、具体策略的系统化、工程化等方面入手。

一、山水意境是城市环境建设的重要美学基础

1. 山水意境是意与象的结合

山水意境是以中国传统美学为基础而提出的现代城市环境发展概念，是以中国传统的自然山水论、天人合一的哲学思想为基础，结合现代城市景观规划理论提出的科学设想。

在中国古代文论中，意境是情与景、形与神相互交织产生的精神境界。意境作为中国古典美学的基本范畴，在艺术形象的创造和品位基础上，体现了文学艺术的最高审美追求。这一美学思想对后来中国山水艺术创作模式与美学思想的建构形成直接的重要影响。

中国传统文化的美学旨趣在于创造意境。简单说来，意境就是意与象的结合，"思与境谐"，是一种经心灵的赋形活动所呈现的个别的意象和形式。它建立在人与自然和谐的哲学之上，在这种审美思想中，体

现出人与自然和谐的人文精神。人与自然和谐的沟通，可带给人一种情绪和心境，刘勰《文心雕龙》曰："登山则情满于山，观海则意溢于海"。南朝著名山水画家宗炳，在他重要的著作《画山水序》中，提出山水有"灵"，所谓"嵩华之秀，玄牝之灵，皆可得之于一图矣"的观点，这种集儒道释思想的自然山水美学观直接构成了中国古典山水境界的基石。王维则通过自己的山水诗、山水画创造了属于人自身存在环境的山水自然形式，"寂静的山林、无名的花草、空灵的山川、独行的旅人"，尽现其笔端，呈现人与环境和谐的意境。

2. 山水意境的构成

山水意境构成的第一个层面，是将思想情感寄托于自然山水之景，创造具有思与景的不同方式的交融的意境。以关注自然山水景物来体悟内心的情感，后来的学者称之为景物结构与情感结构的交融——"异质同构"①。在襄樊历史文化名人孟浩然的著名诗篇《春晓》中，读者可以感受到作者用心灵去聆听自然，直接唤起人们的无限想象。其《过故人庄》一诗就这样写道："故人具鸡黍，邀我至田家。绿树村边合，青山郭外斜。开轩面场圃，把酒话桑麻。待到重阳日，还来就菊花。"生活的清新、自然景物与心境的恬静，既是自然山水田园的直观呈现，也是与人的精神世界互动的形象展示。

境生象外是山水意境构成的第二个层面，借助对意象的理解，以虚实相生得到一种悠远、超越精神的境界。孟浩然在《夜归鹿门歌》中写道："岩扉松径长寂寥，惟有幽人自来去"，显然把为人之性情精神上升到与天地之性情相通相合的层次。在一片清幽之中即景会心，将客观景物与主观情致相结合，以抒发自己情感的孤独，以及独特凄凉的、悠远的情境。

山水意境结构的第三个层面是形神兼备的韵外之致。山水意境除了带给人们象外之象，还应使人获得言外之意。如林逋的"疏影横斜水清浅，暗香浮动月黄昏"写出了梅花的优美姿态和浓郁的花香，显露出诗人"梅妻鹤子"的闲逸高洁。陆游的梅花是"无意苦争春，一任群芳妒。

---

① 鲁道夫·阿恩海姆（Rudolf Arnheim，1904—1994）从完形心理学的角度，把这种结构称之为"异质同构"。

零落成泥碾作尘,只有香如故",以此比喻词人的高风亮节和高尚情操。

言境、物境、意境三者之间相辅相成,构建出典雅、高尚、深远的山水意境。

3. 城市环境发展离不开山水意境

人类社会发展以来,城市作为人类文明的标志,是社会发展的直观体现,也是文化的集中地和发源地。城市文化是城市的生动真实反映。这种文化的追求也是城市的灵魂,而人与环境和谐的意境就是时下倡导的山水城市文化。

以中国传统美学为基础而提出"山水意境"作为现代城市环境发展概念,在现下已经成为美学界的一股潮流①。其中心思想是"把中国传统的山水诗词、山水画、传统山水园林融合在一起,创立山水城市。使远离大自然的人们,返璞归真,享受自然与物质之美"②。在我国,作为传统山水文化的城市,既是历史文化继承发展的载体,也是以山水意境的美学追求来连接城市的历史与未来。同时,也从物质需求和精神文化需求等方面,赋予了情感上的人文关怀。

这可谓是山水意境对城市环境发展重要性的最好诠释。

二、山水意境与襄阳城市环境建设现状

有着2800年建城史的国家级历史文化名城、全国魅力城市——襄阳市,自古就是商贾汇聚、兵家必争之地,是中原文化和楚文化的汇合处,也是三国故事的源头和三国文化的发祥地。其拥有丰富多彩的城市文化——邓城文化、三国文化、唐诗文化、汉水码头文化、山水景观文化、民俗文化、酒文化、旅游休闲文化等等。

近几年,襄阳城市环境发展中对山水意境的追求取得了不少骄人的

---

① 雷礼锡教授进一步提出了"襄阳意境"的概念——"诗化的山水城市",他认为城市物质环境形态与城市历史文化的有机结合,具有城市环境设计美学的本体论意义。

② 吴宇江:《"山水城市"概念探析》,载《中国园林》2010年第2期。

成绩。

利用自身具有的独特山水资源优势发展城市文化的多样性,此其一。例如襄阳城南护城河边的南湖广场,就是以襄阳城南门护城河的水元素而打造的人文景观;以真武山—羊祜山景区、习家池景区为中心开发的森林公园区,也是运用自然资源——山的元素和利用丰富的历史遗迹中的文化资源,构建以生态、文化、休闲为特色的城市森林公园,营造出人与自然、城市与森林和谐共存的独特环境。① 它既满足了市民休闲娱情,也满足了市民历史文化的审美需求,是景观娱情作用与文化功能的有机结合。

其二,在对待历史文化和现代发展问题上,追求传统文化与现代文明、自然景观与人文景观的融合,防止景观形象上的文化分裂特征,也防止激化身处紧张社会生活中的人们的精神张力。20世纪90年代初,古襄阳城的老北街是以临汉门到鼓楼为中轴,在旧市街的基础上以仿楚汉风格改建完成的,街道空间尺度宜人,古文化气息浓郁;相接的老鼓楼已辟为襄阳博物馆展馆,重新建成的鼓楼商业广场,彰显了城市特有的文化,形成了具有传统文化和地方特色的商业文化活动中心。人们既能感受传统深厚的文化气息,也能领略现代都市快节奏的激情,得到了光顾襄阳的中外学者与市民自身的心理认同。

其三,依据自然山水条件实现城市环境的自然审美化与生态审美化,打造山水意境的现代城市生存环境。由汉江围绕而成的襄阳鱼梁洲,现已开发成为集居住、旅游观光、休闲娱乐、平民消费于一体的现代城市人居生态景观环境。即使在市区内的各类居住小区环境中,她也努力实现自然环境改造与人文环境建设的融洽,谋求城市日常生活环境、城市公共空间、城市山水环境的自然交融、相互衬托。

但是,襄阳城市环境建设也存在一些不容忽视的问题。

首先,城市物质环境基础有待进一步改善。由于近年来襄阳城市硬件建设,出现了影响襄阳城市文化发展的诸多障碍,突出表现在密集建

---

① 正是由于襄樊人浓郁的自然山水情结激起了对岘山森林公园的开发思路,现在每天园区有许多人自发组织爬山、游园的活动,形成了襄樊一道壮观的人文景观。

筑以及道路交通的矛盾，人口增多、污染严重等问题。比如襄阳城外的胜利街区、檀溪街区不断增加的高层建筑就正在吞噬襄阳的山水意境，吞噬田园山水城市的个性魅力。这种不协调步伐如果不能得到有效的节制与调整，襄阳的山水文化传统魅力将要陷入困境。

其次，在城市环境设计观念层面，缺乏对山水意境的明确而执着的追求。全球性的环境污染和生态破坏，对人们的生存构成了严重的威胁。对此，我们的市民似乎缺乏足够的认识，没有认识到对山水意境的追求，是城市环境可持续发展的题中应有之意。因为，对城市山水意境的营造，是对城市文化艺术功能的一种追求和实现，唯有如此，才能和生态功能、使用功能一起，达成现代城市追求的和谐环境目标。

最后，在具体的操作方式上，缺乏一种深谋远虑的计划性。如前文所述，市民的文化意识与文化自觉还不够强，相关部门在发展中没有真正发挥好文化产业自身及文化对其他行业的渗透与影响作用。当然，这是由于文化体制自身的特殊性，以及改革进程的不够深入，影响了城市的文化事业和产业的发展。反映在城市环境文化层面，就是缺乏合理的规划。而这种合理性，最重要的表征则是为市民创造清洁、舒服、优美、最佳的城市山水园林式生态环境，达到人类社会与自然环境高度的和谐统一。

三、山水意境与现代城市环境建设的基本出路

襄阳城市环境建设能否进一步实现山水意境，创造诗意之境界，其核心问题在于能否实现"以山水为体，以文化为魂"的城市环境美学精神。要达到城市之"意"与山水之"境"的统一，即优美的自然山水环境与独特的地域山水文化发展的有机结合，需从如下几个方面入手：

首先，在人、财、物上，加大环境保护和环境建设的力度。

在当今的城镇化发展热潮中，我们要对城市环境与城市文化的历史命运负责。这要求我们必须深入研究、理解并应用城市意境。应加大对"山水意境"理论研究的人力和财力投入。只有加大投入，才能进一步建设优美的自然山水风光，这是诗意之城的物质环境基础。山水意境的体现在于自然山水景观，城市的自然山水景观和建筑群体不仅仅作为景

象，还承载了具体文化内涵的自然山水景象以及地方现代城市精神，是一座城市拥有山水意境的重要体现。

其次，把对山水意境的追求内化为襄阳城市文化环境建设的重要理念。

从根本上说，城市追求山水意境的美学精神所表现的并不只是文化艺术的风格、样式、流派，还是一种集体或群体的空间精神，我们需要这种把文化的研究与发展引入到战略层次上来的意识。深化这种美学思想理论研究，对于城市经济、文化发展以及城市精神的培养和树立有着重要的现实指导意义。未来城市环境建设的核心目标应是"文化"——山水意境，提升市民的文化修养和城市的文化底蕴，同时也为城市带来经济效益。事实上，以美国为代表的西方发达国家对这方面的研究投入巨大的人力和物力，直接为宣扬其社会文化思想服务，取得了巨大的经济效益和社会效益。①

再次，把山水意境的追求当做城市环境发展的一项社会系统工程。生态自然与城市现代化发展的融合，文化与功能相结合，因而需要全民参加、社会总动员。同时，由于山水意境与现代城市文明的融合需要长时间的积淀，这种长期性甚至需要几代人的努力和付出。

总之，在城市环境建设、城市意境的追求和营造上，应该进行合理规划，因地制宜，创造适生环境，合理利用自然资源，达到经济效益、社会效益与生态效益相统一。将城市环境融为一个有机的整体，构建多样的山水意境，形成社会、经济、文化和自然高度协同和谐的复合性系统，进而达到符合城市可持续发展、人与自然和谐共存的境界。

参考文献：

[1]陈传席. 中国山水画史[M]. 天津：天津人民美术出版社，2001.

[2]陈望衡. 环境美学[M]. 武汉：武汉大学出版社，2007.

[3]陈志华. 意境在中国山水画中的体现[M]. 北京：中国文学出版

---

① 据美国国家艺术基金会推算，对公共文化艺术的经费投入，可得到12倍的经济效益。参见房青川《加强成都城市公共艺术建设的建议》，http://www.chinacity.org.cn/ywh/csysal/66672.html，2014-03-6。

社，1976.
[4] 王岩松．对城市公共艺术发展现状的思考[J]．设计艺术，2009(58)．
[5] 张瀚元．山水城市景观设计的简约化表现[J]．华中建筑，2009(1)．
[6] 雷礼锡．传统山水美学与现代城市景观设计[J]．郑州大学学报，2009(3)．
[7] 雷礼锡．城市意境与城市环境建设[J]．郑州大学学报，2010(3)．
[8] 顾孟潮．钱学森与山水城市和建筑科学[J]．科学中国人，2001(2)．

(作者单位：湖北文理学院)

环岳麓山大学校园建筑景观分析

毛宣国

一

本文的主题是从景观设计的角度对岳麓山大学校园建筑进行分析，在探讨这一问题前，有一个问题需首先予以说明：什么是"景观"，本文在什么意义上使用"景观"和"景观设计"这一概念。

"景观"（Landscape）这一概念，最早见于《圣经》，用于所罗门王子的神殿的神秘气氛。"景观"在德语中为"landachaft"，法语为"payage"，本意都等同于"风景"。"景观"一词最初被索尔（Sauer）一类的地理学家用来指地理学研究的特殊对象，被定义为"一个有自然形式和文化形式的突出结合所构成的区域。"①后来美国学者海默·菲力普将"景观"定义为特定地点所能看到的全部代表。另一位美国学者将"景观"定义为"一个地区的结构，对组成自然环境和社会环境的基本要素进行布局，如影响我们生活和社区环境的基本要素和地形、水和植物、建筑的布局和相互关系"②。都是偏于地理学意义上的。"景观"在现代学者中的另一常见用法，就是将"景观"与"环境"联系起来，"景观"被看成是"被感知的环境"，或者说，被人们所创造的一个美好的环境。比如，美国学者阿普尔顿说："'景观'与'环境'并不同义；它是'被感知的环境'，

---

① ［美］史蒂文·C. 布拉萨：《景观美学》，彭锋译，北京大学出版社2008年版，第3页。
② 陈望衡：《环境美学》，武汉大学出版社2007年版，第135页。

尤其是视觉上的感知。"①英国学者 A. 比埃尔说："景观表示风景时(我们所见之物)，景观规划意味着创造一个美好的环境"②，就是在这一意义上使用的。将"景观"看成是"被感知的环境"，强调"景观"暗含着感知的程度，对于"景观"一词由地理学向美学转化是非常重要的。在这里，"景观"就不再是一种客观的地表环境的存在，而是与人的主体心理因素密切相关。实际上，无论在古代中国或西方，人们无论对"景观"一词有无清晰的定义，实际上都是偏向这一意义的，"景观"总是与视觉审美、与"风景"(Scenery)审美相关的。也正是因为如此，"景观"作为一种审美对象，在现代美学中具有重要意义。第三种意义上的"景观"，即美国学者史蒂文·布拉萨在他的《景观美学》中写过的作为艺术、人工制品和自然物的"景观"③，这一"景观"与第二种意义的"景观"，即作为视觉感知的"景观"有着密切的关系。他以风景审美为例，说明艺术和景观感知的关系。他说："艺术和景观感知之间的关系的一个突出例子是，在对山地风景审美的现代态度的发展中，绘画和诗歌扮演了主要角色"，比如："17 世纪的景观绘画在促成于 18 世纪发展起来的阿尔卑斯山景欣赏中所起到的重要作用。"④本文所探讨的"景观"主要是后两种意义的景观，即作为"感知的环境"和审美对象的"景观"。这样的景观，它不仅仅是指地表学意义上的景观，更重要的是与人们的视觉审美与精神生活有着密切关系，它作为一种美的环境和被感知的环境存在。如陈望衡先生所说："主要由两个方面的因素构成：一是'景'，它指客观存在的各种可以感知的物质因素；二是'观'，它指审美主体感受风景时种种主观心理因素。"⑤这一意义的"景观"，它既可

---

① [美]史蒂文·C. 布拉萨：《景观美学》，彭锋译，北京大学出版社 2008 版，第 11 页。
② 吴家骅：《景观形态学》，叶南译，中国建筑工业出版社 1999 年版，第 5 页。
③ [美]史蒂文·C. 布拉萨：《景观美学》，彭锋译，北京大学出版社 2008 年版，第 13 页。
④ [美]史蒂文·C. 布拉萨：《景观美学》，彭锋译，北京大学出版社 2008 年版，第 15 页。
⑤ 陈望衡：《环境美学》，武汉大学出版社 2007 年版，第 136 页。

以作为人类实际生活的空间和环境存在，又是人类寄予着理想和希望，表达其精神意向的所在。它是环境美的本体和存在方式，环境之美就美在景观。本文正是以此为出发点，分析环岳麓山的大学校园建筑，其目的也就是为了说明这些校园建筑作为一种美，作为一种景观对象，对长沙城市形象的塑造、对长沙城市环境美化的意义与价值。

二

景观从大的方面来说，可以分为自然景观与人文景观。一般来说，自然景观多集中在乡村，人文景观则成为城市的显著特色。但是，对于一个理想的城市和理想的居住环境来说，应该是自然景观与人文景观的有机结合。1898年，英国学者埃比泽·霍华德提出建设"花园城市"的设想，他将"有机体或组织的生长发展都有天然限制"的概念引入到城市规划中，认为一个理想的城市应该是对城市人口、居住密度和面积有一定限制，留有足够的山林空地，甚至在一个城市周围还应配有永久性的绿地农田，以形成城市与郊区的结合，这就是将城市与乡村、自然景观与人文景观有机统一起来。陈望衡先生在谈到理想人居的城市即山水园林城市建设时，曾提出"以山水为体，以文化为魂"的原则，这实际上也是强调将自然景观与人文景观有机地结合起来。山水与文化、也就是自然景观与人文景观的融合，构成一个理想城市、理想人居环境的显著特色，而这一显著特色在一个城市的建设中，又是通过一些最典型的景观、最具代表性的人文和地域特色体现出来。陈望衡认为："每个城市都有它最有代表性的景观节点，这些景观节点可以分为人文、自然两个系列。"[①]比如，武汉市，它的历史性的人文节点有黄鹤楼、首义指挥部、古琴台、归元寺、江汉关、租界等，现代的人文景观节点有国际会展中心、江滩、建设大道、火车站、武汉大学等，它的自然节点以长江、汉江和东湖为中心展开。长沙市的景观节点也很丰富，它的人文节点有爱晚亭、岳麓书院、橘子洲、湖南第一师范大学、马王堆博物馆、开福寺、火车站、五一大道、烈士公园、世界之窗和广电中心等。自然

---

① 陈望衡：《环境美学》，武汉大学出版社2007年版，第379页。

节点主要集中在岳麓山与湘江一带。而环岳麓山而建的湖南著名高校，如中南大学、湖南大学、湖南师范大学(分布在岳麓山山脚下的另外一些院校，如湖南财经学院、湖南冶金高等专科学校、湖南计算机专科学校、湖南教育学院等，也并入了这些院校)正处于长沙这一城市人文和自然节点最丰富处，它环岳麓山而建，与湘江河相临相依。"南岳周围八百里，回雁为首，岳麓为足"(《南岳记》)，身为南岳衡山七十二峰之尾的岳麓山山峰虽不高(最高海拔仅 300.8 米)，却林木葱郁、景色宜人，同时又是历代文人骚客驻足游览之处，爱晚亭、岳麓书院、麓山寺坐落其中，有着丰厚的历史人文资源。而湘江作为横贯长沙市的母亲河，也是景色优美和人文资源极其丰厚之处。所以，坐落于其间的这些著名高校自然也应该与这些景观相一致，成为长沙这个城市的名片和形象展示。这些校园建筑，不仅应该成为具有教育功能的区域与场所，更应该与优美的自然环境和丰富的人文资源融合起来，成为一种景观，成为一个承载着城市的历史与记忆、体现着城市的丰富文化和优美环境的典型符号与代表。

三

本文所考察的环绕在岳麓山下的高校校园建筑，主要以中南大学、湖南大学、湖南师范大学本部校园建筑为代表。这些建筑，如果以时代为标准进行划分，大致可以分为民国时期、新中国成立后前 30 年(主要是 20 世纪五六十年代)、后 30 年(主要是改革开放以后)三个时期；如果对这不同时期的建筑从风格上予以描述，大体可以这样描述：民国的建筑，主要采用中西混合的建筑形式，它的立面结构是西式的，以砖墙承重为主，但是屋顶、屋檐、门窗以及墙面的一些装饰性造型，又保留了大量的中国传统式建筑的元素。典型代表如被写入《中国现代建筑史》一书中的湖南大学老图书馆，另外如湖南大学校办公楼(原科学馆)、原工程馆、湖南师范大学校办公楼等，也具有这样的特色。新中国成立后前 30 年的建筑，除了延续民国时代的一些建筑风格外(如湖南大学礼堂)，还在风格上受到前苏联建筑风格以及西方古典主义风格的强烈影响，比如湖南师范大学文学院、商学院、教务处办公楼等建筑，就受前苏联建筑风格和西方古典主义巴洛克式风格的影响，既有厚重感，又讲究装饰和趣味变化，但其中也包含对中国传统建筑风格元素的吸取，如在建筑的造型和外观形式上，就体现了这一特点。新中国成立后30年的建筑，是兼容各种建筑思潮和风格的结果，它追求建筑元素和风格的多元化，但由于西方现代建筑风格的强烈影响，其中一个突出的发展趋势，就是追求建筑风格的形式感和现代感，追求建筑的视觉冲击力，在风格上也更加明快、简约、自然，这可以以中南大学校区的建筑群为代表。

这些建筑，不管呈现出怎样的风格，由于它独特的地理位置和所承载的文化内涵所决定，都可以作为一种景观存在。而建筑设计者在设计和建造这些建筑时，大多也具有这样的景观意识。今天，当我们亲临现场观看这些建筑时，不难发现，其中不少建筑不仅因其自身的独特造型而成为一种景观美的存在，而且还因为它们与周围的景观融合而成为一道道亮丽的风景。为说明这点，我们不妨分别以湖南大学、湖南师范大学、中南大学的一些特色建筑作些分析。

湖南大学老图书馆：为柳士英所设计的作品，它于1948年竣工，曾被写入《中国近现代建筑史》。其建筑风格属于中西混合式，该建筑立面结构是西式的，摆脱了传统檐柱额枋的构架式立面构图，但是其官式琉璃大屋顶的造型以及大门、栏杆、窗户的设计，又显示出建造者对传统建筑风格的充分借鉴与喜爱。该建筑不仅注意自身的景观造型，也充分考虑到与周边环境的关系。它的背景是高大的树木和浓郁的山景，建筑设计者充分考虑到这一点，所设计建筑的主体墙面为红砖砌成，但色彩淡雅，再加上绿色琉璃瓦屋顶的映衬，与周边环境十分协调。错落有致的屋顶和墙面变化，再加上对景观植物的选择和草地的布置的精心考虑，以及门前留有的足够空间，则使这栋建筑显示出丰富的层次感和视觉空间变化。设计者还考虑到长沙多雨湿润的气候条件，长形的开窗以两翼的洞门小井相联系的造型，不仅出于空间和视觉变化的需要，也有利于空气的流通。

湖南大学校办公楼：该建筑是由民国时期蔡泽奉教授设计，原名科学馆，1935年建成。抗战胜利后，由柳士英主持又加了一层。这座建筑也是中西混合式的建筑，入口的门以及窗户的形制与比例，基本是仿西洋风格建造，建筑顶部正中更是仿西方教堂式屋顶建造。而整个房屋的屋顶、所加的第三层栏杆建造则基本属于中国传统风格造型。这栋建筑虽然由两个建筑师在不同时期组合而成，但整体风格还是统一的，特别是丰富的细节表现，给人留下了深刻印象。

湖南大学礼堂：也为柳士英设计，竣工于1953年，它与湖南大学老图书馆一样，也是湖南大学的著名建筑，被写入《中国近现代建筑史》。建筑风格与老图书馆一样，也是中西混合式的，屋顶是宫殿式的琉璃瓦大屋顶，且多层重叠，屋顶下的檐椽和柱头都是木质结构，且建造精细繁复，显示出建造者对传统建筑的偏爱，但整个建筑的结构与平面则是西式，为砖墙承重的石制建筑，造型厚重大方，与中国传统建筑风格截然不同。这一建筑的墙面是青灰色的，色彩偏于淡雅，在周边的绿树和红墙的建筑映衬下，显得非常协调。

湖南师范大学教务处办公楼（原苏联专家楼）：为中华人民共和国成立初期所建成的一栋建筑，带有前苏联和巴洛克式建筑风格特点。整个建筑的外观庄重有力，但门窗的设计则优美柔和，颇多趣味与变化，显示出一种欢乐的气氛。这栋建筑正处在岳麓山景区内，与岳王亭、忠烈祠等建筑遥相呼应。它建在一个缓坡上，坡下便是一片水面，水中则竖立着纪念著名民族英雄的岳王亭。水面四周垂柳环绕，与浓荫覆盖的山景相映衬，景色十分宜人。如何与建筑周围的景观协调一致，是设计者不能不考虑的。设计者在这栋建筑前面栽种了许多树木，它高低错落、参差不齐，让楼房隐现在树丛中，再加上岩石等景物点缀，使人仿佛感受到山的幽深和水的宁静，建筑自然也成为风景的一部分。

湖南师范大学校办公楼：它原是一栋私人别墅，建造于1938年，新中国成立后在湖南师范大学校园建设时被改建为校园建筑。建筑样式并不复杂，规模也不大，仅两层楼，但造型雅致，设计颇为精细。白色涂料钩缝的红砖墙面、灰麻大理石的饰面、厚重的灰色石柱以及极具装饰趣味的白色栏杆等等，都显示出这一特点。这一建筑充分借鉴了中国园林建筑、特别是江南私家园林的隔而不塞、曲折萦回的造园手法，将建筑与自然景色融为一体。它以山石、花木、水池等为点缀，并在白色的栏杆、环绕的绿篱、曲折婉转的小路引导下，使人们将视线投向绿荫深处，让掩映在高大的树丛中的红色砖墙办公楼既显得醒目，又显得幽深秀丽、绰约迷人。

　　湖南大学法学院教学楼：这一栋建筑曾与湖南大学工商管理学院楼、长沙火车站一起被评为新中国成立以后全国最美的 300 栋建筑之一，它由魏春雨设计，于 2003 年竣工。深色的墙面、大的体块和具有强烈体积感的造型，说明这一建筑受到西方现代建筑风格的强烈影响。它矗立在湖南大学校园的入口和道路交汇处，其风格强悍的造型带给人们强烈的视觉冲击力。这一建筑还有一个显著特色，即表面看似线条简单，以直线造型为主，但细致观察，却很有变化，从不同的视角都可以拍摄到很好的造型，特别是建筑的正面，几个直立的烟囱式的柱式造型给人丰富的视觉感受与想象。与法学院教学楼相连的是湖南大学建筑学院教学楼，这一栋楼与法学楼实际上是一个不可分割的整体。如果说法学楼在外观造型上给人强烈的视觉冲击力与想象的话，建筑楼的优胜和精美之处则主要体现在内部空间的组合与安排上。它的一个显著特点就是打破室内与室外界限，将人文与自然、外在的自然观赏与内在的人文交流统一起来。比如，它的外廊设计就为人们提供了一个很好的视觉平台，它由室内直接通向室外，既便于视觉观看，又有利于人们的交往与交流。又如它的楼梯、台阶的设计，也是常常既属于室外又濒临室内的，使置身于建筑中的人既有外在自然的视觉美享受，又能沉浸在一个可以思考和交流的人文环境中。

　　湖南大学工商管理学院楼：这栋建筑也是湖南大学最具代表性的建筑，它也被评为新中国成立后 300 处最美的建筑之一。这栋建筑为红砖建筑，造型明快大方，线条流畅而富于韵律感。它的最大特色是大面积地运用玻璃，形成开放的院落，并给人以明亮通透的视觉感受。而在各个院落和墙面间，如竹木一类的自然景物的装点也是其显著的特色，特别是大块面的落地式玻璃窗前挺拔秀美竹林的点染，使人们感到一种中国传统的画面空间和意境表现。它虽然是建筑在道路旁边，却使人仿佛置身于岳麓山的树丛浓荫之中，感受到山林的别致与风雅。

　　中南大学新校区建筑群：这一建筑群为中南大学新校区第一期建设项目，在今年即 2009 年内已建成。这一建筑群由图书馆、教学综合楼、实验楼、外语楼、机电楼、艺术馆等建筑组成，风格宏伟大气，很有时代感和现代气息。建筑的色调基本为深灰与浅灰，在空旷与平坦的地貌上建造，建筑总体设计非常强调地平线的走向，留有宽旷的广场与空地，与天空以及远方的山峰相接相望，形成大尺度的韵律与视觉感受。这一建筑群的风格从总体上说，是追求明快简洁、大气宏伟，但并不忽视细节。建筑的窗、门、走廊、栏杆常常有精细的装饰。特别是窗户的设计，常常借鉴中国传统建筑门窗装饰手法，以细致的花纹图案组成。这一建筑群的设计还很重视根据建筑的功能特点来选择合适的空间组合形式，比如用走道、楼梯、大厅、底层悬空等形式形成丰富的空间组合等。另外，借用中国传统园林建筑手法，如用虚窗、门厅、廊柱的分隔以及山石、竹林、花木一类景物的点染，以丰富不同空间的表现层次和视觉效果，也是这些建筑的显著特点。

以上例证说明，环岳麓山大学校园建筑充分考虑到建筑作为一种景观，其自身的造型美以及与周围景观融合的美。不过，建筑景观的融合美是一个系统工程，它不仅包含单个的建筑与周围的景观融合，还应考虑到某一建筑与整个校园景观的融合，考虑到这些校园建筑与岳麓山地区整体的地貌形势的关系，以及它们作为著名的学府所应具有的文化底蕴，作为长沙这个城市的形象窗口所应具有的价值。应该说，校园建筑的设计者在这方面也做出了努力。

湖南师范大学、湖南大学最有特色的建筑大多是建在岳麓山脚下，它们大多是在20世纪三四十年代与五六十年代修建成的，所处的地貌多为凸形或凹形的起伏地貌，所以顺应地势的起伏变化来考虑建筑的布局和形式，非常重要。建筑设计者显然充分考虑到了这一点。比如，湖南师范大学，从商学院办公楼，到文学院、法学院、校办公楼，建筑拾级而上，与地形配合得十分巧妙。这两所大学的建筑大多在地基的选择上都不大，而且布局集中，这也是由于起伏的地貌所决定的。在建筑的外形上，多翼展的屋顶（如湖南大学礼堂与老图书馆）、崇厚的阶基（如湖南师范大学沿中轴线所修建的如商学院、文学院、法学院、校办公楼系列建筑）、富有变化的墙体与院落组织，这可以说也是在充分考虑到地形地貌基础上设计的，它所追求的是一种富有变化的动感和视觉效果。另外，由于岳麓山林木葱郁，许多建筑常常被掩映在林木之后，所以建筑色彩的选择非常重要。这两所学校建筑（主要指20世纪60年代以前的建筑，也包括改革开放后的部分建筑）的墙面大多由红砖砌成，屋瓦多为红色或绿色，既有很好的视觉效果，又与环境保持和谐统一。还有一点值得注意，那就是这两所学校的校园建筑和景观设计都透露出深厚的历史和人文气息。湖南大学建校历史长，又有着深厚的建筑设计传统，所以该校建筑多有创意而且风格多样，从民国至今，几乎每一时期都有代表性的建筑作品出现。另外，该校的建筑在近些年来还越来越明显地体现出这样的特色，那就是在建筑的内部空间设计中尽量容纳一些自然景物，如盆景、花圃、竹林，甚至保留高大的树木，以组成特定的空间画面，使建筑空间更有生气和表现力，更接近大自然。法学楼和工商管理楼就是这类建筑的典范。湖南师范大学由于是以文科为主的院校，人文气息浓厚，所以建筑景观设计颇多中国传统文化趣味。校园内的叠山奇石、亭台廊榭随处可见，水池、盆景树、景观灯也时时呈现，再加上用绿篱围成的花坛，用鹅卵石铺成的弯曲小路，用樟树、棕榈、芭蕉、翠竹等装点的道路与园林，以及灌木环绕的苑囿与草皮，一切都说明它深受中国传统文化与审美趣味的影响。这两所大学的校园建筑还有一个共同特点，那就是它们都位于岳麓山景区的中心，景区中有的风景点就建在校园内(如岳麓书院建在湖南大学校园内、岳王亭和忠烈祠建在湖南师范大学校园内)。陈从周先生在《说园》中说，"风景区之建筑宜隐不宜显，宜散不宜聚，宜低不宜高，宜麓(山麓)不宜顶(山顶)"，要"随宜安排，巧于因借"①；又说："风景区之路，宜曲不宜直，小径多于主道。"②这两所校园建筑从总体上说也体现了这一特色，它多庭院廊榭、骑墙飞檐，隐而不显，而校园中弯曲小路不断出现，使人有泉可听，有石可留，吟想其间，既体味到风景名胜的魅力，又感受到校园的独特美丽与氛围。

中南大学建筑历史较湖南大学、湖南师范大学要短。它的建筑基本是新中国成立以后所建的。它的校本部大体可以分为老校区与新校区两部分。老校区建筑也直接建在岳麓山下，但由于校园内主体地貌并不是坡地而是平地，所以整体校园设计较为开放大气，校园中心区域和中轴线明确，园内树木高大、草地平整，再加上校门处的方形大水池和大广

---

① 陈从周：《梓翁说园》，北京出版社 2003 年版，第 34 页。
② 陈从周：《梓翁说园》，北京出版社 2003 年版，第 27 页。

场，给人的感觉是建筑设计者追求的是一种整体统一的视觉感受。新校区更是强化了老校区的这种大气、追求整体视觉感受的设计风格。所不同的是，由于新校区是全新设计和规划的校区，它有着更明确的整体规划意识，在建筑设计中也融汇了更多建筑手法与元素，更具有现代审美气息。这一点我们在前面已有所论及。值得注意的是，中南大学新校区的设计有着非常明确的景观意识，这里所说的景观不仅是指单个建筑本身所形成的景观，也不仅是指单个建筑与整个校园建筑与环境相融合所形成的景观，更重要的还在于它与整个城市、整个岳麓山地貌所融合而形成的景观。2002年，长沙市明确提出"山水洲城"的概念：山是岳麓山，水是湘江，洲是橘子洲。中南大学新校区正位于其间。它虽不像老校区那样直接建在岳麓山下，但顺着地平线的视野，在平坦空阔的地貌上，仍可以看到山的背景和延伸，而湘江、橘子洲就在眼前，所以它更容易与自然山水相融合，成为山水洲城的一部分。新校园的设计者显然注意到了这一点。校园大门被设计成流线型形状，朝着湘江水流的方向，与橘子洲成犄角相望；校园中有河流蜿蜒展开，一头向西，连着远方的山峦，一头向西北，形成一片较为开阔的水面。河流水面上有桥梁贯通，并形成优美的弧线；与岳麓山距离的体育馆顶部被设计为翼展形状，而且沿着天际和水平线的方向展开。这些都说明设计者有着统一的景观意识，力图把山水洲城的理念融于其间。不过，新校区的建筑景观设计也存在着缺陷，这一问题我们将在下面讨论，此处暂不叙及。

四

前面我们主要是从正面肯定了环岳麓山大学校园建筑的景观设计，下面我们则要讨论它所存在的问题和值得改进的地方。

本文的主题是对环岳麓山大学校园建筑的景观设计进行分析，所谓"景观"，在前面我们曾说过，它不仅是一个地理学概念，更是一个美学概念，按阿诺德·伯林特的观点，它是一个独特的"有生命的环境"，是人们可以欣赏和审美感知的对象。景观所包含的内涵是非常丰富的，自然生态、环境质量、历史文脉、地域特色、人文气息、艺术韵味等方面因素都是景观设计应该考虑的。景观设计还是一个系统工程，它不仅是环境和视觉美的空间的形成，还是人文与自然资源最有效的利用，是人与自然的最优化组合。如果按照上述标准看待环岳麓山的大学校园建筑的景观设计，我们不得不承认，它还存在着许多不足，还没有达到这一要求。

首先，从自然生态和环境保护方面考察，环岳麓山的大学校园建筑的景观设计还缺乏明确的景观生态意识和环境保护意识。2001年，湖南省曾提出用15年的时间在长沙岳麓山地区建设一座全国一流、国际知名的大学城的设想（见《中国教育报》2001年3月23日报道），并已写入湖南省"十五"规划。这一规划对岳麓山大学校园的整体建设和环境、生态的保护是有重要意义的。凯文·林奇在他的《城市意象》中说，一座城市是由各种要素、各个部分组合成的一个相关模式，每座城市应该有自己城市的特色与道路结构。对岳麓山大学城的建设，我们虽然不能泯灭各个校园的道路形态与建筑特色，但有一个统一的规划还是必要的。虽然岳麓山大学城的设想已提出多年，但大学城内的建筑如何规划，建成什么样的格局、体量、色彩和风格，如何服从于山水洲城的整体规划的需要，时至今日，我们尚不清楚是否有具体的规划存在与有效的实施方案。环岳麓山的大学校园无论是老的校区还是新校区的修建，都是由各高校独立进行，缺乏整体的布局与规划。中南大学，由于离风景区中心位置较远，校园相对封闭和独立，有统一的布局和道路形态；而湖南大学、湖南师范大学由于直接处于风景区中心位置，麓山路、麓山南路等城市交通主道从校园中心穿过，校园的格局则是开放式的，整体的校园布局和道路形态也受到影响，甚至一些非风景区的建筑、非校园的建筑也夹杂其间，破坏了这两所校园的总体建筑环境与氛围。近些年，大学校园兴起扩建之风，坐落在岳麓山下的这三所大学也不例外。它们为了解决校园扩张中用地紧缺的矛盾，或者是向郊外拓展，如中南大学新校区的建设，就是在征用长沙城郊住户与农民土地的基础上新建的，建筑面积达到2000多亩。但新校区建设如何保持原有的生态环境，与周边环境协调，是新校区建设面临的一个问题。或者就是在原校园内不断改造和建设新的建筑，如湖南师范大学由于用地的紧张，在建筑原本就很密集的地方又新建和重建了建筑（如法学楼为重建，在它的后面又新建了新的大楼）。这些建筑，为校园建筑增加新的元素与光彩，比如法学楼的塔楼造型、白色的墙面与墨绿色玻璃幕墙对比的处理，就很别致，与周边的老建筑很不一样。但这些新元素的注入，如何保持与原建筑风格和环境的统一，则又是一个问题。更为重要的是，这些新的建筑的建立，由于增加了建筑的高度与密度，阻隔了对岳麓山风景的观望，再加上毁掉了原来的一些草木生长的空地，所以从总体上说，不是增强而是减弱了校园建筑的美感，对校园的居住环境也造成了损害。岳麓山及周边地区植被丰富，有大量的树木、水面与草地，尽量保持原有的生态面貌，是岳麓山大学校园建设者应充分考虑的。三所学校的老校区建筑多为红墙绿瓦，并保留了大量的庭园建筑风格，这是基于对岳麓山景色的保护和生态维护的考虑。但这种意识，在近些年有些淡薄，冷色调的教学楼和机械划一的草坪大量出现，使人感受不到原来建筑所带来的那种和谐与温暖。中南大学的新校区设计，是有着明确的景观生态意识的，校园中河流和桥梁的设计和一些景观树木的保留，就说明了这点。但由于长沙市整体城市规划设计过分强调条块分割和道路的整齐划一，再加上新校区建设过于求"新"求"大"，对原有的植被造成损害，使人们在新建的校园中难觅旧日的生态面貌。还有一点特别值得指出，那就是长沙市政府和相关部门在大学校园环境规划与保护方面的措施不得力。比如，长沙市曾出台文件规定湘江两岸建筑高度必须控制在18米以下，这一文件规定对整个岳麓山风景区的建设，对整个大学校园良好环境的形成与保护是非常重要的。但是，令人遗憾的是，新建曙光泊岸楼盘的几十栋楼房就屹立在岳麓山风景区的标识牌内，层高都在30米以上，严重地阻碍了人们观望岳麓山风景的视线，也破坏了周边和谐的山峦地貌与景致。又如，紧靠中南大学新校区校园的大门一侧，矗立着一排排属于靳江小区的安置房，这些安置房使本来很开阔的校园突然产生一种逼仄与突兀感，造成很不和谐的视觉效果。这些建筑的存在实际上都是由于相关部门措施不得力或者说出于某种利益交换与考虑的结果，它对环境所造成的破坏可以说是灾难性的。

其次，从历史文脉和地域特色方面考察，岳麓山下的大学校园建筑，特别是湖南大学、湖南师范大学的校园建筑有较长的历史，如何保持这些建筑的历史文化和个性特色，使之与现代建筑有机结合起来，是这些校园建设所面临的重要课题。湖南大学历史比较长久的建筑都紧挨岳麓书院，受书院建筑和中国旧有的府邸宫衙建筑风格影响明显，造型典雅，空间较为封闭，色彩以红、绿为主，较为浓重。今天，由于时代的变化，人们不可能再简单地采用这样的建筑样式，他们更喜爱和追求开放的空间、明快的色彩和造型。但是，在新的建筑中保持老的建筑元素与符号，与新的建筑实行对接，在建筑的格调上彼此呼应，还是很有必要的。比如，南京师范大学仙林校区的建筑风格很有韵律感和现代感，它虽延续了随园校区的古典内涵，大屋顶、飘檐是古典建筑的特征，却以更为简化的形式在新校区建筑中普遍出现，成为重要的建筑符号。这样的设计使人们看到了这个校园的历史延续和保留，所以受到了普遍的好评。又如，清华大学图书馆的扩建、北京大学100周年纪念讲堂的修建，也是很好的例子，它们都很好地体现了老建筑与新建筑的环境、风格的统一。而湖南大学的新建筑，在如何保持湖南大学的建筑传统，延续其历史与文化内涵方面则做得不够。被评为全国最美的300所建筑的工商管理学院楼和法学院楼，就单体建筑而言是很成功的，但若放在校园的整体环境中，考察它与整个校园的历史文脉与精神的关联，则不明显。湖南师范大学的新建筑，特别是在麓山路东侧的新建筑如理学院大楼等，更显示出它与校园建筑文化与风貌的断裂，典雅古朴的造型和庭院式的风格不见了，墙面的色彩也由红色变成青灰色、青蓝色，建筑的造型也十分单调，几乎给人留不下任何印象。一所大学校园，应该有自己的历史文化精神，有自己的校园标志，这标志反映着这所大学的历史，使人们产生强烈的认同感和归宿感，如北京大学的未名湖燕园建筑、清华大学的清华园校门、武汉大学以老图书馆为中心的建筑群、厦门大学的群贤楼群等，就是这样的建筑标志。而在湖南大学、中南大学、湖南师范大学这些著名学府的校园里，人们则难以感受到这样的标志的存在。

环岳麓山的大学校园，无论是湖南大学、中南大学还是湖南师范大学，其主体建筑的设计都还是充分考虑到岳麓山地形地貌的特点的。但是，在如何利用岳麓山丰富的水文、植被、气候、光照的自然资源，形成良好的校园生物生存环境方面，尚有值得改进的地方。比如，校园中水面普遍被污染，植被的选择也不尽合理（如湖南大学大礼堂前的梧桐树栽种和草地营造，就既与长沙气候又与周边环境不尽协调)。另外，中南大学新校区的设计，在如何利用岳麓山的山形走势、与湘江、橘子洲形成对应关系方面还可以考虑得更充分些。中国建筑历史上曾提出"千尺为势，百尺为形"，"势可远观，形须近察"的理论，中南大学新校区的设计，在近察方面，也就是置身于校园内体察校园建筑与山川形胜的关系方面已经做得很不错了，但是走出校园，从一个更大的背景和范围对校园建筑进行远观，由于建筑体量、布局、色彩诸方面的原因，则存在明显的缺陷，难以形成整体的、具有强烈视觉冲击力的效果。

再次，从人文气息和艺术韵味方面考察，大学校园是人才聚集和人文精神汇集的场所，每一所大学都有自己的教育与人文理念，其建筑和景观设计也应该充分体现这一点。湖南大学是理工科基础雄厚的大学，同时也具有浓郁的人文文化背景，建于宋代的全国四大书院之首"岳麓书院"就坐落在校园中，为湖南大学所代管。书院中"实事求是"的训示也成为湖南大学的校训。湖南师范大学则是中国最早建成的国立师范大学之一，以人为本，培养德才兼备的教育人才的理念在它的校训和校徽上都有明确体现(校训为"仁爱精勤"，校徽是以"人"字为核心的造型图案)。校园内还保留有纪念民族英雄岳飞、自然景观与人文景观结合得很好的古建筑忠烈祠、岳王亭等，使该校园历史与人文气息更显得浓厚。这两所大学的建筑，特别是校本部老的建筑应该说比较好地体现了这种精神氛围。建筑布局讲究线条的对称与流动变化，色彩温暖柔和，既注重每一栋建筑的造型特点，又注意到各建筑之间的关联，而如一些亭台、雕塑、建筑小品和特色空间的存在，更增添了人们对校园的亲近感，感受到了浓郁的人文气息的存在。但是，令人遗憾的是，这两所学校近些年扩建和新建的一些建筑，如湖南大学靠近天马山新修的两栋教学楼和湖南师范大学的理学院教学楼，却忽视了校园建筑特有的人文精神内涵。其建筑缺乏特点，缺乏标识性，日益趋同，使人很难判定这些建筑属于哪个城市、哪个校区。由于过分追求深灰、浅灰色一类冷色调的使用，也造成视觉空间的冷漠，让人难以产生亲近感，更谈不上校园建筑特有的人文气息和精神内涵。中南大学是一所以工科、医科为主的大学，近些年人文学科有一定的发展。从中南大学校本部老校园的设计上，我们可以感受到它明显的工科院校特色，建筑大气、布局讲究整体，但缺乏细节，缺乏比较有特色的建筑空间与场所。除地学楼前面有矿冶园景观标识和大地之子的雕像外，其他地方很难再找到这样的标识和雕像。新校区的设计有了改进，各建筑之间的联系更加紧密，细节更加丰富，有特色的建筑空间也不断呈现，比如，外语楼就用底层架空形式将楼内空间与楼外空间联系起来，并用竹林等景观点缀，营造出一种亲切宜人的氛围，利于人们的交流与交往。又如教学主楼的设计，它有四栋单体楼房，由室外走廊、室外广场、底层架空的空间相连接构成一个建筑整体。这样的设计，使校园中各建筑关系更加紧密，也为师生们提供了一个学习交往与体验生活的场所。不过，中南大学新校园的设计虽有这些改进，但由于受到现代建筑设计中"技术主义"思潮的影响，还是表现出重视物质技术而忽视人文价值的倾向。建筑设计讲究大气、材料的先进，而对建筑给人们的情感、心理造成的影响考虑不够。于是，冷色调（深灰与浅灰）成为建筑的主色调，空阔的广场与草坪不时呈现，使校园显得有些冷寂与空漠。

　　人文气息的淡薄也必然影响到建筑艺术风格的形成与表达。建筑是一门艺术，建筑之所以能成为一种景观、一种审美和观赏的对象，就因为它是一门艺术。在中国，一些著名的大学校园的主体建筑，如武汉大学建筑的依山建造与雄伟庄重，北京大学建筑的湖水映照与富丽典雅，厦门大学的海山相接与连绵错落，南京师范大学的小巧玲珑与古韵犹存，都体现出自己独特的艺术风格与韵味。中南大学、湖南大学、湖南师范大学的建筑，就一些单座建筑和局部设计来说，也是很有艺术感觉与韵味的，但从总体上看还不像中国一些著名的风景校园的建筑那样有自己的艺术风格与特色。现代校园的布局有一个共同的特点，那就是它越来越讲究布局的艺术性，讲究功能与形式美的统一，讲究张弛有度以及富有节奏感和韵律感的空间变化带给人们的视觉享受。中南大学新校区的设计也很好地体现了这一点。但是，新校区的设计也有缺陷，那就是它比较缺乏对长沙市整体人文环境和文化背景的思考，艺术个性还不是很突出。中南大学新校区建设有一个特点，那就是它有许多现代建筑元素与材料（如金属和复合材料）的应用，但是，这些建筑元素与符号的表达，又带有近些年中国以工科为主的院校建筑设计的共同特征，给人的印象有些冷漠与趋同。如何在建筑元素与材料的使用中形成令人亲近的情感范围，形成有个性、有特色的艺术表达，则是新校区在下一步建设中需要认真考虑的。

（作者单位：中南大学）

论现代城市公共艺术的环境教育功能

聂春华

公共艺术是一个比较宽泛的概念,大凡认为在公共空间内展示的、具有一般艺术特征的作品都可视为公共艺术。但现代意义的公共艺术一般认为起源于美国富兰克林·罗斯福总统在 20 世纪 30 年代为促进本国文化艺术建设及援助艺术家生活而发起的公共艺术赞助方案。可以说,现代意义的公共艺术是随着现代城市市政建设和社区环境改造等公共议题的出现以及市民社会公共精神的提升而出现的,它体现了社会公众对现代城市所面临的一系列问题——文化传统、政治民主、生态环境、能源危机等的自由参与和公开讨论。

一、现代城市公共艺术的特征

作为现代城市化进程的产物,公共艺术除了具有一般艺术的特征之外,还有其独特的规定性:一是公共性;二是参与性。

第一,现代城市公共艺术具有公共性。哈贝马斯在研究资产阶级公共领域的时候发现"'公共'一词在使用过程中出现了许多不同的意思……不仅日常语言如此,官方用语和大众传媒也是如此。即便是科学,尤其是法学、政治学和社会学显然也未对'公'、'私'以及'公共领域'、'公共舆论'等传统范畴做出明确的定义"①。那么,应当如何理解现代城市公共艺术的公共性?首先,在物理空间的意义上,现代城市

---

① [德]哈贝马斯:《公共领域的结构转型》,曹卫东等译,学林出版社 1999 年版,第 1 页。

公共艺术的公共性指的是向公众的开放程度。公众艺术被放置在公共空间并向所有公众开放，它和艺术馆、博物馆、展览厅等封闭空间中放置的传统艺术不一样。其次，从现代城市化的进程来看，公共艺术的公共性指的是现代民主政治中的公共精神。哈贝马斯认为："公共性本身表现为一个独立的领域，即公共领域，它和私人领域是相对立的。有些时候，公共领域说到底就是公众舆论领域，它和公共权力机关直接相抗衡。"①凸显公共性的公共领域是介于国家权力与私人领域之间的独立空间，在此空间中，公众可以自由参与和讨论公共事务，从而实现对公共权力的批判功能。因此，真正意义上的现代城市公共艺术不仅是一个向所有公众开放的物理空间，同时也是公众平等自由地表达自身意见、参与公共事务和批评公共权力的独立领域。

第二，现代城市公共艺术具有参与性。现代城市公共艺术具有和传统艺术不同的体验方式，在艺术馆、博物馆和展览厅中放置的传统艺术需要观众保持有距离的静观，而现代城市公共艺术则需要实现作者和观众、艺术品和欣赏者、欣赏者和欣赏者之间的平等交流与审美参与。现代城市公共艺术打破了传统艺术所塑造的艺术家、艺术机构和艺术行业的神话，使之真正成为一种民众的艺术、共享的艺术和基层的艺术。但现代城市公共艺术的参与性并非是对艺术家的主观创作意图的背弃，而是说在有效激发公众平等交流和理性讨论的基础上更好地提升公众和艺术家的艺术品位以及完善并实现城市市政建设和社区环境改造的某些目标。

二、现代城市公共艺术的环境教育功能

现代城市化进程带来的一个严重问题是环境质量的不断恶化和生态问题的日益严重，公共艺术因其公共性和参与性的特点而在环境教育方面拥有得天独厚的优势。公众无需进入艺术馆、博物馆和展览厅这样的封闭空间，只要在日常生活中就能接受环境艺术家传达的信息；公众也

---

① ［德］哈贝马斯：《公共领域的结构转型》，曹卫东等译，学林出版社1999年版，第2页。

无需忍受教科书一般的生态保护宣传，只要在公共艺术的审美体验中就能得到潜移默化的影响。当然，要发挥城市公共艺术的环境教育功能，就对艺术家的艺术观念、技巧、材料、造型、布置等提出了很高的要求，但最重要的是要切实地考虑如何将艺术形式与环境价值巧妙地结合起来。

艺术形式与环境价值的结合，意味着艺术家要把自然历史与生态观念融入现代城市公众艺术中。1991年，艺术家巴斯特·辛普森(Buster Simpson)从波特兰市附近的一个原始森林中挑选了一段花旗松原木，他把这段原木分成八小段，又在原木上钻孔并栽植了一些树苗。辛普森把这件作品命名为《Host Analog》，并把它放置在波特兰会议中心的外面，他认为这段原木象征着森林和波特兰市民之间的联系(见图1)。在这件

图1　巴斯特·辛普森(Buster Simpson)：《Host Analog》①

公共艺术作品中，辛普森并没有选取金属、石质或其他常见材料，而是独辟蹊径地选取了一段巨大的原木。这段原木原来就生长在波特兰市附近的流域上，和当地居民有着密切的联系，因此这件作品也就融入了波特兰市的自然历史和生态演替的过程。艾伦·索菲斯特(Alan Sonfist)的艺术作品《Time Landscape》(见图2)也是把自然历史与生态进程融入城

---

①　http：//www.bustersimpson.net/hostanalog，2009-12-03。

市公共艺术的佳作。《Time Landscape》表现的是纽约市中一条狭长的矩形树林,树林由雪松、白桦、金缕梅、山毛榉、橡树等本地树种构成。该作品是对纽约前殖民时期森林的复制,艾伦·索非斯特认为"每个人都应该有机会去体验森林并拥有他/她自己的记忆,因此《Time Landscape》是一处人们可以在曼哈顿中心体验森林的地方,这就好像在召回一部分纽约的历史那样"①。

图2　艾伦·索非斯特(Alan Sonfist):《Time Landscape》②

在上面两个例子中,令人印象深刻的是艺术家改变了那种传统静态的艺术设计方式,通过对自然材料和生态过程的运用,使公众和作品之间出现了互动的关系。公众对环境价值和生态伦理的理解也就深深地交织在这种互动关系中,正如伊丽莎白·梅耶尔(Elizabeth K. Meyer)所说:"通过设置一个动态的场所或者寓变化于时间之中,景观设计师把生态环境价值转变成了一种新的设计语言,这种设计语言是动态的、流变的和以过程为导向的。这种作品所构建的开放式的自然并不因为构建完成就结束,它会持续地被这个地点的人群和自然过程所改变……这种新式作品的动态特性有利于产生期待之外的体验和进一步的阐释活动,而这又可能使那些居住、工作和游玩于其间的人产生一种新的环境意识甚至一种新的伦理观。因此,生态环境价值不仅体现在作品中,它也由

---

① Michel Conan, *Environmentalism in Landscape Architecture*. Washington, D.C.: Dumbarton Oaks Trustees for Harvard University, 2000, p. 169.

② http://avant-guardians.com/sonfist/sonfist_pop2.html,2009-12-03。

作品而产生。"①这段话深刻地揭示了动态的、流变的和以过程为导向的公共艺术作品的环境教育价值，它改变了传统那种由作品将生态伦理和环境价值灌输给公众的设计语言，而是在公众与作品的交互关系中创造出生态环境价值。

虽然不同场所的公共艺术由于地点、取材、受众等因素的限制，不可能都以动态的设计语言为导向。但上述例子给我们最大的启迪就在于，环境教育的最大价值是体现在公众与艺术作品的交互关系之中的。因此，现代城市公共艺术应该当仁不让地承担起环境教育的功能，而公共艺术家也应当把环境教育价值的实现作为其艺术设计的重要前提。

三、我国城市公共艺术环境意识的缺乏及其应对

从新中国成立后到20世纪六七十年代，我国出现了大量以革命英雄人物为题材的肖像雕塑，但是这样一种作品是政治意识形态主宰下的产物，其本身并无所谓真正的公共性。20世纪80年代后，作为对政治主导艺术的路线的一个强烈反拨，艺术家又沉浸在艺术个性和纯艺术创作之中，很少考虑到公众真正的需要，这样的作品同样缺乏公众意识。20世纪90年代以后，城市公共艺术才开始在北京、上海、深圳这样一些城市出现，但总的来说艺术设计水平不高，无论是创意、取材、制作还是效果都有待加强。从上述情况来看，我国现今的城市公共艺术正处于起步阶段，由于尚未真正形成介于国家和个人之间平等交流和理性批判的公共空间，因此我国城市公共艺术的发展还面临着许多阻力。

与此相应，我国城市公共艺术的环境意识也未得到应有的重视。从西方现代城市发展的情况来看，生态危机和环境恶化是城市现代化发展的一个严重后果，西方国家在20世纪60年代已经开始关注这一问题并引发了持续的环境保护运动。环境主义在西方的景观和艺术设计中也是一个热烈讨论的话题，正如米歇尔·柯南所说："环境主义似乎已经成为美国文化的中心。调查显示，有四分之三的美国人认为自己是环境主

---

① Michel Conan, *Environmentalism in Landscape Architecture*. Washington, D. C.: Dumbarton Oaks Trustees for Harvard University, 2000, p. 203.

义者。美国景观设计师协会承诺其所有成员将以环境主义为目标。然而，环境主义仍然是一个处于热烈讨论中的课题：环境主义究竟是什么或应该是什么，这个问题还没有一个统一的答案。"①

从西方城市现代化的经验来看，环境问题将成为城市公共艺术中的重要议题，而在这方面，我国的城市公共艺术建设显然还没做好准备。在我们看来，应当通过各种手段和措施，大力发挥城市公共艺术在环境教育方面的功能。

第一，制定相应法律法规或指导性文件，促进城市公共艺术对环境政策的支持。西方国家曾制定法规，规定公共工程计划中必须有相应份额的经费预算供作公共艺术品的设置。我国在制定类似法规的时候，可以适度地向支持环境政策的公共艺术作品倾斜，以此激励那种带有环保意识的作品得到艺术家和公众的注意。

第二，减少行政干预，给予艺术家和公众更多的交流空间。现今中国城市中的很多公共艺术作品是长官意志和政绩工程的结果，不仅专业人士无法施展其才华，公众也无法参与到作品的创作中。环境保护是一项综合性的工程，需要全体人民的参与，过多的行政干预只会造成公众环境意识的淡漠，以及艺术家想出谋献策却又无能为力的困局。

第三，提升公共艺术家的创作技巧，将艺术形式与环境意识完美结合起来。我国的城市公共艺术普遍存在着质量参差不齐、制作粗糙等问题，这样的作品不仅无法传达美好的寓意，也无法激发公众与之互动的欲望。西方艺术家经过几代人的摸索，已经积累了一些可贵的经验，比如上面所说的动态的设计语言，这些经验值得中国的公众艺术家们学习。

（作者单位：中山大学中文系）

---

① Michel Conan, *Environmentalism in Landscape Architecture*. Washington, D.C.: Dumbarton Oaks Trustees for Harvard University, 2000, p. 1.

台湾公共艺术的反思
——有机生命的公共艺术之可能性

潘 襎

近年来,都市景观的发展成为世界各国重要的研究发展要项。然而,我们对于公共艺术的研究,往往站在建筑的角度来思考从建筑物预算中切出百分之一的些许资源,处理与环境相关的问题。近20年来,公共艺术的发展衍生出许多课题,然而尊重艺术家想象力的发展,在某一程度上造成今日公共艺术的泛滥局面。本论文试图从笔者担任宜兰县政府公共艺术审议委员会的实务经验,探讨公共艺术所面临的问题,最后从传统中国风水观出发,探讨公共艺术与传统文化之间的关系,特别是被视为迷信的风水观,到底能给公共艺术带来限制还是另一层面的反思。以下分成公共性的审美教育、公共艺术与建筑的结合、有机哲学下的风水与公共艺术等三部分,逐次探讨。

一、公共性的审美教育

台湾"文化建设委员会"于1992年通过所谓文化艺术奖助条例,第九条规定所有公共建筑必须编列百分之一工程预算,投入公共艺术的设置。为推广公共艺术的理念,台湾的"文化建设委员会"于1993年委托艺术家出版社发行公共艺术图书16册,作为推广公共艺术的起点。此后,公共艺术开始成为台湾现代化的重要建设之一,学者林保尧称之为"国家综合生命力"①。然而随着公共艺术作品的林立,产生了一连串

---

① 林保尧:《公共艺术的文化观》,艺术家出版社1997年版,第72~79页。

与传统、在地文化、自然景观以及人文思想的激荡关系。公共艺术的发展意味着台湾对于公共艺术观点的递变过程。在台湾,公共艺术的设置管理机关为"文化建设委员会",然而营造管理单位则属于"营建署"。在公共艺术法通过后,对于公共艺术的认知,以当时担任"文化建设委员会"主任委员林澄枝的看法作为典型:"公共艺术是一种将艺术创作概念和公众的生活空间结合在一起的艺术活动。它不仅为我们提供一个富有文化内涵的生活环境,更借着艺术家和民众之间的双向互动,在公共艺术产生的过程里,教导民众使用不同的观察和思考方式,接触艺术、亲近艺术,进而关怀艺术,甚至利用各种机会参与文化艺术活动。"①

在此所指的公共艺术包括创作概念、生活空间两种要素,公共艺术经由艺术家与民众的互动过程而产生,因此公共艺术具备教导民众的现代艺术教育的功能。当时,设置公共艺术的目的,多少在于艺术概念的传达与设置地周围居民的沟通,至于其作为艺术概念的现代性、空间权利与象征那种复杂的公共性与艺术性的课题,普遍遭到忽视。无怪乎,这种公共艺术作为传统艺术教育功能的认知,随之受到检验。然而,公共艺术具有教育功能,首先必须让民众能够了解公共艺术的内容。为此,必须使得公共艺术在设置之前进行公民议题的讨论,或者成为学校内部的教育题材。只是,这样的议题与讨论并没有法令之必要性,故而其落实与否仅有形式上的讨论空间,实质性难以验证。但是,这是我们注意到的理念问题,亦即当代艺术往往以造型性或者概念性为主,因此,公共艺术也就必然与当代观念结合,于是以观念为先行的当代观点往往限制公共艺术的产生。"现代主义对创作理念的定位,和公共性或公共工程的追求,在某些方面是矛盾的。"②除此之外,同样也是"文化建设委员会"主任委员的陈其南进一步将公共艺术的表现上的公共性与审美鉴赏的"美感表现"合为一谈。

"公共艺术的'公共性论述'及'艺术性深化'仍犹不足,而深化公共

---

① 林澄枝:《序》,载《公共艺术图书》,艺术家出版社1997年版,第1页。
② 陈其南:《美学、公共性与后现代意识》,载《艺术·空间·城市》,简逸珊译,创兴出版社有限公司2000年版,第5页。

艺术政策的关键，乃在于各界是否愿意'共同承担"美"的责任'。意即各公共艺术计划案的审查们是否愿意更包容作品的艺术性表现，让那些愿意挑战自我创作极限的艺术家们也能进入公共艺术这个创作领域；参与公共艺术案的艺术家们，是否愿意将不同的基地要求及民众响应转化为内在创作力量，而不是以应付的心态面对民众或者兴办机构对艺术家或艺术品的期望；而作为公共艺术政策执行主体的兴办机构，是否愿意承担起工程艺术化及公众论坛的引导者等双重角色，这些都是促使公共艺术能达到公民美学的关键。"①

显然，陈其南前后观点有别，他认为审查人员应该容忍创作者更多的表现形式，使艺术家的想象力达到极限；显然，关于此点就公共艺术审查人员的立场而言，过度赋予其角色。其次，则是艺术家的创作常常受限于明确的主题关联性，而丧失了更多自由表现的空间。一则过度强调审查人员的功能，二则忽略了公共艺术从业者在公告面对艺术时所出现的过于主观的艺术影像的期许。

除此之外，关于公共艺术的营造问题，就主管单位而言，归属问题反而成为问题所在，也就是说上述陈其南所提到的审查问题，往往不能解决公共艺术的课题，问题所在又与控管权密切相关。

"诊治公共空间，那些从事都市计划、城乡改造或建筑设计的专业人士应该承担更大的责任。可惜台湾把这些可纳在艺术领域的事务归并在工务部门，工务局下的都市及建管单位，必然以工程的角度来看待公共空间，法规、造价、机能、维护……的考虑远比艺术更为重要。我们的空间质量和建筑风格是放在'营建(署)'而非'文化(部)'的思考下，此所以公共艺术再怎么努力，也只能事倍功半而已。"②

笔者担任宜兰县公共艺术审查委员会委员，公共艺术的审查从2008年度开始，业务主管单位的地方文化局只有审议权的核备权，缺乏核定权。亦即，提报到县政府的公共艺术法案，地方文化主管单位只

---

① 陈其南：《九十三年度公共艺术年鉴序》，载《九十三年度公共艺术年鉴》，"行政院文化建设委员会"2004年版，第6页。
② 倪再沁：《打开公共艺术的视野》，载《九十三年度公共艺术年鉴》，"行政院文化建设委员会"2004年版，第9~10页。

有核心权力的建议权,并无否决权。显然,陈其南高度强调的政府机关的主导权力萎缩,倪再沁所期待的文化事业主管团体的权力不增反减。

二、公共艺术与建筑的结合

公共艺术的发展在具有浓厚土地意识的宜兰县获得不少肯定。然而宜兰县的公共艺术也因为过度强调人与土地的关系,所创造的公共艺术往往由于概念先行于艺术性,使得艺术家的创作强烈受到在地因素的束缚。除此之外,宜兰的公共艺术常常与小区总体营造密切相关。

"若仔细检视宜兰公共艺术审议委员会之组成,可以观察到建筑专业类别与小区类别的委员比例相当高,与其它县市多由艺术背景的委员组成的情形明显不同。这反映出宜兰在建筑创作即小区营造上的丰硕成果,亦显示出在美术发展上的局限。当然,这亦可视为兰阳公共艺术的独有命题,其一是'建筑'算不算艺术?其二是优质的建筑该如何搭配优质的艺术?至于该如何给个漂亮的答案,让兰阳公共艺术在既有的优势中走出独特之路,则有赖该县的审议委员们花一番心思了。"①

宜兰县的公共艺术因为在地意识特别浓厚,因此大型景观的公共艺术作品往往与建筑师有密切关联。这一点的确补足了许多建筑师在公共艺术的参与度,只是这种参与程度也时常落入空泛的意义,在实质法律上欠缺实质的意义,虽然法规明确指出必须延揽建筑师进入执行小组当中。

"今年修法的突破之一,是认同建筑物本身可为公共艺术,这是基于肯定好的设计会使建筑具备艺术品价值。本于尊重建筑作品是艺术品与专业空间及其具备营造素养,法令建议兴办单位,务必延揽负责设计建物的建筑师为执行小组的当然委员。可惜建筑师在其间的角色,经常几乎退化到最低极限被动参与的模式。"②

---

① 刘瑞如:《后山公共艺术发展——东部公共艺术评论》,载《九十三年度公共艺术年鉴》,"行政院文化建设委员会"2004年版,第197页。
② 谢佩霓:《公共艺术的新生力军——建筑人》,载《九十三年度公共艺术年鉴》,"行政院文化建设委员会"2007年版,第197页。

公共艺术的制作分成甄选小组、执行小组,在此阶段为实际执行阶段。完成之后提报主管的文化局审议。公共艺术的设计者与建筑物之间的关联性往往欠缺,仅在建筑物完成阶段,方才纳入公共艺术的设置工程。但是因为经费仅有百分之一,县级的公共建筑物大体而言仅有数千万预算,因此公共艺术除了在大都会以外,时常出现相当小的量体,局促一隅,在视觉效果上欠缺高度意义,仅有装饰效果。于是乎,城乡之间,取代公共艺术的量体的最佳方法在于建筑,或者汇整小额公共艺术设置经费的公共艺术基金的设置。只是,宜兰却在与建筑相结合方面具有成果,建筑景观突出,引人注目。

艺术与建筑之间还有一个强烈的共通性,即专业性的活动:两者都能享有个人创作出作品的成就感;艺术与建筑和社会之间的疏离,促使它们能发展出其专业"秘诀",好逃避与自我相关的检视与批判,而且二者也都热衷于追求可用现代主义式的词汇表达出来的质量描述,好比说是"创新与卓越"。那么二者联手的结果,或许就会更强化其视空间为价值中立、视社会为"异己",而其专业工作仅涉及个人主义、创新与工作室中之内省的概念。①

的确,在专业上,建筑师以更为专业的手法来营造他的作品,使其作品更具备视觉上的美感。譬如,宜兰议会、县政府、宜兰车站前广场、社福大楼、礁溪乡卫生所、罗东文化二馆、兰阳博物馆等,强调建筑物与自然的契合,塑造出属于台湾所特有的建筑景观。然而,诚如上述所言,"视空间为价值中立、视社会为'异己',而其专业工作仅涉及个人主义、创新与工作室中之内省的概念。"此一结果,则建筑物本身容易成为特殊景观,而其使用机能却反而退居其次,观念性大于现实性,建筑物中的人的机能,或者建筑物仅为少数人作品的呈现,欠缺多元性的变化度。结果,人与自然本因结合,却反而被割裂,造成两者之间的严重失衡,或者走向单一性。此外,公共艺术所必须具有议题性的讨论之过程,无法在建筑物本身呈现,使得公共艺术的公共性变成建筑家本身的个人主义之产物。

---

① Malcolm Miles:《艺术·空间·城市》,简逸珊译,创兴出版社有限公司 2000 年版,第 144 页。

三、有机哲学下的风水与公共艺术

当我们涉及公共艺术的课题时，无法避免的是属于自己文化母体的公共艺术的设置与传统文化的关联性。因此，近代公共艺术这种盛行于西方的观念，进入东方社会后必然产生特殊变化。在西方，人与自然在视觉上是一种看与被看的哲学问题或者单纯的审美课题。

"关于风景的主题会在人类的行动以及人类历史上交叉产生一些问题。自我们了解风景的诠释有多样的特性后，我们应该以艺术奠定风景或者只是随附于风景的这些原则来把每一种诠释联系起来：一方面是'客观'的背景资料（历史、文化、社会阶级等等）；另一方面则是当事人心理和感官上的状态（当事人当时的心境，以及思考和感觉地景的方式等等）。这极端的两者，可以由'主体/客体'二元论所带来的客观性观察目光，并伴随强烈的掌控意愿中发现，以及，或者当身体感受沉浸入这个世界所产生的看法中得到。"①

然而当我们进一步注意到所谓感官状态时，心境、思考以及感觉等问题必然随着观赏者的文化产生丰富变化。于是主体除了进行观看之外，同时也在观看的心理状态中产生看法。这种情形最常反映在东方的造园技术上。"造园术（特别是回游式庭园的场合）也可见到相同原理。在此重要的是概括的展望，一种整理过的静态视野的回避。庭园的制作是设定运动。散步者自己不连续地集中精神于持续展开的视野，必须鉴赏其每个个体。重要的是风景的变化，交相可见与隐匿的景色（隐显）。"②

东方庭园最能显示出观赏心理的变化。然而在观赏心理中尚有一种属于中国所特有的无形制约，影响我们对于对象的观看态度。这种态度不只反映在中国建筑中，也出现于我们对大自然的观看态度中。这种观看态度渗透到我们的文化当中，譬如在绘画中我们也可看到从大自然特殊观点所建构出的自然表现形式与人文景观。中国人在看大自然时，并

---

① ［法］Catherine Grout：《重返风景——当代艺术的地景再现》，黄金菊译，远流出版事业股份有限公司2009年版，第111页。
② ［日］宫原信：《空間の日本文化》，筑摩书房1994年版，第200页。

非注意其单纯的现象表现，而是将这些大自然视为宇宙的一部分。

"宇宙之物，隆冬闭藏也不固，则其发生也不茂。山川之气盘旋缩结者不密，则其发灵也不秀。……吾所谓隐显者非独为山水而言也，大凡天下之物莫不有隐显。显者阳也，隐者阴也。显者外案也，隐者内象也。一阴一阳之谓道也。"①

大自然是一种创造性的母体，"山川之气"盘旋于大自然中，使得大自然具备生机。"气"之聚散，决定了万物滋长。关于此点，托名郭璞的《葬经》乃是中国风水之最根源性著作。

"经曰：'气乘风则散，界水则止，故谓之风水。'风水之法，得水为上，藏风次之。……古人聚之使不散，行之使有止。"②

这里的"经"所指的是《葬经》。意思是说"气"遇风，则气散；由于水的围绕为界，则能固气。因此，如何藏风聚气，成为风水的最重课题。故而，人们居住于大自然中，不论大型的城郭营造或者小至个人的居室营建，都以风水观点为依归。就人文景观而言，这些景观也意味着想象力、暗示性的价值取舍。

"这不过是视觉前端增强想象力的作用而已。风景当中的家、桥、立树、道路等也是人们行动、平稳的暗示而已，将更为广大、人类味道的痕迹投入风景中刺激想象力，使人们与其场所同化。因此，并非预先固定想象的内容，可说是以想象为出发点，眺望点景。"③

就现代心理而言，譬如风景画中的点景，不过是赋予画面生气的功能，意味着人们可以在其中生息的暗示性作用。人们借由某种想象力出发，由此发为人文景观。但是，在中国山水画中的人文景观，不只是画家想象力所完成的点景，实际上也是画家文化意义中的无意识或者有意识作为的结果。

"风景画的点景，不只可以举出人物，也有动物、建筑、道路、桥

---

① 布颜图：《画学心法问答》，载《中国画论丛刊类编》，华正书局有限公司1984年版，第215~216页。
② 郭璞：《葬经》，转引自汉宝德《风水与环境》，大块文化发行2006年版，第52页。
③ ［日］中村良夫：《風景を創る：環境美学への道》，日本放送出版協会2004年版，第98页。

梁、舟等。这些'赋予绘画生气'人物、动物、人工物这样的要素,实际上描绘于其中的风景不正是表示被定着于其上的风景之证明痕迹、象征吗?经由添加这样的点景,不也表现着那种景观是栖息地的景观吗?"①

即使处于现代社会,经历现代文明的洗礼,在面对建筑景观时,或者与本课题相关的公共艺术时,风水这种被传统视为迷信的"信仰",依然具备值得我们注意的作用,甚而产生决定性影响。

"何以风水对中国建筑传统的研究有不可缺少的重要性呢?因为自明代以来,风水实际上是中国的建筑原则,风水先生实际上是中国的建筑师、匠人们负责修造,是工程师与装修家,也又符合与星象有关的咒法寸法。但与生活环境有关的重要的决定,却是风水先生负责安排的。如建筑的方位与朝向,开门安灶与订床位等,今天的建筑家认为功能的部分,都与风水有关。……但是今天研究风水,不能期望使之成为一套有用的学问。有用,是的,但只限于对民族文化、行为模式了解的一面,而不是职业性的一面。我们把它自紊乱发展中找出一个系统,但很难找出它在这小系统之外,与科学、技术连上什么关系。"②

汉宝德以其切身从事建筑所遭遇的课题,在早年即开始研究风水与建筑,晚年将其成果再次重刊。他赋予"风水"以环境的现代意义,亦即环绕着人与物各种人文观点所形成的意义。他特别注意到,在传统中国文化中风水师即建筑师,他是真正的建筑内容的决定者,其余只是工匠的建造者的角色。风水师决定一切与建筑相关的事项,包括建筑物的坐向,建筑物内部的主神位、床位以及灶位。神位、床位与男主人的生辰有关,灶位则与女主人的生辰关联。因此,建筑关系着家运的昌隆,以及个人吉凶。而与建筑物密切关联的起点则是选址,其次则是方位。而选址实际上与抽象性的"气"密切关联。"葬者,乘生气也。五气行乎地中,发而生乎万物。……'气感而应,鬼福及人'。"③

---

① [日]樋口忠彦:《日本の景観》,筑摩书房1993年版,第211页。
② 汉宝德:《风水与环境》,大块文化发行2006年版,第14~15页。
③ 郭璞:《葬经》,转引自汉宝德《风水与环境》,大块文化发行2006年版,第25页。

郭璞《葬经》原本指的是埋葬先人尸骨，尸骨得气，则"鬼福及人"，庇荫后人。大地因有弃而滋长万物，尸骨得其气则祸福于后人。中国人以伦理观念来解释大自然与人伦之间的密切关系。因此，埋葬行为不只与俗世间的人伦关系有所关联，同时也与不可思议的大自然力量密不可分。气从何来？"夫阴阳之气，噫而为风，升而为云，降而为雨，引乎地中为生气。"①所谓气是调和阴阳而滋长万物的力量，出自于土中，埋藏而得其气，居住亦得其气。因为风水适宜，所以得以集村居住。此种"气"使得集村的外观近于审美观点，譬如"秀、吉、变、情"。有趣的是，风水的选址当中，我们透过视觉效果可以感受得到"秀"、"变"、"情"。"秀"指的是"秀美"，因为闭封藏气则植物茂密，建筑地基方正，给人端庄、气魄的感受。"变"则是四时变化明显，因朝、暮、阴、晴而有山气变化，山脉奇秀浑厚、更具特色。"情"则是山川有情，如前面案山宜低，远祖宜高。中间盆地之明堂，不宜紧迫或荡旷。"吉"则是指风水之条件，诸如祖山宜高，诸山环抱，中有名堂，前有玉带盘桓等理想的山川环境。②

风水内容以自然形貌为象征，关系着人生吉凶气运或者居住于此的家道兴衰。虽有抽象性山脉与五行的比拟，实际上其聚落或者个人居所的选择体现有机的哲学以及理想的环境观。③ 在这样的建筑物主体外的公共艺术的设置，就风水而言，足以引发我们的关注。以下我们举出两个华人社会的例子，一是香港中文大学图书馆前的雕塑作品，二是台湾"总统府"前的纪念碑，借此说明公共艺术或者说纪念物与风水的关系。

雕塑作品常作为公共艺术的一环。不只如此，具备悠久历史的或者与事件性息息相关的雕塑作品，因为伴随着记忆性的缘故，雕塑作品的公共意味就会转换成象征意义。台湾"中央大学"图书馆前的"门"（俗称

---

① 郭璞：《葬经》，转引自汉宝德《风水与环境》，大块文化发行 2006 年版，第 52 页。
② 一丁、雨露、洪涌：《中国风水与建筑选址》，艺术家出版社 1999 年版，第 222~224 页。
③ 梁雪：《从聚落选址看中国人的环境观》，载《风水理论研究》，天津大学出版社 1999 年版，第 33 页。

"大对招")变成了最能引发香港中文大学学生的记忆①。因为这座雕塑位于名为"烽火台"的上方,由于图书馆的扩建也就不得不迁移雕塑,结果引发学生的抗争。然而,根据曾任教香港中文大学的友人转述,这座位于图书馆前的朱铭"大对招",以两人比武的造型出现,名为"对招"的格斗摆设于图书馆正门前,身为主人的历任图书馆馆长,身体时常违和,进而怀疑是每日出入图书馆,被这座雕塑上比划功夫的两人的拳脚所伤,故而也成为迁移的原因之一。只是,以人文主义著称的香港中文大学,实在也难以说明这种风水与雕塑主题、设置的关联性。

四、小　　结

中国人与西方人看待公共艺术时,多了西方社会所没有的隐形的风水观。既然公共艺术具有公共性意味,那么它与设置周遭的环境关系必然密切。公共艺术在台湾发展将近20年,然而我们却也发现许多与公共艺术相当不协调的所谓"公共性"的作品,人们与它们的关系并不密切,仅有的效果往往是大型地标性那种装置艺术作品的功能而已。但是相对于美术馆中的装置艺术作品的暂时性,公共艺术却具备永久性的设置企图,生活于周遭的人们不得不忍受那种一时审美价值下的永恒设置的不安、焦虑与抗争。但是,曾几何时,我们借由公共艺术的公共性,试图打破艺术家内在的封闭性所造成的社会疏离感,因此我们高度信赖艺术家的想象力,但是相对于想象力的无限延伸,我们却欠缺某种足以令人普遍信服的价值标准来批判他们的作品。当我们提到传统中国风水观时,首先注意到人与存在环境的有机哲学以及营造理想环境的隐性企图。只是经由神秘主义的演绎与内在意味的丧失,风水全然被视为迷信。然而如果我们回归到人与自然,甚至天、地、人三者和谐下的有机生活环境之营建观点来重新审视公共艺术时,对于被艺术家高度内在化的公共艺术的未来发展,必然有所启发。

(作者单位:台湾佛光大学艺术学研究所)

---

① 烽火台上的雕塑"门",是台湾著名雕塑家朱铭于1986年完成的。"门"的外形如两人对招,寓意学术切磋、砥砺互补;"门"与烽火台,也就成为"中央大学"的大学精神的一部分。这件拆除事件由《苹果日报》报道于2008年11月17日。

民宅的再发现

[日本]藤田治彦 著 李小俞 译 雷礼锡 校注

一、序 论

民宅①是指相对于公共建筑而言的私人房屋。除此之外，民宅也有其他的特殊含义。其一，民宅特指普通老百姓的住宅，而不是贵族或是上层武士的宅邸；其二，它虽然一般指私人住宅，但实际上特指像京都、金泽这类历史古城中的传统町屋②，以及渔民、农户和下级武士的住房。

虽然民宅一直遍布日本，但从某种意义上说，民宅是在1910年代才被发现的。就是在大正民主时代(1912—1926)，"民俗"和"工艺"这两个词合成了"民间美术"③一词。在"民间美术"一词被创造的1925年，柳宗悦(1889—1961)和他的后继者在1920年代开创了民间美术运动。

其实，在1910年代以前就有人使用"民宅"一词。这可以从明治时代(1868—1912)很多出版物名称中找到证据，如《地方民宅启蒙读物》、《民宅事略》、《民宅税费须知》等。不过，《地方民宅启蒙读物》是一本

---

① 日文作"民家"，英文作"Minka"，中译或可作"民房"。
② 町屋(machiya; townhouse)是17世纪日本手工艺人和商人常用的连体式木格子架建筑，是他们日常工作和居住的场所。它类似中国城市里的街屋或店铺住宅。在日本城市现代化进程中，作为日本传统民宅建筑形式之一的町屋大量消失。
③ 国内学界也有直接使用日文"民艺"一词的，并有"民艺学"。民艺或民艺学并不限于民间美术。这里按照文意，结合中国的习惯译作"民间美术"。

重视土地所有权的地方启蒙书籍(如讲解土地登记事宜),《民宅事略》是家庭日常琐事的记载,《民宅税费须知》则是一本简要介绍民宅税费与账单问题的小册子。这些都是家庭日用需要的简易读物。这样看来,在明治时代早期出版发行的书籍名称中零星出现的民宅,主要针对家庭用途,而不是特定的建筑类型,也不是建筑史、艺术史的术语。

尤其重要的是,由于某种原因,在标题中含有民宅一词的出版物到明治时代后期已经变得非常少了。大概是"民宅必读"、"民宅须知"这样的说法已经显得太陈腐了吧。

在大正时代,当"传统的平民住宅"这种新观念得到承认时,民宅一词复苏了,又开始重新使用。从这种意义上看,民宅是在1910年代早期被发现的。在1910年代以前,"传统的平民住宅"是没有任何文化价值的老木屋。但是在1910年代后,它们成了既有文化价值也有美学价值的传统木构住宅。

二、今和次郎与日本民宅研究

1910年代是日本民俗学的初创时期。民俗学的先驱者柳田国男在1909年出版了《后狩词记》①,1910年出版了更加著名的《远野物语》②。不仅仅是柳田国男,还有《武士道》(1900年)的作者新渡户稻造也是民宅研究的先驱者。

对乡土社会同样怀着浓厚兴趣的新渡户稻造、柳田国男、农业行政专家石黑忠笃等人1910年在东京成立了"乡土会"。新渡户稻造在他的演讲"本土文化研究"中,阐述了农村住宅研究的必要性。虽然起初"乡土会"成员每月都会在新渡户的家里开一次例会,但后来的活动就逐渐减少。1907年,另一个新的组织"白茅会"成立了,它是以柳田国男以

---

① 《后狩词记》是柳田国男民俗学研究的开山著作,记录他在1908年旅行九州时采集的民间文化,自费出版于1909年。1960年收入日本筑摩书房出版的《柳田国男集》第二十七卷。《后狩词记》被誉为日本民俗学的第一个纪念碑。

② 《远野物语》即流传在远野地区的民间传说故事集。远野是日本岩手县的一个偏僻山乡,曾有男妖、女妖、河童、狼等传说。《远野物语》是柳田国男早期民俗学研究的重要著作。

及刚成立不久的早稻田大学建筑部的佐藤功一教授为中心的学会。"白茅"是指搭盖屋顶的茅草在使用过程中颜色逐渐变白之意。"白茅会"是研究正在逐渐流失的古老住房并竭尽全力加以保护的一个组织。于是,"白茅会"联手"乡土会",在日本各地开始了传统住宅的调查。

虽然柳田国男看起来是白茅会和乡土会的核心人物或支撑人物,但真正的核心人物是建筑师佐藤功一,而承担实质调查任务的则是佐藤功一的助手今和次郎(1888—1973)。1918年9月,他们的第一份也是最后一份报告《民宅图集第一辑·琦玉县民宅》出版发行。这是民宅术语以新的含义首次出现在书店的重要时间。

严格来说,民宅被赋予新的含义予以使用应该是前一年的事情。日本建筑学会会刊《建筑杂志》刊登的一篇匿名文章《民宅建筑研究展望》的最后署着"大正六·七·六",即1917年7月6日。这之前也登载了今和次郎的报道《都市重建的根本意义》。

《民宅建筑研究展望》的作者可能是早稻田大学的佐藤功一,也可能是冈田信一郎。冈田信一郎是东京美术学校①的教师,曾教授今和次郎,并将今和次郎推荐给早稻田大学的佐藤功一担任候补助手。佐藤功一和冈田信一郎都曾先后在东京帝国大学建筑部求学。实际上,冈田信一郎还为今和次郎的《都市重建的根本意义》这篇报道写了序文。佐藤功一接受今和次郎到早稻田大学,并在1915年之前展开对相州叶山农村住宅的调查。民宅一词可能是佐藤功一、冈田信一郎、今和次郎等师徒在1917年之前以现代意义一直使用的术语。

今和次郎在《民宅图集第一辑·琦玉县民宅》发表四年后的1922年,出版了《日本民宅》。它超越了一般的调查报告,因其平易近人的文学风格获得好评而一再加版,掀起了一股民宅热潮。"白茅会"只以《民宅图集第一辑·琦玉县民宅》的出版而告终,而其继承者"绿草会"继续策划,在1930—1931年间出版了新的《民宅图集》系列丛书。第一辑《山梨县民宅》,第二辑《富山县民宅》,第三辑《岛根县民宅》,第四辑《岐阜县民宅》,第五辑《静冈县民宅》,第六辑《青森县民宅》,第七

---

① 1949年5月,东京美术学校与东京音乐学校合并为东京艺术大学,设立美术学部。2004年,东京艺术大学改称国立东京艺术大学。

辑《新潟县民宅》，第八辑《奈良县民宅》，第九辑《琦玉县民宅》，第十辑《冈山县民宅》，第十一辑《滋贺县民宅》，第十二辑《长野县民宅》。作为新系列丛书的编辑，除了老成员今和次郎、佐藤功一、柳田国男、石黑忠笃以外，建筑师武田五一、大熊喜邦和画家小林古径也加入民宅系列丛书的编辑队伍。

今和次郎和年轻的石黑忠笃、大熊喜邦、藤岛亥治郎在1936年成立了"民宅研究会"，出版会刊杂志《民宅》达八年之久。以柳宗悦为核心的"日本民间美术协会"在1934年成立，而《工艺》月刊创办于1931年。另外，"民间器具"研究也在这个时期开始了。这是研究者竞相研究"平民"的时代，推动了"民间美术"运动和"民间器具"研究，继而将非常普通、很难引起注意的民宅研究推向高潮。

三、民宅和关东大地震后的临时住房

虽然今和次郎是早期民宅研究的核心人物，但如今他却是作为"考现学"（Kōgengaku；studies of modern societies）的创始人而不是作为民宅研究先驱者闻名于世。所谓"考现学"，是今和次郎根据考古学一词自己创造的词汇，主要是有组织地研究现代社会现象，追求现代社会真相的学问①。考现学是今和次郎在《日本民宅》出版的第二年即1923年9月1日的关东大地震后，从自身活动中衍生而来的。

大地震袭击了关东平原，并使东京、横滨及周边地区也陷入了濒临毁灭的状态。大约14万人在地震和随之引起的火灾中丧生。在取消了对各地民宅的调查后，今和次郎和吉田谦吉成立了"临时住房装饰社"。在灾后重建过程中，人们收集烧剩的废木材搭建临时住房和店铺，努力重新生活。看到这些情景，今和次郎和吉田谦吉备受鼓舞，他们给受灾者的临时小木屋刷上油漆，配上现代装饰，使街道恢复到了以往的生机。今和次郎是在东京美术学校学习绘图的建筑教师，他和吉田谦吉从1925年开始研究复兴路上的东京生活，之后便发展成为考现学。

---

① 考现学是借鉴考古学创立的。考古学重古代考察研究，考现学重现代考察研究，如现代社会风俗、世态人情。

四、结　语

从今和次郎的传统民宅研究到对近代社会生活研究的转变，速度异常快。但是，他对传统民宅的研究、临时小木屋的装饰以及考现学研究，这三者之间并没有脱节。

现在，日本各地有563个民宅被认定为国家重要文化遗产。可惜，《日本民宅》中刊载的民宅却大多没有包含在内。作为国家重要文化遗产的民宅多为富农、富商或者富裕渔民的宅邸。《日本民宅》一书中也包含几个这样的民宅，但更多的是指开荒移民、贫农、山民的临时住房。但是，它们大多数已经不存在了。

今和次郎虽然出生于富裕的医生之家，但他感兴趣的是人类生活的原生状态和建造自家房屋的初始模样，而对那些上流社会与奢侈豪华宅邸没有任何兴趣。因为今和次郎的传统民宅研究、临时小木屋装饰社的活动以及考现学研究，都建立在"平民"或"民众"的基础上。

（作者单位：日本大阪大学　译者单位：湖北文理学院　校注者单位：湖北文理学院）

记忆的处所

[日本]要真理子 著 刘精科 译

一、引　言

在当今日本，公共艺术在公共艺术维新工程的支持下吸引着人们的注意，例如东京立川市公共艺术工程(东京 1994—)、直岛艺术影院工程(香川 1997—)以及大地艺术之祭(新潟 2000—)。这些工程由艺术家、著名的艺术指导和创造者参与，在政府或企业的经济资助下完成。主办城市进而成为人们关注的焦点，先前对这个领域没有任何兴趣的人也不例外。

然而，参与到如此庞大工程中的艺术家们可能会有自己的想法和抱负，而且这些想法与抱负往往与工程策划者的并不一致。事实上，有些活动更像艺术家自己的工程。这里要讨论的是一名艺术家在创作过程中如何把他创作的重点放在房屋和它的记忆上，同时我认为他的地域观和对艺术的激情不仅体现了他自己的工作特点，而且与其他活动相联系，也与区域发展相联系。

二、谁是艺术家？井出创太郎和他的作品

井出创太郎是一位蚀刻版画艺术家，同时也是其母校爱知县立艺术大学的副教授。最初井出创太郎从事油画创作，但是后来转向铜蚀刻版画制作，这是铜版雕刻术的形式之一。他的技术是自学得来的，因为没有大学的专职人员从事该领域的研究。

在传统的蚀刻过程中，艺术家们首先用耐酸的蜡制原料覆盖在铜版表面。接下来用针在蜡质上勾画图案，然后把铜版浸入酸里。只有被针勾画掉的部分被酸腐蚀，所以图案事实上就是金属块上面凹陷下去的部分。艺术家再洗掉酸，这样铜版就完成了。金属片上的凹陷处被染料涂染，再覆盖上一张纸并穿过印刷机。蚀刻过程就是这样。

井出创太郎的雕刻过程跟传统的完全不同。他的作品通过将树叶挤压到金属块里，表达的不仅是外在的图像还有肌理。他用旧的、不太有效的蚀刻液体缓慢地腐蚀铜片，铜片遇酸则被氧化而生锈。铜锈转移到纸上时，就变成了漂亮的绿色阴影（在日语中是"绿青"的意思）。通常，生锈的表面将很难复制，因为印制之前金属片已经被清洗干净。为了解决这个问题，井出创太郎使用雁皮纸来印制。雁皮纸是日本最柔滑、最透明的纸，它可以让铜锈转移，换成完好的绿颜色。液体的形态总是容易变动，因此他无法预知印制的成品，也不能产生相同的产品。很明显井出创太郎的雕刻是单版画，他的作品有肌理的元素在其中。

图1①

1996年，这幅版画（见图1）在大阪当代艺术中心"96年绘画指导"展览中展出。标题的一部分"爱情的喜悦"来源于一首古老的意大利歌。这首在他的童年时期由他母亲弹奏的钢琴曲是他的回忆。他在这首歌名的后面加了一个词"灌木丛"。灌木和植物发芽、成长和最后的死亡就如同我们的记忆一样，多年后会渐渐淡去。《爱情的喜悦 灌木丛》的标题在井出创太郎上大学一年级的时候就被他首次用于木板印刷。在为他的雕刻品寻找存放点时他想到了房屋的概念。房屋被修建，供人们居住以及后来被推倒。这种形式改变得如此缓慢以至于在它们消逝前我们不会忘记它们的形象和有关的回忆。

---

① Sotaro Ide, piacer d'amor bush 96 works-1, 1996.

三、作为人的记忆空间

1. 井仙的町屋工程(东京,2000年)

这项工程为井出创太郎提供了他需要的艺术火花,他开始将他的作品放进房子里。尽管在这项工程之前他就在千叶市的德姆比卡米亚别墅①用拉阖门的形式展示了他的艺术品,但井出创太郎认为那不是他的工程,而是博物馆组织的一组展览(见图2)。他所做的一切就是在核对每间房子的尺寸后在德姆比房子摆放自己已完成的作品。然而在井仙的町屋工程中,艺术家们从计划阶段就参与进来并与其他的参与者讨论展览的风格。他把私人住宅当做一个展示厅,里面有各种物品、直射的阳光、居民的习性等等。他似乎对朋友家庭居住的房屋有特殊的兴趣。

图2②

之所以把这个工程称作"神井—仙塬",那是由于古典风格的日式

---

① Dembee Kamiya(1856—1922) was a successful businessman and the founder of the kamiya Bar lserving many kinds of western liquor) in Asakusa, Tokyo.

② Sotaro Ide, piacer d'amor bush "Fusuma", Dembee kamiya's villa, Chiba, 1999.

旅馆,这个在川口和板桥之间的地区,曾经是南木和日光市兴旺一时的区域。在江户时代末期,神井一带的很多原住居民消失了,这一区域变成了商业批发的集散地。20世纪60年代,这里变成了有名的秋叶原电器街,而且现在是世界闻名。然而,由于不断的翻新,目前这里没有私人住宅。

这项规划的展览区设在一个在展览前一年去世的名叫佐藤凉子的家里(见图3)。她的侄子也是一位艺术家,他需要用艺术品来留存佐藤的生活空间。四位艺术家参与了这项工作,井出创太郎就是其中之一。从艺术家角度来说,这是他第一次把拉阖门作为房子的一部分。他的作品乍一看就像是墙上的绘画或污点(见图4)。事实上他的版画与房子完全协调一致。拉阖门式纱窗的样子随着照射进来阳光的多少而变化。你可以看到在白天几乎无法分辨出来墙上的图像。他的作品设计要么相当显眼,要么不为人知。

图3①　　　　　　　　　图4②

在昏暗的光线下,这个房子与秋叶原电器街上的嘈杂截然相反,每一件艺术品都放置得恰到好处。我们能够感受到先前居民的力量。这四个艺术家谈论着房子里每一个角落里的艺术品。当房主的侄子讲述着她一生的经历时,我们就像是她葬礼上的慰问者。这个房子在2006年6月被拆除。

---

① Sato's house, Hatago-cho Machiya Project, Tokyo, 2000.
② The second floor of Sato's house, Hatago-cho Machiya Project, Tokyo, 2000.

2. 爱的丛林：浅井的家(2000年)

浅井在外神田的家也注定将被拆毁。她把一楼作为画室，二楼则是她的起居室，墙上镶嵌着白色的饰片，地上覆盖着塑料瓦片。当井出创太郎移去画室里的白色饰片并换为拉阖门时，他发现油迹已经渗透到表面上。他说："白天少许的阳光进入到一楼的房间里。当我关掉日光灯时，一幅植物的图像就出现了。就像是一块铜片浸在酸性液体里(见图5)。"①在二楼所谓的私人空间里，他安装了没有图形的拉阖门式纱窗(见图6)。

图5②

图6③

上述佐藤和浅井的房屋随着城市的发展而被遗弃，最终只保留在曾经居住于该房屋的人们的回忆之中。佐藤家拉阖门式纱窗在新建的房子里被移到二楼，一楼再也不是私人住所，一楼已经出租给一个电器商店。同时，浅井的纱窗被收藏在横滨艺术馆。这些规划使得井出创太郎的重心从单一的艺术品转变到与一间房屋共存的艺术作品。

四、共同的记忆抑或文化记忆

1. 相仓：光线和拉阖门展览(富山，2001年)

这个展览在有悠久历史的白川乡五重建的画廊里举行，筒山因为屋

---

① From an interview with the artist on July 13, 2009.
② Sotaro Ide, piacer d'amor bush on the first floor of Asai's house, Tokyo, 2000.
③ Sotaro Ide, piacer d'amor bush on the second floor of Asai's house, Tokyo, 2000.

顶陡峭的房子而著名，并被认定为世界遗产（见图7）。这个画廊实际上是三组由于主人外迁而空着的私人住宅组成。两年以来，相仓合掌屋村庄基金会的人们致力于把这里改建成展示区域，称之为"白川乡合掌屋广场"。它被用来展示艺术品和当地特产的日本纸，同时也可以进行旨在保存稀有的合掌屋风格的房屋。井出创太郎的展览在村里山崎以前的房子里。

井出创太郎很快注意到日本纸是表达的工具，于是他把蚀刻品印制在雁皮纸上面，这种雁皮纸是平村日本纸研究中心生产的。井出创太郎把他的作品制成18块拉阖门式纱窗，放在合掌屋风格的房子里（见图8）。这个空间散发出独有的美丽，房子厚重的柱子和黑白相间的蚀刻图案相得益彰。

图7①

图8②

井出创太郎也举办了一次关于蚀刻画的专题研讨会，研讨会的主题是"作为时代写照的立方体"。这次讨论会于2005年在富山现代艺术展览馆举行。他鼓励与会者从他们当地带来有趣的植物。在这次会议期间，每一个参加者研究这些植物的结构并亲身体验包括印刷环节的蚀刻过程。把蜡倒在铜版上面后，他们蚀刻出植物的图像。蚀刻看起来像困难的工作，但在没有印刷机的情况也可以达到这样的效果。这是一项保护性设计的技术。与会者把他们带来的植物放在山崎的拉阖门纱窗的前

---

① Steep-roofed houses (Gasshozukuri style) in Gokayama village, Toyama.
② Sotaro Ide, the former Yamazaki House, Toyama, 2001.

面,这个纱窗在展览馆陈列室里,在那里,这些植物确实与拉阖门完美融合在一起。

2. 渡边房屋(爱媛县,2006—2009年)

这座房屋建于江户时代末期的雅美村,现在被认定为重要的文化遗产。在这个建筑里,井出创太郎将他的蚀刻作品通过拉阖门纱窗和纸制遮光帘这两种不同的形式展示出来。根据相关资料,"这个工程是通过在房子里面安置当代的艺术品的方式,恢复在建筑技术和当地气候的条件下出现的优美的设计和大家对房子的记忆"[1]。事实上,在每间房子里安置雕刻品所花费的这三年里,对房屋曾经的回忆正逐步鲜活起来(见图9)。

图9[2]

五、地区发展规划:越后妻有三年展(新潟,2006年)

井出创太郎2003年买下藤泽市一所有150年历史的老房子,并将其改造成画室和住所。他的一个名叫高滨利也的朋友,也是一位雕刻画

---

[1] See the exhibition pamphlet "Watanabe House: the shine and memories", 2009.

[2] Sotaro Ide, Watanabe House, Ehime, 2006—2009.

艺术家,帮忙补充地面部分。这种合作变成了他们后来开展集体创造的一个机会。与井出创太郎的单人工程相比,这种协作的工作模式使房屋看起来更加直观,更加特别。这种集体创作的活动在2006年发展成了越后妻有三年展的空房屋规划。

该工程的一个组织者后来解释说:"我们要求艺术家们把空着的房屋改建成一个艺术空间,然后再寻找新的买主。这个艺术工程有60多间房子,都是由许多顾问和艺术家在进行创造"①。井出创太郎和高滨接手的房子位于中里区域的小出町村,所以它们被称为小出町房。在这套房子里边,高滨把托梁放到地板里面,井出创太郎则在拉阖门纱窗上安装蚀刻作品(见图10)。他们这个项目的目标就是通过展示过去人们居住的房屋和目前艺术家们正在改装的房屋来传达出时间流逝的概念。我认为他们的目标比井出创太郎的蚀刻艺术更加积极,高滨尚未全部完工的托梁提醒着我们什么可能将会出现。

图10②

在这个项目里,房子的翻新将会在新房主手里不断继续下去。井出创太郎把自己看作是一个连接房子前主人和新房主的传递者。

展厅里井出创太郎大部分的作品仅在展览地保留一段时间。在那之

---

① http://tenplusone.inax.co.jp/archives/2006/08/23201158.html,2009-12-20.
② Sotaro Ide, and Toshiya Takahama, House in Koide, Niigata, 2006.

后,他的作品被拆卸,但是却被人们长久地记住。如果为了永恒地被人记住,也许他可以选择一种不同的艺术表现形式。

他曾经说过:"在展览期间,我们不能评价像越后妻有三年展中公共艺术品一样评价公共艺术。它们只会在十几年以后增值。如果没有当地居民的理解与支持,我们的作品可能被扔进垃圾堆,因为当项目的成员不在那里的时候必须要有人照顾那些作品。艺术家和居民的和谐共处是最基本的,也就是说,最重要的是艺术作品本身必须吸引人。"①

六、总　　结

在这篇论文中,我认为艺术家从创造单一的艺术品到将他的作品综合为房子的一部分的转变,显示了很多公共艺术建筑的案例特点。井出创太郎提出,他不想让他的作品被当做展览品摆放在特殊的位置,而是更愿意将他的作品随意地融入到普通的住宅区。艺术品使得居民区活跃,也能帮助促进人们之间的交流。然而艺术不仅仅是一种跳板,它同样在决定人们的对话交流方面起着非常重要的作用。事实上,如果艺术品模糊不清的话就会导致不被人理解,它必须兼具理解的多样性和内容的复杂性。最后,艺术作品的质量决定了它是否值得人们理解。

(作者单位:日本爱知产业大学　译者单位:湖北文理学院)

---

① From an interview with the artist on July 13, 2009.

楚汉南北朝时期汉江流域
服饰艺术成就与特点

李兰兰

汉江流域是中华文明的重要发祥地之一。从夏商周时代以来，汉江流域一直都是汉文化发展的重要环节。其兼容并包、开拓创新、博爱精神的文化特点，在以神话巫术为代表的楚文化、以儒家思想为基础的汉代社会、以道家思想为基础的南北朝士大夫精神中都有佐证。作为一种重要的文化资源，汉江流域发展起来的汉江文化具有独创性和生长性、开放性与兼容性、人文性与和谐性等特征。汉江流域古代服饰艺术就是以一种地域文化的视觉形式来展现汉江流域的人文精神、社会风貌，为今天的华服研究提供了一条极具历史价值的线索。后来历朝历代的服饰文化发展从根源上都与古代汉江流域服饰文化息息相关。比如楚国深衣就是中华华服演变的本源——汉代的袍服，魏晋南北朝的深衣、襦裙，隋唐的长裙，明清的长衫，甚至近代的连衣裙都与它有着一脉相承的渊源。根据现有的考古发掘资料，能够集中体现汉江流域古代服饰发展成就与艺术特点的文物，有先秦楚国帛画与木俑、汉代画像砖与陶俑、南北朝的画像砖等。在这里将结合这些文物资料，以楚、汉、魏晋南北朝为线索，探讨汉江流域古代服饰发展的主要成就与艺术特点。

一、楚国汉江流域服饰成就与艺术特点

先秦楚国及其楚文化是以长江中游和汉江流域为基础发展起来的，主要是以今天的湖北、湖南为主。汉江既是楚文化发展的源头，也是楚文化繁荣的基础。楚国在西周初年其文化特征并不明确。春秋战国之

际,楚国以汉江平原为中心,社会生产力蓬勃发展,政治局势稳定,才逐渐形成独特、成熟的楚文化,继而成为中华文化的一条重要线索,贯穿于历朝历代,并在各个时代得到了不同的继承与发展。从楚服的款式设计与艺术特点可以看出楚文化发展与繁荣的基本状况。

深衣创始于周代,流行于战国时期及后来的秦汉,自然也成为楚文化的主要服饰。《礼记·深衣》提到,"古者深衣,盖有制度。"其制"十有二幅,以应十有二月"①,也说明"深衣"在古代较为流行,有其深刻的文化基础。在当时,由于南北文化意识的差异,深衣的款式也不同。北方衣袖窄长,上衣紧贴身体,下面的衣裾宽大曳地。南方仅楚国的深衣款式就有多种:一种是衣袂肥大而下垂,宽度与衣长相同,衣袪突然收紧,就像个大圆口袋(见图1),衣裾的下部宽大而拖长;还有一种式样,袖子从肩部向下开始变窄,形成一种细长窄小的袖口,衣裾曳地不露足。深衣的特点是上下衣裳连在一起,下摆不开衩,如《礼记·深衣》所说的"续衽钩边"②。所谓的"续衽钩边",即将右面的衣襟接长,接长后的衣襟成三角形,穿时襟摆旋转到背后扎进宽腰带里(也就是后文说的绕襟),再用丝带系扎。

图1所示战国时期的云纹绣衣、梳髻贵族妇女帛画出土于长沙陈家大山楚墓。图中妇人身穿宽袖紧身长袍曳地,袍的上身绣以抽象不规则云纹。另外在衣领和衣袖上比较有特点,用深浅相间的条纹锦制成,富有强烈的装饰效果。这种深浅相间的部位称为"宽缘",也就是楚服中较常见的"衣作绣、锦为缘"。袖型表现为小口大袖,即袖口小、袖身大,也就是后人所说的"琵琶袖",这是南方

图1 楚服(楚墓帛画,长沙出土)

---

① 《周礼·仪礼·礼记》,陈戍国点校,岳麓书社1989年版,第525页。
② 《周礼·仪礼·礼记》,陈戍国点校,岳麓书社1989年版,第525页。

楚国比较典型的深衣款型。这种大袖小口式的袖型在汉代基本保持不变，只是宽缘和袖身的对比没有楚服那么大。腰间束丝织物大带且系扎在靠臀处，腰身用丝织大带束得非常细，也从装饰设计应用领域验证了"楚王好细腰"的说法①确有历史依据。但细腰装束并不仅限于宫廷流行，这从沈从文《中国古代服饰研究》所谈论的金村玉雕舞女②和楚铜器可以得到证明。楚铜器的足一般都比中原的铜器细而且高，楚贵族特有的升鼎就有十分明显的"束腰"样式；同样，楚纹样也以修长著称。可见，细腰装束在当时已成为社会习俗，是作为当时的审美标准出现的。这一类款式是春秋、战国以至汉初贵族男女比较常用的曲裾深衣。

图2所示的彩绘木俑（临摹图）出土于湖南长沙仰天湖楚墓，呈现了战国时期彩绣云纹、锦沿曲裾衣的基本特点。其服饰款型属于交领、右衽、束腰，用丝带系结，右衽即领部衣襟交叠向右。当时的服饰已有了严格的文化区分，比如：束发还是披发，左衽还是右衽，都是分辨华夷的标志。图2所示服装的图案丰富、抽象、大方，具有很强的装饰性。袍裾沿边均镶锦缘，门襟和衣摆上是宽幅深色重菱纹暗花锦缘，袍身纹饰为抽象凤纹和云纹。重菱纹又称"杯纹"，因它形似双耳漆杯又称为"长命纹"，取长寿吉利的含义③。衣身大面积抽象线条与细节处理相结合的图案，以点线面展现服装和谐均衡的形式美，表现手法上采用了强烈的对比效果，色彩非常的丰富，而且为了表现出图案的层次感，图案细节颜色的深浅、亮暗程度也不一样，细节的变化微妙。所有的图案都是由曲线构成，与服装的外轮廓线形成对比。从整个服式的图案形状与线条的处理上来看，与图3所示战国漆木梳的图案有许多相似之处。图3为汉江流域襄阳市高新区余岗墓地出土的漆器木梳，木梳漆

---

① 《战国策》楚一《威王问于莫敖子华》记载："昔者，先君灵王好小要（小要即细腰——引注），楚士约食，冯而能立，式而能起。"《墨子》"兼爱（中）"篇评述为："昔者楚灵王好士细腰，故灵王之臣皆以一饭为节，胁息然后带，扶墙然后起。比期年，朝有黧黑之色。"《韩非子》评述为："故越王好勇，而民多轻死。楚灵王好细腰，而国中多饿人。"《资治通鉴》卷四六《汉纪三十八》记载："吴王好剑客，百姓多创瘢；楚王好细腰，宫中多饿死。"

② 沈从文：《中国古代服饰研究》，上海书店出版社2002年版，第68页。

③ 华梅：《服饰与伦理》，中国时代经济出版社2010年版，第22页。

图案基本上是对称布局,上部为两个线形螺旋,对称背立,线条抽象,粗细虚实相间,图案比图2更抽象,但都非常具有装饰性、动态感。

图2 战国彩绘木俑(临摹图,长沙出土)

图3 战国漆木梳(襄阳出土,雷礼锡翻拍)

先秦时期汉江流域流行的装饰设计风格与楚服的发展有重要联系。图4与图5的蟠虺纹,都属于汉江流域中游,图4出土于湖北襄阳山湾,图5出土于湖北谷城(隶属襄阳)。这种蟠虺纹盛行于春秋战国时期。在襄阳博物馆和河南淅川博物馆展出的大量楚系青铜器上主要是以蟠虺纹为主。蟠虺纹又称"蛇纹",以盘曲的小蛇形象构成几何图形,有三角形或圆三角形的头部,一对突出的大圆眼,体有鳞节,呈卷曲长

图4 春秋时期蟠虺纹(襄阳出土)

条形，蛇的特征很明显，往往作为附饰被缩得很小。商末周初的蛇纹，大多是单个排列；春秋战国时代的蛇纹大多很细小，作盘旋交连状。它有很强的装饰性，见证了楚系青铜设计文化与汉江流域有直接联系。而且见证汉江流域设计文化对楚服设计有影响的例子也是存在的。而这些青铜纹饰在服饰上的应用并不少见，从下面图6、图7的分析中也可以得到证实。

图 5　春秋时期蟠虺纹（谷城出土）

图 6　战国楚墓彩绘俑局部　　图 7　春秋晚期蟠螭纹铜器（局部，襄阳出土）

图6是战国楚墓俑临摹图，从图中可以直观地看出人物服饰属于典型的宽衣束腰博带型，锦缘为深色，衣身为浅色。袍身的纹饰明显与图7有密切的联系。图7原物是春秋晚期的蟠螭纹铜鼎，出土于汉江流域襄阳余岗山湾，这里只截取了部分纹饰。图6袍服全身布满与铜鼎类似的蟠螭纹，且分布均匀有规律，大小一致。汉江流域一带通过服饰艺术

展现了巫术神话、庄重狞厉美的楚文化。

二、汉代汉江流域服饰成就与艺术特点

汉代袍服基本沿袭楚服的深衣制，但这一时期的服饰更为考究，形成了一套相对完备的服饰制度，蕴含了君权神授的社会思想，居于统治地位的儒家思想也被应用在汉代服饰艺术中。袍服是汉代最流行的服装式样，宽衣大袖，袖子肥大，袖口以收敛的"琵琶袖"为主。它是在深衣基础上的进一步发展演变，最显著的特点是衣襟绕转层数加多，衣服的下摆增多。同时袍服的衣领、衣袖、衣襟、衣裾等边缘部位缀有花边装饰，且花边的色彩及纹样要比袍身面料素些，以凌纹、格纹等几何纹最常见。而楚国时期的深衣与之相反，从前面的图1和图2就可以了解到，楚国时期的深衣是领、袖、襟的宽缘要比袍身的颜色要深。根据袍服襟摆形式的不同，又可分为曲裾袍（见图8）和直裾袍（见图9）两种类型。东汉时期开始以直裾袍为主。

图8　汉代曲裾陶俑（陕西汉阳陵博物馆）

曲裾深衣通身紧窄，长可曳地，下摆一般成喇叭状，行不露足。穿着时襟裾随曲裾盘旋，衣服转折好几圈，缠裹在身上，绕至臀部，然后用丝带系扎。衣袖有宽、窄两式，图中仍属于大袖，但是并不像楚服中"琵琶袖"的小口大袖的对比那么大。说明汉代的衣袖逐渐从楚服的琵琶袖向魏晋时期的大袖过渡。且衣领和袖子很有特色，衣领通常采用领口很低的交领，穿的时候要故意露出里面所穿衣服的几层不同的领子，最多时可达三层，当时称为"三重衣"；而袖口也和领口一样，层层相叠，里面比外面长，露出内袍的袖缘。衣服的襟裾边饰秀丽，这种深衣大多镶边，在当时成为一种流行的装饰样式。图8为汉代曲裾陶俑，藏于汉阳陵博物馆，此服饰为汉代早期男女的常见服式——曲裾深衣，主要流行于春秋战国时期，

一直延续到汉代，但在东汉男子穿深衣者很少，主要成为女子的专用服式。

图9　直裾袍服①

直裾深衣的特点是右衽，不绕襟，衣裾在身侧或侧后方，但在北方地区也会出现左衽。直裾深衣的普及是伴随着内衣的改进——有裆裤子的出现。从图9中我们可以看到直裾深衣的袖口与袖身在大小上的对比越来越小了，为魏晋南北朝的宽衫大袖去掉衣祛奠定了基础。也可以看到直裾深衣的领、襟、袖的颜色要比袍身的颜色素，与楚的深衣相反。这种深衣在西汉时就已出现，但不能作为正式的礼服。原因是古代裤子皆无裤裆，仅有两条裤腿套到膝部，用带子系于腰间。这种无裆的裤子穿在里面，如果不用外衣掩住，裤子就会外露，这在当时被认为是不恭不敬的事情。但到西汉时，直裾则取代曲裾成为礼服。

图10和图11画像砖均是反映汉代歌舞场面，两块画像砖资料来源于河南汉画馆（局部剪切）。从图10中可以看到身着直裾深衣的击鼓舞者，这属于东汉时期的交领右衽、宽袖深衣。图11为一长袖舞者作轻盈舞步，从图中可以看到舞者衣襟也为交领右衽，袖口宽博，和图10击鼓者的袖型类似，但套有长长的小袖，也就是后世戏曲服上的"水

---

①　图片翻拍自袁仄：《中国服装史》，中国纺织出版社2005年版，第40、42页。

袖"。下身为打褶裙，内穿阔边大口裤。虽然是以儒文化为社会背景，但其服饰思想与造型仍保留着楚韵遗风，所以画像砖中人物舞蹈时挥动舒卷衣袖，以衣袖的流动表现身姿的柔美，整个画面造型完美和谐，表现了舞姿轻盈的楚风。

图 10　东汉画像砖（南阳汉画馆藏）

图 11　东汉画像砖（南阳汉画馆藏）

我国古代对头发的处理是非常讲究的，不同年龄、不同身份的人或不同民族，其发式不同，要求和标准也不同，本文以最为普遍且具代表性的几种发式来窥探汉文化的服饰特征。从图 12 所示汉代女子发式可以看出有比较典型的两种类型：一种是梳在颅后的垂髻即挽髻，这种下垂的发式在整个秦汉时期的妇女发式中,一直占主导地位。挽髻受战国时期居住在西南地区的妇女所流行的椎髻的影响;另一种是盘于头顶的高髻。图中自左至右,左边两种就属于垂髻,这种发式一般从头顶分为两股,再将两股头发编成一束,由下向上反搭而挽成各种式样。据所挽式样不同而命名为"迎春髻"、"垂云髻"、"飞仙髻"、"同心髻"、"堕马髻"等①。图中左一就是堕马髻,这种发髻的主要特点是下垂至肩背,侧在一边,给人以发髻散落之感,这正是堕马髻的基本特征所在。图12左起第三张图为倭堕髻,从汉魏至隋唐五代,倭堕髻一直受到妇女的青睐。如《乐府诗集》中的《陌上桑》:"秦氏有好女,自名为罗敷……头上倭堕髻,耳中明月珠。"倭堕髻的样式有"堕马之余形",仍保留着堕马髻那种低垂、倾斜、侧在一边的特征。图12左起第四张图属于戴花钗高髻。汉代以后,妇女的发型得到了空前的发展,主要表现在三个方面:其一,宫廷里仍然采用周朝的假髻装饰的发型与发饰礼制;其二,富贵人家的妇女的发髻形式由后倾向前推移成为高髻,并搭配上奢华的装饰品;其三,普通妇女仍然喜欢朴素的裸髻。

图12　汉代女子的发式

尽管汉代人物服饰有丰富的形式特点,有不同的地域风格变化,但整个汉代服饰设计的文化内涵与审美价值保存了较强的楚文化与汉江文化的趣味,传递出强烈的"汉江游女"②色彩,即开放、自由的精神气

---

①　袁仄:《中国服装史》,中国纺织出版社2005年版,第41页。
②　《诗经·汉广》说"汉有游女,不可求思",这成了"汉江游女"文化演进的渊源。

质。前述先秦楚服也体现了这种特点。

三、魏晋南北朝汉江流域服饰成就与艺术特点

从以下文献资料分析，会发现汉江流域的魏晋南北朝时期的服饰和楚汉服饰文化是一脉相承的。这一时期正处在南北民族大融合、思想文化异常活跃的特殊时期，由于北方民族与中原民族的冲突、交流、互动形成文化基因的融合，服饰变化上突出的表现就是将中国古代的宽衫大袖、褒衣博带发展到极点。表现了在冲突、压制的黑暗中，文人墨客的苦中作乐与个性张扬，使得伦理观念和服饰风格在这个时代有了新的定义。这一时期主要受道家思想的影响，即以无为本、以有为末的思想，以及隐于山林，对自然万物的尊崇。植物纹样的装饰图案也是从这个时候出现的，达到了一种人与自然的和谐统一。在服饰上的具体表现为上身穿衫、袄、襦，下身穿裙子，这成为当时的主要服装，杂裾垂髾服，褶裤；发式上流行的"蔽髻"是一种假发，虽然早在汉代已出现，但在这一时期成为一种时尚，在宫廷和民间都得到了较大的发展。

图13中的南北朝画像砖出自汉江流域襄阳城西虎头山东北麓贾家冲，画像砖中反映的是魏晋南北朝时期的文人隐居山林、寄情山水的生活风貌，对于说明南方士大夫着通用的宽衣博带的巾裹衫子便服是比较有代表性的一块画像砖。与沈从文编的《中国古代服饰研究》中的竹林七贤和荣启期砖刻画做比较，可以找出这一时期文人士大夫服饰特征的共性。这正是庄子欣赏的"解衣般礴"之态的魏晋风度，文人的衣服开

图13 南北朝画像砖（襄阳出土，雷礼锡摄）

始宽松开敞,进而露胸袒怀——魏晋时期的"竹林七贤"首倡并引领此风气,抛弃儒家经典,崇尚玄学清淡,放荡不羁,超然无物,潇洒飘逸,自然无为,以表达自我为目的,追求"精神、格调和风貌",酝酿出文士的空谈之风。所以对服饰的传统礼法表现非常蔑视,穿宽松的衫子,衫领敞开,袒露胸怀,素雅朴实的服饰色彩,直接反映了当时人们的服饰观念和服饰风尚的变化。

这一时期的衫和袍在样式上有明显的区别,按照汉代习俗,凡称为袍的,袖端应当收敛,并装有祛口。而衫子却不需施祛,袖口宽敞。衫子由于不受衣祛等部约束,魏晋服装日趋宽博,成为风俗,并一直影响到南北朝服饰,上至王公名士,下及黎庶百姓,都以宽衫大袖、褒衣博带为尚。从传世绘画作品《女史箴图》和《校书图》及出土的人物图像中,都可以了解到这种情况。除衫子以外,男子服装还有袍襦,下裳多穿裤裙。

图14画像砖出土于汉江流域襄阳城西虎头山东北麓贾家冲,图中人物形象清晰,描述的是一幅准备出行图,人物一律上身穿交领短襦、小袖,下身穿宽松褶裤,在膝盖处用带系扎。这种裤褶在当时称为"缚裤"或"胯褶服"。这种服装的面料,常用较粗厚的毛布来制作。穿裤和短上襦,合称襦裤,但封建贵族必须在襦裤外加穿袍裳,只有骑马者、厮徒等从事劳动的人为了行动方便,才直接把裤露在外面。这种襦裤方便利落,显露出粗犷之气,所以成为当时劳动人民比较常用的服装。但到了隋唐时期,作为北方兴起的王朝,其男子服饰已不再是上衣下裳的风格,而是袍裤套穿的形式。

图15所示服饰具有如下特点:交领右衽,领袖都施以边缘、束腰,上紧下松,袖子宽敞肥大,又在腰上系围裳,从围裳下面再伸出许多长长的飘带——杂裾垂髾①,下为多褶裥裙,裙长曳地。这种款式是汉代深衣的一个延续和发展,其不同点在于腰间着围裳或抱腰,与这一时期出现的襦裙类似;下摆裁制成长长的三角飘带,最初魏晋时期的上宽下尖的髾和长可曳地的飘带是分开的,到南北朝时将上宽下尖的髾加长,

---

① 陈东生、甘应进:《新编中外服装史》,中国轻工业出版社2009年版,第41页。

楚汉南北朝时期汉江流域服饰艺术成就与特点

图14 南北朝画像砖（襄阳出土，雷礼锡摄）

将髻和飘带二者合为一体。由于使用了轻柔飘逸的丝绸材料，所以这两种装饰使女子在走动的时候，衣袂飞舞，飘带翔动，更加富有动感和韵律感。杂裾垂髾服使魏晋南北时期的女子充满灵动、飘逸的气质。图中女子的发式属于飞天髻——它是从灵蛇髻的基础演变而成的，主要受佛教人物衣着打扮影响，梳挽的方法是将头发集中在头顶，然后细分出鬟髻，每股弯成上竖的圆环。其中一女子的头发分为两股，另一女子分为一股，她们头顶的圆环与轻柔飘逸的飘带形成呼应。

图16是一块南北朝画像砖，出土于汉江流域谷城肖家营墓地，其

图15 穿杂裾垂髾服的妇女　　图16 南北朝画像砖
（顾恺之《洛神赋图》局部）　　　（谷城出土）

457

人物的着装外形基本与《洛神赋图》相似。画像砖上的人物也是交领、大袖、束腰、衣襟飘飘的衫子。不同点只是人物纤瘦些，下摆没有坠地。这也说明汉江流域在魏晋南北朝服饰文化特点之上也形成了自己的文化特色。

整个魏晋南北朝时期，很注重人的内在精神，都在充分地追求自我。他们讲求脱俗，一反世人注重浮华外表的作风，提倡以外在风貌表现高尚的内在人格，追求内外完美的统一，这种新的审美观念影响并改变了整个社会的思想文化。

四、结　　论

从前面楚、汉、南北朝时期汉江流域服饰文化资料的分析可以看出，汉江流域因其特殊的地理位置，服饰文化既有多样性，也有内在的统一性。其多样性表现在服饰款式总体上继承楚韵，奠定了以服饰表达精神文化的服饰文化基础，使中国传统服装神秘而又不失浪漫；在造型上奠定了宽衣束腰博带、温文尔雅的服装廓形。但在各自的朝代中又有各自独特的特点，从服饰款式的结构细节、图案纹样、色彩等表现不同历史的文化特色、精神气质。楚服更多的是一种浪漫神秘的巫术文化表达，服饰更趋于寻找内在自我与自然和谐的原初性、神秘性；汉服则更多的是阶级等级制度下的人的意识通过服饰的外在形式的表达，通过服饰来标识等级，传达儒家思想。在造型上虽基本沿袭楚服的宽衣束腰博带，但廓形趋于合体、严谨，配饰也相对变得复杂。南北朝时期主要是将宽衫大袖、褒衣博带发展到了极点，受士大夫的道家思想影响，在服饰上寻求一种素雅朴实的风格；统一性表现在服饰廓形与人体线条的高度和谐，以衣服与身体的空间感追求身体和精神上的自由、放达，依然传承着独具风貌的楚文化所展现出的自由奔放、神奇浪漫、清秀雅丽的艺术神韵。

汉江流域服饰文化是中国历史上各时期服饰艺术发展的承接点，也使其服饰文化更加丰富。汉江流域很可能是我们进一步理解和揭示中国古代服饰艺术成就与特点的很好的切入点，具有很高的研究价值，值得进一步关注和深入研究。

（作者单位：武汉纺织大学服装学院）

现代城市公共艺术的自然意识
——以襄阳市城市公共艺术为例

刘精科

19世纪末期德国生物学家恩斯特·海克尔提出"生态学"这一概念，当时主要是为了探讨生物与周围环境之间的关系。然而，伴随着人类生活世界中出现的越来越严重的环境污染问题，生态学思想也开始从生物学科逐步渗透到人文社会科学领域，产生出重要的社会影响。摆脱生态危机、改善生存环境已经成为人们的共同追求。

公共艺术是随着城市文化的发展而出现的，是城市生活形态的产物，也是一定区域的人们生活观念、生活方式和与审美理想的集中展现。当前现代城市公共艺术将现代城市生活及其周围的自然物态环境与现代人的心灵情感沟通起来，使人们获得一种融入自然、激发情感的观赏方式和体验过程。城市公共艺术已经成为提供公共休闲、情感交流、展示个性的重要形态，是人类文化中的一个有机组成部分，以此缓解现代城市快速发展过程中对现代人类生活和生存造成的压抑和排斥。

从某种意义上来说，人们通常所说的生态危机从根源上说，就是人与自然之间关系的危机。在前现代社会，人依附于自然，自然甚至被看成是人类的母亲。在这种观念的指引下，人与自然之间是一种和谐与共的关系。然而，到了现代工业社会，随着科学技术的发展、现代知识的丰富，人对自然的干预和改造大大增强，自然成为人类征服和奴役的对象。正是由于自然在现代人们生活观念中地位的丧失，人类面临一系列生态问题甚至是生存的危机。

如何重建人与自然之间的和谐关系，是艺术家们苦苦思索的重要问题。在这一方面，城市公共艺术已经进行了积极的探索。公共艺术作为环境创作形态的必要形式，以其独有的艺术特质和文化包容，不断消除现代社会发展给环境带来的不利影响。解决环境生态问题，创造人类和社会环境的生态和谐，已经成为当下公共艺术的社会功能和审美的价值取向。面对环境问题和人类的生存危机，艺术家们提出了"设计结合自然"的观点，要求公共艺术作品摆脱传统的"挑战"或"支配"自然的意识，顺应自然规律，重建艺术与自然之间的和谐关系。主要表现在以下方面：

第一，全面把握土地、生态环境、外部空间等环境系统，顺应植被、泥土、岩石、水体，甚至阳光和风等因素，把所有资源加以考察并整合利用，从而消弭人、环境与艺术景观之间的隔膜，使公众能真正融入艺术作品及其周围整个环境系统之中。当前，很多设计师们高举"回归自然"的旗帜，倡导尊重自然的设计理念，把地表、岩石、土壤、荒野、绿地、自然河流等作为艺术创作的基本材料，努力平衡人类需求与自然环境之间的关系，甚至有人认为："自然环境，就它未被人类触及或改变的意义来说，大体上具有肯定的审美性质；例如，它是优美的、精致的、浓郁的、统一的和有序的，而不是冷漠的、迟钝的、平淡的、不连贯的和混乱无序的。简而言之，所有未被人类玷污的自然，在本质上具有审美的优势，对自然世界的恰当或正确的欣赏，在根本上是肯定的，否定的审美判断是很少的或者完全没有。"①

城市公共艺术当然也需要创新、需要创造，但是这种创新与创造的基础必定是城市的自然环境和历史文化的遗存，公共艺术要在沿承传统城市空间特色的基点上，促进现代艺术景观与自然相交融，这已经成为当今公共艺术设计和建设过程的重要观念，也是体现城市形象和文化特色的最重要之处。

襄阳具有厚重的历史文化底蕴和独特的地理气候优势，人文环境与自然景观相映成辉，城区依山傍水，被鹿门山、岘山、羊祜山、琵琶山等群山拥抱，自然条件十分优越。在进行城市公共艺术规划和设计的过程中，就必须充分利用城市周围这些独特的自然环境，使城市公共艺术

---

① 彭锋：《"自然全美"及其科学证明》，载《陕西师范大学学报(哲学社会科学版)》2001年第4期。

景观与周围环境统一与协调,满足人们日常生活的需要。特别是南湖广场就很好地体现出艺术景观与环境之间的依存关系,把历史悠久的护城河、襄阳古城以及羊祜山上保存完好的自然植被联系起来,不仅使市民和游人获得融入自然的惬意与舒适,也使人们感受到这座城市历史的悠远和文化的厚重。

第二,城市公共艺术尊重和顺从自然世界的规律,促进艺术景观与自然环境的协调,尽可能减少包括能源、土地、水、生物资源的使用及对周围环境的干扰与破坏。生态公共艺术应以促进生态系统良性循环为出发点,从根本上降低对资源和能量的消耗。现在很多艺术作品和城市景观,利用废弃的土地、原有材料,包括植被、土壤、砖石等并使其服务于新的功能需要,大大节约资源。这种方式既可减少对自然环境和人类生活的侵害,又借助艺术的构思、整理和组合,把生产或生活废弃物改造成城市公园或景观。

襄阳曾经是全国重要的纺织工业和电子工业城市,获得过"全国明星工业城市"称号。现在随着大量企业的转产改制以及搬迁,曾经的厂房和原有的大批机器设备被淘汰,襄阳可以大胆借鉴国内外发达城市的经验,对这些工业遗址实施有效的保护和充分利用,实现由废弃工厂到城市文化景观的转型。例如清河口工厂集中区和樊城的工业园区,是襄阳城市工业发展的历史见证。政府可以选择几个有代表性的厂区进行保护和适度改造,不仅保留了废弃的工业设施,使其重新发挥作用,而且又可以创造独特的城市文化景观,唤醒人们对于城市发展进程的历史记忆和艺术想象,使其可以充分展现襄阳在20世纪七八十年代工业发展上的令人骄傲的辉煌历史,进而提升整个城市的视觉形象和历史地位。

第三,加强对于城市历史和文化遗迹的保护力度,凸显地方特色。城市公共艺术涵盖了城市雕塑、园林、植物绿化等,也涉及城市公共设施,包括路灯、商业街道、城市街区以及其他能够凸显城市文化的景观等。随着现代城市化进程的加快,城市公共艺术越来越受到人们的重视,强化城市景观艺术的地域特征和文化特色已经成为设计师的艺术追求。瑞士建筑师托马斯·赫尔佐格说过:"在国际化的进程当中,本土性的特色内容也得到了强化,使得地域性也得到了认可。本土化的传统特色,可通过对其进行条理化、系统化之后使人对其加深认识,并使认识提高到一个更高的水平。对当地民居的建造方法和所使用的材料，要符合当地的环境要求和地域特色。"①很多城市的公共艺术设计中出现的一个突出问题就是刻意模仿，千篇一律、失去自我的现象不断出现。我们应当认识到，公共艺术不仅是一个技术问题和社会问题，更是一个艺术问题、审美问题和文化问题。城市公共艺术要结合城市历史文化、自然地理、城市功能，着力塑造整体形象，保持传统文化特色，重视自然环境、历史资源与文化景观的协调统一。襄阳有着近3000年的建城史，是一座享誉中外的历史文化名城，其浓郁厚重的历史文化底蕴、南北兼而有之的地理气候优势，使襄阳人文与自然景观相映成辉，美不胜收。而以诸葛亮为代表的三国文化，更是襄阳的一张闪亮名片。襄阳被誉为三国文化的源头，"三顾茅庐"、"隆中对策"、"马跃檀溪"、"水淹七军"、"刮骨疗毒"等人们耳熟能详的历史故事就发生在这里。因此，我们需要在对城市公共艺术景观进行改造设计的过程中，紧紧抓住三国文化来做文章，突出三国文化这一主题，凸显襄阳的地域和文化特征。

第四，重视城市公共艺术与自然环境的融合，也是中国传统文化精神的重要体现。中国古代文化认为，人与自然之间存在着密不可分的联系，"在中国艺术中人文主义精神乃是真力弥漫的自然主义结合神采飞扬的理想主义，继而宣畅雄奇的创造生机"②。以老庄思想为代表的中国传统文化往往把艺术创造与人生追求联系起来，这与当代公共艺术的发展有很多共通之处，给城市公共艺术的规划、设计与发展提供了积极的启示。"发掘中国传统文化的积极因素，将之融会在公共艺术的创作之中，必将对提升公共艺术的创作水准有所助益。"③公共艺术通过借助艺术性的表现形式和表达方式传达出人们在城市生活中的各种人生观念、生活态度及审美需求等，进而不断影响和塑造着整个社会的精神风貌和价值追求。在中国传统生态思想的影响下，公共艺术设计不再把环

---

① 张雪松：《托马斯·赫尔佐格生态建筑中的地域主义倾向——参观托马斯·赫尔佐格"建筑+技术"展有感》，载《房材与应用》2004年第3期。

② 方东美：《生命理想与文化类型》，中国广播电视出版社1992年版，第386页。

③ 张海军：《心物相化 无为而为——当代公共艺术创作中的老庄思想新解》，载《雕塑》2006年第4期。

境作为一个与人分裂或者对立的客体来看待,而是在"天人合一"的基点上探求艺术的世界,营造出气韵生动、浑然天成的意境,从而使公众从中获得美的体悟、情感的愉悦与境界的提升。公共艺术利用有限的空间,"巧于因借",把大自然的风、光、日、月等融入景观中,做到"风花雪月"、"招之即来"、"听我驱使"、"境界自出"①,让观赏者在有限的时空内体会到无限的时空变幻,从而"超以象外,得其环中"(司空图《诗品·雄浑》),使人感到象外之象,景外之景。襄阳是一座有着厚重历史的文化名城,现在依然保存着数量众多的古代建筑、历史遗迹和民间文化,通过对这些历史文化遗迹进行深入发掘,在充分保护的基础上使之构成完整的一个生态系统,进一步展示襄阳城市的文化内涵。

被誉为国内"工业设计之父"的柳冠中先生曾经这样说:"设计更直接地从物质、精神上关注着以'自然'为根据、以人为核心、以人与自然和谐为归宿的人为事物的'事理'价值判断。因而仅仅把设计看成是功能主义、大美术主义的分支和工具技术的观点,显然已经过时。"当前,公共艺术设计正面临着前所未有的发展机遇,并且要求我们必须在正确处理人与自然关系的基础上,激发出人们强烈的情感体验和精神满足,创造出一种富有诗情画意的城市文化生活方式。

(作者单位:湖北文理学院)

---

① 陈从周:《梓翁说园》,北京出版社2003年版,第12页。

浅谈城市景观雕塑的公共艺术性

孙伟华

中国在改革开放后，经济迅速发展。"城市景观雕塑"已不再是个陌生的字眼，它作为一种重要的艺术门类，正在被人们所了解，所接受。城市景观雕塑是在城市设施满足需要的基础上，得到的一种城市灵魂的艺术。它是公共交流的艺术，雕塑家与材料交流而产生作品，雕塑与环境融合而形成丰富的景观。当雕塑对所有有形资源加以整合利用成为体现人文关怀体现民意的景观本身，而公众又能真正融入其中时，人、雕塑、景观的距离将完全消失，这样的景观即是我们的期待。

一、艺术必须遵循"公共"的属性，方能融入公众的群体之中

"公共艺术"这个概念是在西方社会历史发展到一定阶段后出现的。根据德国著名社会学家哈贝马斯的研究，在英国17世纪末，法语中的"publicite"一词借用到英语里，才出现"公共"这个词；在德国，直到18世纪才有这个词。公共性本身表现为一个独立的领域，即公共领域，它和私人领域是相对的。"公共艺术"的前提是公共性，只有具备了公共性的艺术，才能称之为公共艺术。公共艺术的概念在西方有其特定的社会、历史、文化的背景，它在当代中国的出现和使用不是偶然的；它是转型期的中国在公共事物中所体现的开放性和民主性逐渐提高的表现。它可以象征一个民族的风貌，象征一个国家或地域的繁荣昌盛，也可以成为一个地域古老文明的标志。它的范围很广，小到地标、纪念碑、信箱、公路步道、椅凳、公共汽车台、公共电话亭等建筑的装饰，大到城

市的整体规划、广场设计、具有城市标志特征的景观设计等,优秀的公共艺术作品将成为人类文明的瑰宝,像希腊巴特农神殿、中国的万里长城、埃及的金字塔就是其中的成功范例。

"公共艺术"是人与社会环境及自然环境的交流,是人与自然、社会发展的和谐统一。它的综合特征应该包括自然美学、环境、人文、生态等不同的角度,全面研究思考人类的生存方式、环境的科学合理性是公共艺术的核心。这也就提出了一个观点:艺术必须遵循公共的属性,方能融入公众的群体之中。"当代艺术有必要成为一种文化沟通与精神的激励,它表现为对公共想象力的培养和对公众民主的培养。"每个人对公共性的理解是有差异的,但自由和交流是必需的基础,并不是将艺术品放到公众能看到的地方就是好的公共艺术。对艺术家来说,前瞻性与独创性以及对公共事业的态度是十分重要的。艺术家提供的独特视角与价值观要让更多人接受,必须将公众性和亲和力融入到新的艺术语言中。事实上,"只有贫瘠的艺术,而没有艺术的贫瘠"。

二、雕塑到景观的拓展

雕塑在本质上更具户外特性,阳光更是增强了雕塑的形体和空间特质,其造型与材质的自由度是建筑和环境设计无法企及的。大型景观以形式捕捉视线,以场景设计浸润心灵,以文化提升品格。据此,雕塑家最有条件为公众塑造最有亲和力的景观艺术。20世纪以来,雕塑由让观众走近观看发展到让公众融入其中。我们不难发现,尺度越来越大的雕塑已离开基座而成为景观本身。从现代景观造型美学的角度来讲,景观艺术包括了形体、空间、色彩、质感以及生态等几大要素。而从艺术大师所引领的现代雕塑发展状况来看,实质上应该没有任何距离。也许我们需要重新审视现代雕塑发展的进程,探讨在今天能否以雕塑向景观扩展来作为缩短雕塑艺术和公共距离的一种方式。

在习惯上,人们普遍认为建筑设计和园林设计是景观造型设计的主体。而以高迪风格为主流的卡达兰现代主义在西班牙的"新建筑运动",在19世纪末就提前验证:以雕塑的手段去塑造大型城市景观已经赢得广泛的赞许,其公共艺术精神,仍然主导着今天巴塞罗那城市设计的灵魂。另一方面，著名的美国雕塑家野口勇，深受日本园林艺术的影响，创造性地以大地为塑造的对象，率先将雕塑成功地扩展为景观造型。他和受其影响的艺术家的作品至今仍受到公众的喜爱。随着雕塑观念的不断创新，当代雕塑在环境中的影像完全可能由视点扩展成为整个视野，成为景观的总体。

三、景观雕塑的发展是时代的需要

就时代而言，中国自东汉之后宗教的融入，雕塑便被加上了一条锁链，雕塑的主体始终都逃不出这个范围，向来都是封建帝王宣传其统治思想的工具。20世纪以来，中国受欧洲古典艺术影响，崇尚"写实主义"，推崇纪念性的公共艺术，如：伟人、文化名人和英雄人物纪念碑雕塑。它们均具有明确的宣传导向，大多由官方出资建造，目的是让人们敬仰，而它们的质量则取决于官方与个别艺术家的关系。

早在1930年毕加索就以立体主义的观念计划设计了一个可以让人进入的雕塑空间，在那个时候他尝试着排除任何再现自然的意图。在他的眼中，任何东西都可以成为创作的材料。他在雕塑领域的伟大突破，对以后的构成主义、极少主义等抽象主义雕塑的形成有非常重大的意义。

未来主义者就是希望让作品与环境、形体与空间达到互相贯穿。他们在雕塑中追求的永久价值——"运动的风格"和"雕塑即环境"，反倒成为另一种对"未来"的预言：其"运动"真的影响到了达达主义、超现实主义雕塑以及波普雕塑家环境流派的"环境"观。

当历史的车轮到达今天，现代雕塑在传统雕塑的基础上，开始重视雕塑家个人的表现方法，还有其对生活理性的理解。每个人的表达方式、方法都不同。而且它的构图立意、表现技法、材料，都具有丰富的艺术感染力，更贴近于人，换句话说，现代雕塑作品已不再是单一的"写实主义"了，因为传统雕塑不宜表现个人风格。而现代雕塑解放了"写实主义"这一惯用的雕塑风格，并把雕塑与环境、雕塑与人的精神、雕塑与人的生活关系问题，放在了艺术追求的核心。

四、景观雕塑的发展是与环境艺术密切联系的

环境艺术是一个融时间、空间、自然社会和各相关艺术门类于一体的综合性艺术，是一个各种因素融为一体的系统。一般来说，建筑就是环境艺术的主体，而雕塑虽不能为环境艺术包打天下，但它却起着举足轻重的作用。可以毫不夸张地说，雕塑是艺术。作为环境艺术的主体，建筑不可能完善自己，它还要从系统的概念出发，充分发挥自然环境、人文环境以及环境雕塑、环境绘画、工艺美术、书法以及文学的作用，统率并协调各种因素以达到一种统一完整的形式。环境艺术追求将建筑以及雕塑等诸种构成因素紧密联系、全面协调，从而使整个环境达到一个更高的格调。

随着人类社会步入现代化，环境艺术日渐受到关注，作为环境艺术重要组成部分的景观雕塑也日益引起人们的重视。这类雕塑主要是为了构成一种特定景象、气派而设定的。主题内容可以是比较宽泛和大众化，其主体形象也可以带有较多的类型化的特色，但最重要的一条是要能使自然、人工环境、同该环境的人，通过景观雕塑作为纽带相沟通，相亲和，尤其是与建筑之间的"牵引"。因此，当我们欣赏一件景观雕塑时，除了鉴别这座雕塑本身的艺术表现水平之外，还应当有意识地观察雕塑所在的大的区域环境，琢磨雕塑跟"大环境"，包括建筑，是否形成了一种内在的、微妙的共鸣关系。

五、景观雕塑的发展是城市居民文化精神的需求

由于城市化进度加快，城市就成为人类在自然中影响自然最剧烈的地方。我们不得不面对城市建设带来的负面影响，如人口密度高、环境污染严重、生态环境遭到严重破坏等因素。依赖城市生活的人们，并不甘心把一生的绝大多数时间，放在钢筋混凝土的环境中。每个人都需要伸展生命的空间，人们渴望改善生存环境和保持精神愉悦的状态。那么，在这种环境下，关键的问题就是能否建造代表时代特点、让人们重返自然、身心得到放松的人造景观。这种景观是当代人类生活的需要，

它代表着群众的文化精神需求,是当代城市雕塑的杰出代表。

所以说,景观雕塑是一门很重要的艺术门类。它与公共艺术是相辅相成的关系,是公共艺术重要的组成部分。公共艺术语言与雕塑语言相互融合、相互统一是当代的趋势,它体现了当代老百姓的需求,也是当代文化发展的需要。继承传统,建造具有时代性和中国特色的文化,实现城市雕塑、景观艺术、公共艺术的融合,实现人与自然的和谐发展,是实现自古以来"天人合一"思想的重要体现。

(作者单位:湖北文理学院)

概念设计与城市环境设计

周 敏

所谓"概念"指的是"反映对象的本质属性的思维形式",是"人们通过实践,从对象的许多属性中,抽出其特有属性概括而成"的。从这个意义上说,没有概念,就没有人类的历史,就没有人类的一切文明成果。因此,"概念设计"从本质上说,提供的是"思想"。所谓"反映对象本质属性的思维形式"指的就是通过某种媒介或手段,把我们对事物本质属性的认识确定下来。媒介有许多不同的类型,文字符号是一种表达概念的媒介,视觉符号也是一种表达概念的媒介。就设计艺术而言,"概念设计"就是用视觉语言把我们对事物本质属性的认识表达出来,这种认识就是我们从事物中提炼、概括出来的概念或思想。因此,它在本质上是对"思想"的设计,换句话说,它提供的是创意,即从某种理念、思想出发,对设计项目在观念形态上进行的概括、探索和总结,为设计活动正确深入的开展指引前进的方向。

概念设计在不同的领域中有不同的含义、不同的对象。除了上述设计艺术领域之外,在城市设计美学上也有广泛的应用。这一类的"概念设计"指的是从范畴、结构和观念等方面建构起城市设计美学的未来规划方案。所谓"概念"是对城市、景观、管理、发展理念等方面的特殊性做出的概括。按主体不同,对这一类的"概念设计"可分为三个方面:城市形态、城市环境、城市意象。

一、城市形态

城市设计是城市的空间、建筑、环境与人所共同形成的整体的构成关系。它直接反映了一座城市的结构形式和类型特点，反映了生活在其中的人们的历史图式，反映了城市的文化特征与精神风貌。

总结城市设计的研究成果，我们不难看出，城市形态并不是单一的，而是拼贴式的，是城市在经历各个历史时期的文化积淀的汇合。它的形态不是一成不变的，会随着历史的变迁而产生渐变，通过这种渐变，既可以保持城市文化积淀的延续，又能不断地发展。在城市形态的图底关系中，城市空间往往比实体形态城市建筑更重要。

城市具有了真实的形态，就拥有了创造、展示美感的基本要素。它能够为人们提供物质和精神生活的各种基本需求条件，就能为人们的审美活动构筑更大的空间，体现出城市设计美的合理性来。城市的艺术形象是城市形态美的外在表现，它是人们接受美和培养美的媒介，是社会生活的本质反映，同时也是规划师、设计师和建筑师思想情感的立体再现。

凭借先天的自然条件，有些城市吸引了大量的观光客，但生活在其中的居民却认为城市的结构有问题，生活不便；有的城市看起来没什么特别的地方，但生活在其中的人们却备感亲切、温馨。在这样的城市中生活，你能感受到恬静、舒适带来的愉悦和快感。

这也就说明了一个城市美的问题：高层林立、"现代化形象"突出的城市未必就能给人们带来美感，而结构合理的城市却可以让人得到美的享受。也就是说，城市形态的真，从概念设计上首先必须做到规划合理，然后再考虑在真实的形态下去塑造形象。概念设计强调设计的独创性和原创性，从形式和内容上都排斥业已存在的东西。当然，这不是说不能使用历史上已经存在的形式符号和材料做法，而是必须以新的手法、新的视角加以运用，才能体现出城市形态的独创之"真"。

二、城市环境

一切决定城市的产生、发展及城市形态的显性或隐性的东西，都可以列入城市文脉的范畴。城市的显性形态是由那些可见的要素组成，包括人、建筑、景观以及环境中的各种要素；而城市的隐性形态指的则是那些对城市的形成与发展有着潜在的深刻影响的因素，诸如政治、经济、文化、历史、风俗、心理行为等。显性的形态，看得见，摸得着，能够体验，可以感知，特别是城市中公共领域的形态，它的使用和体验，决定着对城市形态和空间的感知，强烈地影响着对城市的使用；隐性的形态是设计者所不能控制的，它受文化形态和自然因素的影响，往往会很复杂。人是城市景象的一部分，城市形象是人的一切感受的合成。因此，我们必须将建筑、城市与人的知觉三者拉近，放在文化与哲学的高度加以看待，强调人与环境的统一。

城市环境除了要在文脉环境上为人们创造连续的、可以使人感受到历史变迁和生活场景变化的文化背景之外，还要为人们创造一个可以从容应对生活的功能背景。如果一个城市功能不健全，效率低、质量差，而消耗又大，就无法满足居住在其中的人们的基本物质需求，那又如何能满足他们的精神生活需求呢？有些城市和地区，虽有着良好的环境资源，但是连衣、食、住、行等基本条件都无法得到保证，人们也就没有心情去欣赏这些美。城市应为生活在其中的人们提供良好的生存环境，如果做不到这一点，那也就无法体现城市环境美的目的性，因而也就无法满足人们对美好的事物的追求。

我们只有不断地把城市环境的功能问题概念化、原理化、逻辑化，用探索思维进行科学实验，使其与实际生活保持一定距离，保证思维有足够的想象空间。

三、城市意象

艺术的创造，首先需要构思。而构思的中心，就在于建构意象、经营意象，其目的还是要实现审美意象。审美意象直接或间接地来源于设计者对实际生活的体验，对人类生活价值的感悟。

人类对城市的建设并不是从一开始就具有自觉的审美意识的。当然，城市不是作为一件纯粹的艺术品而存在的，但是，随着社会的进步、科学技术的发展和生活水平的提高，人们对城市的艺术要求也越来越高。从艺术的创作角度讲，城市设计关注的多为城市环境艺术的组合，关注街道、广场、建筑、园林、雕塑等元素的相互关系，确立它们之间的组合方式，并将它们的美体现出来，表达出来。

在艺术构思中，意与象如何结合为意象，是创作者要解决的最基本的矛盾。"象"是客体对象的印象，无论是直接感知的印象，回忆过去而来的表象，还是由联想而来的印象，尽管各自的清晰度不一样，但都要求符合客体对象，要按照客体的外在尺度来再现对象，要求真实。"意"则是艺术家、设计者主体自身的意向。主体依照自己的意向来感知、改造客体对象，把客体的外在尺度和主体的内在尺度统一起来，按照美的规律把意与象结合为审美意象。

美的城市意象从一定意义上说，取决于设计师对审美意象的建构。创造一个什么样的意象世界，决定于设计师的审美意向，生活中充满了真、善、美，同时也存在着无数的假、恶、丑。好的城市形态塑造，应该是能够激发起人们对真、善、美的审美快感，设计师的审美意向直接和审美理想、审美观念相联系，而审美理想和审美观念处于审美心理结构的中心，对审美意象的经营起着重要的制约作用。

城市形态、城市环境、城市意象是城市设计美学艺术范畴的三个主要方面。真的城市形态是人们认知城市的基础；善的城市环境是实现美的合理性的关键；而美的城市意象表述的是城市形态的艺术创造与情感体验。总之，城市的艺术形象不是城市各个要素的简单拼合，而是从整体上进行系统的艺术处理。因此，一个好的城市形态，应该是真、善、美高度统一的艺术综合体。

概念设计强调设计的独创性和原创性，从形式和内容上都排斥业已存在的东西。当然，这不是说不能使用历史上已经存在的形式符号和材料做法，而是必须以新的手法、新的视角加以运用。

概念的形成是对纷然杂陈的生活现象提炼、概括、抽象的结果。任何概念都有一定的抽象性，它来源于我们提炼出的某种理念或思想，我们欲倡导、传扬的主张以及我们欲表达的某种意象。在进行现代城市设计的过程中，要充分从科学的角度分析城市环境的现状。科学全面地理解城市设计要素的自然属性和其他特征及城市生态平衡的机制，运用现代的艺术理论和创作手法，创造一种源于自然而高于自然的城市来满足人们的审美需求，这才是所有热爱美、创造美、欣赏美的主人所期待的！

参考文献：

[1] 尹定邦. 设计学概论[M]. 长沙：湖南科学技术出版社，2006.

[2] 彭立勋. 美学的现代思考[M]. 北京：中国社会科学出版社，1996.

[3] 杨先艺. 设计艺术历程[M]. 北京：人民美术出版社，2004.

[4] 金广君. 图解城市设计[M]. 哈尔滨：黑龙江科学技术出版社，1999.

[5] 束晨阳. 城市景观元素[M]. 北京：中国建筑工业出版社，2002.

(作者单位：湖北文理学院)

襄阳北街与古襄阳的融入状态

刘建东

一、襄阳的地理位置、历史及现状

襄阳城是全国历史文化名城之一，地处湖北省北部，雄踞汉水中游，楚为北津戍，至今已有2800多年的历史。城池始建于汉，周长7公里。护城河最宽处250米，堪称华夏第一城池，自古就有"铁打的襄阳"之说。如今，雄伟壮观、古朴典雅的城地，与新近修复的仲宣楼、昭明台等历史名胜融为一体，交相辉映。襄阳城共有六座城门，即大、小北门、长门、东门、西门和南门。襄阳城每座城门外又有瓮城，也叫屯兵城。

万历四年，知府万振孙为六门首提雅称，分别为：阳春门、文昌门、西城门、拱震门、临汉门、震花门。因西门是朝拜真武祖师庙的必经之路，故又称为"朝圣门"。襄阳城在明清时，古建筑较为完整：六门城楼高耸，四方角楼稳峙，王粲楼、狮子楼、奎星楼点缀十里城郭，金瓦琉璃，高墙飞檐，煞是壮观，整个城池都和谐地融为一体，给人以古朴典雅的感觉。襄樊市政府近年来下了很大工夫修复古城，采取了一系列的措施，保持了襄阳古城墙古朴的原貌。

襄阳城西靠羊祜山、凤凰山诸峰。其城墙始筑于汉，后经历代整修，现基本完好，墙体高约10米，厚1.3~1.5米，周长7.4公里，据山临水，蔚为壮观。明人李言恭诗赞："楼阁依山出，城高逼太空。"《汉书·理志》谓："襄阳位于襄水之阳，故名。"战国时楚置北津戍，始为军政重邑。汉时置县，三国时置郡，此后历代为州、郡、府治所。汉唐两代,襄阳城处于历史上的鼎盛时期。《荆州记》载:东汉时襄阳经济繁荣,文化发达,城南一带号称"冠盖里"。汉献帝初平元年(190年),刘表为荆州刺史,将州治从汉寿迁至襄阳,使襄阳城由县级治所一跃升为京城以下州的首府,地辖今湖北、湖南两省及河南、广东、广西、贵州等省的一部分,成为当时中南地区的政治、经济、军事、文化中心。唐代襄阳城为山南东道治所,辖区扩及今陕西、四川的部分地区。明末李自成攻占襄阳城,并在此建立国家政权,自称"新顺王",改襄阳为襄京。1950年5月1日,襄阳与汉水对岸的樊城合为襄樊市。

历史上这里曾出现过众多历史名人,如诸葛亮、庞统、徐庶、韩夫人(朱序之母)、萧统、皮日休、孟浩然、杜甫、岳飞、米芾等。这里三国历史文化丰富,120回本的《三国演义》,有32回故事就发生在这里。

秉承了浓厚的历史文化以及经济根基,现在的襄樊发展迅速。如果把湖北看成是一辆马车,那么武汉就是龙头,快速奔跑并把握方向,而宜昌和襄樊就是在龙头带动下的两个轮子,紧跟向前。

武汉、襄樊、宜昌组成的"金三角"形象地勾画出湖北的发展思路。事实上,呈"品"字形排列的三个城市这几年经济总量迅速攀升,在湖北经济中所占比重越来越大。而作为湖北仅有的两个"省域副中心城市"之一,襄樊2009年GDP总值达到1180亿元,占到湖北第三位,仅次于武汉和宜昌。特别是东风公司的进驻,给襄樊带来不小的经济发展,襄樊正悄悄地崛起为新兴的汽车城;由于旅游资源丰富,襄樊还被国务院评为"中国优秀旅游城市",并在评比中荣获了"中国魅力城市"的称号。

自古就有"七省通衢"之称的襄樊地理位置得天独厚,在中部崛起战略中承东启西,其交通优势在全国地级市中是很少见的。襄樊市有四条高速公路和三条铁路贯穿境内,另外还有两个飞机场,形成了立体式交通格局。

二、襄阳的规划,北街的历史背景、地理位置及现状

1. 襄阳的规划

(1)"南城北市,内城外市"是襄樊市城市规划与布局的特色。正是

这独具匠心的科学规划，为古城的保护与发展开辟了科学之路。登上城南的羊祜山，市区全景尽收眼底：碧绿如蓝的汉江像一条玉带，将市区分为襄阳和樊城南北两城。不用介绍，我们便发现了这座城市在规划布局上的特色——位于江南的襄阳古城墙，雄伟壮观，保存完好；全国最宽的护城河，碧波荡漾，环绕古城；城内气势宏伟的昭明台，卓然而立的仲宣楼，青砖黛瓦的仿古一条街……城内建筑古朴典雅。而隔江相望的樊城则洋溢着现代气息——高层楼宇鳞次栉比，工业区、商贸区、高新技术产业开发区、汽车产业开发区，繁华有序。我们不禁感叹：传统文化与现代文明，结合完善，相得益彰。

十多年来，襄樊城按照规划要求，对古城传统格局和风貌，从宏观到微观进行了一系列卓有成效的保护工作。历史上位于城南的襄阳城以政治、文化、教育为主，城北的樊城以工业、商贸为主。襄樊对老城区的建设管理，一直保持和维护了这一传统的功能分区，使传统的"南城北市"和"内城外市"的城市格局更加鲜明，受到国内外专家的好评。

在襄阳主要保存"古"，而在樊城则主要体现"今"。襄阳主要是"内城外市"的格局，城内保存古地气氛，对城内建筑造型、层高、色调都有明确要求。造型保持古朴、淡雅的建筑风格，以庭院为主、小体量为主；层高以传统标志性建筑昭明台为制高点，高度不得超过 37 米，"倒锅式"地向四周城垣递减；色彩以稳重和谐的灰绿色为基调。

（2）历史文化名城的城市建设，不同于其他性质的城市建设，既不能"标新立异"，也不能"抱残守缺"，必须在规划指导下，把握好开发建设与保护特色的度，做到存其形、贵其神，神形俱备，继承发展。一方面确保文物古迹安全，保存历史文化价值，体现古城特色；另一方面，延续历史发展序列，不断赋新光大。襄樊进行了可喜的探索，旧城改造同古城整体风貌相吻合，弘扬了文化内涵，增强了服务功能。

2. 襄阳北街的历史背景、地理位置及现状

（1）襄阳北街就是旧城改造的典范。北街原有建筑，多为晚清和民国初期所建，屡经战火，破烂不堪，成为"脏乱差"的代名词。1991 年，他们聘请黄鹤楼主要设计者向欣然主持了北街有关街景的规划设计工作。在改造中严格把握建筑风格和建筑高度，使之与古城风貌相衔接，修复原有古建筑，保护古树木。两年后，一条占地 10 公顷，长达 860

米的全国最长的仿古街，如一幅流动的"清明上河图"呈现在世人面前。仿明清建筑，条石路面，沿街点缀过街楼、石牌坊、石亭、石灯、石狮等建筑小品，再配以古朴典雅的匾额、楹联，形成了浓厚的传统气息和商业文化氛围，在古城开辟了一条新的特色街区。

她位于襄阳城十字街北。南起十字街，北至襄阳临汉门，北街北依汉江，自古是襄阳城主要货物进出码头，为城内繁华的街道之一。街道两侧货栈、山杂货店、酒楼、茶馆、字画裱糊等特色店铺一字排列，古迹名胜很多，如铜楼、单懋谦故宅、辛亥元老刘公故居、昭明台等。20世纪60年代后，随着陆路交通事业的发展，水运被逐步取代，北街繁华地位日趋下降，但作为襄阳城内的一条传统商业街，其风貌依旧。20世纪90年代，市人民政府对北街进行保护性复建，街面以条石铺地，分竖两座牌坊，增植了街头绿地，复建了昭明台，保留了单家祠堂、单懋谦故里和小北门城楼，街两侧按襄樊民居形式建成以两层滴水为主的铺面，恢复了北门古渡，改善北街周边交通环境，使昔日辉煌的北街又恢复了她传统的面貌。

位于北街入口处的昭明台是襄樊市重点文物保护单位。它处于襄阳古城正中，为纪念南朝梁昭明太子萧统而建。昭明太子为梁武帝长子，生于襄阳，辑《昭明文选》，垂于后世。昭明台始建年代待考，原名"文选楼"，唐代改称"山南东道楼"，旧有唐李阳冰篆书"山南东道"四字石刻。明代更名"钟鼓楼"，嘉靖时称"镇南楼"，清顺治重建后定名昭明台。建筑面南，青砖筑台，中有条石拱砌券洞，洞高4.5米，宽3.5米。台上建三檐二层歇山顶楼房5间，高约15米，东西各建横房4间，台南有鼓楼、钟楼各一。昭明台雄踞城中，巍峨壮观，古誉为"城中第一胜迹"，是襄阳古城的标志性建筑之一。抗日战争期间，襄阳沦陷，楼毁台存。1973年夏因久雨塌陷而毁。1993年于原址重建，为高台基重檐歇山顶式三层阁楼。台基券洞，横跨于北街入口处。应该说重修的昭明台在风格上有所创新，古朴典雅、高贵大方。当襄樊人看到昔日的昭明台又矗立在古城时，那份自豪和激动难以言表。昭明台本身就是一座很有文化品位的名楼，相当于武汉的黄鹤楼，若经营好了，完全可以成为襄樊的标志性建筑之一。但遗憾的是，由于经营方式欠佳、投资回报率低等原因，造成昭明台文不文、商不商，缺少主题。对产权所有者来说，用之亏损，弃之可惜。透过武汉黄鹤楼的成功运作，笔者认为，重修的昭明台有以下两大难题急需解决。

一是尽快调整经营策略，必须有鲜明的文化主题。由于昭明台本身就是为纪念昭明太子萧统而建的，因此，昭明台的经营必须是文化的，只有这样才能吸引游客来此。可在此重塑萧统像，介绍其生平及其影响，也可经营古玩珍宝、文房四宝、书籍等，也可办文艺沙龙。

二是可由政府出面，以昭明台为主体，将其附近及北街建成鄂西北最大的文化街。文化需要氛围，单靠昭明台是办不起来的，黄鹤楼在历史上也是很单调的，武汉市在整修时，就扩大了黄鹤楼的范围，形成了独特的黄鹤楼文化园。如昭明台与整个仿古一条街连在一起经营文化街，完全可与黄鹤楼媲美。

作为北街终点的临汉门是襄阳古城的六座城门之一，她位于古城的最北边，紧临着汉江，巍峨的城楼，厚实的朱门，都见证了古城的历史。不远处，湖北省重点文物保护单位——夫人城，巍然耸立。东晋太元三年（378）二月，前秦苻坚派苻丕攻打东晋要地襄阳。时东晋中郎将、梁州刺史朱序在此镇守，他错误地认为前秦无船，难渡汉水，因此轻敌疏备。朱序母韩夫人早年随丈夫朱焘于军中，颇知军事。当襄阳被围攻时，她亲自登城观察地形，巡视城防，认为应重点增强西北角一带的防御能力，并亲率家婢和城中妇女增筑一道内城。后来苻丕果然向城西北角发起进攻，很快突破了外城。晋军坚守新筑内城，得以击退苻丕。为了纪念韩夫人筑城抗敌之功，后人称此段墙为夫人城。明初在此扩建长24.6米、宽23.4米的子城，后世多次维修，上勒石额"夫人城"，并立有"襄郡益民胜迹，夫人城为最"等碑。1982年，襄樊市人民政府修复城墙垛堞，建纪念亭于城上，内塑韩夫人石雕像，辟为旅游景点。

与北街隔汉江相望的就是我国宋代书画家米芾的故居，现在已经是湖北省重点文物保护单位。其祠始建于元末，原名米家庵，几经毁建，清康熙年间立碑建祠，并将米芾、黄庭坚、蔡襄等书法名家墨迹上石于祠。现存祠宇系清同治四年（1865）重建，主要建筑有拜殿、宝晋斋、仰高堂、碑廊、浩亭、九华楼、洗墨池等。有雍正八年（1730）摹刻米芾手书法帖34碣，以及黄庭坚、蔡襄等书法名家的手迹刻石8方。近年来从全国各地征集的米芾手迹 100 余幅，也已陆续刻石成碑。

从北街欲往米公祠，可从临汉门外的小北门码头直接搭乘轮渡过江，方便快捷。就连小北门码头在内的众多码头也是明清时代的码头旧址。

（2）北街就是建在历史文化如此丰厚的区域内，北街的整体风格是采用明清时期的建筑风格，与周围古城风格融为一体，现在的北街已经成为襄阳古城的商业文化中心，她的布局在我看来是有规律可循的，大体为，自昭明台往北，到第一个牌坊处为商业区，商铺林立，主要以服装、餐饮为主，人流比较密集；自第一牌坊到第二牌坊处为古玩市场，两边遍布古玩商铺，特别是以第二牌坊处最为集中，每到节假日，过来淘宝捡漏的人络绎不绝，这里就曾有人淘到过唐伯虎的真迹；从第二个牌坊到临汉门这一段为襄阳的旧书市场所在地。

（3）屯溪老街位于安徽屯溪旧城区中心，北倚华山，南临新安江，是目前中国保存完整的具有宋、明、清时代建筑风格的步行商业街。屯溪老街作为唯一的"国家历史保护街区"，每年吸引近 600 万的国内外游客。老街的建筑群不仅沿袭了宋代风格，同时也继承了徽州民居的传统建筑风格，规划布局，具有鲜明的徽派建筑特色。白粉墙，小青瓦，鳞次栉比的马头墙，淡雅古朴；建筑内雕梁画栋，徽派建筑的砖、石、木三雕特色展现得淋漓尽致。老街全长 1270 米，精华部分 853 米，街面建筑大多为前店后坊、前店后仓、前店后住的格局，呈现江南古城镇风姿。

屯溪老街是伴随着徽商的发展而兴起的。早在 20 世纪二三十年代，已有"沪杭大商埠之风"，盛极一时。街道两旁店家鳞次栉比，多为双层砖木结构，清一色的徽派建筑风格，透溢出一股浓郁的古风神韵。老街店面一般都不大，但内进较深，形成"前店后坊"、"前店后库"、"前店后户"的特殊结构，因而更显老街的"老滋老味"。老街有老字号店铺数十家，其中"同德仁"是清同治二年开设的中药店，至今已有 120 多年历史。饮誉世界的"祁红"、"屯绿"，多集散于屯溪；"徽墨"、"歙砚"更是琳琅满目；"徽州四雕"（砖、木、石、竹）产品及徽派国画、版画、碑帖、金石、盆景、根雕也是随处可见。古老的徽州文化在老街上展现她那迷人的风采，堪称优秀民族文化传统的艺术长廊，再现了《清明上河图》的历史风貌。

（4）与屯溪老街相比，同样的襄阳北街也是具有浓郁的历史文化底蕴，但为什么没有产生相应的影响呢？首先我觉得是襄阳北街属于拆除重建的工程，虽然尽量维护历史原貌，但是并不是古建筑，因此她失去了最宝贵的价值，这是根本点；其次是只复原了她的建筑风貌，而没有复原她的内涵。根据查阅的资料显示，"北街北依汉江，自古是襄阳城主要货物进出码头，为城内繁华的街道之一。街道两侧货栈、山杂货店、酒楼、茶馆、字画裱糊等特色店铺一字排列"，这一点我觉得安徽的屯溪老街就做得比较好，襄阳北街也应该恢复这些历史面貌，建成一条具有历史文化气息的古商业街。

（5）虽然北街的规划还不够完善，但也发挥了不小的经济推动作用，只要到过襄阳的人肯定到过北街，而且这里有襄樊商场的龙头老大企业——鼓楼商场，鼓楼商场也正是借助北街这个特殊的文化氛围而发展起来的。

三、襄阳北街与古襄阳融合后的整体审美价值

根据"南城北市"的城市规划原则，襄阳保持了原有的风貌，特别是襄阳北街建成后对古襄阳的整体布局与和谐美产生了极大的促进作用。具体体现在：一江二桥三码头四街道以及环绕于整个城池周围的宽阔的、碧波荡漾的护城河及坚固高耸的古城墙。一江指自古以来川流不息的，在军事、经济、交通、文化、生活等方面起重大作用的汉江；二桥指城池两端的汉江一桥、二桥；三码头指小北门码头、官厅码头、铁桩码头三个主要码头；四街道指城池内的东街、西街、南街、北街。纵观整个古城，四条街交汇而成，交汇点为商贸文化中心的昭明台。南街的绿影壁与新建的古北街遥相辉映——古城周围的护城河和古城墙像两条彩带，把古襄阳这个大宝盒内无数颗璀璨的宝石包装得美轮美奂。

襄阳环城公园是依托襄阳古城和宽阔的护城河而逐步形成的大型环城公园。襄阳护城河全长5.2公里，城河水面最宽处达250米，最窄处130米，总面积48公顷。为了开发这一宝贵的历史资源，以护城河为核心兴建了襄阳环城公园，目前已形成襄阳公园、阳春门公园、荟园、

南湖宾馆、西门桥几组景区。

绿影壁是湖北省重点文物保护单位，它位于襄阳城王府巷内。绿影壁是明代襄阳王府门前的照壁，随同王府建于正统五年(1440)前后。明末王府毁于兵火，此壁幸存。壁全长26.2米，高7.6米，厚1.6米，系以绿矾石为主体、汉白玉柱枋相间的仿木结构大型石雕艺术品。下置须弥座，上为庑殿顶，立面由四根汉白玉石柱将壁分隔为三部分，犹如三幅并列的大画屏。中屏略高，为巨幅浮雕二龙戏珠，具吞云吐雾、倒海翻江之势，汉白玉边框精雕小龙99条，姿态各异。左右两屏稍低，各雕一巨龙舞于云海之间，有浪里滚蛟、海天难辨之态；两屏的汉白玉边框各雕飞龙14条，流连忘返，好似护卫着叱咤风云的巨龙。整个壁面装饰错落有致，主次分明，动静结合，浑厚古朴。在雕刻技巧上融圆雕、浮雕、平雕于一体，显得既粗犷豪放，又细腻精致，具有很高的历史价值和艺术价值。

襄阳学宫大成殿是湖北省重点文物保护单位，它位于襄阳城西北隅积仓街襄樊市第五中学校内。始建年代待考，唐代建在城外，北宋迁于现址，明末毁于战乱。清朝顺治年间重建，后经多次维修。现存建筑大成殿重建于清道光二年(1822)，是学宫的主体建筑之一，用于供奉孔子神位。为五开间重檐歇山顶，红墙黄瓦，檐下有精美的雕花彩绘。殿内生员拜谒孔子的台基高约1米，辅陈二龙戏珠石雕板。殿前方有半圆形"泮池"，池上架一拱桥，俗称"状元桥"。大成殿现辟为市五中校史陈列室。

仲宣楼位于襄阳城东南角城墙之上。为纪念东汉末年诗人王粲在襄阳作《登楼赋》而建，因王粲字仲宣故名。东汉末年，战乱频仍，刘表治下的荆州相对安宁，大批文学之士投奔襄阳，王粲也在其中。王粲虽与刘表是同乡又是世交，但政治上却未被重用。他怀才不遇而郁郁不得志，常于此攻书作诗，《登楼赋》即在此间所作。原建筑已毁，1993年于原址上恢复，双层重檐歇山顶，雄伟壮丽。这些著名的古迹建筑从总体上来说都对维持古襄阳城的面貌起到了重要的作用。

襄阳北街地处襄阳中心地带，坐落在昭明太子台、襄阳古城墙、夫人城、襄阳县学宫大成殿的怀抱之中，并且与仲宣楼、绿影壁巷临近，总体建筑风格为明清古建风格，跟襄阳古城的总体风格相吻合，襄樊正是由于如此浓厚的古文化气息而被评选为"中国魅力城市"，金庸、梁从诚、冯骥才、易中天等专家、学者对襄樊获得"中国魅力城市"称号的百字证词，言简意赅地道出了襄樊的魅力所在！"中国魅力城市襄樊，中华腹地的山水名城。这才是一座真正的城！古老的城墙仍然完好！凭山之峻，据江之险，没有帝王之都的沉重，但借得一江春水，赢得十里风光，外揽山水之秀，内得人文之胜，自古就是商贾汇聚之地。今天，这里已经成为内陆重要的交通和物流枢纽，汲取山水之精华——襄樊。"

北街就是坐落在这样一座魅力城市中，因其融入后形成的总体风格也给这座历史文化名城增添了迷人的风采。

参考文献：

[1] 方宝观，方毅，王存. 中国人名大辞典[M]. 上海：商务印书馆，1921.

[2] 襄樊市统计局. 襄樊市经济统计年鉴[M]. 北京：中国统计出版社，2001.

[3] 顾朝林. 中国城镇体系——历史、现状、展望[M]. 北京：商务印书馆，1992.

[4] 陈家驹. 襄樊风宋录[M]. 襄樊：襄樊市城市建设局、文学艺术界联合会出版，1983.

[5] 石泉. 古邓国、邓县考[J]. 江汉论坛，1980(3).

[6] 罗亚蒙. 中国历史文化名城大辞典[M]. 北京：人民日报出版社，1998.

[7] 顾朝林. 中国城镇体系——历史、现状、展望[M]. 北京：商务印书馆，1992.

[8] 湖北省襄阳县地方志编纂委员会. 襄阳县志[M]. 武汉：湖北人民出版社，1989.

[9] 沈伯俊. 开发"三国文化之旅"的几个问题[J]. 中华文化论坛，2003(2).

[10] 沈伯俊. "三国文化"概念初探[J]. 中华文化论坛，1994(3).

[11] 方宝观，方毅. 中国人名大辞典[M]. 上海：商务印书馆，1921.

（作者单位：襄阳市第一中学）

现代公共景观艺术的城市文化功能探讨

李 克

一

城市公共景观艺术的社会功能就是对艺术作品进行符合城市规划、建筑空间、园林布局需要的有机整合与应用，由此来提高整体环境尤其是城市审美环境的文化层次，创造传承历史文化文脉的艺术化意境，使场所空间更好地为人服务，满足现代人对精神享受的更高需求。公共景观艺术的作用与一个时代经济社会的城市文化、审美理想密切关联，它不仅仅是一个简单的用形态塑造来满足人们视觉需要的过程，而且主要是通过造型中浓缩的美学意味、体现的思想来影响人们的心灵世界，从而对社会进步产生影响，提高整个社会的思想道德水准。公共景观艺术既是人类的精神产品，也是社会文化不可分割的组成部分，这也就说明公共景观艺术为什么会成为今天的热门话题和人们关注和研究的焦点。如果说工业化时代城市建设的核心目标是让人们享有行为空间的话，信息社会城市文化的核心目标是让人们享有艺术化的乐居空间，在这种意义上我们可以看出，公共景观艺术成为了城市空间的精神载体。从人类历史上关于城市与文化主题的演进中就可以知道公共景观艺术所实现的审美期待的逐步深化。在希腊化时期，是通过对城市形态艺术化的塑造方式来丰富城市的精神意蕴，并且产生了迄今为止仍然为我们所遵循的形式美的普遍法则。其后是以崇高的艺术美渗入到公共设施中实现意识形态的主流意志。工业化时代是以功能与审美的妥协来解决城市生活中出现的诸多矛盾，以期建立完美的城市生态环境系统和提高人类的生存质量。今天，我们以全息的视野来多角度探索可持续发展的城市文化生态模式，而艺术的公共性则是实现城市文化创新发展高端目标的重要方式。"我们需要艺术，需要用艺术的手法来使我们理解生活，看到生活的意义，阐释每个城市居民的生活本身和其周围生活的关系。也许我们最需要艺术的地方是艺术可以让我们感受到人性的本质。"[①]城市是人们的共居场所，是一个大的公共环境，公共环境下的生活逐渐走向艺术化。"公共景观艺术"便是将"公共"、"大众"与"艺术"结合成特殊的领域，给人们创造艺术化的生存环境。也就是说，走向"公共"的"艺术"将为城市的文化发展带来新的生机与活力。

二

基于对人类社会急速消耗的自然资源和可持续发展的紧迫性，以及伴随着日益增长的对生活质量的追求和生活方式的选择所带来的社会问题，发达国家很快进行了反思，并且首先提出了城市复兴、再生和可持续发展的口号。随即在世界范围内出现了广泛的对城市重建、城市复兴到城市的更新与再建的探索，这些面向城市生存与发展问题作出的理论与实践的回应，越来越强调城市整体设计与实施的核心作用，更注意历史文化与文脉的保存，使之纳入可持续发展的环境理念中去，这些都为公共景观艺术介入城市空间形态提供了明确的选择路径。这种整体介入致力于将规划设计、历史环境保护、城市的整治、更新、交换纳入到一个大的文化系统加以考虑，并使之融入动态的可持续发展的轨道之中。伴随着"城市复兴"思潮带来的城市文化新需求，公共景观艺术将进一步调整艺术与城市、艺术与大众、艺术与社会等关系，呈现出一种新的价值取向。其一，公共景观艺术应该突出"公共性"内涵，即大众公共权利的象征及大众与公共景观艺术的互动关系。公共景观艺术的宗旨不仅是为纯粹的艺术表现及视觉观赏需要，更是赋予城市公共环境"亲和力"、"归属感"或"文化认同"的积极因素，更多地服务于市民大众的日

---

① [加]简·雅各布斯：《美国大城市的死与生》，金衡山译，译林出版社2005年版，第416页。

常活动。公共景观艺术被置于公共空间或公共语境，它是一种基于公共前提下的艺术表现形式，是与社会民众和历史文化发生关联的。公共性如何在公共景观艺术中表达，不仅源于艺术家和批评家的判断，更重要的是其本身应具有的公共立场。公共景观艺术家的视野是开阔的，他既要妥协于社会民众，也要体现一个时代的文化功能特点，也就是说，公共性的表达往往针对的不是艺术及艺术家本身，而是所表达的现实功效问题。其二，公共景观艺术体现可持续发展文化生态观，公共景观艺术家面向的是这样一个新的生态学时代，需要进一步加强生态价值观，强化城市生态文明，为大众塑造一个美好的城市生态空间，使人的精神生态与自然生态同样和谐，引导人去追求一种美的人生境界，获得一种诗意的都市栖居，真正实现城市公共景观艺术对人的价值关怀，达到物质和精神的平衡、经济与文化的平衡、科技与情感的平衡、人与自然的平衡。其三，城市公共景观艺术是城市文化精神的一部分。任何城市公共景观艺术都是以它独特的方式改变着城市的面貌，现在它们不仅仅是城市的闪光点，更应凸显人文内精神涵的发展概念。当今的城市公共景观艺术面对的是更复杂、功能性更强的环境，而城市公共景观艺术存在的意义在于把自然环境导入人文环境，发挥价值转化作用，尤其是现代意义上的城市公共景观艺术，能以新颖的艺术形式和内涵去培育和提高公众的艺术感受力和审美能力，使城市公共景观艺术推动整个社会朝着更具时代精神和民族特色的方向发展，这正是每个艺术家和设计师肩负的使命和社会责任之所在。今天的城市公共景观艺术形式多种多样，范围也越来越广，社会对城市公共景观艺术规模的要求日趋宏大，题材也日趋新颖。城市公共景观艺术要求我们必须打破传统对我们创作思想和创作手法的束缚，开拓新的视野，接受新的艺术思潮，吸收和借鉴一切城市公共景观艺术方面的先进创作思想和制作手法，结合我国传统艺术之精髓，创作出多种多样的、反映民族精神、体现时代风貌的优秀城市公共景观艺术作品。

  城市公共景观艺术的建设是一种精神投射下的社会行为，不仅仅是物理空间的城市公共空间艺术品的简单建设，最终的目的也不是那些物质形态，而是为了满足城市人群的行为和精神需求，给人们心目中留存城市文化意象。它是渗透到人们日常生活的路径与场景，通过物化的精神场和一种动态的精神意象,引导人们怎么看待自己的城市和生活。

三

　　城市文化是指生活在城市区域内的人们在改造自然、社会和自我的对象化活动中,所共同创造的行为方式、组织结构和道德规范,以及这种活动所形成的具有地域性、观念形态、知识体系、风俗习惯、心理状态以及技术、艺术成果。从内容上来讲,它包括城市的开发、建设和管理、城市各种产业的生成和发展,城市经济体制、社会机制的运营和发展,以及人的生产、生活、人际交往等等。人类文明往往首先在城市体现出来。人的价值观的最高水平也主要通过城市文化反映出来。由此可见,城市文化是处在整个社会前沿的文化,是一种最能体现时代特征,具有强烈时代感的文化,是整个社会文化中最活跃、最具生命力的超前发展文化。城市文化所具有的先进性、导向性和公共性的性质和特点,决定了城市文化对激励人们开拓进取、奋发向上,有着强烈地感召力和凝聚作用;对其他文化的发展具有带动和辐射作用;对培育城市居民良好的行为规范具有教育和导向作用。

　　在城市文化中,公共景观艺术是现代城市发展的必然要求,也是城市文化和现代城市生活理想的一种审美体现。相对于纯艺术和架上艺术,公共景观艺术的公共性特质必然使得公共景观艺术的文化表现性要强烈得多,它承载着更多城市文化的历史内涵、文化走势乃至政治上的功能,带有更多的群体而非个体、社会而非个人、共享而非占有的非功利色彩。从艺术的本质来看,艺术来源于生活又服务于生活,现代公共景观艺术就是还城市以美感,让人体会生活于其间的真正乐趣,让城市成为人诗意栖居的理想场所。

　　公共景观艺术是城市文化的视觉化形式,反映着它所处的时代的社会面貌、经济状况、科学技术、生活方式、哲学观点、审美取向、宗教信仰等文化问题。公共景观艺术也成为当代人观察世界、完善自身、展现自身的天地和舞台。没有文化的城市是没有灵魂的城市,没有公共景观艺术的城市文化将是苍白的,世界上的城市千差万别,根本的差别就在于城市文化的不同。一座城市中有没有富有创意与代表性的公共景观艺术和公众参与的相对宽松的艺术氛围的存在，有没有适当比例的充盈着艺术气息的文化交流与审美及休闲娱乐的公共空间，已经成为衡量一个城市文化品质高低的重要指标，它们的多少和繁荣与否往往体现着这个城市居民的生存样态、审美趣味乃至整体的文化精神。

公共景观艺术不断促进城市政治、经济、商贸、旅游的发展。公共景观艺术产业最核心的价值将表现出城市的主流精神和引导人们的价值理想，培养市民的道德情操和审美情怀，成为城市精神的内蕴。公共景观艺术将形成文化创意产业链。最直接的作用就是以形象的创造拓展新型文化产业领域，打造艺术产品品牌，创造直接的经济价值。公共景观艺术服务的城市环境包括行政性场所、广场以及政府机构等；文化公共场所，如学校、博物馆、美术馆、研究机构等；商业公共场所，包括商业街、商业城等；一般性公共场所，如火车站、码头、机场、地铁站、广场、街道等；娱乐休闲性公共场所，如广场、主题公园、绿地、茶馆、咖啡厅、体育及娱乐休闲公共场所等。公共景观艺术产业能促进城市经济的发展，也会给整个城市带来更多的发展契机，公共景观艺术产业强调了将公共景观艺术的文化内涵和经济的发展相结合，充分发挥公共景观艺术的产业功能，从而在客观上推动城市经济的发展。因此，快速而有力地发展公共景观艺术产业是提升城市文化底蕴的重要手段。

参考文献：

[1]陈望衡．城市——我们的家[N]．光明日报，2008-12-24．
[2]马钦忠．公共景观艺术基本理论[M]．天津：天津大学出版社，2008．
[3][英]科林伍德．艺术原理[M]．北京：中国社会科学出版社，1999．
[4]黄灵万．关于城市文化的哲学和美学思考[J]．成都大学学报(社会科学版)，2005(4)．

(作者单位：南京工业职业技术学院)

古镇公共艺术形象及其生态性视觉表现

戴 端

基于人类将自然生态与文化生态关联起来的视觉审美取向，对公共视觉艺术进行一种生态性的理解，赋予其原生性与生态性将成为演绎民族文化历史的重要载体。对于即将开发的历史名镇来说，文化是古镇之魂，生态是古镇之脉，古城镇公共艺术景观应体现其物质观念史中最精髓的部分。如此前提下，西部古镇原生态的保护与利用，便是西部开发中生态环境建设的重要内容。如何充分利用原生态的自然资源优势，演绎与传播湘西部古镇历史文化的视觉艺术形象，在思路与方法上有许多值得探讨的话题。

一、古镇公共景观生态性建设现状

曾被誉为东方文明活化石的乌镇，声称"胜似吕梁龙门"的龙门古镇以及被称为近代湘西边界明珠的"边城"茶峒，素有"小南京"之称的浦市，自古就有"楚蜀通津"之誉的王村，还有谓称物华天宝的湘西凤凰古镇等，虽然这些古镇的公共视觉艺术形象都不同程度地演绎了不同背景的文明，但在如何利用与保护原生态元素、如何演绎古镇历史文化的空间感等方面尚没有系统的研究。即使是台湾金门原生态聚落、被称为阿克罗波利斯的雅典卫城等，同样也没有系统归纳在其原生态特色与个性的传达演绎过程中，公共雕塑艺术这个载体在环境空间中的语言特征及其内在规律与方法的系统探索与总结。这说明迄今为止国内外对于原生态公共视觉艺术研究尚很缺乏。雕塑家王秀杞强调，公共艺术不是某种时节性的装饰物，也不是短暂的艺术表现，这份人文艺术也就是当地的文化现象，生态感是公共雕塑在具体场所中体现的价值和意义，其首先要强调的是以人为核心的人际结合和聚居生态理念，全面协调人与自然、雕塑与环境的对话、共生的创新和互动关系。在强调绿色环保设计的今天，古镇历史文化形象的生态性演绎被提到了新的高度。

位于湖南省武陵山腹地，隶属湘西土家族、苗族、自治州龙山县的"里耶"，文化旅游资源十分丰富，是湘西四大古镇之一。这里有数以千计的战国、西汉、东汉古城及秦汉古墓群，有新石器时代、商周文化遗址。2002年这里因发现了3万多枚秦简而名闻天下。考古专家称里耶秦简的大量出土，复活了中国秦王朝历史。"北有西安兵马俑，南有里耶秦简牍"，由此奠定了里耶在中国历史上无与伦比的考古价值，也确立了里耶成为中国历史名镇的地位。2002年11月，里耶古城被国务院特批为全国重点文物保护单位；2003年7月，湖南省人民政府评定里耶乌龙山为省级风景名胜区。湘西自治州政府将里耶作为"神秘湘西游"的国际精品旅游线路来打造。里耶不仅有厚重的历史文化，而且有浓郁的民族风情及秀美的自然山水。她背靠神奇的八面山，前临滔滔酉水河以及南方高山草原，秀美的自然山水紧紧围绕在古镇周围；有古色古香的明清古建筑；有古敦汉朴的茅古斯、摆手舞、哭嫁等土家民俗风情；还有深邃神秘的乌龙山大峡谷及藏天地之灵、纳山川之秀的溶洞群。其丰富的历史文化资源，给古镇公共视觉艺术形象的塑造、传播与演绎提供了大量原生态创作元素。同时，在实现古镇特色优势产业的发展、确保湘西部原生态环境的保护与建设等方面也提供了更大的可能。2008年正式启动了对里耶古镇的系统开发与生态性建设。

二、实景演绎中的创新与启示

笔者有幸作为项目总设计师承接了"湘西里耶古镇公共雕塑艺术形象的生态性建设"工程，下面分别以"里耶史话"、"秦简长歌"、"秦城古韵"三组主题雕塑为切入点，探讨如何利用里耶本土历史文化及原生自然资源，巧妙演绎"里耶"悠远而神秘的"历史古镇、文化古镇"的生态性公共景观，从而高度抽象地概括出符合特定内容的古镇视觉艺术形象。

1. 演绎思路与方法

古镇公共雕塑艺术的呈现是演绎古镇特定文化背景的"形象代言人"和"地域色标"。这是由古镇特定的历史背景和个性化雕塑所决定的。本研究借传达中华民族古老的里耶史话和秦文化古韵，呈现里耶神秘而辉煌的古井秦简传奇之佳话，表达里耶土家族民俗风情，并通过一系列符合时代特征和具有强烈视觉冲击力的原生态创作语言，将模糊、抽象的概念物化为触及观者内心的"神秘古镇、历史古镇、文化古镇"形象，在造型风格上追求简洁、粗犷、浑厚大气的旷世之美。从而整体构建和演绎名胜古镇形象，使"天下秦城，中国里耶"真正走向世界。

（1）场景1——《里耶史话》（门户广场）。雕塑主体直接运用古隶体"井"字的造型，表现一组从淤泥中拔地而起的城池残骸原生形态，将自然质朴的原生石材与简牍有机结合，刻有"黔中郡"字迹的简片，展现了历史的真实。整体造型演绎出形似古井并凸显秦风浩气具有强烈震撼力和耐人寻味的主雕形象。主雕背后浮雕墙与背景山体融为一体，在神奇优美的八面山外形的映衬下，运用高、浅浮雕手法表现里耶远古先秦土著族民开天辟地的生活劳作场景；舒缓宽阔的酉水河贯穿其内，荡漾了整个湘西的梦……里耶土家先民勤劳智慧的原生态民俗与其他元素的有机组合，讲述着古镇悠久而神秘的开天史话……主雕四周错落有致的石磴，犹如层出不穷的古井城池，使主雕、浮雕与整体环境高度和谐，既表达了里耶古城丰厚的地下宝藏，又为游人提供了休闲的方便，恰到好处地演绎了原生态构成的自然而质朴的公共视觉艺术形象。整体环境圆雕与浮雕结合，地上与地下结合，其视觉效果丰厚大气、情景拓展张弛有序，并集历史、文化、休闲、自然于一体，具有强烈的观赏性和纪念性意义，体现了强烈的生态空间感和饱满的原生态公共艺术感染力与视觉冲击力（见图1）。

（2）场景2——《秦简长歌》（博物馆广场）。围绕"简牍"为基本创作元素，结合秦朝时期有代表性的史实故事和同期出土的代表性文物进行创作，做到"静中有动，动静结合"，构成形式感强的流线型雕塑形象。作品运用秦简的有序排列，加以相应的情节描述，整体造型犹如翻卷着的历史画卷和令人咏叹的史诗长歌。"不以字来说史，而以事和物来说

图 1　里耶史话

史",追求形式语言的自然和质朴、生动与流畅。运用理性而浪漫的手法,以简的原生形态给人们讲故事。演绎出远观为简,有其势;近看其形,有其史(见图 2)

图 2　秦简长歌

(3)场景 3——《秦城古韵》(秦城大道两侧)。作品以展示秦文化与土家民俗的典型原生态元素为载体,主体雕塑与大道两侧小品群雕形成贯穿古镇始终的观光风景线,质朴的原生石材使整个古镇建筑与环境、历史与文化、景观与人文融为一体,从而整体构建和演绎出"神秘湘西游"的精品旅游线路古镇形象。使观者在系统体验秦文化与土家文化的交相辉映中，有一种走进神秘、走进历史、走进自然、穿越时空隧道的切身感受(见图3)。

图3　秦城古韵

2. 创新突破与启示

该研究对我国湘西部古镇公共视觉艺术形象的塑造与传播、诠释和演绎古镇历史文化现象和未来价值的视觉艺术语言，提供了大量的原生态创作元素(数据库建立)。通过有效地探索湘西部古镇历史文化、民俗风情、自然环境之间神秘而内在的原生关系、扎实地验证了古镇多元文化现象的公共视觉艺术语言与原生态艺术表现形式的演绎过程，系统地总结出如何运用本土资源塑造古镇新时期视觉艺术形象的系统应用理论与方法。在大力传承民族文化精髓的今天，为科学地引导和规范古镇公共视觉艺术形象的演绎及原生态文化的健康发展提供了参考。同时在创作过程中获得了新的认知和启示：①公共雕塑艺术对于古城镇来说，不是简单的点缀，而是营造和演绎"古镇"物质与非物质文化的重要方式；②原生态文化是传播古镇历史与未来畅想的"形象代言人"；③公共视觉艺术形象是打造古镇文明度的标志和演绎古镇特色的主要手段；④原生态民俗文化和自然风貌是人类发展历程中最原始的文化记载，是民族文化遗产和环境资源的重要组成部分，它和历史文物一样具有极高的研究价值；⑤本土资源的利用，可以形成很好的形象竞争系统，这个形象所陈述的理念和文脉所创造的文化与商业价值是同样巨大的。

三、新共生环境下的传承与拓展

对于历史古镇的文化旅游形象的构建，最大的核心问题是要落实在公共视觉艺术的建设和实施的有效过程中，其自然历史文化原生态资源的合理利用和对原生态文化的有效传播与演绎，是定义和打造古镇公共视觉艺术形象的关键。其传承与拓展的主要途径有：①探讨其历史文化、民俗风情、自然环境之间神秘而内在的原生关系；②挖掘历史文化古镇丰富深邃的原生态资源现象及古镇文化典型视觉符号元素；③系统演绎古镇多元文化现象的公共视觉艺术语言与原生态艺术表现形式；④总结出一套针对我国湘西部历史文化古镇形象的开发与建设，在如何利用本土资源演绎古镇背后的故事的同时，运用原生态造型语言塑造古镇新时期视觉艺术形象的系统应用理论与方法。

从环境生态学的角度对湘西部古镇公共视觉艺术演绎形式的实证研究，开辟了公共雕塑艺术研究的新领域，它切入了新共生环境下所实现的文化传承与演绎的理论与方法的更新，使当代艺术在特定环境下的视觉演绎赢得前沿性和前瞻性的学术创新空间，其学术价值必将影响正在大力开发中的西部古镇原生态现象的演绎，获得实证的支持和规范引导。同时，在塑造古镇公共雕塑艺术形象、实现古镇特色优势产业的发展、确保我国原生态环境的保护与建设、构建系统的生态性视觉表现及在学理上的系统完善，期待同行们的共同关注。

（作者单位：中南大学建筑与艺术学院）